教育・心理・言語系研究のための
データ分析

研究の幅を広げる統計手法

平井 明代 編著

東京図書

◆本書では，IBM SPSS Statistics 25（第 2 章，第 6 章，第 8 章，第 10 章）を使用しています。

◆その他のソフトやツール

R（第 1 章，第 5 章〔irtoys〕，第 7 章）

HLM7（第 3 章）

GENOVA, mGENOVA（第 4 章）

EasyEstimation（第 5 章）

Facets〔MINIFAC〕（第 5 章）

js-STAR（第 6 章）

AntConc（第 7 章）

SCoRE（第 7 章）

AWSuM（第 7 章）

KH Coder（第 10 章）

◎ IBM 製品に関する問い合わせ先：

〒 103−8510　東京都中央区日本橋箱崎町 19−21

日本アイ・ビー・エム株式会社　クラウド事業本部 SPSS 営業部

Tel.03−5643−5500　Fax.03−3662−7461

URL http://www.ibm.com/jp/ja/technology/spss/analytics/spss/

なお，いくつかの分析においては，それに対応する IBM SPSS Statistics のオプション・モジュールが必要になる場合があります（詳細は，上記にお問合せください）。

◎本書で使用しているデータ（シンタックスも含む）は，東京図書 Web サイト（http://www.tokyo-tosho.co.jp）の本書紹介ページからダウンロードすることができます。

まえがき

2012年に『教育・心理系研究のためのデータ分析入門―理論と実践から学ぶSPSS活用法』を上梓し，2017年にはその第2版として新しい情報を加えました。しかし，時間と紙面の制約からカバーできなかった分析が実に多くあり，この入門書で学んだ後に，授業で使えるテキストの必要性を感じていました。その思いからすでに6年が経ってしまいましたがようやく形にすることができました。よって，本書は次のような特徴があります。

第1に，前作に含まれていない分析手法で，教育・心理・言語系等の研究に用いられるものを集めています。そのため，t検定や分散分析，回帰分析などのよく用いられるパラメトリック検定手法を扱っていません。代わりに，本書では，前作に含められなかったクラスタ分析，研究目的に特化した分析ができる階層線形モデル，一般化可能性理論，項目応答理論，コレスポンデンス分析，およびテキストマイニングを含めました。そして，パラメトリック分析ができない場合は何を使えばよいのかという疑問に応えるために，一連のノンパラメトリック分析をカバーし，質的分析では，授業等の改善に活用できるアクションリサーチの手法を解説しました。さらに，近年，無償のR言語のパッケージも増え，使いやすくなってきたため，それを使ったロバスト統計やコーパス分析も入れました。

第2に，それぞれの章は，前作同様に，理論・実践・論文の記載例という構成になっています。理論部分は，年月が経ってもそれほど変化しない部分ですので，使用するソフトが異なったり，バージョンアップしたりしても，参考になるように解説しました。続く実践部分では，実際に分析が行えるように，データを用意して，選定したソフトで操作手順を解説しました。最後に分析結果の報告例を示すことで，実際の論文執筆に応用できるようにしました。

第3に，各章の分析に必要なツールが多岐にわたります。基本的には，分析が行いやすく，分析アウトプットがしっかりしたソフトか，無償でダウンロードできるフリーソフトを使用して解説しました。複数の章でRを使用しましたので，これに関しては第1章にR言語の使用に関してダウンロードからの手順を簡単に記しています。また，フリーソフトを使用して解説させていただくにあたり，ご快諾くださいました開発者の熊谷龍一氏（第5章：EasyEstimation），Laurence

Anthony 氏（第 7 章：AntConc），樋口耕一氏（10 章：KH Coder）に感謝申し上げます。

執筆にあたっては，各章共同執筆という形をとり，何度もやり取りをしながら内容を深め，わかりやすい文章になるように努めました。授業でも試用し，院生さんたちからのフィードバックを反映しました。見落とした誤りがまだあるかもしれませんが，すべての責任は編者にありますので，お気づきの点はご指摘いただければ幸いです。

最後に，完成にこぎつけるにあたり，授業等において貴重なフィードバックをいただきました前田啓貴さんを始め，多くの院生さんたちに感謝の意を表します。そして，企画から出版にいたる全過程をサポートしてくださった東京図書編集部の宇佐美敦子氏，河原典子氏に深くお礼を申し上げます。

2018 年 10 月

平井　明代

目次

■装丁：高橋　敦（LONGSCALE）

教育・心理・言語系研究のためのデータ分析

研究の幅を広げる統計手法

第1章 RStudioの操作とロバスト統計

◉より現実に即した対処法

Section 1-1 RStudioを用いた統計分析の基本操作

本書では，それぞれの章ごとに，適切と思われるソフトを使用して分析を行い，分析手順を解説していきます。ここでは随時利用するオープンソースのRと，Rを組み込んで使用するRStudioの操作方法について簡単に説明をします。Rは無償で利用できる統計解析用プログラミング言語およびデータ分析環境であり，パッケージを読み込んで機能を追加することで，さまざまな分析手法を扱うことができます。また，Rに読み込ませる分析対象のデータは，半角コンマ区切り形式（拡張子はcsv）のようなテキストファイルの他に，ExcelやSPSSで作成したデータファイルを読み込んで統計処理や作図をすることもできます。RStudioは情報を視覚的に把握しやすいインターフェースを特徴とします。

1-1-1 Rのインストール

❶ CRAN（Comprehensive R Archive Network）のサイト https://cran.r-project.org/ にアクセスします（図1.1）。ダウンロード時のネットワーク負荷軽減のため，サイトの左上方の［Mirrors］をクリックし，表示された全世界のミラーサイトから自分のいる場所に最も近い場所のミラーサイトを選択します。

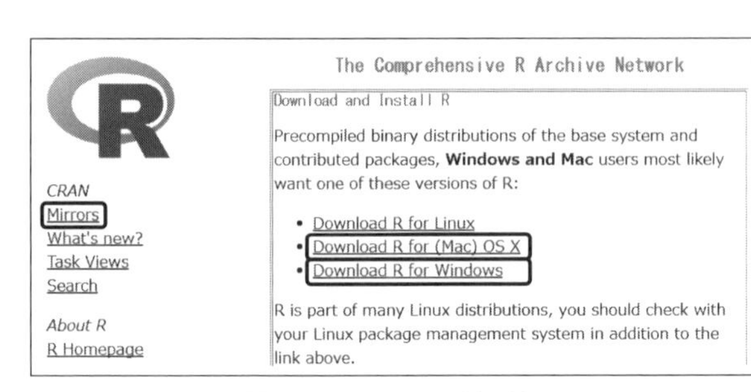

図1.1　CRANのサイト

Windowsを使用する場合は［Download R for Windows］をクリックし，次ページの「Windowsの場合」に進みます。Macの場合は［Download R for (Mac) OS X］をクリックし，「Macの場合」に進みます。

●Windows の場合

❶［base］（**図 1.2**）→［Download R 3.5.1 for Windows］（**図 1.3**）と進み，ダウンロードします。ファイル名の R に後続する数字はバージョンの番号を表しています。R はしばしばアップデートされますが，インストール方法や基本的な操作方法に変更はありません。

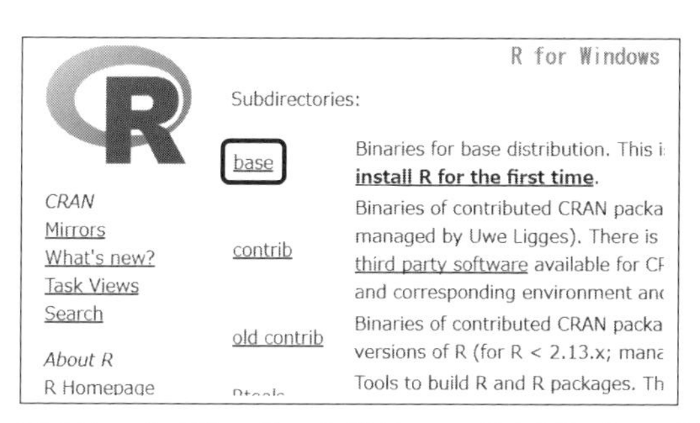

図 1.2　インストーラーのダウンロード 1（Windows OS）

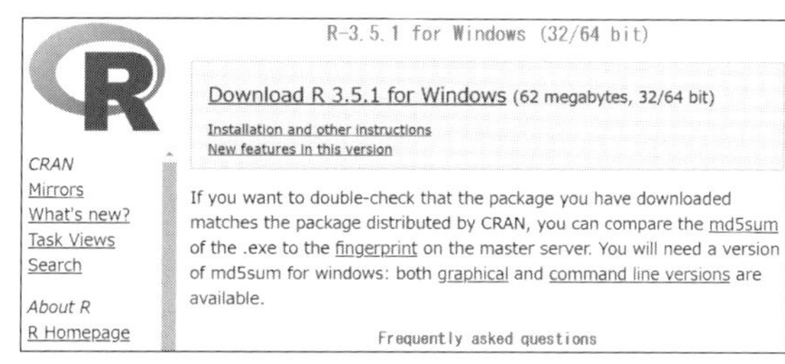

図 1.3　インストーラーのダウンロード 2（Windows OS）

❷ダウンロードしたファイルをダブルクリックし，指示に従ってインストールします。特に希望がなければ，すべて初期設定のまま，［次へ(N)］を順次クリックします。

❸使用の OS に合わせて，64-bit 利用か 32-bit 利用を選択します。選択しない場合は OS が 64 ビット版のときは両方をインストールすることになります。

❹［完了(F)］をクリックし，インストールを完了します。

●Mac の場合

❶［R-3.5.1.pkg］をダウンロードします（**図 1.4**）。ダウンロードした pkg ファイルをダブルクリックすると，**図 1.5** が表示されます。指示に従ってインストールします。Windows と同様に初期設定のまま，［続ける］をクリックし進みます。最後に［インストールが完了しました］と表示されます。

図 1.4　R のインストーラーのダウンロード（Mac OS）

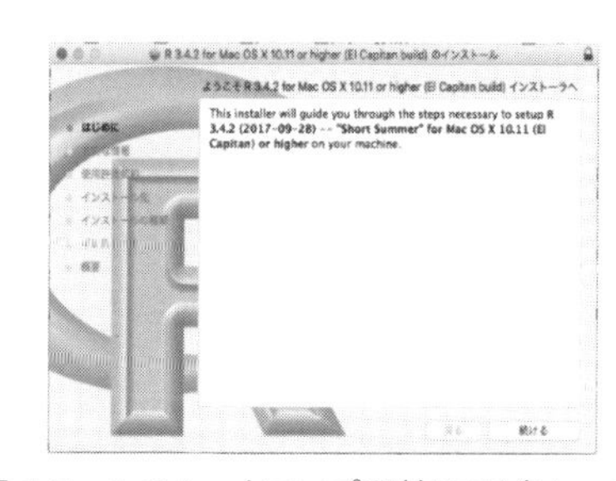

図 1.5　R のセットアップ開始画面（Mac OS）

1-1-2　RStudio のインストール

❶インストール後に表示される R のアイコンを立ち上げ，R を単体で操作する方法もありますが，ここでは続けて，RStudio をインストールします。https://www.rstudio.com/ にアクセスし，［RStudio］の［Download］を選択します（**図 1.6a**）。

❷続く画面で［RStudio Desktop Open Source License］を選択し，使用環境に合ったインストーラをダウンロードします（**図 1.6b**）。

- Windows 使用者は［RStudio 1.1.383 - Windows Vista/7/8/10］を選び，ダウンロードした exe ファイルをダブルクリックして RStudio をインストールします。
- Mac 使用者は［RStudio 1.1.383 - Mac OS X 10.6 +(64-bit)］を選び，ダウンロードした dmg ファイルをダブルクリックし，展開されるファイルに表示されるアイコンを［Applications］フォルダに移動させることでインストールが完了します。

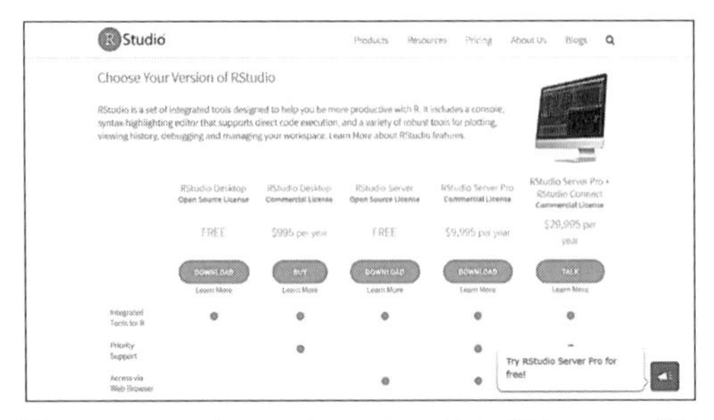

図 1.6a　RStudio のインストーラのダウンロード 1

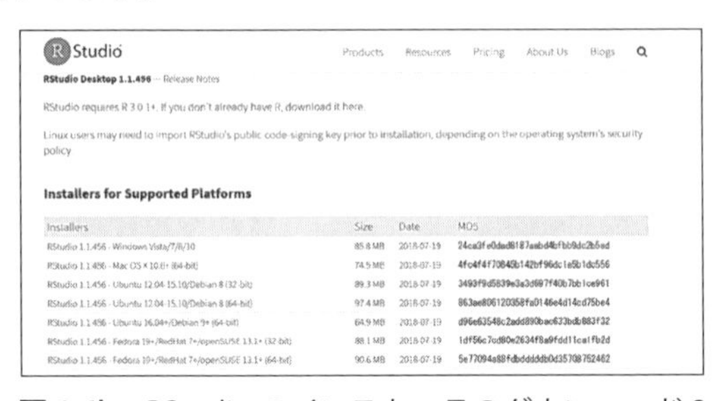

図 1.6b　RStudio のインストーラのダウンロード 2

1-1-3　RStudio の基本操作

●RStudio のレイアウト

RStudio を起動すると R が自動的に組み込まれます。RStudio は 4 つのパネルで構成されています。パネルの配置場所は好みに応じて，メニューバーの［View］→［Panes］を選択し（**図 1.7a**），ポッ

図 1.7a　RStudio のレイアウト変更手順 1

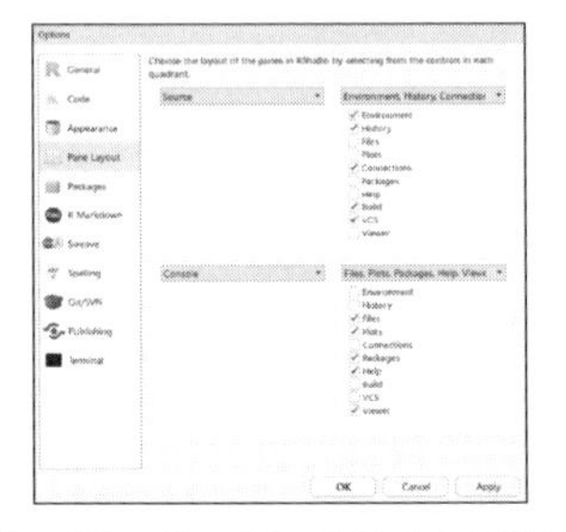

図 1.7b　RStudio のレイアウト変更手順 2

プアップ画面（**図 1.7b**）を操作して変更します（インストール直後の初期画面でパネルが 3 つ表示されている場合も同様に操作します）。4 つのパネル（**図 1.7c**）ではそれぞれ次のことを操作もしくは表示します。

- 左上（A）：R のコードを入力。［Ctrl］＋［Enter］で実行
- 左下（B）：R を単体で使う場合と同じコンソール（Console）画面
- 右上（C）：データの取り込み（import）や確認など
- 右下（D）：パッケージ（Packages）のインストールやグラフの出力，データの入力など

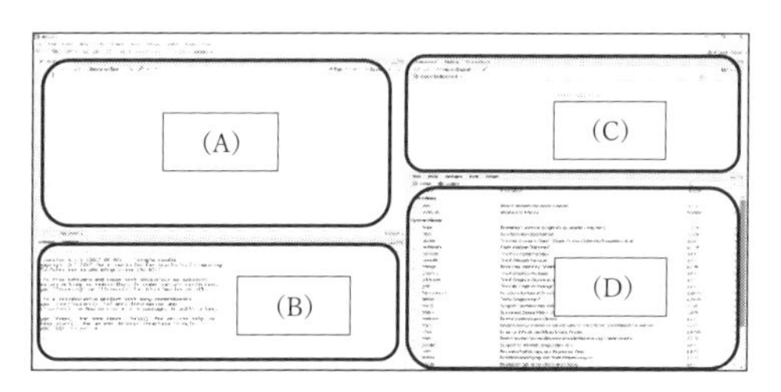

図 1.7c　RStudio のレイアウト

●プロジェクトの作成

分析対象のデータや実行コードなどのファイルを入れるプロジェクトを次のように作成すると便利です。

❶ RStudio のメニューバーの［File］→［New Project］で**図 1.8** が現れます。

❷新しいディレクトリにプロジェクトを置く場合は［New Directory］（**図 1.8**）→「New Project」（**図 1.9**）を選択します。

※既存のディレクトリにプロジェクトを置く場合は［Existing Directory］（**図 1.8**）を選択します。

図 1.8　新規プロジェクトの作成 1

❸**図 1.10** のダイアログボックス上で任意のディレクトリ名を入力し，プロジェクトを置くディレクトリの場所を［Browse...］をクリックして選択し，［Create Project］をクリックするとフォルダが作成されます。

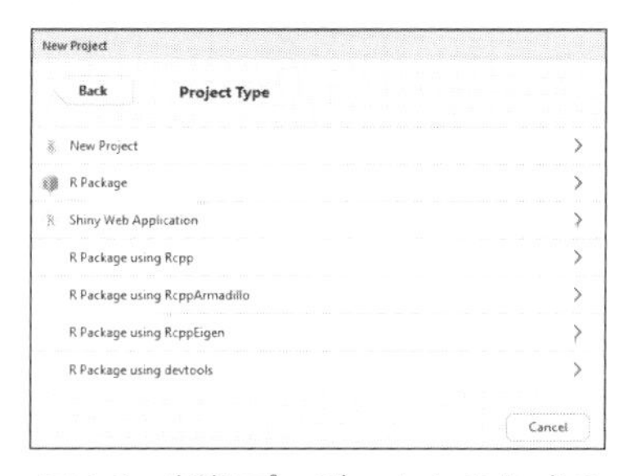

図 1.9　新規プロジェクトの作成 2

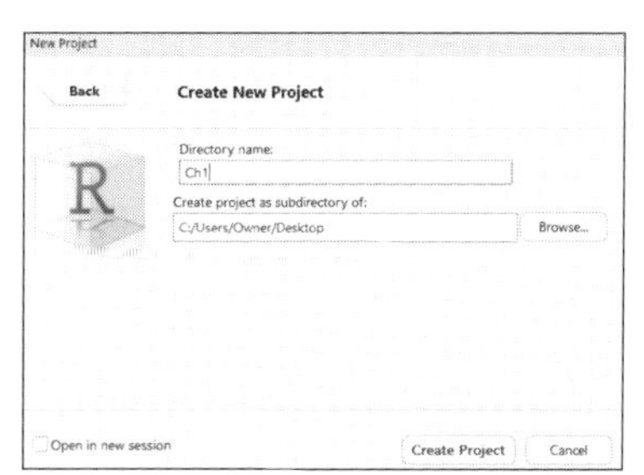

図 1.10　新規プロジェクトの作成 3

●パッケージのインストールと読み込み

Rで使うプログラムやデータがまとめられているものを**パッケージ**（package）と呼びます。分析に用いるパッケージをインストールした後に，読み込ませて使用します。

※インストールしただけではパッケージは使用できません。

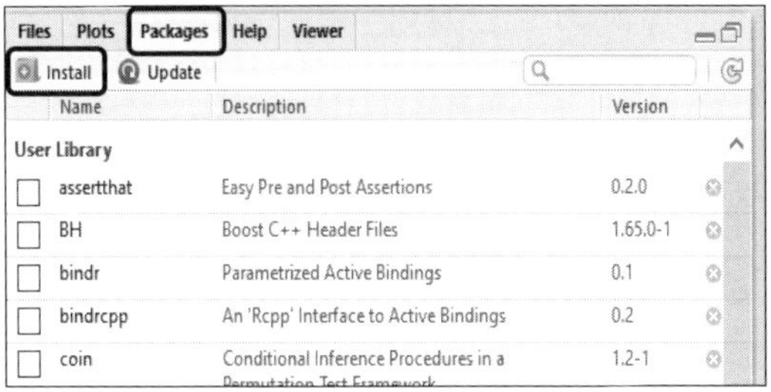

図 1.11　パッケージのインストール 1

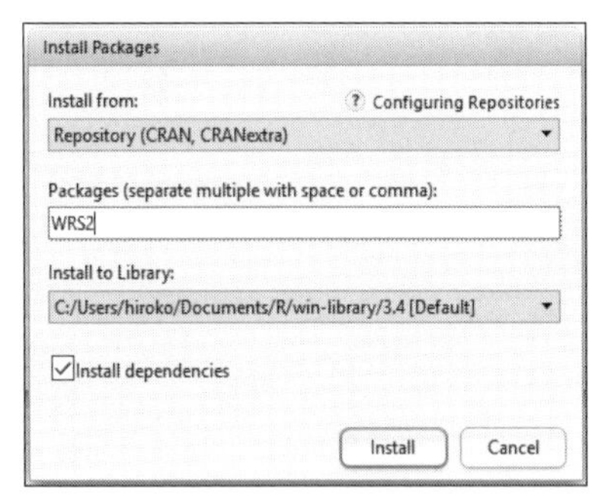

図 1.12　パッケージのインストール 2

❶初期画面（図 1.8）右下（D）のパッケージインストールパネルの［Packages］（図 1.11）を表示させ，［Install］をクリックします。

❷ポップアップで現れる［Install Packages］（図 1.12）で，インストールしたいパッケージ名を入力し，［Install］をクリックします。ここでは WRS2 パッケージをインストールしています。

❸パッケージを読み込むには，右下パネルの［Packages］タブを選択した状態で，該当するパッケージにチェックを入れます（図 1.13）。

※別方法：パッケージのインストールおよび読み込みは，初期画面（図 1.8）の左上（A）のパネルにコマンドを入力することでも実行ができます。パッケージをインストールする場合は**図 1.14** のコマンドを，読み込みの操作をする場合は**図 1.15** のコマンドを入力し，［Ctrl］＋［Enter］を押します。

なお，図中の＃記号以下をRは読み込みませんので，入力する必要はありません。＃記号は覚書きするときに便利です。

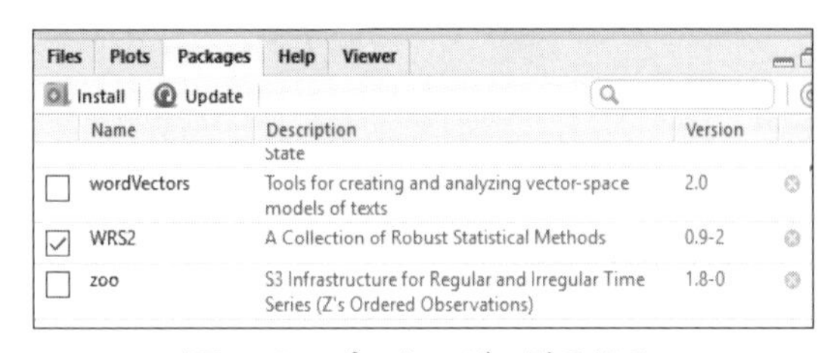

図 1.13　パッケージの読み込み

```
install.packages("WRS2") # パッケージのインストール
```

図 1.14　パッケージのインストールを実行するコマンド

```
library(WRS2) # パッケージの読み込み
```

図 1.15　パッケージの読み込みを実行するコマンド

1-1-4 RStudioを用いた記述統計量の算出と作図

ここでは，平井（2017）の第2章の基本統計量データ［技能テスト.xls］を使用します。RStudioで日本語を認識するときに発生するかもしれない問題を避けるため，ファイル名を［ginoutest.xlsx］と半角ローマ字でのファイル名に変更しています。拡張子xlsはExcel2003までのファイルに，拡張子xlsxはExcel2007以降のファイルに付加されます。このファイルを**1-1-3**で作成したプロジェクトに入れておきます。

(1) データの入力：直接入力

❶ RStudioを操作してみます。左上パネルにコマンド（**図1.16**）を打ち込みます。たとえば，xという変数が50，yという変数が30であることを**<-**もしくは**=**を使用して示します。［Ctrl］＋［Enter］を押すと，左下のパネルで実行されることが確認できます。

❷ dataにxとyを入れる場合は**図1.17**のコマンドを用います。

❸ dataに何が入っているかを確認するには「data」と入力します。結果は左下パネルに表示されます（**図1.18**）。

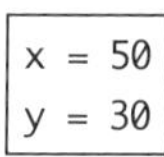

図1.16　基本の入力1

```
data <- c(x, y)
```

図1.17　基本の入力2

```
> data
[1] 50 30
```

図1.18　入力した要素の確認

(2) データの入力：ファイルの読み込み

❶ ファイルを読み込む場合は，RStudioの起動画面の右上パネルで［Environment］→［Import Dataset］を選択します（**図1.19**）。テキスト形式のファイルを読み込む場合は［From Text...］を，SPSSのデータファイルを読み込む場合は［From SPSS...］を選択します。今回はエクセルファイルを読み込むので［From Excel...］を選択します。

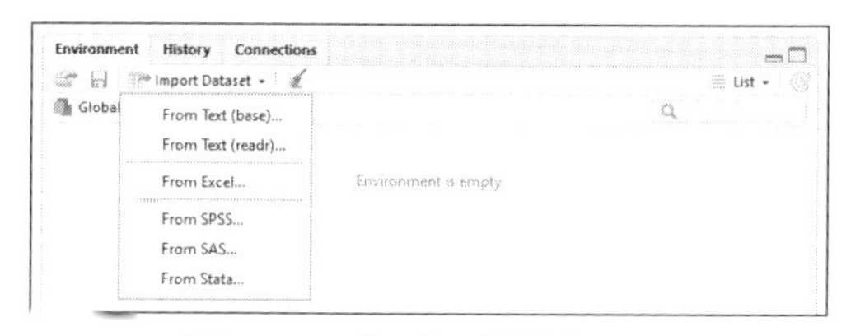

図1.19　データの読み込み1

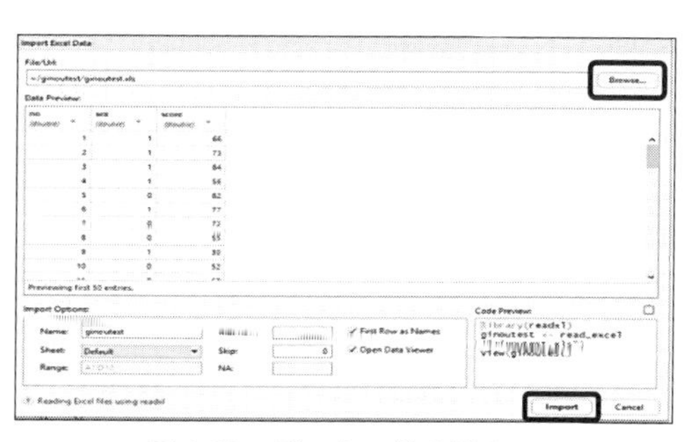

図1.20　データの読み込み2

❷ポップアップ画面の［Browse ...］（**図 1.20**）→［ginoutest.xlsx］→［Open］とクリックします。データのプレビューが表示され，［Import］（**図 1.20**）をクリックするとデータが読み込まれます。

※データファイルを読み込むときに，日本語で表記されたデータが文字化けしてしまう場合の対処方法として，ここでは2つの方法を紹介します。

(i) RStudioの起動画面（**図 1.8** の左上の［File］→［Reopen with Enchoding］をクリックし，ポップアップする画面で［SHIFT-JIS］を選択し，［OK］をクリックします。

(ii) コマンド入力でファイルを読み込みます。csv（コンマ区切り）ファイルに変換後，**図 1.21** のコマンドを実施します。fileEncoding =というのは文字コードを指定するコマンドです。

```
ginoutest <- read.table (“ginoutest.
csv”, sep = “,”, header=TRUE,
fileEncoding = “CP392”
```

図 1.21　データの読み込み 3

(3) コマンドの入力

❶ RStudioの起動画面に戻り，左上パネルの［File］→［New File］→［R Script］を選択し，コマンド入力画面を表示させます（**図 1.22**）。

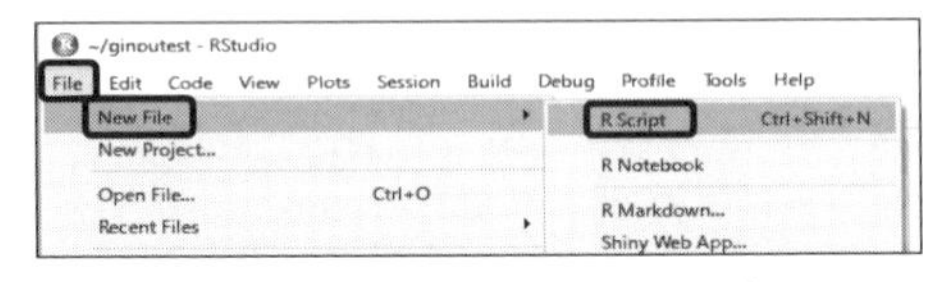

図 1.22　コマンド入力画面の表示

❷読み込んだデータ 83 人分の得点に関する記述統計量を出力します。左上パネルに**図 1.23** のコマンドを入力します。関数 summary( ) は，最小値，第 1 四分位点，中央値，平均，第 3 四分位点，最大値を算出します。［ginoutest$ 得点］は ginoutest というデータの得点の列を分析対象とすることを意味します。入力の後，［Ctrl］＋［Enter］を押して実行します。左下のパネルに結果が表示されます（**図 1.24**）。

```
summary(ginoutest$得点)
```

図 1.23　記述統計算出のためのコマンド

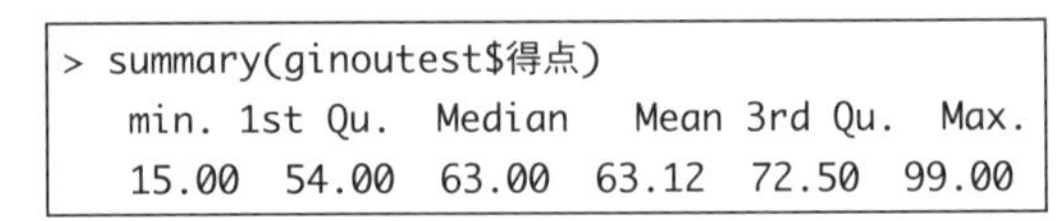

```
> summary(ginoutest$得点)
   min. 1st Qu.  Median    Mean 3rd Qu.   Max.
  15.00   54.00   63.00   63.12   72.50  99.00
```

図 1.24　Summary 結果の表示

❸標準偏差や分散も含めた記述統計を簡単に算出するには，psych パッケージの関数 describe( ) を使用します。パッケージをインストールし，読み込ませた状態で，左上パネルにコマンド（**図 1.25**）を入力し実行します。左下パネルに出力の結果が表示されます（**図 1.26**）。

```
describe(ginoutest$得点)
```

図 1.25　記述統計算出のためのコマンド

```
> describe(ginoutest$ 得点)
   vars  n  mean    sd median trimmed   mad min max range  skew kurtosis   se
X1    1 83 63.12 14.68     63   63.57 13.34  15  99    84 -0.49     1.03 1.61
```

図 1.26　記述統計結果の表示

❹**ヒストグラム**（histogram）は関数 **hist()** を使って作成します。引数 **main** は表示されるグラフのタイトル，**xlab** と **ylab** はそれぞれ x 軸と y 軸のタイトルを示し，表示させる文字列を引用符 “　” の間に入力します。**xaxp** でメモリの刻み幅を設定します。コマンド（**図 1.27**）を左上パネルに入力し実行します。右下パネルにヒストグラムが表示されます（**図 1.28**）。

```
hist(ginoutest$得点, main= "ヒストグラム",
xlab = "得点", ylab = "人数", xlim)
=  c(0, 100), xaxp=c(0, 100, 10))
```

図 1.27　ヒストグラムを作成するコマンド

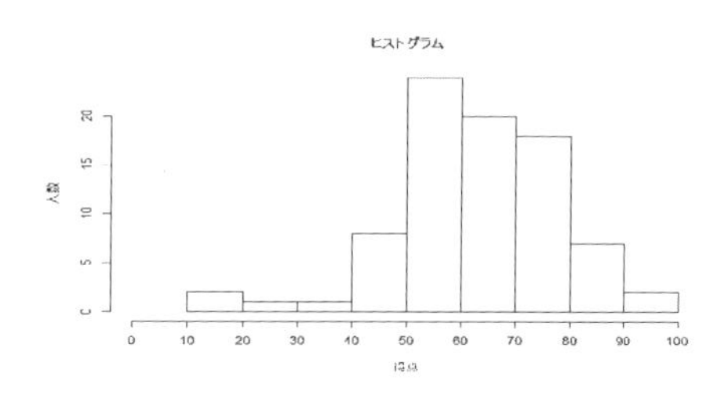

図 1.28　ヒストグラムの表示

❺**箱ひげ図**（boxplot）を表示するには関数 **boxplot()** を用います（**図 1.29**）。

出力された箱ひげ図（**図 1.30**）の上側の水平線が最大値，箱の上辺が第 1 四分位点（上位 25％の点），中央の太線が中央値，箱の下辺が第 3 四分位点（下位 25％の点），下側の水平線が最小値を表します。最小値よりも下側に描画されている点は，**外れ値**（outlier；**1-2-2**(2) 参照）です。箱ひげ図における外れ値は，第 1 四分位数＋(第 1 四分位数－第 3 四分位数)× 1.5 より大きいか，第 3 四分位数－(第 1 四分位数－第 3 四分位数)× 1.5 より小さい値です（山本・飯塚・藤野，2013）。

```
boxplot(ginoutest$得点, main= "箱ひげ図",
xlab = "得点", ylab = "人数")
```

図 1.29　箱ひげ図を作成するコマンド

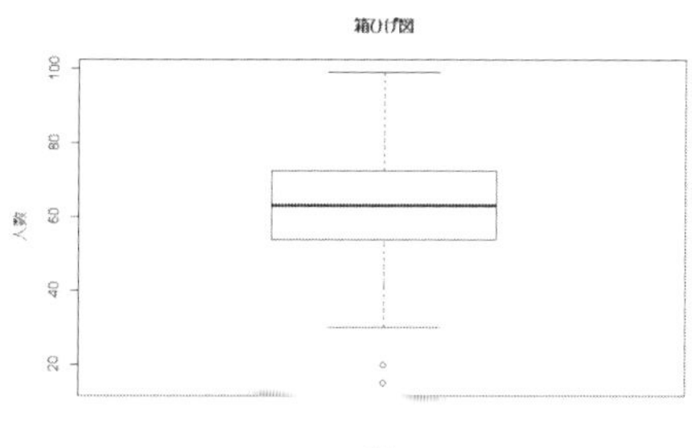

図 1.30　箱ひげ図の表示

❻今度は，男女別の得点についての箱ひげ図を表示します。性別データは2値（0,1）の**名義尺度**（nominal scale）であるため，要因型（factor）ベクトルとして入力されている必要があります。型を確認するには関数 `class()` を利用します。要因型ベクトルへの変更は関数 `factor()` を使います（**図 1.31**）。なお，間隔尺度である得点は実数型（numeric）ベクトルです。

```
> class(ginoutest$性別)
[1] "numeric"
> ginoutest$性別 <- factor(ginoutest$性別)
> class(ginoutest$性別)
[1] "factor"
> class(ginoutest$得点)
[1] "numeric"
```

図 1.31　データの型確認と変更

コマンド（**図 1.32**）を入力し，男女別箱ひげ図を表示させます（**図 1.33**）。

```
boxplot(得点~性別, data = ginoutest, names =
c("女子", "男子"), main = "得点")
```

図 1.32　男女別の箱ひげ図を作成するコマンド

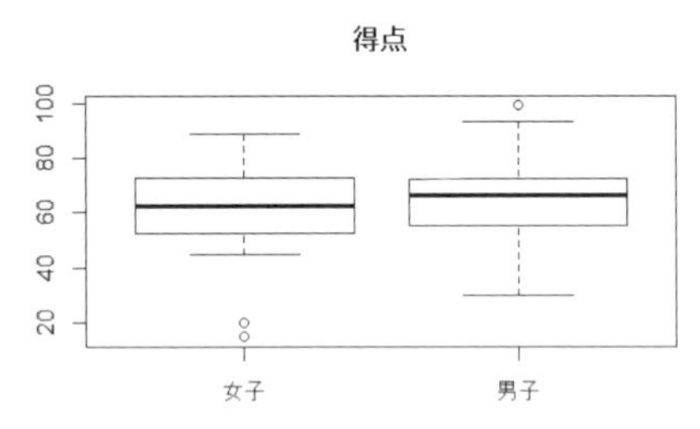

図 1.33　男女別の箱ひげ図の表示

1-1-5　参考文献への記載

(1) R を使用して分析した結果を論文等で発表する際に，参考文献等にそのことを記載することが望まれます（Levshina, 2015）。掲載すべき情報（**図 1.34** 囲み）は `citation()` を入力すると表示されます。

(2) パッケージ情報（**図 1.35** 囲み）については，関数 `citation`（"パッケージ名"）で表示します。ただし，パッケージがダウンロードされた状態でないと情報は表示されません。

```
> citation()
To cite R in publications use:



R Core Team (2017). R: A language and
environment for statistical computing. R
Foundation for Statistical Computing. Vienna,
Austria. URL https:///www.R-project.org/.
```

図 1.34　R の参考文献への記載

```
> citation("WRS2")
To cite package 'WRS2' in publications use:

##############################################
The current Package version:

Mair, P., Schoenbrodt, F., & Wilcox, R
(2017). WRS2: wilcox robust estimation and
testing.
```

図 1.35　R のパッケージの参考文献への記載

以上，本節ではRおよびRStudioに関する基本的な操作方法について紹介しました。Rは使用者の目的に応じて幅広い道具立てを提供する便利なツールですが，学習を進めていく上で，さまざまな疑問に直面することもあるでしょう。そうした場合には，関連書籍だけでなく，インターネット上の情報も活用することを推奨します。R-Tips*1やRjpwiki*2といったウェブサイトでは，Rの基本的な操作方法を網羅的に解説しています。また，Qiita*3やStack Overflow*4といったウェブサイトでは，エンジニアたちが活発に情報を交換しており，エラーの解決や発展的なコーディングの事例として参考になります。

＊1：R-Tips = http://cse.naro.affrc.go.jp/takezawa/r-tips/r2.html

＊2：Rjpwiki = www.okadajp.org/RWiki/　　＊3：Qiita = https://qiita.com/

＊4：Stack Overflow = https://ja.stackoverflow.com/

Section 1-2 ロバスト統計

本節では，Larson-Hall（2012, 2016）やMair and Wilcox（2016）に依拠しながら，ロバスト統計の基本的な考え方を示します。そして，**1-1**で紹介したRStudioを用いて，グループの代表値とグループ間比較に使用されるロバストな統計量の求め方を解説します。

1-2-1 なぜロバスト統計が必要か

パラメータの推定や検定の前提とする条件が十分に満たされないデータの場合（**1-2-2**），そのまま分析すると結果が正確に推定されない場合があります。**ロバスト統計**または**頑健統計**（robust statistics）はその影響を許容できる程度に小さくしようとする統計手法で，**頑健推定**（robust estimation）とも呼ばれます。ロバスト統計という呼び名は何らかの方法で外れ値による影響を避けるための手法の総称です。たとえば，集団の代表値として平均（mean）ではなく，**中央値**（median）を使用する順序統計量に基づくノンパラメトリックな手法（第6章）は，分布形に頼らないためにその形が変わっても有意水準がさほど大きくぶれません。つまり，有意水準に対してロバストだといえます。ロバスト統計は次のような場合に使用することを検討します。

1-2-2 ロバスト統計を適用する場合

(1) 正規性と等分散性が満たされない場合

t検定（t-test）や分散分析（analysis of variance：ANOVA）などのパラメトリック検定は，グループ間比較のために用いられる分析手法です。これらは，各グループのサンプルが，正規分布（normal distribution）に従う母集団から得られたもので，各々の母集団の分散が等しいことが前提条件となっています。そのため，その母集団から無作為抽出（random sampling）されたサンプルであれば，正規分布しており（正規性），各グループのサンプルの分散が等しい（等分散性）と仮定されます。

よって，これらの仮定が崩れている場合，帰無仮説（null hypothesis）が真であるのに誤って棄却してしまうという第1種の過誤（Type I error）が生じる危険が高くなったり，検定力が低くなったりします。また，シミュレーションによる研究で，正規性を前提にもつ分析手法のなかには，正規分布からのわずかな乖離に対しても敏感なものがあることが指摘されています（Huber, 2009; Wilcox, 2012）。つまり，使用する統計手法によっては「近似的に」正規分布に従うという前提条件では不十分な場合があります。

このようにパラメトリック検定の前提条件が満たされないときに，ロバスト統計を実行することができます。

(2) 外れ値が影響する場合

外れ値は大部分のサンプルデータの傾向と大きく異なる値のことです。前提となる正規分布の形は平均値と標準偏差値によって決められますが，外れ値はこれらの値に影響を与えてしまう可能性があります。

もし，外れ値が人為的な理由（測定ミスなど）による異常値であれば，分析時に除外します。しかし，ミスとも断言できない場合は，安易に除外せず，想定している分布の母集団が正規分布していないかもしれない可能性を考慮し，正規分布を前提としないノンパラメトリック検定あるいはロバスト統計による対処方法を検討します。

また，1つの外れ値を除外した後に，さらに新しく他の値が外れ値として認識される場合があります。このような場合も，外れ値を含めて分析した場合と除外した場合の結果を比較検討するなどして，外れ値の原因を調べ，必要であれば，よりロバストな手法を検討します。

(3) サンプルサイズが小さい場合

検定結果は，サンプルサイズ，有意水準（α），検定力（$1-\beta$），および効果量で決まります。つまり，これらの内の3つが決まれば残りの1つが決まる関係にあります。サンプルサイズが大きいほどサンプルの平均は母集団の平均に近くなり，反対に，サンプルサイズが小さければ母集団を適切に代表するのはむずかしく，正規性を担保できなくなる原因になります。

ロバスト統計のなかには，サンプルサイズが小さく，正規性や等分散性の前提に問題がある場合であっても，パラメトリック検定や通常行うノンパラメトリック検定よりも，さらに高い検定力を算出するものもあります（Wilcox, 2012）。

以上のことから，ロバスト統計の利点は，母集団が正規分布に従わない場合，母集団の分布が未知の場合，あるいは外れ値がある場合に対して妥当な処理をすることができます。また，サンプルサイズが小さい場合でも，検定力を下げない手法となり得ることです。

Section 1-3 ロバスト統計を適用する

1-3-1 代表値への応用

本節では，R の WRS2 パッケージを使用して，ロバスト統計値を求めます。あるグループの特徴を表す代表値として平均値（算術平均，または相加平均とも呼ばれます）を用いることができます。しかし，平均値は，グループの個数すべての値を加算し，その個数で割って求めるため，データ数が少ない場合は外れ値の影響を大きく受けます。平均値がグループの代表値としてふさわしくない場合，ロバストな値として，中央値，トリム平均，ウィンザライズド平均が用いられます。

(1) 中央値

中央値は，サンプルデータを値の大きさの順に並べて，真ん中に来る値です。データが偶数個の場合は真ん中の 2 個の平均値になります。中央値はロバスト検定の 1 つとして知られるウィルコクスンの順位和検定（Wilcoxon rank sum test；**6-8-1**）等に用いられており，2 つのグループの中央値に差があるかどうかを検定します。

❶ここでは，「7, 8, 12, 2, 2, 3, 6, 5, 4, 1」という 10 個の値があるときの平均値と中央値を求めてみます。なお，使用する関数 mean() と median() は，R をインストールするときに含まれています。

❷ data_1 にこれらの 10 個の数値を入力します（ここでは data_1 としていますが，x や y など任意で付けます）。それぞれの関数に data_1 を代入すると，平均値は 5，中央値は 4.5 であることが算出されます（**図 1.36**）。

```
> data_1 <- c(7, 8, 12, 2, 2, 3, 6, 5, 4, 1)
> mean(data_1) # 平均値を求める
[1] 5
> median(data_1) # 中央値を求める
[1] 4.5
```

図 1.36　中央値の算出

(2) トリム平均

データに含まれる値に極端な外れ値がさほど多くない場合は，**トリム平均**（trimmed mean）を代表値とすることもあります。トリム平均は，**トリムド平均**，**刈り込み平均**，**調整平均**とも呼ばれ，そのグループに含まれるデータを値の順番に並べて，両側にくる値を同数ずつ除外し，算術平均を求める方法です。

たとえば，20パーセントトリム平均を求めるには，両側からそれぞれ20パーセントの値の個数を削除して残りの算術平均を求めます。また，**25パーセントトリム平均**のことを**中央平均**（interquartile mean：IQR）ともいいます。スキージャンプの飛型点やフィギュアスケートの演技審査で，複数の採点者が採点した点数のうち，一番高い点数と一番低い点数を除外する方法はトリム平均を求めていることになります。

data_1の10パーセントトリム平均を求めるには，まず，数値を，「1，2，2，3，4，5，6，7，8，12」と昇順に並び替えます。

次に，左右に位置する10パーセント分，つまり，1個ずつ，値を取り除きます。よって，「2，2，3，4，5，6，7，8」の算術平均が10パーセントトリム平均であり4.625ということになります。

Rでは関数mean()と関数trimse()を使ってトリム平均とトリム平均の標準誤差も求められます。**図1.37**ではdata_1の10パーセントトリム平均を求めています。手計算で求める場合は，まず数値を「1，2，2，3，4，5，6，7，8，12」と昇順に並び替え，全体の10パーセントである1個の値を左側と右側から取り除いて算術平均を求めます。つまり全体では20パーセント分のデータが取り除かれます。20パーセントトリム平均を求める場合は，Rの式に0.2を代入します。このとき，data_1では左側と右側から2個ずつ計4個の値を除外した算術平均を求めていることになります。

```
> mean(data_1, 0.1) # 10%トリム平均を求める
[1] 4.625
> trimse(data_1, 0.1) # 10%トリム平均の標準誤差を求める
[1] 0.9691419
```

図1.37　トリム平均値の算出

(3) ウィンザライズド平均

ウィンザライズド平均（Winsorized mean）は，トリム平均と似た算出方法ですが，両端の値を削除するのではなく，そのすぐ内側の値に置き換えて，平均を求めます。

ウィンザライズド平均値と標準誤差は関数winmean()と関数winse()を用いて**図1.38**のように算出されます。

```
> winmean(data_1, 0.1) #10% ウィンザライズド平均を求める
[1] 4.7
> winse(data_1, 0.1) #10% ウィンザライズド平均の標準誤差を求める
[1] 0.9968317
```

図 1.38　ウィンザライズド平均値の算出

手計算では，data_1 に含まれている数値を昇順（1，2，2，3，4，5，6，7，8，12）に並び替え，左端にある 1 をその次の値である 2 に置き換えます。右端の値も同様に，12 を 8 に置き換えて，「2，2，2，3，4，5，6，7，8，8」の算術平均を求めます。

1-3-2　*t* 検定への応用

t 検定はそれぞれのグループの母分散が等しくない場合はロバストではありません。等分散性が担保できない場合や，分散が未知である場合には，ウェルチ（Welch）の *t* 検定を用います。あるいは，正規性も等分散性も前提にしない Brunner-Munzel 検定を行うという選択肢もあります。

ここでは，まず，ウェルチの *t* 検定を行い，次に，このウェルチの *t* 検定における第 1 種の過誤を抑えることのできる，Yuen（1974）が提唱した，トリム平均を用いる *t* 検定の方法を行います。その後，これをより改善した**ブートストラップ法**（bootstrap method）を適用した検定（Keselman, Othman, Wilcox, Fradette, 2004）を行います。

(1) データ

A クラスの生徒 6 人の得点と B クラス組の生徒 15 人の得点の平均点の差の検定を行います。それぞれのクラスの生徒の得点は次のとおりです。

A クラス：50，75，30，55，67，72

B クラス：51，20，80，56，58，100，65，100，100，77，89，93，79，85，98

(2) データの入力

❶ R にデータを入力するには，直接，数値を打ち込む方法や，エクセルファイルを読み込む方法（1-1）もありますが，ここではクリップボードを使用して入力してみます。

❷［data_2.xlsx］を開き，データが入力されている範囲を選択します。右クリックで表示されるメニューから［コピー(C)］を選択します（キーボードの［Ctrl］と［C］を同時に押すことでコピーすることもできます）。この状態で選択した範囲はクリップボードに保存されていることになります。

❸コマンド（**図 1.39**）を用いて，data_2 として R に読み込みます。

```
> data_2 <- read.table("clipboard", header = T)
```

図 1.39　クリップボードを利用したデータ入力

※ Mac OS でクリップボードを利用してデータ入力を行うには次のコマンドを入力します。

```
data_2 <- read.table(pipe(“pbpaste”))
```

(3) データの視覚化

2 クラスの得点について，コマンド（**図 1.40**）を入力し，箱ひげ図（**図 1.41**）を表示します。

```
> boxplot(score~class, data = data_2,
main = "test score")
```

図 1.40　箱ひげ図作成のためのコマンド

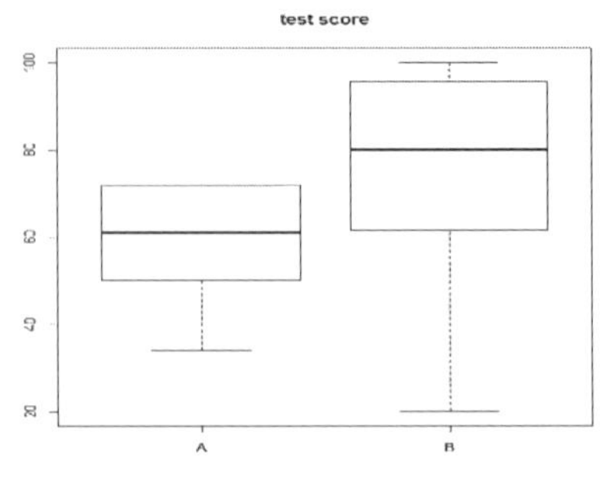

図 1.41　箱ひげ図

(4) ウェルチの *t* 検定

ウェルチの *t* 検定を実行します（**図 1.42**）。［var.equal = FALSE］は等分散を仮定しないこと，［paired = FALSE］は対応がないことを示します（ただし，関数 t.test() のデフォルトが var.equal，paired 両方とも FALSE なので，これらを入力してもしなくても算出結果は同じです）。*p* 値の値が 0.05 を超えているので，有意水準を 5%としたときには，帰無仮説は棄却されず，A クラスと B クラスの平均点には統計的には差がないと判断されます。

```
> t.test (score~class, data = data_2, var.equal = FALSE, paired = FALSE)
       Welch Two Sample t-test
data:  score by class
t = -2.0435, df = 12.666, p-value = 0.06237
alternative hypothesis: true difference in means is not equal to 0
95 percent confidence interval:
 -38.247478   1.114145
sample estimates:
mean in group A mean in group B
      58.16667        76.73333
```

図 1.42　ウェルチの *t* 検定

(5) 10 パーセントトリム平均を用いる t 検定

❶ 10 パーセントトリム平均を用いて t 検定を実行するために関数 **yuen()** を使用します（**図 1.43**）。

ここでは p 値の値が 0.05 未満となるため，帰無仮説が棄却され，対立仮説が採用されるため，A クラスと B クラスの平均点には差があると判断されます。

❷また，関数 **yuen.effect.ci()** を用いて，Wilcox and Tian（2011）が提唱する効果量 r と信頼区間（CI）を算出します。

r は，0.10，0.30，0.50 がそれぞれ，small, medium, large の効果量に対応します。効果量 r が 0.66 なので効果量が大きいことが示されています。

※ブートストラップ法を用いた算出であるため，実行するたびに結果の数値が多少異なります。

```
> yuen(score~class, data_2, tr=0.1)
Call:
yuen(formula = score ~ class, data
= data_2, tr = 0.1)

Test  statistic:  2.3952  (df  =
11.51), p-value = 0.03461

Trimmed mean difference:  -21.14103
95 percent confidence interval:
-40.4632     -1.8189

> yuen.effect.ci(score~class, data
= data_2, tr = 0.1, nboot = 1000,
alpha = 0.05)
$effsize
[1] 0.6651454

$CI
[1] 0.05083754 0.95757661
```

図 1.43　10 パーセントトリム平均を用いる t 検定

(6) 10 パーセントトリム平均とブートストラップ法を併用した t 検定

トリム平均とブートストラップ法の両方を適用する関数 **yuenbt()** を実行します（**図 1.44**）。この手法は，正規性も等分散性の前提も崩れ，サンプルサイズも 30 以下と小さい場合に用いられます。よって，今回の 2 クラスの得点の比較をするには，上の（4）ウェルチの t 検定や（5）10 パーセントトリム平均を用いた t 検定よりも適していると考えられます。

ブートストラップ法を用いているため算出される数値はそのたびに多少異なります。p 値の値を確認すると 0.5 未満であり，2 つのクラスには有意な差があると判断します。

```
> yuenbt(score~class, data = data_2, tr = 0.1, nboot = 1000)
Call:
yuenbt(formula = score ~ class, data = data_2, tr = 0.1, nboot = 1000)

Test statistic: -2.0205 (df = NA), p-value = 0.039

Trimmed mean difference:  -21.14103
95 percent confidence interval:
-40.8026    -1.4795
```

図 1.44　10 パーセントトリム平均とブートストラップ法を併用した t 検定

1-3-3 分散分析への応用

分散分析は，ヒストグラムを描いたときに山の形がなだらかになり，外れ値を多く含むような裾の重い分布のときや，サンプルサイズが異なり，分布の歪度（skewness）が異なるグループ間の比較に，望ましくない影響を受けます（Wilcox, 1995）。

ここでは，一元配置分散分析（one-way ANOVA）について，等分散性が満たされていない場合でも用いることのできるトリム平均を使う関数 `t1way()` と，グループ間のどこに差があるかを示すための事後の検定に用いる関数 `lincon()` を用います。

(1) データ

3つのクラスのデータ（[data_3.xlsx]）は次のとおりです。

A クラス：120，30，34，80，25，72，320，290，100

B クラス：180，50，300，200，58，210，300，188，185，187，230，210，89，91，25，220，310，110，100，300

C クラス：34，55，62，40，30，38，56，58，200，50，77，55，40

(2) データの入力

上記と同様に，クリップボードを利用して R にデータを読み込みます。[data_3.xlsx] を開き，データが入力されている範囲を選択し，コピーした状態で，**図 1.45** のコマンドを入力します。

```
> data_3 <- read.table("clipboard", header = T)
```

図 1.45 クリップボードを利用したデータ入力

(3) 箱ひげ図の作成

図 1.45 を実行すると，**図 1.46** が表示されます。

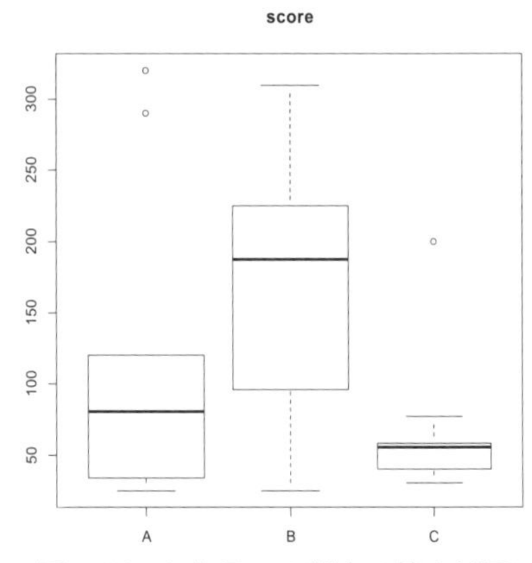

図 1.46 3 クラスの得点の箱ひげ図

(4) 等分散性の確認

`car` パッケージに含まれている関数 `leveneTest()` を使用して，等分散が仮定できるかどうかを，ルビーン検定（Levene test）を実行して判断します（**図 1.47**）。

※パッケージのダウンロードと読み込みの方法，コマンド

については，**図 1.14** と**図 1.15**，RStudio を使用する場合は **1-1-3** の「パッケージのインストールと読み込み」を参照してください。

有意水準を 0.01 とした場合，*p* 値はそれを上回るため，等分散を満たしていないことが判断できます。

```
> leveneTest(score~class, center="mean", data = data_3)
Levene's Test for Homogeneity of Variance (center = "mean")
      Df F value  Pr(>F)
group  2 4.8354 0.01331 *
      39
---
Signif. codes:  0 '***' 0.001 '**' 0.01 '*' 0.05 '.' 0.1
```

図 1.47　等分散性が満たされていないことの確認

(5) 10 パーセントトリム平均を用いた分散分析

p 値が有意水準 0.01 よりも小さい値となったため，3 クラスの平均が等しいという帰無仮説は棄却され，対立仮説が採用されます（**図 1.48**）。

```
> t1way(score~class, data=data_3, tr = 0.1)
Call:
t1way(formula = score ~ class, data = data_3, tr = 0.1)

Test statistic: 14.4719
Degrees of Freedom 1: 2
Degrees of Freedom 2: 14.58
p-value: 0.00034

Explanatory measure of effect size: 0.51
```

図 1.48　10 パーセントトリム平均を用いた分散分析

(6) 事後の検定

どのクラスとどのクラスの間に有意な差があるのかを関数 `lincon()` を用いて調べます（**図 1.49**）。有意水準よりも低い p 値が算出されたため，B クラスと C クラスの間に差があると判断します。

```
> lincon(score~class, data = data_3)
Call:
lincon(formula = score ~ class, data = data_3)

          psihat   ci.lower  ci.upper p.value
A vs. B -72.20238 -217.69008  73.28532 0.18520
A vs. C  53.26984  -90.64209 197.18177 0.28370
B vs. C 125.47222   63.13878 187.80566 0.00014
```

図 1.49　10 パーセントトリム平均を用いた分散分析の事後の検定

1-3-4　その他のロバストな統計手法

以上，基本的なロバスト統計の手法を紹介しましたが，これら以外にもさまざまなロバスト統計手法があります。たとえば，**1-3-2** の（6）で用いたブートストラップ法もロバスト統計の 1 つで，標本をランダムに多数回再抽出し，そこで算出される平均や分散などの推定値を利用して母集団の性質を推定します。この手法は，シミュレーションや数値計算に乱数を用いて推定する**モンテカルロ法**（Monte Carlo method）に基づいており，分析対象の標本が小さい場合や，データが正規分布でなかったりする場合の対処法として用いることができます。ブートストラップ法を用いた記述統計量，相関分析，t 検定，分散分析については LaFlair, Egber, and Plonsky（2015）に詳述されており，R の実行コードも記載されています。

その他に，**M 推定**（M-estimation）や**線形回帰分析**（linear regression と analysis）を用いるロバスト推定手法もありますが，本書では扱いません。これらについては，藤澤（2017）および外山・辻谷（2015）に解説されています。

第2章 クラスタ分析

◉データの傾向でグループ化する

Section 2-1 クラスタ分析とは

2-1-1 クラスタ分析の概要

クラスタ分析または**クラスター分析**（cluster analysis）とは，似たものどうしをいくつかのグループ（クラスタ）に分類する多変量解析法の 1 つです。たとえば，いくつかの変数により個人の特徴を測定し，その特徴に基づいてグループに分類する場合に有効な手法です。

ある学習者集団の英語能力を「読解」「語彙」「リスニング」の 3 つのテストを用いて測定し，その傾向を学習者個々にみていきます。たとえば，学習者 A の得点は読解がかなり高く，続いてリスニング，そして語彙がかなり低いことがわかります（**図 2.1**）。一方，学習者 B は語彙と読解の得点が低いものの，リスニングの得点が高いといえます（**図 2.2**）。

このように学習者個人の英語能力について詳細な情報を手に入れることができても，学習者の数が多いと一人ひとりを検証するのは非常に困難です。このような場合に，似た得点パターンを示す学習者どうしをグルーピングできるクラスタ分析が有効です。

いくつかの変数に基づいてグルーピングするという観点から，クラスタ分析は同じ多変量解析の 1

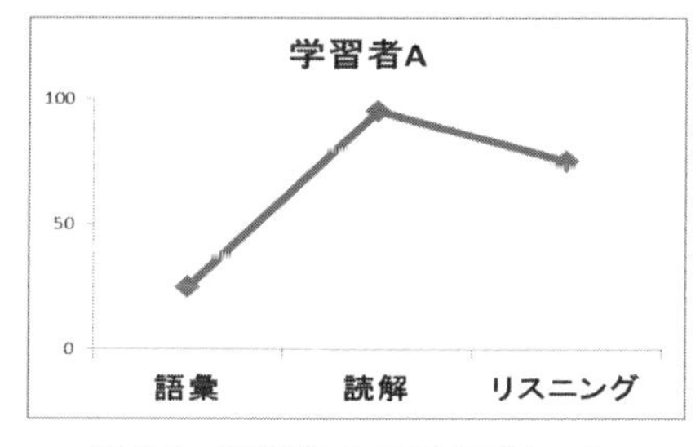

図 2.1　学習者 A の得点パターン

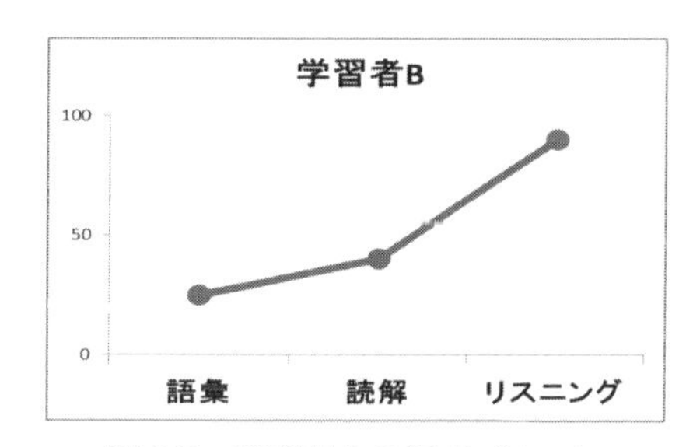

図 2.2　学習者 B の得点パターン

つである**判別分析**（discriminant analysis）と似ていると思われがちですが，アプローチが異なります。クラスタ分析は，類似度と各ケース間の距離によって，各サンプルの似ている度合いを計算し，どのように分類されるのかを提案します。分析者は，その結果を参考にグループ数を決定し，各グループの特徴を解釈する探索的な分析方法です。

一方，判別分析では，あるいくつかの要因がサンプルを判別するのに適切かどうかを予測します。たとえば，英語の試験の合格者と不合格者を分けた要因が，模擬試験の得点・平均学習時間・英語の学習歴の３つであると想定した場合，それらの要因は合格・不合格の判別にどの程度貢献するのかを検証します。つまり，判別分析では独立変数（模擬試験の得点・平均学習時間・英語の学習歴）と従属変数（合格・不合格）が明確に定められており，独立変数で従属変数が予測可能かどうかを分析する統計的手法で，重回帰分析に近い分析といえます。

つまり，クラスタ分析は「複数の変数間の関連性を整理」するための分析であり，判別分析は「1つの変数を複数の変数から予測」するための分析であるといえます。

2-1-2　使用可能なデータの種類

クラスタ分析の個々のデータ（例：個々の学習者）は総称して「個体」と呼ばれます（石村・石村，2010）。データは，名義尺度から比率尺度までいずれの種類の尺度も使用できます（佐藤，2009；山際・田中，2006）。

身長（cm），体重（kg），そして不安（5件法）など単位が異なる変数を分析に投入することも可能です。しかし，その場合，それぞれがクラスタ化に均等に貢献するとは限らず（Everitt, Landau, Leese, & Stahl, 2011），また，標準偏差が大きい変数ほど分類に大きく影響する可能性が指摘されています（足立，2006）。たとえば，5件法のアンケート項目で測定された変数と，最大得点が100点の英語のテスト得点を同時に分析に含めると，この英語のテスト得点が5件法で測定された他の変数に比べてクラスタ化に大きな影響を及ぼす可能性が考えられます。この問題の解決には，すべての変数を標準化することが提案されています。実は，標準化をすべきかどうかについては明確な基準はありませんが（Grimm & Yarnold, 2000），少なくとも尺度が異なる複数の変数を分析に用いる場合で，なおかつ分析に用いた変数のクラスタ化への均等な貢献を求める場合は，変数の標準化が推奨されます。

分析の対象もさまざまです。**2-1-1**の例のように，観測された変数を基に調査協力者をクラスタに分類する場合は，**サンプルクラスタ**（sample clustering）と呼ばれます。また，学習者から得られた複数の変数情報をクラスタに分けることも可能で，これは**変数クラスタ**（variable clustering）と呼ばれます。たとえば，質問紙の項目を回答の傾向別に分類する場合がそれにあたります。

2-1-3　クラスタ化

クラスタ分析の手法には，非階層的方法と階層的方法があります。**非階層的クラスタ分析**（non-hierarchical cluster analysis）はあらかじめいくつのクラスタに分けるかを決め，各個体がそれぞれのクラスタに当てはまるように計算を進めます。**階層的クラスタ分析**（hierarchical cluster analysis）は，どのような傾向のグループがあるかを探し出す分析で（磯田，2004），一般的にはこちらが用いられます。

クラスタ分析では，似ているクラスタどうしが順に結合していき，最終的に1つのクラスタにまとまるまで計算が行われます。このときに，2つの距離が計算されます。1つは，個体間の類似度で，それぞれの個体間の距離を計算し，個体どうしがクラスタ化する基準となります。その距離が遠いほど，似ていない個体どうしが結合していると考えられます。もう1つはクラスタ間の距離で，クラスタどうしを結合する基準となります（西川，2006）。

非類似度の計算には，**ユークリッド距離**（Euclidean distance），**ユークリッド平方距離**（もしくは**平方ユークリッド距離**；squared Euclidean distance），**チェビチェフ距離**（Chebychev distance），**Pearsonの相関**（Pearson's correlation），**ミンコフスキー距離**（Minkowsky distance）等がオプションとして挙げられています。クラスタ間の距離の計算には，**グループ間平均連結法**（between-groups linkage），**グループ内平均連結法**（within-groups linkage），**最近隣法**（nearest neighbor），**最遠隣法**（furthest neighbor），**重心法**（centroid clustering），**メディアン法**（median clustering），**Ward法**（Ward's method）という方法が選択できます。

一般的な心理学系の研究では，Ward法とユークリッド平方距離の組み合わせがよく用いられます（山際・田中，2006）。Ward法は，似ているものはより近く，似ていないものはより遠く表し，ユークリッド平方距離は，分析に用いた変数が均等にクラスタ化に貢献することを仮定します。他にも重心法やメディアン法ではユークリッド平方距離を用いることが前提となります（出村・西嶋・佐藤・長澤，2007）。

SPSSでは，Ward法で分析を行う場合，ユークリッド平方距離以外の距離の計算方法も選択が可能ですが，ユークリッド平方距離以外の計算方法で分析を進めると，結果の冒頭に「警告」が表示されます。よって，これらの3つの距離の計算方法においては，特別な理由がない限り，ユークリッド平方距離を選択することが望ましいといえます。

2-1-4　デンドログラムとグルーピング

クラスタ分析を行うと，**デンドログラム**（**樹形図**：dendrogram）が出力されます（**図 2.3**）。これは個別の傾向をもつ個体が，段階を追って最終的に 1 つの集団（クラスタ）に集約されるまでの過程を図として表したものです。

図 2.3 のデンドログラムの縦方向には各個体が並べられており，横軸には 0 から 25 までの結合距離が表示されています。そして各個体から伸びる水平線が，垂直に曲がり他の水平線と結びつくと，クラスタが結合したことを意味します。さらに個体（の集団）どうしを結ぶ垂直線から水平の線が伸びますが，それが新しいクラスタの印であると捉えればイメージしやすいかもしれません。ちょうどブドウの房（クラスタ）のような形になります。

個体どうしが結合してクラスタを形成している距離が短い，つまり結合距離の数値が低いところで結合するほど，似た個体だといえます。逆に，距離が長いところで結びついている個体どうしはあまり似ていないことを表しています。たとえば，**図 2.3** の上から順に個体番号 15 番，20 番，10 番，14 番，18 番は距離が 5 になる前の比較的早い段階で同じクラスタに結合しているので，かなり似た属性をもっていると考えられます。しかし，その 15 番がたとえば**図 2.3** の一番下に位置する 13 番と結びつくのは，全クラスタが 1 つに結合する，距離が 25 のときです。つまり，これらの 2 つの個体はかなりかけ離れた特性をもっていると考えられます。

クラスタ分析は探索的な分析で，いくつのクラスタに分類できるかの判断に明確な基準はありません。よって，分析者自身が**カットオフポイント**を設定し，房（クラスタ）を木（樹形図）から切り取

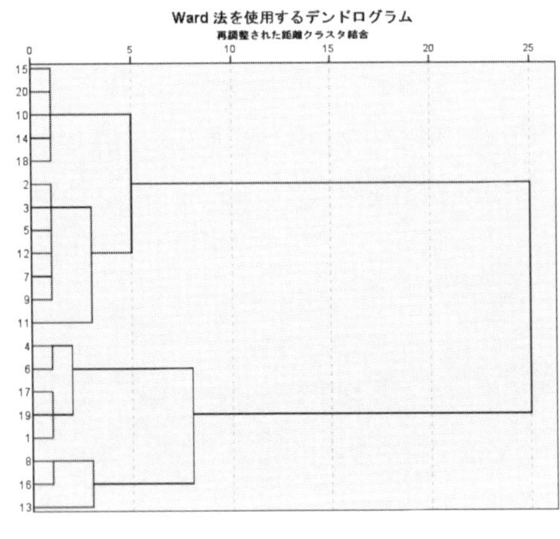

図 2.3　デンドログラムの例

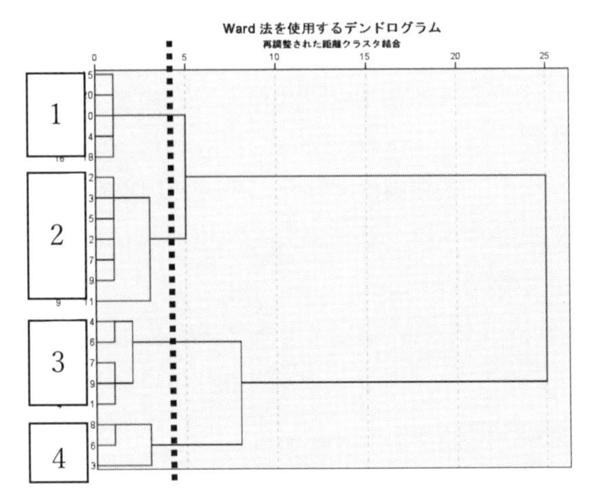

図 2.4　カットオフポイントとクラスタ

らなくてはなりません。1つの目安は，結合距離が大きく跳ね上がる，横の線が長くなるところといえます（磯田，2004）。**図 2.3** では，結合距離が 5 あたりから急に伸びています。したがって，結合距離が 5 の少し手前にカットオフポイント（破線）を設定し，4 つのクラスタ（**図 2.4** の 1～4）による分類に決定しました。

その後，分析に用いられた変数を基に，各クラスタに分類された個体の特性を検証します。各クラスタがその特性からうまく区別されない場合はカットオフポイントを変更するなど，再度分析が必要です。クラスタ数が少なくなるほど類似度は低下し，クラスタ数が多くなるほど解釈が難しくなるトレードオフのもと，分析者が判断するほかありません（Grimm & Yarnold, 2000）。

Section 2-2 クラスタ分析の実践

2-2-1 データの確認と分析の設定

今回使用するデータ［クラスタ分析.sav］は，ある英語スピーキングタスクにおける動機づけ要因を測定するアンケート（5 件法）によって収集された大学生 91 名の回答データです。これは，因子分析を行い，英語学習に対する「不安」「興味」「動機」の 3 因子を得た後，各因子を構成する項目の平均値を求めたデータです（**図 2.5**）。これら 3 つの変数について，どのようなパターンをもつ学習者がいるかをクラスタ分析で調べます。

	StudentID	不安	興味	動機
1	1	4.00	3.14	2.63
2	2	2.50	4.86	3.63
3	3	4.63	3.57	2.38
4	4	4.00	3.29	2.63
5	5	3.88	3.14	3.00
6	6	3.38	2.00	2.50
7	7	4.00	3.57	2.50
8	8	3.75	2.14	2.88
9	9	3.75	3.00	3.25
10	10	4.75	1.86	2.38
11	11	4.63	2.14	3.13
12	12	3.25	1.86	1.00
13	13	5.00	2.14	1.50
14	14	4.38	3.57	2.25
15	15	3.50	3.29	3.25
16	16	3.38	1.43	1.88
17	17	3.25	3.43	2.88
18	18	2.50	5.00	3.25

図 2.5　データ入力

【操作手順】

❶ SPSS メニューから 分析(A) → 分類(F) → 階層クラスタ(H) と進むと，階層クラスタ分析の初期画面が表示されます。そこで，［変数(V)］の欄に「不安」「興味」「動機」の 3 つの変数を投入します（**図 2.6**）。

❷続いて 作図(T) を選択し，［階層クラスタ分析：作図］画面（**図 2.7**）で，［デンドログラム(D)］にチェックを入れ，続行(C) をクリックします。

❸初期画面（**図 2.6**）に戻るので，次に， 方法(M) →［階層クラスタ分析：方法］画面（**図 2.8**）に移ります。［クラスタ化の方法(M)］で［Ward 法］を，［測定方法］の［間隔(N)］で［ユークリッ

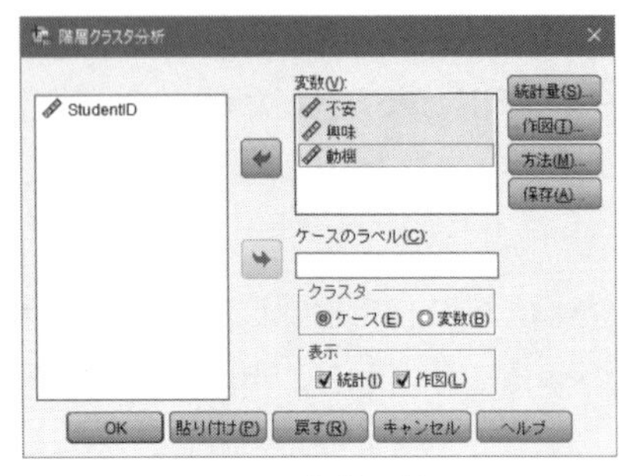

図 2.6　変数の投入

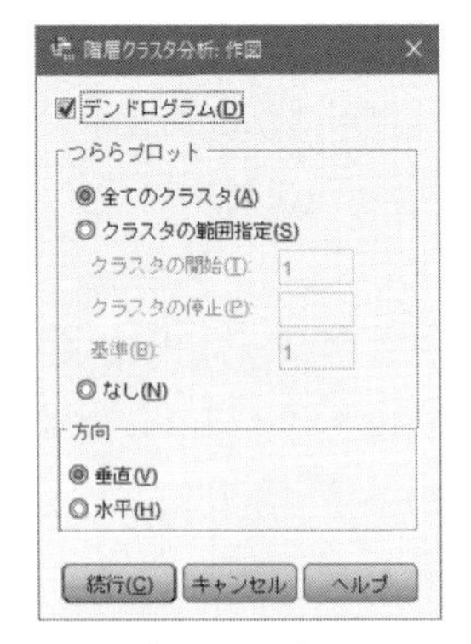

図 2.7　デンドログラムの指定

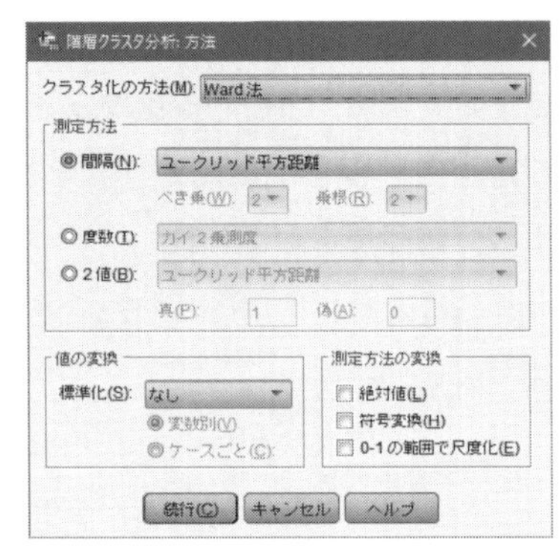

図 2.8　計算方法の選択

ド平方距離］を選択します。

※今回はすべて 5 件法による尺度を用いているため，データの標準化は行いません。標準化して分析を行う場合は，［標準化(S)］から［Z 得点］などが選択できます。選択後，自動的に値が変換されて分析が行われます。

❹最後に，続行(C) → OK で分析を実行します。

2-2-2　結果の検証

（1）［処理したケースの要約］（図 2.9）では，欠損値はなく 91 名全員が分析に含められたことがわかります。

（2）［クラスタ凝集経過工程］（図 2.10）は，近い学習者どうしから順に，クラスタとしてどのように結合したのかを示しています。結合距離が遠いほど，［係数］の値が大き

処理したケースの要約[a,b]

ケース					
有効数		欠損		合計	
度数	パーセント	度数	パーセント	度数	パーセント
91	100.0	0	.0	91	100.0

a. ユークリッド平方距離 使用された

b. Ward 連結

図 2.9　有効サンプルの確認

クラスタ凝集経過工程

段階	結合されたクラスタ クラスタ 1	クラスタ 2	係数	クラスタ初出の段階 クラスタ 1	クラスタ 2	次の段階
1	8	49	.000	0	0	30
2	75	87	.008	0	0	50
3	67	78	.016	0	0	9
4	26	52	.023	0	0	15
5	17	21	.031	0	0	47
6	66	81	.041	0	0	21
7	25	71	.051	0	0	44
8	1	4	.062	0	0	17
9	64	67	.078	0	3	28
10	7	86	.096	0	0	43
11	5	31	.114	0	0	22
12	43	83	.140	0	0	27
13	20	73	.165	0	0	52
14	14	40	.191	0	0	49
15	26	79	.225	4	0	57
16	29	62	.264	0	0	53
17	1	74	.305	8	0	36
18	36	77	.347	0	0	75
19	38	70	.388	0	0	51

図 2.10　クラスタが結合する工程

くなります。これをさらにわかりやすく図形化したものがデンドログラムです。

(3) デンドログラム（**図 2.11**）を見て，どこでいくつのクラスタが作られているのかを確認し，カットオフポイントの位置を定めます。これにより分析の対象とするクラスタ数を決定します。

ここでは，結合距離 5 と 10 の間あたりから横線が長くなっています。つまり，このあたりから学習者の個人傾向が似ていない可能性が高くなると考えられるので，カットオフポイントを 7 あたり（破線）に設定し，クラスタ数を 3 とします。第 1 クラスタには 24 名，第 2 クラスタには 37 名，第 3 クラスタには 30 名の学習者が属しています（**図 2.15** 参照）。

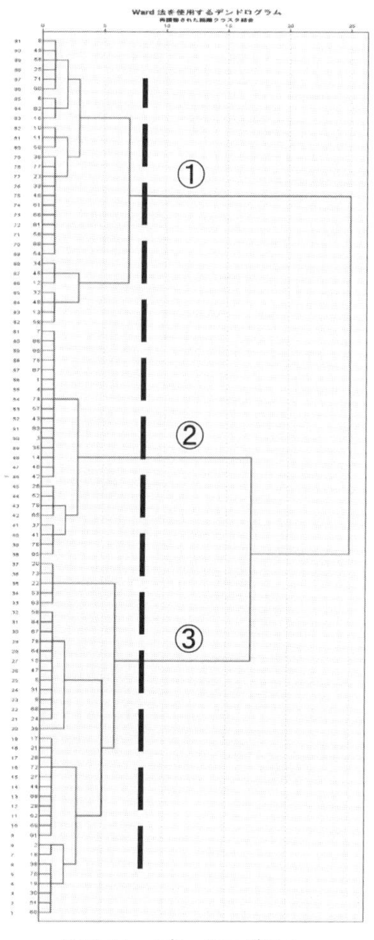

図 2.11　デンドログラム

2-2-3　クラスタの妥当性検証

●多変量分散分析を用いた検証法

次に，各クラスタが学習者の個人傾向を反映しつつ，他のクラスタと妥当に区別されるかどうかを検証する必要があります。1 つの方法としては，3 つのクラスタを被験者間要因とし，3 つの従属変数（動機，興味，不安）に対して多変量分散分析を行うことが挙げられます。それぞれの変数についてグループ間で有意差がみられれば，各クラスタは異なる個人傾向を反映した学習者グループとして区別されたと考えられます。

【操作手順】

❶クラスタ分析の初期画面（**図 2.6**）に戻り，保存(A) をクリックし，保存画面（**図 2.12**）に移ります。[単一の解(S)] にチェックを入れ，[クラスタの数(B)] に先ほどの分けたクラスタ数「3」を入力します。最後に，続行(C) → OK で実行します。

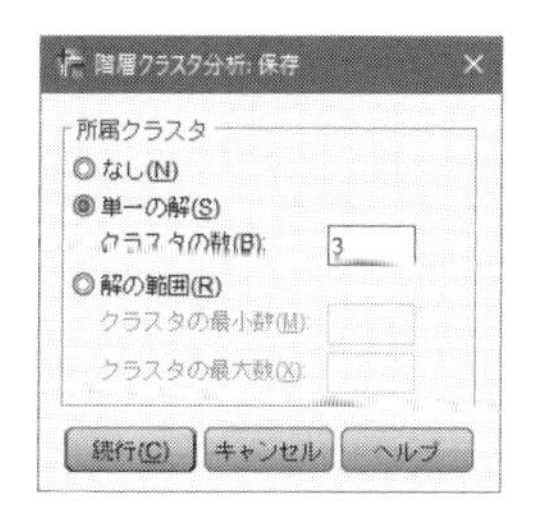

図 2.12　グループ変数の設定

StudentID	不安	興味	動機	CLU3_1
1	4.00	3.14	2.63	1
2	2.50	4.86	3.63	2
3	4.63	3.57	2.38	1
4	4.00	3.29	2.63	1
5	3.88	3.14	3.00	2
6	3.38	2.00	2.50	3
7	4.00	3.57	2.50	1
8	3.75	2.14	2.88	3
9	3.75	3.00	3.25	2
10	4.75	1.86	2.38	3
11	4.63	2.14	3.13	3
12	3.25	1.86	1.00	3
13	5.00	2.14	1.50	3
14	4.38	3.57	2.25	1
15	3.50	3.29	3.25	2
16	3.38	1.43	1.88	3
17	3.25	3.43	2.88	2
18	2.50	5.00	3.25	2
19	2.75	3.86	2.88	2

図 2.13　グループ変数の自動入力

図 2.14　度数分布の分析設定

Ward Method

		度数	パーセント	有効パーセント	累積パーセント
有効	1	24	26.4	26.4	26.4
	2	37	40.7	40.7	67.0
	3	30	33.0	33.0	100.0
	合計	91	100.0	100.0	

図 2.15　各クラスタの人数

❷分析後，データセットの最終列に新たな変数名［CLU3_1］が自動的に入力されます（**図 2.13**）。この数値は，個々の学習者が，3 つに分けたクラスタのどれに属すかを示しています（例：「1」＝第 1 クラスタ）。これをグループ間要因として多変量分散分析に投入します。

❸この段階で各クラスタの人数を確認するには，［分析(A)］→［記述統計(E)］→［度数分布表(F)］を選択します。実は，**図 2.13** の変数［CLU3_1］には，［Ward Method］というラベル名が自動的に付けられていて，ここではそのラベル名で表示されます（**図 2.14**）。［変数(V)］に［Ward Method］を投入し，OK を押して分析を実行すると，各クラスタの人数を確認することができます（**図 2.15**）。

❹［CLU3_1］という変数名ではわかりにくい場合，SPSS のデータセット表示画面（**図 2.13**）の下部にある［変数ビュー］を選択し，［名前］列で変数名を変更することができます（**図 2.16**）。今回は，［クラスタ］と変数名をつけました。［ラベル］列では，［Ward Method］と名づけられていますが，こちらも名称を変更します。［クラスタ］と変更すると，それ以降は分析や結果の中でそのように表示されます。

名前	型	幅	小数桁数	ラベル	値
StudentID	数値	8	0		なし
不安	数値	8	2		なし
興味	数値	8	2		なし
動機	数値	8	2		なし
クラスタ	数値	8	0	Ward Method	なし

図 2.16　グループ変数の変数名変更

❺［分析(A)］→［一般線型値モデル(G)］→［多変量(M)］の順に選択します（**図 2.17**）。［従属変数

(D)］に［不安］［興味］［動機］の３つの変数を，そして［固定因子(F)］に被験者間要因のグループ変数である［クラスタ］を投入します。

❻続いて，［その後の検定(H)］をクリックし，多重比較の選択画面に移ります（**図 2.18**）。［その後の検定(P)］にグループ変数［クラスタ］を投入します。また，今回は各クラスタのサンプルサイズ（**図 2.15**）が異なるため，［等分散を仮定しない］検定方法群の中から，［Games-Howell(A)］を選択し，［続行(C)］をクリックします。

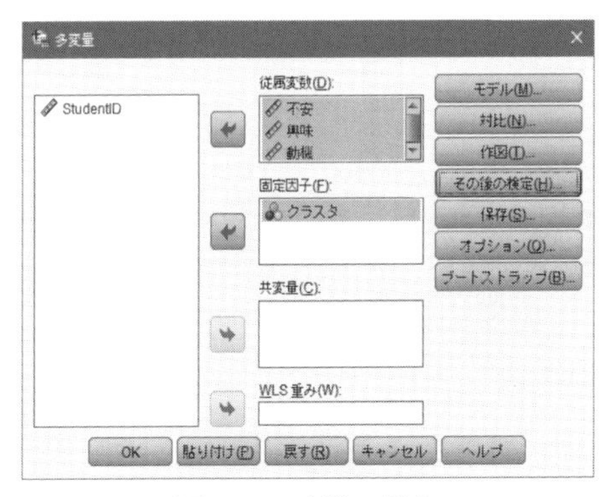

図 2.17　変数の投入

図 2.18　多重比較の方法の決定

❼次に，［オプション(O)］（**図 2.17**）を選択し，［記述統計(D)］［効果サイズの推定値(E)］［等分散性の検定(H)］にチェックを入れます（**図 2.19**）。最後に，［続行(C)］→［OK］で分析を実行します。

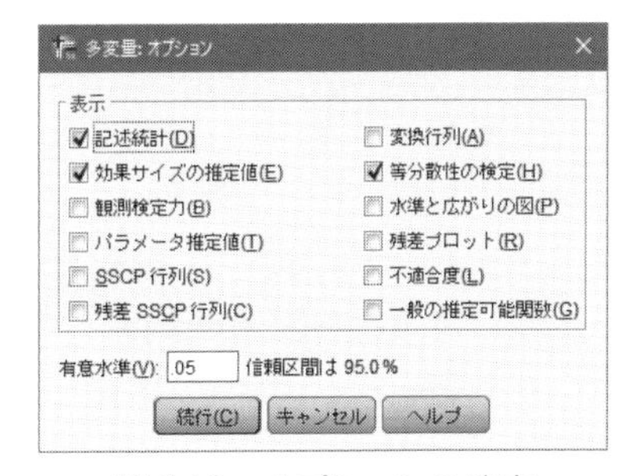

図 2.19　オプションの決定

2-2-4　多変量分散分析の結果からみる各クラスタの特徴

（1）**表 2.1** は，出力された［記述統計値］を論文用に成形したものです。各クラスタの平均値を概観し，各クラスタの傾向を掴みます。以降では，これらの平均値の差に意味があるのかどうかを検証します。

（2）［Box の共分散行列の等質性］（**図 2.20**）：検定結果が有意でなければ，各クラスタ間の共分散行列は等質であると考えます。今回は［有意確率］が［.002］と有意ですが，$p < .001$ で帰

表 2.1　クラスタごとの各動機づけ変数に対する記述統計値

	n	不安		興味		動機	
		M	SD	M	SD	M	SD
クラスタ 1	24	4.27	0.28	3.66	0.41	2.32	0.40
クラスタ 2	37	3.20	0.51	3.49	0.55	2.96	0.54
クラスタ 3	30	4.03	0.55	2.35	0.44	2.31	0.63

Box の共分散行列の等質性の検定[a]

Box の M	32.955
F 値	2.605
自由度 1	12
自由度 2	28668.839
有意確率	.002

従属変数の観測共分散行列がグループ間で等しいという帰無仮説を検定します。

a. 計画: 切片 + クラスタ

図 2.20　Box の M 検定

多変量検定[a]

効果		値	F 値	仮説自由度	誤差自由度	有意確率	偏イータ 2 乗
切片	Pillai のトレース	.992	3499.163[b]	3.000	86.000	.000	.992
	Wilks のラムダ	.008	3499.163[b]	3.000	86.000	.000	.992
	Hotelling のトレース	122.064	3499.163[b]	3.000	86.000	.000	.992
	Roy の最大根	122.064	3499.163[b]	3.000	86.000	.000	.992
クラスタ	Pillai のトレース	1.138	38.313	6.000	174.000	.000	.569
	Wilks のラムダ	.180	38.932[b]	6.000	172.000	.000	.576
	Hotelling のトレース	2.791	39.544	6.000	170.000	.000	.583
	Roy の最大根	1.818	52.728[c]	3.000	87.000	.000	.645

a. 計画: 切片 + クラスタ

b. 正確統計量

c. 統計量は有意確率が有意となる F 値の限界値です。

図 2.21　多変量検定の結果

無仮説が棄却されない限り問題がないともいわれていますので（平井・髙波，2017），分析を進めます。

（3）［多変量検定］（**図 2.21**）：数種類の検定結果が提示されます。小さなサンプルサイズでも比較的頑健であると言われている Pillai のトレースの結果をみると $p = .000$ と有意となっています。よって，以降どの変数においてクラスタ間で有意差がみられるのかを検証します。

（4）［Levene の誤差分散の等質性検定］（**図 2.22**）：検定結果が有意でなければ，グループ間の等分散性を仮定できます。今回は，［不安］において

Levene の誤差分散の等質性検定[a]

		Levene 統計量	自由度 1	自由度 2	有意確率
不安	平均値に基づく	5.695	2	88	.005
	中央値に基づく	5.244	2	88	.007
	中央値と調整済み自由度に基づく	5.244	2	78.158	.007
	トリム平均値に基づく	5.730	2	88	.005
興味	平均値に基づく	1.181	2	88	.312
	中央値に基づく	1.042	2	88	.357
	中央値と調整済み自由度に基づく	1.042	2	82.721	.357
	トリム平均値に基づく	1.065	2	88	.349
動機	平均値に基づく	2.546	2	88	.084
	中央値に基づく	1.223	2	88	.299
	中央値と調整済み自由度に基づく	1.223	2	75.764	.300
	トリム平均値に基づく	2.261	2	88	.110

従属変数の誤差分散がグループ間で等しいという帰無仮説を検定します。

a. 計画: 切片 + クラスタ

図 2.22　等分散性の検定

［有意確率］が［.005］と有意であり，等分散性を仮定することができません。このような場合は，多重比較の方法として［Games-Howell（A）］（**図 2.18**）を使うことが推奨されます（平井・高波，2017）。

（5）［**被験者間効果の検定**］（**図 2.23**）：分析に用いたすべての従属変数に有意差がみられるのかどうかを検証します。今回は，すべての従属変数において［**有意確率**］が［.000］となり，有意差がみられることがわかりました。そのため，多重比較に進みます。

被験者間効果の検定

ソース	従属変数	タイプ III 平方和	自由度	平均平方	F 値	有意確率	偏イータ 2 乗
修正モデル	不安	20.274[a]	2	10.137	44.593	.000	.503
	興味	29.855[b]	2	14.927	64.237	.000	.593
	動機	9.060[c]	2	4.530	15.620	.000	.262
切片	不安	1296.251	1	1296.251	5702.250	.000	.985
	興味	884.339	1	884.339	3805.582	.000	.977
	動機	565.361	1	565.361	1949.329	.000	.957
クラスタ	不安	20.274	2	10.137	44.593	.000	.503
	興味	29.855	2	14.927	64.237	.000	.593
	動機	9.060	2	4.530	15.620	.000	.262

図 2.23　被験者間効果の検定結果

（6）［**多重比較**］（**図 2.24**）：［不安］については第 1 と第 3 クラスタに，［**興味**］については第 1 と第 2 クラスタに，［**動機**］については第 1 と第 3 クラスタに，それぞれ有意差がみられませんでした（囲み）。それら以外の比較についてはすべて有意差がみられます。

多重比較

Games-Howell

従属変数	(I) クラスタ	(J) クラスタ	平均値の差 (I-J)	標準誤差	有意確率	95% 信頼区間 下限	95% 信頼区間 上限
不安	1	2	1.0749*	.10166	.000	.8304	1.3194
		3	.2375	.11652	.115	-.0449	.5199
	2	1	-1.0749*	.10166	.000	-1.3194	-.8304
		3	-.8374*	.13098	.000	-1.1522	-.5226
	3	1	-.2375	.11652	.115	-.5199	.0449
		2	.8374*	.13098	.000	.5226	1.1522
興味	1	2	.1704	.12400	.361	-.1279	.4687
		3	1.3131*	.11577	.000	1.0336	1.5927
	2	1	-.1704	.12400	.361	-.4687	.1279
		3	1.1427*	.12086	.000	.8529	1.4326
	3	1	-1.3131*	.11577	.000	-1.5927	-1.0336
		2	-1.1427*	.12086	.000	-1.4326	-.8529
動機	1	2	-.6365*	.11957	.000	-.9241	-.3489
		3	.0104	.14067	.997	.0206	.3503
	2	1	.6365*	.11957	.000	.3489	.9241
		3	.6470*	.14516	.000	.2977	.9963
	3	1	[illegible]	.14067	.997	-.3503	.3295
		2	-.6470*	.14516	.000	-.9963	-.2977

観測平均値に基づいています。
誤差項は平均平方 (誤差) = .290 です。
*. 平均値の差は .05 水準で有意です。

図 2.24　多重比較の検定結果

2-2-5　各クラスタの命名

（1）**各クラスタの傾向を把握**：多重比較の結果を参考に，各クラスタの解釈を行います。論文内で報告する際には，各クラスタの平均値をプロットしたグラフを添えると伝わりやすくなります（**図 2.25**）。

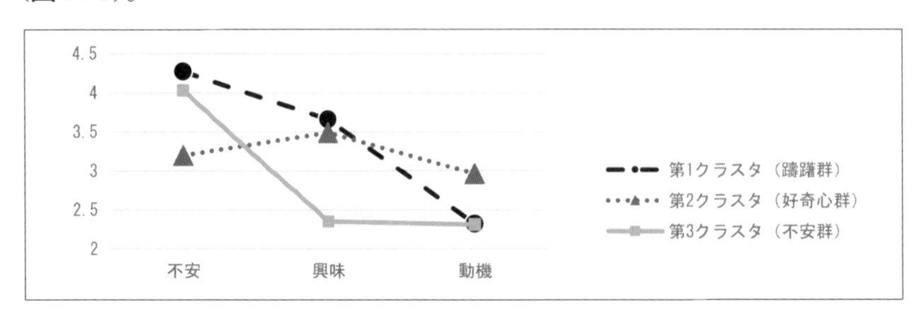

図 2.25　各クラスタの平均値のプロット

第 1 と第 3 クラスタ間では，不安と動機とも有意差はありません。また，興味に関しては，第 1 と第 2 クラスタ間に有意差はありません。これらのことを考慮すると，第 1 クラスタは不安と興味がかなり高く，動機がかなり低い特徴を有し，スピーキングタスクに対して興味をもっているものの，不安が高く活動に対して躊躇している学習者群であると考えられます。

第 2 クラスタの特徴は，興味が第 1 クラスタと同等である一方，不安が他のクラスタよりも有意に低く，動機は有意に高くなっています。このことから，スピーキングタスクに対して好奇心をもって，比較的積極的に取り組むことができる学習者群であると考えられます。

最後の第 3 クラスタでは，興味，動機とも低く，第 1 クラスタと有意差はなかったものの不安は非常に高い群であることがわかりました。活動の最中，不安で胸がいっぱいであまり動機づけが高まらなかった学習者群といえそうです。

（2）**各クラスタの命名**：上記の解釈を基に，それぞれのクラスタの命名を行います。それぞれの変数のパターンの傾向から，第 1 クラスタは「躊躇群」，第 2 クラスタは「好奇心群」，第 3 クラスタは「不安群」と名づけることができそうです。

（3）**変数間の関係性を捉える**：クラスタ分析の結果は個体のグルーピングに役立つだけではありません。実は，分析に用いた変数間の関連性に関しても重要な示唆を与えてくれます。

たとえば，先行研究より興味は動機づけの重要な先行要因として考えられており，興味と動機が高い好奇心群と，興味と動機が低い不安群の比較による今回の結果からその傾向が伺えます。一方，躊躇群の興味の強さは好奇心群と同等ですが，動機は好奇心群に比べて有意に低いという結果になりました。加えて，躊躇群は好奇心群と比べて有意に高い不安を抱えていました。

これらの傾向を踏まえると，動機づけが低い群は強い不安を抱えていたと考えられそうです。つまり，スピーキングタスクに対して十分に動機づけるには，スピーキングタスクに対する興味が高いだけでは不十分であり，不安も十分に解消されている必要がある，という可能性が示唆されます。

このように，クラスタ分析の結果からは，複数の変数間の関係性について豊富な示唆を得ることができます。関係性の検証には主に相関分析や回帰分析が用いられますが，それらは２変数間の分析（動機と興味，動機と不安，不安と興味）に限定されます。よって，複数の変数が絡んだ関係性を分析する場合には，クラスタ分析の方が豊富な情報を提供してくれるかもしれません。クラスタ分析を用いた変数間の関係性の検証例として，「**期待**」，「**価値**」，「**意図**」の３つの変数の関連性を分析した磯田（2006）が参考になります。

2-2-6　クラスタの分析の注意点

従来の多変量解析等では見逃されがちだった点をクラスタ分析により補うことが可能です。しかし，その一方，①分析により得られたクラスタが理論的根拠に欠ける（西村・吉田・平松・田中，1983），②用いるデータにより得られるクラスタが異なるなど安定性に欠ける，③どのクラスタを用いるのかは分析者に委ねられている，④得られたクラスタが必ずしも意味のあるまとまりであるという確証はない，⑤他の統計的手法により補う必要がある（繁桝・柳井・森，2008；水本，2014），等の理由で，批判されることがあります。また，上記のように変数間の関係性について示唆を得ることもできますが，因果関係を保証するものではないことに留意する必要があります。一般化という観点からは難しい面もありますが，使い方次第では非常に興味深く有益な統計的分析手法といえるでしょう。

2-2-7　論文への記載

論文では，記述統計値（**表 2.1**）およびそのプロット（**図 2.25**），分散分析等によるクラスタ間の差の検証結果を提示します。デンドログラムはわかりやすいため掲載したいところですが，サンプルサイズに応じてデンドログラムが大きくなるため，論文のページ制限等を考慮した判断が必要です。ただし，クラスタ化の過程が重要な結果を表す場合などは，デンドログラムの提示が必須となります。最後に，各クラスタがどのようなグループなのか説明およびネーミングを行い，その特徴を詳述することが重要です。

記載例

不安，動機，興味の尺度値を用いて，ユークリッド平方距離による Ward 法のクラスタ分析を行った。デンドログラムを検証し，カットオフポイントを定め，最終的に 3 クラスタが妥当であると判断した。

次に，これらのクラスタが異なるグループとして差別化されているのかを検証するために，クラスタによる 3 グループを被験者間要因，3 つの尺度値を従属変数とした多変量分散分析を行った。各クラスタの記述統計とそのプロット図をそれぞれ表 2.1，図 2.25 に示す。多変量検定の結果（図 2.21）が有意だったため（$F(6, 174) = 38.31$，$p < .001$，$\eta_p^2 = .57$），1 変量分散分析を行った結果（図 2.23），すべての変数において各クラスタ間に有意差がみられた［不安：$F(2, 88) = 44.59$，$p < .001$，$\eta_p^2 = .50$；興味：$F(2, 88) = 64.24$，$p < .001$；$\eta_p^2 = .59$；動機：$F(2, 88) = 15.62$，$p < .001$，$\eta_p^2 = .26$］。

続いて多重比較の結果を検証し，各変数においてどのクラスタ間に有意差がみられたのかを確認した。不安については，クラスタ 1 と 3 がクラスタ 2 よりも有意に高い不安を示した。動機に関しては，クラスタ 2 が他のクラスタよりも有意に高かった。最後に，興味については，クラスタ 3 が他のクラスタより有意に低かった。一部有意差はみられなかったが，以上の結果から，それぞれのクラスタが個別の傾向を反映したものであると考えられ，今回のクラスタへの分類は妥当であると判断された。

次に，各クラスタの特徴について述べる。クラスタ 1 は不安と興味が高く，動機が低い傾向を示した。今回のスピーキングタスクに興味をもっているものの，不安が高く，積極的な活動ができていなかった可能性が考えられる。したがって，この学習者群を「躊躇群」と名づけた。クラスタ 2 の学習者はスピーキングタスクに対する動機も興味も他のクラスタよりも高く，また不安が低い傾向にある理想的な学習者群であったといえる。この傾向に基づき，これらの学習者を「好奇心群」と命名した。クラスタ 3 については，スピーキングタスクに対して動機も興味も低く，強い不安をもつ傾向がみられる学習者群だった。このタスクの最中，不安にとらわれていたと考えられるため，この学習者群を「不安群」とした。

以上，タスクに対する動機づけ要因に関して 3 パターンの学習者がいることがわかった。さらに，各群の変数を詳細に比較すると，次の 2 点が特徴として挙げられる。1 点目は，躊躇群の興味は好奇心群と同等に高いものの，有意に動機が低いこと，2 点目は，躊躇群の不安は好奇心群よりもかなり高いということである。これらのことから，スピーキングタスクに興味があっても，不安が高ければ動機が高まらない可能性があることが示唆された。スピーキングタスクを行う際，教師は学習者の興味を引きつつ，不安に対しても十分に留意する必要があるといえるだろう。

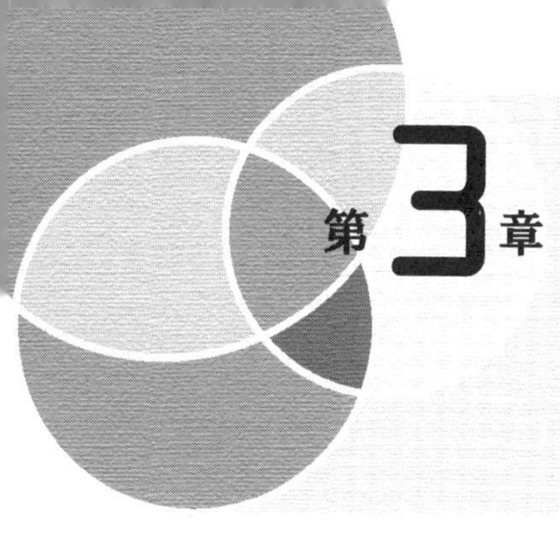

第3章 階層線形モデル

◉階層的データを分析する

Section 3-1 階層線形モデルとは

階層線形モデル（hierarchical linear model）とは，いくつかの集団から収集された階層性（**3-1-1** 参照）が想定されるデータを分析する手法のことで，**マルチレベルモデル**（multilevel model）または**ランダム効果モデル**（random effects model）とも呼ばれます。

図 3.1 は，従来の分析手法と階層線形モデルとの関係性を示しています。線形モデルは，一般によく使われる t 検定や分散分析など正規分布を前提にした分析です。階層線形モデルは，その中の**線形回帰分析**（liner regression analysis）の応用的な分析であり，**一般化線形混合モデル**（generalized liner mixed model）の一種です。つまり，階層線形モデルで扱うデータは，正規分布を前提とせず，線形回帰分析よりも前提条件が厳しくないという特徴があります。さらに，階層線形モデルでは，線形回帰分析で検討する**固定効果**（fixed effect）に加え，階層性による**変量効果**（random effect）を分析します。つまり，異なる傾向をもつ各集団のデータを分析し，データ全体と比較することで，それぞれの集団がもつ傾向とそれをもたらす要因を検証することができます。

なお，固定効果と変量効果については **3-2-3** で説明します。

一般化線形混合モデル
＝階層性のあるデータの分析
（固定効果＋階層性による変量効果）
↑
一般化線形モデル
＝正規分布していないデータの分析
↑
線形モデル（一般線形モデル）
＝正規分布しているデータの分析
（t検定・分散分析・線形回帰分析など）

図 3.1　一般化線形混合モデル

3-1-1　データの階層性

階層性があるデータとは，個々のサンプルが何らかの要因に包含（影響）されており，サンプルの独立性が保証されないデータのことです。

(1) 階層性があるデータ例 1

日本人の公共交通機関の利用頻度と年齢の関係を検証するため，都市にいる A くんと，地方にいる B さんが街頭にて公共交通機関の利用に関するアンケート調査を行ったとします。そして，それぞれが 50 名の若年層（20 歳～30 歳）と 50 名の高年層（70 歳～80 歳）から回答を得ました（**図 3.2a**）。

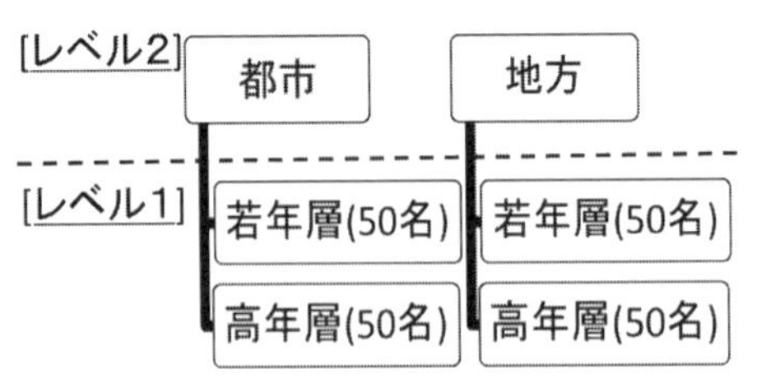

図 3.2a　公共交通機関の利用頻度に関するデータの階層性

表 3.1　公共交通機関の利用頻度

年齢	人数	平均	標準偏差
若年	100 名	10 回	8
高年	100 名	8 回	5

注．単位は 1 週間あたりの利用回数

まとめた**表 3.1** の結果から，若年層と高年層では公共交通機関の利用頻度はほぼ同じであると結論付けるのは尚早です。それは，協力者の年齢だけでなく，住んでいる場所の違いも結果に影響している可能性があるからです。たとえば，都市では年齢に関係なく電車やバスといった公共交通機関を利用する頻度が高い一方で，地方では自家用車で移動することが多く，特に自家用車を有している若年層はほとんど公共交通機関を利用していない傾向があるかもしれません。

今回のデータは，年齢という個人要因（若年層 vs. 高年層）の他に，より上位の抽出単位である居住地という集団要因（都市 vs. 地方）ごとに収集されています。このように，ある要因（例：居住地）の水準ごと（例：都市 vs. 地方）にデータに階層性がある場合，データ（例：公共交通機関の利用頻度）はある要因（例：居住地）に**ネスト**（nest）されているといいます。このような場合，都市と地方で，年齢と公共交通機関の利用頻度の相関関係が異なることが考えられますので，協力者の年齢だけではなく，住んでいる場所を含めて分析を行う必要があります。

※二段階抽出（two-stage sampling）

推測統計において母集団を正しく推測するには，サンプルの無作為抽出が前提ですが，今回の例（**図 3.2a**）では，居住地ごとのサンプリングがデータに影響している可能性があります。

ある要因の水準ごとにサンプルを抽出することを，無作為抽出と区別して**二段階抽出**といいます。二段階抽出で収集されたデータは階層性を疑った方がいいでしょう。

(2) 階層性があるデータ例 2

複数のクラスを対象として収集した，高校生の英語リスニングテストの得点を例にとります（**図 3.2b**）。生徒の「リスニング得点」は，「個人の勉強時間」によって異なる一方で，生徒が所属する「クラスの指導方法」によっても影響を受けている可能性があります。この場合は，「勉強時間」という個人要因と「指導方法」という集団要因が存在し，「リスニング得点」が「指導方法」にネストされています。

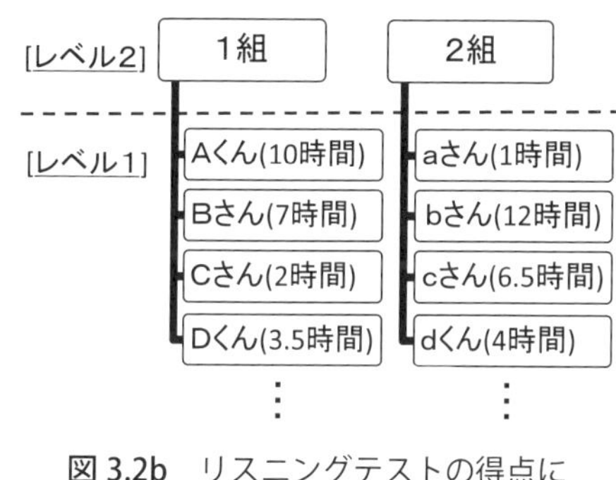

図 3.2b リスニングテストの得点に関するデータの階層性

具体的には，リスニング重視のクラスと，リーディング重視のクラスでは，個人の勉強時間は同じでも，前者の生徒の方がリスニングテストで高得点を取るかもしれません。すなわち，生徒のリスニング得点と個人の勉強時間の相関関係は指導法という要因の水準間で異なる可能性があります。

(3) 階層性があるデータ例 3

同一個人から得られたデータにも階層性はみられます。学習者に難易度の異なる 3 種類の英文を読ませて，読解時間データを収集したとします（**図 3.2c**）。このとき，同一学習者から 3 回の読解時間という対応あるデータが得られることになります。「英文の読解時間」は，「難易度」によって影響を受ける一方で，熟達度が同じくらいの学習者であっても，「動機づけ」の違いにも影響を受けている可能性があります。つまり，「英文の読解時間」は「学習者の動機づけ」にネストされています。

具体的には，難易度が高い英文ほど読解時間が長くなる傾向が想定されますが，動機づけが低い学習者の場合，難易度が高い英文の読解を諦めてしまい，難易度が高い英文の読解時間が短くなるかもしれません。このように，「英文の読解時間」と「難易度」の関係は「学習者の動機づけ」という要因の水準間で異なる可能性があります。

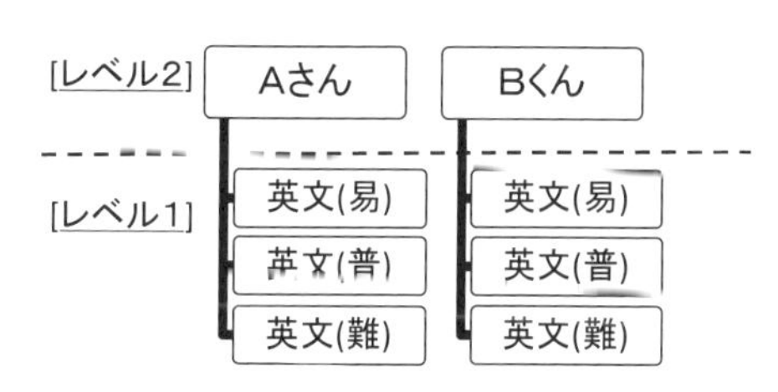

図 3.2c 英文読解時間に関するデータの階層性

3-1-2　階層線形モデルの利点

階層線形モデルの利点として次の 6 点が挙げられます（Mizumoto, 2016）。

①データの等分散性や球面性の仮定に頑健である，②回帰直線の平行性が満たされなくても共分散分析ができる，③正規分布していないデータも分析できる，④連続変数に加え離散変数でも分析ができる，⑤個人差を考慮して縦断的データを分析できる，そして，⑥データの欠損値やサンプルサイズに偏りがあるデータでも分析ができる。

その一方で，データの階層性を無視して従来の線形回帰分析を行うことについて，次のような問題が指摘されています（清水，2014）。

(1) 分析結果が個人の影響か，集団の影響か特定できない

階層性があるデータは，個々のサンプルと集団要因のばらつきが混在しており，従来の分析手法ではその 2 つの影響を分けて分析することができません。**表 3.1** では，若年層と高年層では公共交通機関の利用頻度はほぼ同じでしたが，この理由が年齢という個人差を示しているのか，それとも居住地による集団差を示しているのかはわかりません。

また，データに階層性がある場合，集団の**層別相関**と**全体相関**に不一致が生じることがあります。たとえば，アパートの家賃と最寄駅からの距離の関係を調べるため，100 軒のアパートを抽出したとします。一般的には，最寄駅から近いアパートは家賃が高くなることから，アパートの家賃は最寄

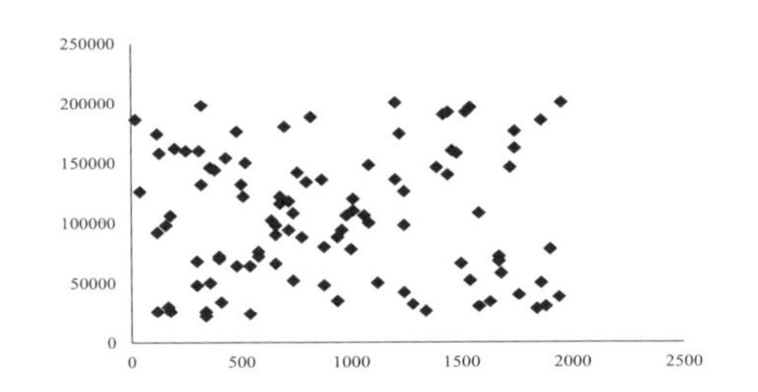

図 3.3a　100 軒のアパートの家賃と最寄駅からの距離

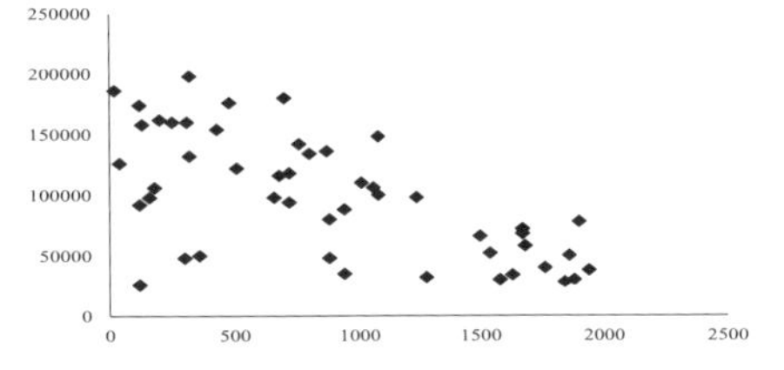

図 3.3b　都市のアパートの家賃と最寄駅からの距離

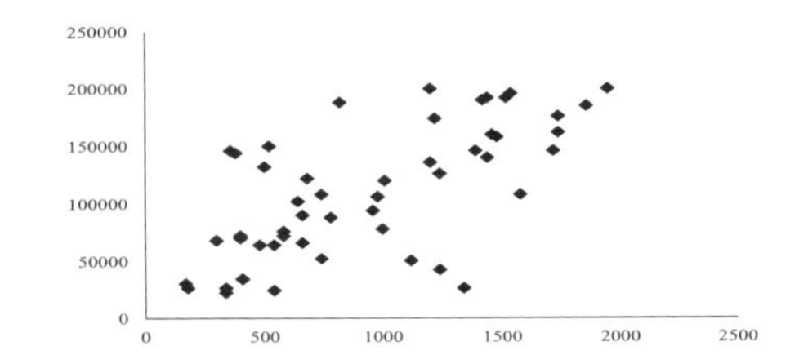

図 3.3c　地方のアパートの家賃と最寄駅からの距離

駅からの距離と反比例の関係にあることが推測されます。

しかし，得られた散布図（**図 3.3a**）はほぼ無相関のようです。その原因を探ると，100 軒のアパートの内，50 軒は都市にある物件，残り 50 軒は地方にある物件でした。都市の物件では，当初の予想どおり，アパートの家賃と最寄駅からの距離が反比例の関係にあります（**図 3.3b**）。それに対し，地方の物件では比例の関係になっています（**図 3.3c**）。地方は車社会で，駅から離れた場所が発展しており，最寄駅からの距離が遠いアパートのほうが家賃が高いという，都市とは逆の関係になっていました。

このように，データの階層性を無視してまとめて分析してしまうと，誤った結果を導く可能性があります。また，今回の例における，地方ではアパートの家賃と最寄駅からの距離の関係性が比例関係になるといったような，新たな発見を見逃すことになりかねません。

(2) 推定精度が過剰に高くなり，分析結果が歪みやすくなる

この問題は階層性のあるデータの自由度が過剰に高く見積もられることに起因します。一般的に，サンプルサイズが大きければ，母集団を推測するための情報がたくさんある（自由度が大きくなる）ので，より精度の高い推定が可能で，信頼区間も狭くなります。しかし，階層性があるデータでは，個々のデータが独立しているサンプルに比べ，サンプルどうしが類似した傾向をもっているため，母集団を推測するための情報が少なくなります。その結果，同じサンプルサイズの自由度が用いられ推定精度が高く見えても，実際にはそれほど推定精度が高くない可能性があります。

また，この対策として，サンプル全体ではなく集団ごとに線形回帰分析を行ったとしても，それぞれの回帰係数と切片には問題があります。たとえば，10 の集団から 100 名ずつ収集したデータの場合，階層線形モデルでは，1000 のサンプルサイズに調整を加えた形でパラメタを算出します。しかし，集団ごとの線形回帰分析の場合はそれぞれ 100 のサンプルサイズでパラメタを算出するので，サンプルサイズが 10 分の 1 となり，標準誤差が大きくなります。

3-1-3 級内相関係数

階層性が疑われるデータでは，階層線形モデルによる分析が必要となりますが，データの階層性を判断する指標のひとつに**級内相関係数**（intraclass correlation）があります。級内相関係数とは，集団内のサンプルの類似性の指標です。「データ全体のばらつき」を，「集団によって説明されるばらつき」と「個人によって説明されるばらつき」とに分け，「データ全体のばらつき」に対する「集団によって説明されるばらつき」の大きさを示します。集団内のサンプルが非常によく類似しており，

データのばらつきが集団によって十分に説明される場合，級内相関係数は 1 に近づき，逆に，サンプル間の独立性が確保されており，集団内のサンプルに類似した傾向がない場合は 0 に近づきます。

級内相関係数の値がどの程度であれば，データに階層性があると判断されるかに関しては，次のような基準があります。

(1) 級内相関係数が有意に 0 でない場合

「得られた級内相関係数が 0 である」とする帰無仮説を立て，有意差検定で棄却されれば，データに階層性があると判断します。しかし，他の有意差検定と同様に，サンプルサイズと集団数に影響されます（清水，2014）。

(2) 級内相関係数が 0.1（より甘い基準では 0.05）を超えている場合

0.1（もしくは 0.05）以上という目安が基準としてよく用いられますが，データに階層性があると判断すべき級内相関係数の大きさは，集団内のサンプルサイズによって異なります。たとえば，集団内のサンプルサイズが大きいほど集団の影響が大きくなるため，級内相関係数が小さくてもデータの階層性を疑う必要性が高くなります（清水，2014）。

(3) デザインエフェクト（design effect：DE）が 2 以上の場合

DE は，級内相関係数に集団内のサンプルサイズの影響を考慮した指標で（式 3.1），2 以上あれば階層性があると考えられます。しかし，集団内のサンプルサイズが 2 の場合，常に DE は 2 以下になるので，集団内のサンプルサイズが小さい場合はあまり適切ではないと指摘されています（清水，2014）。

（式 3.1）デザインエフェクト（DE）＝1＋（集団内のサンプルサイズ－1）×級内相関係数

データの階層性の判断は，級内相関係数に関する 1 つの基準で判断せず，当該分野で用いられている基準などを参考に，柔軟に判断するのが妥当です（熊谷・荘島，2015）。また，階層性の判断が難しい場合，階層線形モデルと従来の線形回帰分析の結果が同じであれば，従来の分析結果を報告します（Tabachnick & Fidell, 2013）。

Section
3-2 階層線形モデルの理論

3-2-1 階層線形モデルと線形回帰分析

まず，線形回帰分析の基本的な単回帰モデルの式を示します。

（式 3.2）観測値＝予測値＋残差
（式 3.3）予測値＝切片＋回帰係数×独立変数
（式 3.4）観測値＝切片＋回帰係数×独立変数＋残差

従属変数である観測値（observed）は，予測値（model）と残差（deviation/residual）の和です（式 3.2）。線形回帰モデルの回帰係数（regression coefficient）と切片（intercept）のパラメタが算出できれば，個々の観測値における独立変数の値を代入することで，予測値が定まります（式 3.3）。つまり，観測値は式 3.4 と表せます。そして，線形回帰分析では，回帰係数と切片のパラメタをそれぞれ 1 つの値に定め，予測値と観測値の残差でモデルの当てはまりを評価します。

これに対して階層線形モデルの場合，回帰係数と切片は集団ごとに異なる値をとります。**図 3.3** の全体相関（**図 3.3a**）と層別相関（**図 3.3b, c**）が必ずしも一致しないことを見ましたが，この全体相関が線形回帰分析，層別相関が階層線形モデルに対応します。すべての集団に同じ回帰係数と切片のパラメタを算出するよりも，集団ごとに異なるパラメタを算出する方がモデルの当てはまりが良くなります。

3-2-2 階層線形モデルのしくみ

階層線形モデルでは，サンプル全体の直線モデルのパラメタ（切片や回帰係数）を基準（式 3.5）とし，集団ごとのパラメタに修正値を加えることで分析を行います。たとえば，サンプル全体の回帰係数が 3，切片が 4 の直線モデル（式 3.5）が，**図 3.4** に描かれた 3 つの集団で構成されているとします。それぞれの集団の切片と回帰係数（式 3.6～式 3.8）は，式 3.5 から α_{1-4} だけ修正されています。

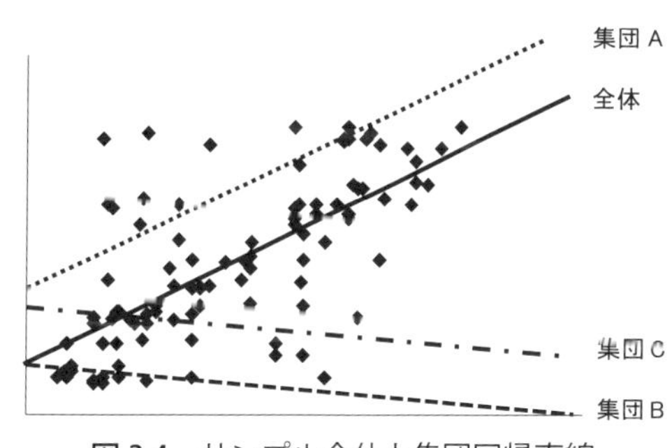

図 3.4 サンプル全体と集団回帰直線

（式 3.5）観測値＝ 4（切片）＋ 3（回帰係数）×独立変数＋残差

（式 3.6）集団 A：切片＝ 4 ＋ α_1，回帰係数＝ 3 （ただし， $\alpha_1 = 6$）

（式 3.7）集団 B：切片＝ 4，回帰係数＝ 3 ＋ α_2 （ただし， $\alpha_2 = -4$）

（式 3.8）集団 C：切片＝ 4 ＋ α_3，回帰係数＝ 3 ＋ α_4 （ただし， $\alpha_3 = 4$， $\alpha_4 = -4$）

3-2-3 固定効果と変量効果

サンプル全体による基準モデル（式 3.5）のパラメタを固定効果（切片の 4 や回帰係数の 3），集団ごとに変動するパラメタを変量効果（α_{1-4} の部分）といいます。階層線形モデルは固定効果に加えて変量効果を考慮したパラメタを算出します。

ところで，固定効果は点推定できる（定まった 1 つの値が求められる）のに対して，変量効果は点推定できません。その代わり，変量効果に関するパラメタとして，変量効果の分散が算出できます。変量効果の分散は，集団によって切片や回帰係数がどの程度変動するかを示します。すなわち，変量効果の分散が大きければ，集団間でパラメタの変動が大きいことを示します。

3-2-4 階層線形モデルの基本的な計算式

図 3.4 の集団 C のように，切片と回帰係数の両方が集団ごとに変動する階層線形モデルで基本式を説明します。

（1）まず，次の式 3.9 は，先ほどの式 3.4 のことで，集団 j に所属する観測値 i を予測する線形回帰モデルです。これは，データに階層性がない基準となるモデルで，レベル 1 の式と呼ばれます。そして，残差（r_{ij}）に関するパラメタとして，残差分散（σ^2）が算出されます。

［レベル 1］

（式 3.9）観測値（y_{ij}）＝切片（β_{0j}）＋ 回帰係数（β_{1j}）×独立変数（x_{ij}）＋残差（r_{ij}）

（2）集団ごとのパラメタ変動を示す式 3.10.1 と式 3.10.2 が，レベル 2 の式と呼ばれます。

［レベル 2］

（式 3.10.1）切片（β_{0j}）＝全体の基準切片（γ_{00}）＋各集団の切片の変動値（u_{0j}）

（式 3.10.2）回帰係数（β_{1j}）＝全体の基準回帰係数（γ_{10}）＋各集団の回帰係数の変動値（u_{1j}）

この式における u_{0j} と u_{1j} が集団ごとのパラメタの変動値を示しています（式 3.8 の α 部分）。切片のみが集団間で変動するモデル（**3-3-2** 参照）の場合は，式 3.10.2 の u_{1j} がなく，いずれの集団の回帰係数もサンプル全体の回帰係数と等しくなります。同様に，回帰係数のみが集団間で変動するモデル（**3-3-3** 参照）の場合，式 3.10.1 から u_{0j} が除かれた式になります。

変量効果に関する値として，切片の変動値（u_{0j}）の分散（τ_{00}）と回帰係数の変動値（u_{0j}）の分散（τ_{11}），および τ_{00} と τ_{11} の共分散（$\tau_{01} = \tau_{10}$）が算出されます。また，レベル 2 の集団がさらに他の集団によってネストされている場合は，レベル 3 の式が必要になります。

（3）最後に，個人を予測する式 3.9 に，集団を予測する式 3.10.1 と式 3.10.2 を代入したのが式 3.11 です。サンプル全体のパラメタを基準とし，集団ごとの変動が反映されています。

（式 3.11）観測値（y_{ij}） ＝ ［全体の基準切片（γ_{00}）＋各集団の切片の変動値（u_{0j}）］
＋［全体の基準回帰係数（γ_{10}）＋各集団の回帰係数の変動値（u_{1j}）］
×独立変数（x_{ij}）＋残差（r_{ij}）

Section 3-3 階層線形モデルの種類

階層線形モデルには，分析の目的に応じていくつかの種類があり，レベル 1 とレベル 2 の式にバリエーションをつけることができます。ここでは，5 つのモデルを紹介します。

3-3-1 帰無モデル

階層線形モデルによる分析を行うには，従属変数と独立変数による直線モデルを立てることが基本ですが，最も基本的なモデルは，従属変数のみから構成される**帰無モデル**（null model）です（式 3.12）。

（式 3.12）［レベル 1］観測値（y_{ij}）＝切片（β_{0j}）＋残差（r_{ij}）
［レベル 2］切片（β_{0j}）＝切片（γ_{00}）＋各集団の切片の変動値（u_{0j}）

帰無モデルによる分析を行う利点は大きく 2 つあります。1 つは，級内相関係数を基に，観測値に集団間変動があるかを確認できることです。級内相関係数によって，階層線形モデルの前提である集団ごとの変動値 u_{0j} を想定すべきか判断できます。級内相関係数は，帰無モデルの残差と集団ごとの切片の変動値を基に算出します。式 3.13 のように，集団ごとの「切片の変動値の分散」が「集団間変動」に，「残差の分散」が「個人間変動」に対応しています。この級内相関係数が .05 より小さい場合，集団間の変動が非常に小さいため，その係数には変量効果を仮定せず，階層線形モデルでの分析は必要ないと判断することが多いです（Raudenbush & Bryk, 2002；清水，2014）。

（式 3.13）級内相関係数＝集団間変動 / 全体分散
＝集団間変動 /（集団間変動＋個人間変動）
＝切片の変動値の分散 /（切片の変動値の分散＋残差の分散）

もう 1 つの利点は，帰無モデルを，独立変数を含んだモデルと比較することで，独立変数を含んだモデルの適切さを判断できることです（モデルの適切さについては **3-5** を参照）。特に，理論的に仮定される統計モデルがない場合は，帰無モデルとさまざまなパラメタを含んだモデルとを比較することで，より統計的に好ましいモデルを検討できます。

3-3-2　切片変動モデル

集団間変動を示すレベル 2 の式において，切片のみが集団間で変動することを想定したモデルが**切片変動モデル**です（式 3.14）。固定効果である回帰係数はサンプル全体と各集団で同一の値であるため，いずれの直線の傾きも等しくなります（**図 3.5**）。

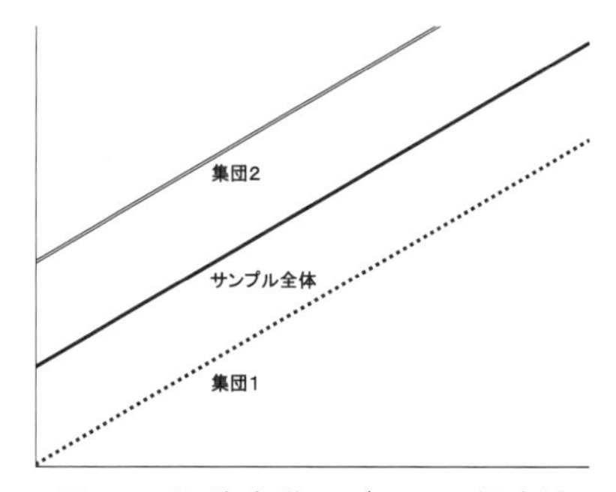

図 3.5　切片変動モデルの回帰直線

（式 3.14）

［レベル 1］観測値（y_{ij}）＝切片（β_{0j}）＋回帰係数（β_{1j}）×独立変数（x_{ij}）＋残差（r_{ij}）

［レベル 2］切片（β_{0j}）＝全体の基準切片（γ_{00}）＋各集団の切片の変動値（u_{0j}）

回帰係数（β_{1j}）＝全体の基準回帰係数（γ_{10}）

レベル 2 の切片（β_{0j}）は，全体の基準切片と集団ごとの切片の変動値の和になります。各集団の切片の変動値（u_{0j}）は，その分散がパラメタとして用いられます。このとき，集団ごとの切片の変動値の分散が大きいほど，各集団の切片は「全体の基準切片」から離れます。また，集団ごとの切片の変動値の分散が大きいということは，級内相関係数が大きいことを意味し（式 3.13 参照），階層線形モデルによる分析を行う必要があります。

3-3-3 回帰係数変動モデル

集団間変動を示すレベル 2 の式において，回帰係数のみが集団間で変動することを想定したモデルが**回帰係数変動モデル**です（式 3.15）。

（式 3.15）

［レベル 1］観測値（y_{ij}）＝切片（β_{0j}）＋回帰係数（β_{1j}）×独立変数（x_{ij}）＋残差（r_{ij}）

［レベル 2］切片（β_{0j}）＝全体の基準切片（γ_{00}）

回帰係数（β_{1j}）＝全体の基準回帰係数（γ_{10}）＋各集団の回帰係数の変動値（u_{1j}）

レベル 2 の式において，回帰係数（β_{1j}）は，全体の基準回帰係数と集団ごとの回帰係数の変動値の和です。集団ごとの回帰係数の変動値（u_{1j}）は，その分散がパラメタとして用いられます。集団ごとの回帰係数の変動値の分散が大きいほど，各集団の回帰係数はサンプル全体の基準回帰係数から離れます。回帰係数変動モデルの場合，固定効果である切片はサンプル全体と各集団とで同一の値をとります（**図 3.6**）。

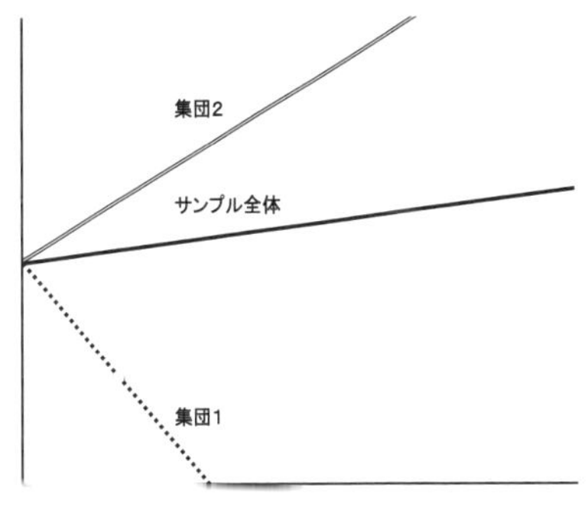

図 3.6 回帰係数変動モデルの回帰直線

3-3-4　切片および回帰係数変動モデル

集団間変動を示すレベル 2 の式において，切片と回帰係数の両方が集団ごとに変動することを想定したモデルです。**3-2-4** で紹介した階層線形モデルの基本的な式と同じです（式 3.11）。

3-3-5　切片および回帰係数の変動を予測するモデル

これまでのモデルは，集団による切片や回帰係数の変動を点推定することはできず，その分散をパラメタとして算出するだけでした。しかし，**切片および回帰係数の変動を予測するモデル**では，集団ごとの切片や回帰係数の具体的な変動値を，各集団がもつ別の変数を用いて予測できます（式 3.16）。

（式 3.16）

［レベル 1］観測値（y_{ij}）＝切片（β_{0j}）＋回帰係数（β_{1j}）×独立変数（x_{ij}）＋残差（r_{ij}）

［レベル 2］切片（β_{0j}）＝全体の基準切片（γ_{00}）＋切片の集団間変動を示す傾き（γ_{01}）
×切片の集団間変動を予測する独立変数（W_j）＋各集団の切片の変動値（u_{0j}）

回帰係数（β_{1j}）＝全体の基準回帰係数（γ_{10}）＋回帰係数の集団間変動を示す傾き（γ_{11}）
×回帰係数の集団間変動を予測する独立変数（W_j）＋各集団の回帰係数の変動値（u_{1j}）

表 3.2　切片および回帰係数の変動を予測するモデルで用いられる記号とその意味

記号	意味
γ_{00}	全体の基準切片（切片の集団間変動を予測する回帰式の切片）
γ_{01}	切片の集団間変動を示す傾き（切片の集団間変動を予測する回帰式の回帰係数）
W_j	切片および回帰係数の集団間変動を予測する独立変数 （切片および回帰係数の集団間変動を予測する回帰式の独立変数の値）
u_{0j}	各集団の切片の変動値（切片の集団間変動を予測する回帰式で説明できない切片の変動値）
γ_{10}	全体の基準回帰係数（回帰係数の集団間変動を予測する回帰式の切片）
γ_{11}	回帰係数の集団間変動を予測する回帰式の回帰係数
u_{1j}	各集団の回帰係数の変動値（回帰係数の集団間変動を予測する回帰式で説明できない回帰係数の変動値）

切片および回帰係数の変動を予測するモデルの場合，切片に関する γ_{00} と γ_{01}，回帰係数に関する γ_{10} と γ_{11} は点推定が行われ，u_{0j} と u_{1j} は分散が算出されます。このように，集団ごとの切片と回帰係数の具体的な変動を明らかにすることが可能です。

式 3.16 のレベル 1 の式にレベル 2 の式を代入すると，以下の式 3.17 になります。

（式 3.17）$y_{ij} = (\gamma_{00} + \gamma_{01} \times W_j + u_{0j}) + (\gamma_{10} + \gamma_{11} \times W_j + u_{1j})\ x_{ij} + r_{ij}$

$(\gamma_{10} + \gamma_{11} \times W_j + u_{1j})\ x_{ij}$ は，回帰係数の集団間変動を予測する独立変数（W_j）と，個人の観測値を予測する独立変数（x_{ij}）が積の関係になっており，集団と個人のそれぞれの変動を予測する独立変数が相互作用的に観測値に影響していることがわかります。この独立変数の積（$W_j \times x_{ij}$）はいわゆる分散分析における交互作用と同じです。分散分析では，有意であった交互作用の下位検定として単純主効果の検定を行いますが，階層線形モデルの場合も同様に単純効果の検定を行います。単純効果の検定方法の 1 つに，集団間変動を予測する変数（W_j）の平均値の＋ 1*SD* と－ 1*SD* の場合の回帰係数を推定し，比較する方法があります（清水，2014）。

Section 3-4 独立変数の中心化（センタリング）

3-4-1　中心化の必要性

階層線形モデルによる分析に際して，独立変数の**中心化**（**センタリング**：centering）が必要な場合があります。独立変数の中心化とは，独立変数が個人や集団の平均値を基準とするような変数変換のことです。これを行わない場合には，独立変数が 0 をとる集団に基づいて基準となるパラメタが算出されます。たとえば，集団間変動を予測する独立変数が相対評価による 5 段階の成績の場合，成績が 0 の集団はありませんので，この変数が 0 の集団を基準とすることは意味がありません。この場合，平均的な成績である 3 の集団を基準とした方が，結果の解釈が明快になります。

独立変数の中心化には，階層線形モデルのレベル 1 の式の独立変数に対して行う**集団平均中心化**と，レベル 2 の式の独立変数に対して行う**全体平均中心化**があります。

3-4-2　集団平均中心化

集団平均中心化（group-mean centering）とは，集団ごとに平均値を求め，各集団の個人データから集団ごとの平均値を引く方法です。階層的データには，個人差と集団差が混在していますが，レベル 1 の式の独立変数を集団平均中心化することで，データの集団差が除去され，個人差のみのデータに変換できます。

集団平均中心化を行っていない場合，ある個人の従属変数が高かったとき，その集団に所属しているからなのか（集団差），それとも純粋にその個人の数値が高いのか（個人差）を判断することができません。そこで，集団平均中心化をレベル 1 の式に対して行うことで，レベル 1 の式を個人差の式，レベル 2 の式を集団差の式として，2 つのレベルの式に分離することができます。

しかし，個人差の式と集団差の式に分離するということは，レベル 1 の式からデータの階層性が失われることを意味します。この状態は階層線形モデルを行うのに不都合であるため，集団平均によって切片および回帰係数の変動を予測するモデルを立てます（**3-3-5** 参照）。元のデータが階層的であれば，その集団平均による回帰式によってデータに階層性が生じます。

3-4-3 全体平均中心化

全体平均中心化（grand-mean centering）とは，全データの平均値を求め，すべての個人データから全体平均値を引く方法です。切片および回帰係数の集団間変動を予測するレベル 2 の式の独立変数を，全体平均中心化することで，結果の解釈が容易になります。

また，切片および回帰係数の変動を予測するモデルには，「個人の観測値を予測する独立変数」と，「個人の観測値を予測する独立変数」と「集団間変動を予測する独立変数」の交互作用が式に含まれていますが（式 3.17），この 2 つの相関が高くなることが知られています。しかし，全体平均中心化することでその相関を小さくし，多重共線性の問題（独立変数間の相関係数が大きい場合に，パラメタの推定が正しく行われなくなること）を防ぐことができます。

Section 3-5 モデルの適切さの検討

3-5-1 パラメタの推定方法

階層線形モデルではさまざまなモデルが検討できるため，モデル適合度で最適なモデルを決定します。パラメタの推定方法には，**最尤法**（maximum likelihood method）が用いられます。最尤法は，モデルの当てはまりの良さを示す尤度が最大となる値を推定する方法で，集団間変動を含み，その標準偏差が一定でない階層線形モデルに適しています（ちなみに，従属変数が正規分布で標準偏差が一定の場合に用いられる最尤法を最小二乗法といい，線形回帰分析に用いられます）。最尤法には，**完全情報最尤法**（いわゆる最尤法と呼ばれる方法）と**制限付き最尤法**があり，前者が固定効果と変量効果の両方に基づいて尤度を求めるのに対し，後者は変量効果のみに基づいて尤度を求めます。一般的に，サンプルサイズが十分に大きい場合は，完全情報最尤法は制限付き最尤法に比べ，推定精度が高いといわれています。しかし，集団の数が 50 に満たない場合，完全情報最尤法における変量効果の推定精度が極端に低くなるため，制限付き最尤法を用いることが望ましいです（清水，2014）。

3-5-2 逸脱度

モデル適合度として，尤度から求める**逸脱度**（deviance）が用いられます。逸脱度は，尤度を対数変換した値（対数尤度）に－２をかけることで求められます（式3.18）。

（式3.18）逸脱度＝－２×対数尤度

式3.18から，逸脱度は対数尤度が大きいほど小さくなり，値が小さいほどモデルの適合度が高いと判断します。モデル間の逸脱度をカイ２乗検定で比較する（尤度比検定を行う）ことで，さまざまなモデルの適合度を比較し，最も逸脱度が小さいモデルを最終モデルとすることができます。

ただし，逸脱度を使用するに際して２つのことに留意する必要があります。１つは，逸脱度とパラメタ数は反比例の関係にあり，データの当てはまりとは無関係に，独立変数が多いモデルほど，好ましいモデルと判断されやすくなります。すなわち，従属変数の予測にまったく関係のない独立変数であっても，その独立変数を含んだモデルの方が逸脱度は小さくなります。もう１つは，逸脱度に基づくモデルの比較は，あるパラメタを追加する前後のモデルどうしに限定されます。そのため，違うパラメタを含んだモデルを比較することはできません。

3-5-3 情報量基準

逸脱度とは別の指標に**情報量基準**があります。この情報量基準の代表的な指標が**AIC**（Akaike's information criterion）で，その値が小さいモデルほど適合度が高いと判断されます。AIC（＝逸脱度＋２×推定するパラメタ数）は，推定されるパラメタの数が多くなるほどAICが大きくなるので，モデル適合度が下がります。つまり，AICは，パラメタ数が多くなるほど自動的にモデル適合度が高くなる逸脱度の問題を解決できるとされています（詳細については久保（2012）が参考になります）。

また，AICに代表される情報量基準は，逸脱度と異なり，パラメタを追加する前後のモデルどうしでなくても比較可能です。ただし，同じデータセットから構築されるモデルに限定されるので，別の研究で構築されたモデルどうしを比較することはできません。

モデル構築には探索的な方法と理論的な方法がありますが，いずれの場合でも，逸脱度と情報量基準の両方を検討します。しかし，モデル適合度は，あくまでも同じデータセットから構築されるモデルどうしを比較する相対的なもので，かつ，必ずしも理論に適したモデルのモデル適合度が高いとは限りません。そのため，モデル適合度指標が高いという理由だけではなく，最終的に選択したモデルを理論的に解釈することが大切です。

Section 3-6 階層線形モデルの実践—HLM7を用いた実践例

3-6-1 HLM7のダウンロードとインストール

階層線形モデルは，SPSS（Advanced Statisticsパッケージ），SAS，HLM7，RそしてHAD（清水，2016）で分析ができます。基本的な分析であれば，どのソフトウェアでも分析を実行できますが，SPSSとSASは基本的に有償です。また，SASとRは専用のスクリプトを入力する必要があるので，基本的なソフトウェアの操作に慣れていない方にはお勧めできません。

※Rなどでの分析方法は，尾崎・川端・山田（2018），川端・岩間・鈴木（2018），清水（2014）などが参考になります。

そこで本書では，学生版HLM7（無償）を用いて説明します。HLM7は階層線形モデルに特化したソフトウェアです。操作が簡単で，SPSS（Windows版）など，他のソフトウェアのファイル形式のデータを読み込むことが可能です。無償の学生版は，説明変数の数が5つまで，また，レベル2の階層線形モデルでは，レベル1のサンプル数は8000，レベル2のサンプル数は350に制限されます。しかし，基本的な分析であればこの制限内でも十分に実行可能です。

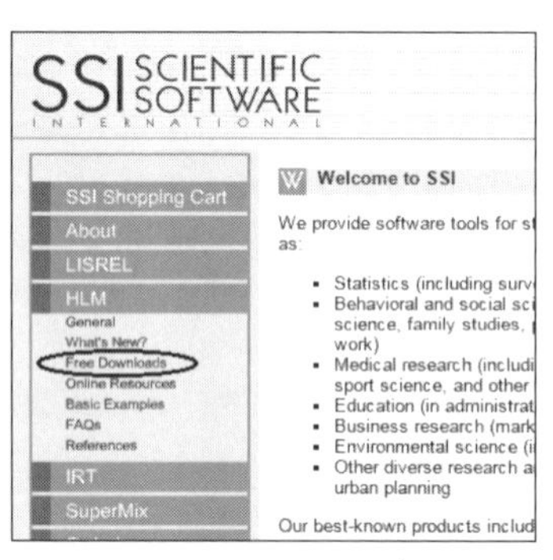

図3.7　HLM7のウェブサイト

❶ HLM7が提供されているScientific Software International（SSI）社のwebサイト（http://www.ssicentral.com/）にアクセスし，左側にあるメニューから［HLM］→［Free Downloads］を選択します（図3.7）。

❷ダウンロード可能なソフトリストから，［Free student edition of HLM 7.01 for Windows（March 2013）］→［Download HLM 7（Student Edition）］とクリックし，ダウンロードを開始します。

❸ファイル（HLM7StudentSetup）がダウンロードされます。Setupの種類は，［Complete］を選択します。

※インストールウィザードの最後の画面に，サンプルファイルの保存先がソフトウェアの保存先とは異なるという「IMPORTANT NOTICE」が出ますので，保存場所を把握してからインストールします。

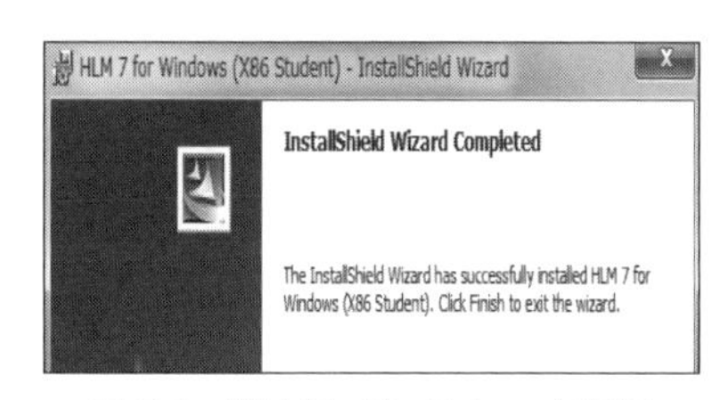

図3.8　HLM7インストール完了

❹今回はインストール完了画面［Launch HLM 7 for Windows (X86 Student)］のチェックを外し（**図3.8**），ソフトのインストールを完了させます。

3-6-2 HLM7の開き方

インストール完了後，フォルダ（HLM7 Student）内の，WHLMSファイルをクリックし，HLM7を起動します。WHLMSのショートカットをデスクトップに作成しておくと，HLM7の起動に便利です。

※ダウンロードされたフォルダ（HLM7 Student Examples）にさまざまな分析パターンに対応したファイル（Appendix A, Bなど）が入っていますので，マニュアル（HLM7 manual.pdf）を参考にしながら分析を実践することができます。

階層線形モデルの分析を行う場合，階層レベルの数だけファイルが必要です。たとえば，レベルが2つの階層線形モデルであるAppendix Aのフォルダ内には，HSB1.sav（レベル1の個人のデータ）とHSB2.sav（レベル2の集団のデータ）の2つがあり，どちらも分析に必要です。HLM7はSPSSで作成できるファイルや，Microsoft Excelとメモ帳を用いて作成できるDATファイルのデータを読み込むことが可能です。

3-6-3 HLM7による実践：データの設定

まず，［HLM1.sav］（**図3.9**）と［HLM2.sav］（**図3.10**）をSPSSで開きます。これは，ある市の50校の各中学校からランダムに選ばれた2年生20名から収集したデータです。得点比較が可能な同形式のリスニングテスト（100点満点）を1学期にTEST A，2学期にTEST B，3学期にTEST Cで実施したものです。

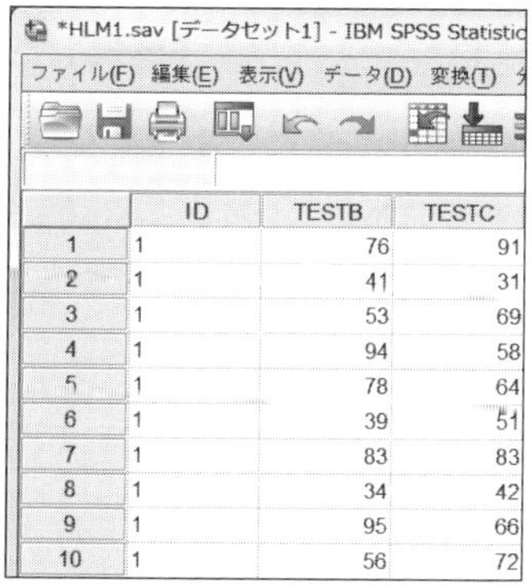

*HLM1.sav [データセット1] - IBM SPSS Statistics

	ID	TESTB	TESTC
1	1	76	91
2	1	41	31
3	1	53	69
4	1	94	58
5	1	78	64
6	1	39	51
7	1	83	83
8	1	34	42
9	1	95	66
10	1	56	72

図3.9 HLM.sav1ファイル

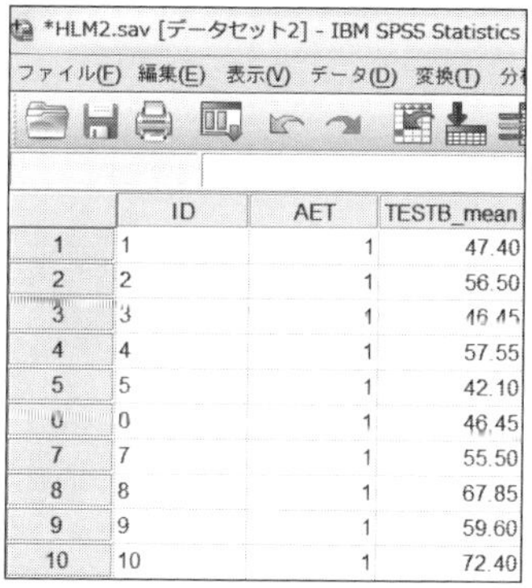

*HLM2.sav [データセット2] - IBM SPSS Statistics

	ID	AET	TESTB_mean
1	1	1	47.40
2	2	1	56.50
3	3	1	46.45
4	4	1	57.55
5	5	1	42.10
6	6	1	46.45
7	7	1	55.50
8	8	1	67.85
9	9	1	59.60
10	10	1	72.40

図3.10 HLM.sav2ファイル

市内の大規模中学校では，専任のAET（Assistant English Teacher：英語指導助手）がおり，生徒は授業外でも英語でコミュニケーションがとれる状況にあります。それに対して小規模校では，専任のAETがおらず，日常的に英語によるコミュニケーションをとることは難しい環境です。今回の分析の目的は，専任AETの有無がリスニングテストの得点に影響しているか調べるために，2学期に実施したTEST Bの得点と3学期に実施したTEST Cの得点の関係が，各中学校間で異なるかを検証することです。

［HLM1.sav］のTEST BとTEST Cの変数はリスニングテストの得点です。［HLM2.sav］のAETは，1の場合は専任のAETがいることを，0の場合は専任のAETがいないことを示します。また，TESTB_meanは学校ごとのTEST Bの平均得点です。

3-6-4 HLM7の起動

HLM7では，MDM（Multivariate Data Matrix）ファイルを用いて分析するため，最初にMDMファイルを作成します。

❶ HLM7を起動し，メニューから［File］→［Make new MDM file］→［Stat package input］とクリックします（**図3.11**）。

※DATのデータを読み込む場合は，［ASCII input］をクリックします。

※すでに，MDMファイルを作成済みの場合は，［Create a new model using an existing MDM file］から始めます。

❷［Stat package input］から，モデル選択画面（**図3.12**）を表示し，今回は，レベルが2つの階層線形モデルですので，デフォルトの［HLM2］→ OK と進みます。

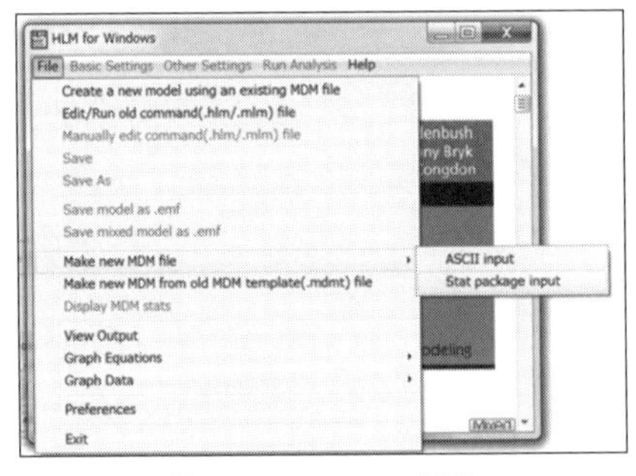

図3.11 HLMの起動

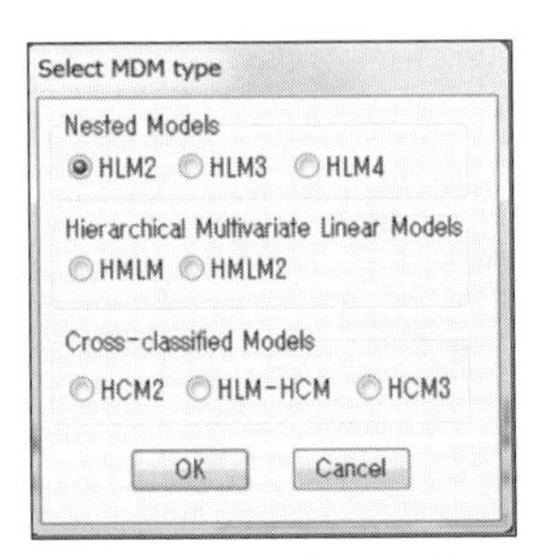

図3.12 モデルの選択

3-6-5 MDMT ファイルと MDM ファイルの作成

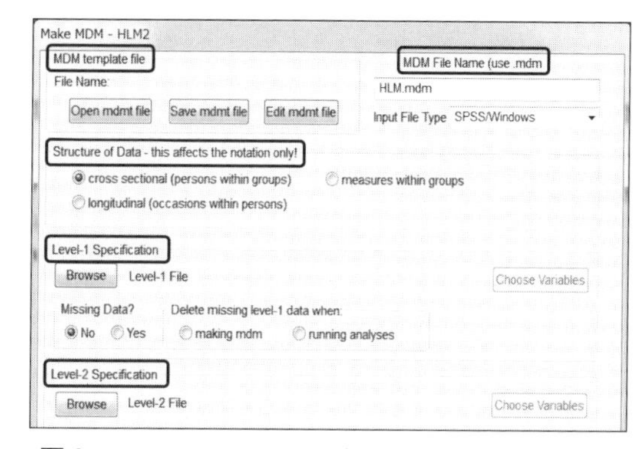

図 3.13　MDMT ファイルと MDM ファイルの作成

❶図 3.13 の右上の［MDM File Name］の下の空欄に，［ファイル名.mdm］の形にします。今回は，［HLM.mdm］と入力します。

❷その下の［Input File Type］は，［SPSS/Windows］のままにします。

❸［Structure of Data］は，今回のように，集団に所属している個人のデータを分析する場合は，［cross sectional］が適しています。

※ある個人から複数回収集したデータを分析する場合は［longitudinal］にします。

❹レベルごとのファイルを指定します。［Level-1 Specification］にて，Browse →［HLM1.sav］→ Choose Variables をクリックします。

❺図 3.14 の画面が表示されますので，ID に［ID］と，TESTB と TESTC はどちらも［in MDM］にチェックを入れ，OK にします。

❻［Missing Data? ］は［No］にしておきます。

※もしデータに欠損値が含まれている場合は［Yes］を選択し，欠損値を対処するタイミングも選択します。

❼［Level-2 Specification］も同様に，Browse →［HLM2.sav］→ Choose Variables と進み，ID には［ID］チェックを，AET と TESTB_MEAN は，どちらも［in MDM］にチェックを入れます（図 3.15）。

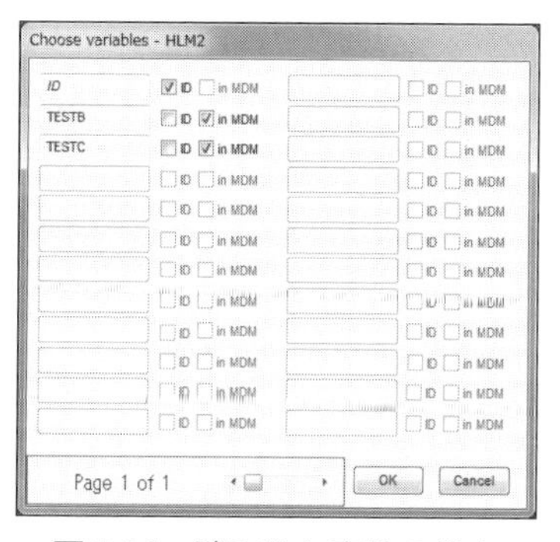

図 3.14　読み込む変数の指定

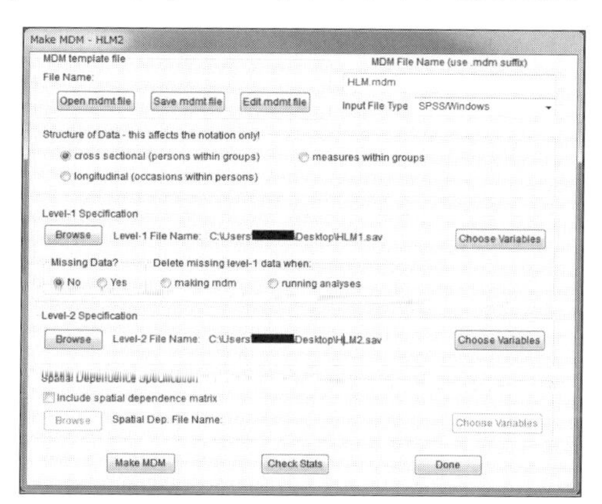

図 3.15　MDMT ファイルと MDM ファイルの作成準備完了

❽図 3.15 の一番上にある［MDM template file］の枠内にある Save mdmt file をクリックし，適切な場所に，MDMT ファイルの保存先を指定します。今回は［HLM.mdmt］と名前を付けファイルを任意の場所に保存します，一度 MDMT ファイルを作成すれば，Open mdmt file から開くことで，ここまで行ってきたレベルごとのファイル指定などを復元することができます。

❾最後に，MDM ファイルを作成します。**図 3.15** の下にある Make MDM をクリックすると，記述統計が数秒間表示された後，メモ帳で表示されます（**図 3.16**）。記述統計は，画面下の Check Stats から開くことができます。元のデータファイルを正しく読み込んでいることを確認したら，Done をクリックします。

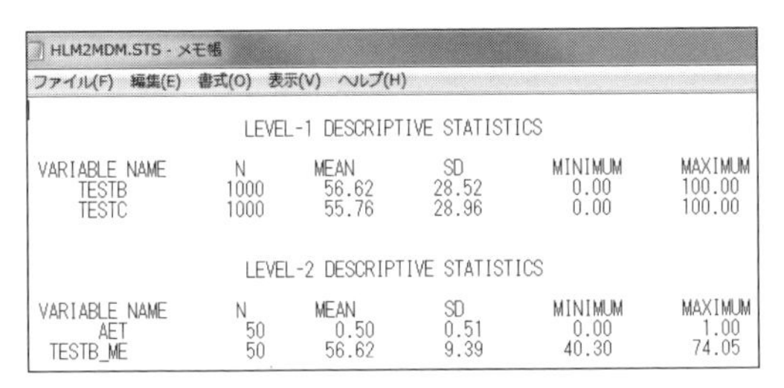
HLM2MDM.STS - メモ帳
ファイル(F) 編集(E) 書式(O) 表示(V) ヘルプ(H)

LEVEL-1 DESCRIPTIVE STATISTICS

VARIABLE NAME	N	MEAN	SD	MINIMUM	MAXIMUM
TESTB	1000	56.62	28.52	0.00	100.00
TESTC	1000	55.76	28.96	0.00	100.00

LEVEL-2 DESCRIPTIVE STATISTICS

VARIABLE NAME	N	MEAN	SD	MINIMUM	MAXIMUM
AET	50	0.50	0.51	0.00	1.00
TESTB_ME	50	56.62	9.39	40.30	74.05

図 3.16　記述統計

3-6-6　従属変数とパラメタ推定方法の設定

❶**図 3.17** の画面から，Outcome をクリックすると，**図 3.18** の画面が表示されます。

❷［Distribution of Outcome Variable］で，TESTC の得点を，デフォルトの［Normal（Continuous）］にします。

❸［Title］で，分析結果の名称を指定できますので，「HLM_Result」と入力します。その他にも，統計モデルの残差，分析結果，グラフの保存についても設定することが可能ですが，今回は，デフォルトのままで，OK ボタンをクリックします。

❹従属変数である［TESTC］をクリックし，［Outcome Variable］を選択すると（**図 3.19**），帰無モデル（**図 3.20**）が構築されます。

❺モデルが構築されると，**図 3.21** のように，すべてのメニューが選択可能になります。まず，［Other Settings］→［Iteration Settings］から，モデルのパラメタの推定の収束基準と計算回数を設定します（**図 3.22**）。

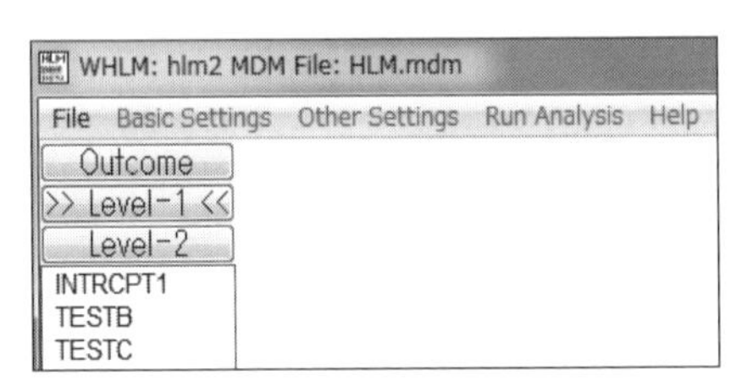

図 3.17　MDM 作成後の分析画面

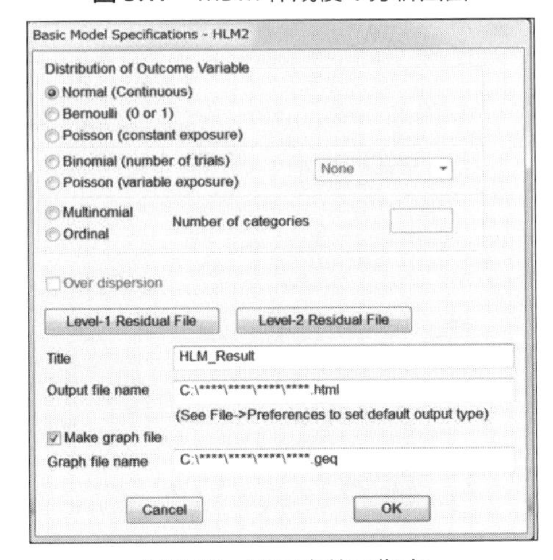

図 3.18　従属変数の指定

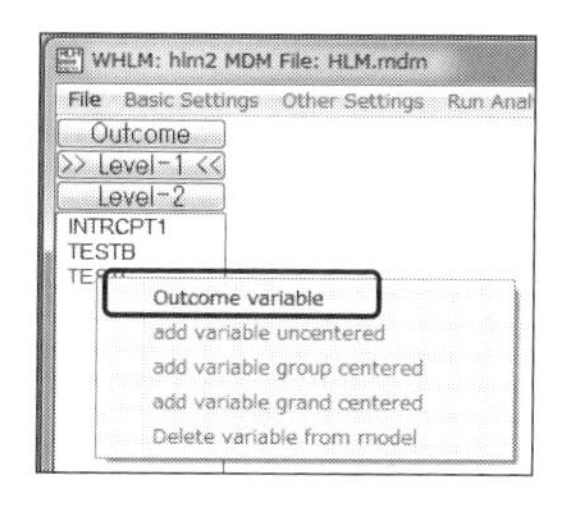

図 3.19　従属変数の投入

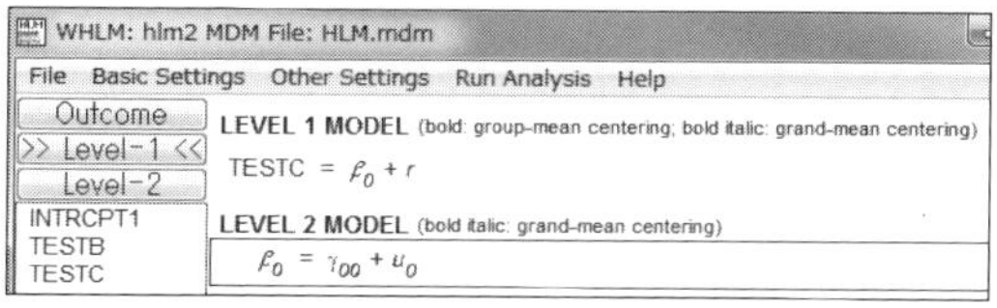

図 3.20　帰無モデルによる分析

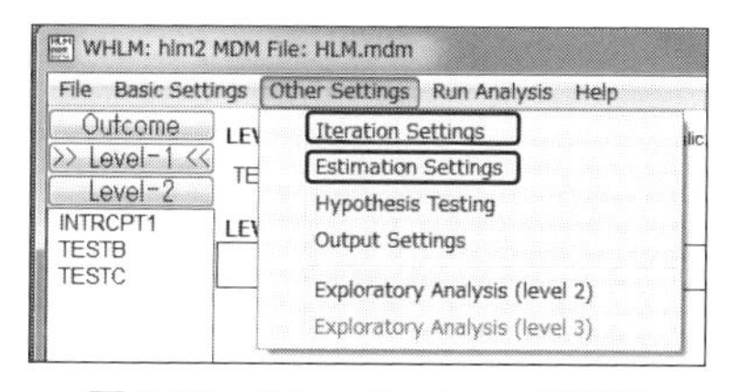

図 3.21　Other Settings の選択

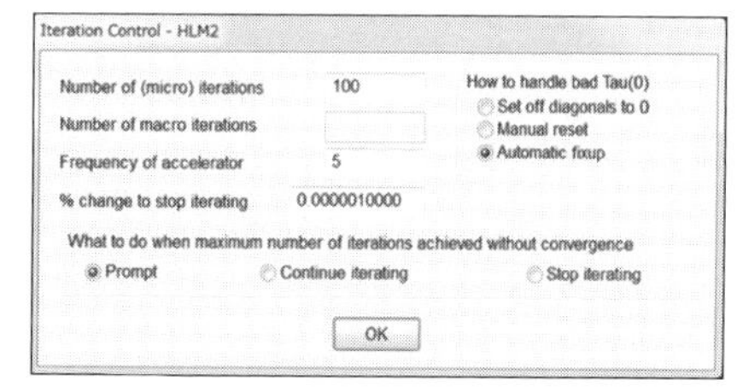

図 3.22　収束までの反復回数の指定

ここでは，デフォルトのままにし，OK をクリックします。

※収束するまで計算させる場合は，下の［Continue iterating］を選択します。

❻［Other Settings］→［Estimation Settings］で，統計モデルにおけるパラメタの推定方法の選択をします（図 3.23）。今回の分析の焦点は学校間の違い（変量効果）であり，集団の数も 50 と多くないので，制限付き最尤法［Restricted maximum likelihood］を選択し，OK をクリックします。

❼メニューの［Run Analysis］→［Save as and Run］とクリックします。

※構築したモデルを保存せずに分析を行う場合には［Run the model shown］をクリックすると，分析結果が html ファイルで表示されます。分析結果は，コピー・ペーストで Word ファイルに貼り付けることが可能です。

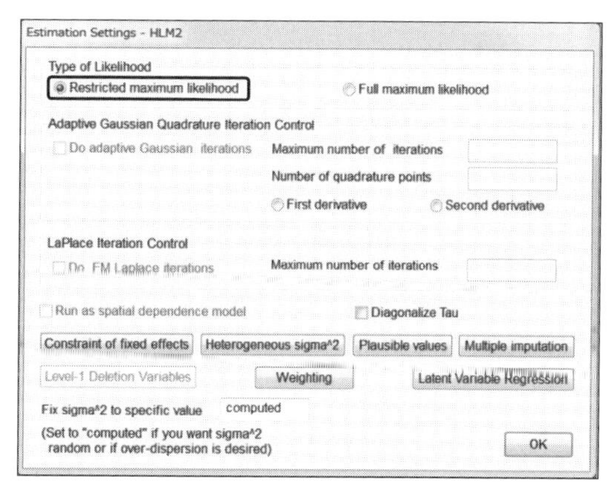

図 3.23　推定方法の指定

3-6-7 帰無モデルの分析と結果の見方

ここからは，分析の目的に応じた統計モデルの各パラメタを算出していきます。まずは，従属変数だけの帰無モデルによる分析を行い，データに階層性があるかを確認します。前節にて，帰無モデルのパラメタの推定までは行っていますので，分析結果を見ていきます。

(1) 変量効果の分散と信頼性

出力ファイル（.html）の中間部分の「Final Results - Iteration 2」は，2回の計算でパラメタ推定が収束したことを意味しています（**図 3.24**）。残差分散は $\sigma^2 = 752.41295$ となっています。

Final Results - Iteration 2

Iterations stopped due to small change in likelihood function

σ^2 = 752.41295

τ

INTRCPT1, β_0 87.80599

Random level-1 coefficient	Reliability estimate
INTRCPT1, β_0	0.700

The value of the log-likelihood function at iteration 2 = -4.757888E+003

図 3.24 帰無モデルの残差分散と信頼性係数

今回は帰無モデルですので，変量効果を仮定した切片のパラメタである β_0 の分散（87.80599）のみ計算され，その信頼性係数が .700 となっています。この信頼性係数は，固定効果と変量効果の総分散において，変量効果の分散が占める割合です。

分析結果から，以下の指標が計算できます。

$$級内相関係数 = \beta_0 / (\beta_0 + \sigma^2) = 87.81 / (87.81 + 752.41) = 0.10$$

$$デザインエフェクト = 1 + (20 - 1) \times 0.1 = 2.9$$

級内相関係数が .10 であり，デザインエフェクトも 2 を超えていることから，変量効果を推定した階層線形モデルによる分析の前提が満たされています。

(2) 固定効果のパラメタ

固定効果のパラメタの推定結果は，「Final estimation of fixed effects」と「Final estimation of fixed effects（with robust standard errors）」の２種類があり，基本的には，頑健性の高い後者の結果を参照します（**図 3.25**）。今回は，帰無モデルの切片の固定効果に意味はないので，着目するところはありません。

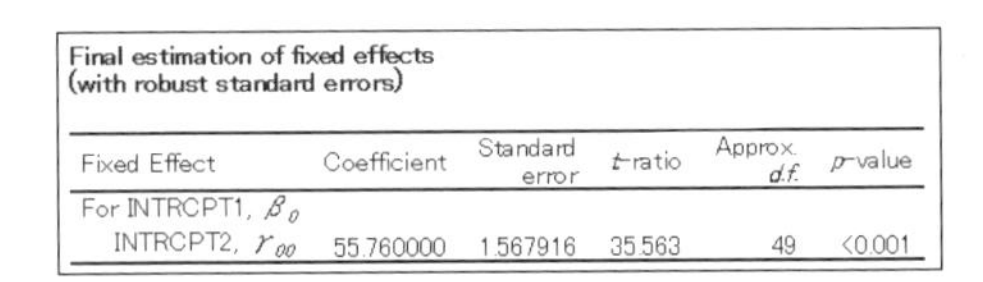

Final estimation of fixed effects
(with robust standard errors)

Fixed Effect	Coefficient	Standard error	t-ratio	Approx. $d.f.$	p-value
For INTRCPT1, β_0					
INTRCPT2, γ_{00}	55.760000	1.567916	35.563	49	<0.001

図 3.25 帰無モデルの固定効果パラメタ

(3) 変量効果のパラメタ

変量効果のパラメタの推定結果として「Final estimation of variance components」が表示されます（**図 3.26**）。各変数に変量効果を仮定することで，全体分散が小さくなるかどうかのカイ２乗検定をしており，結果は，有意になっています（$p < .001$）。なお，このカイ２乗検定は，級内相関係数の有意性検定と同じであることから，級内相関係数が有意に０でないということがわかります。

Final estimation of variance components

Random Effect	Standard Deviation	Variance Component	*d.f.*	χ^2	*p*-value
INTRCPT1, u_0	9.37048	87.80599	49	163.36521	<0.001
level-1, r	27.43015	752.41295			

図 3.26　帰無モデルの変量効果パラメタ

(4) モデル適合度

モデル適合度は，「Statistics for current covariance components model」を参照します（**図 3.27**）。逸脱度（Deviance）は 9515.78，推定したパラメタ数（Number of estimated parameters）は，切片の固定効果と変量効果の２つを示しています。また，逸脱度にパラメタの数だけ２を加えて算出できる AIC は 9519.78（＝ 9515.78 ＋ 2 × 2）となります。

```
Statistics for current covariance components model

Deviance = 9515.775316
Number of estimated parameters = 2
```

図 3.27　帰無モデルのモデル適合度

3-6-8　理論的に想定された統計モデルによる分析と結果の見方

(1) 理論的に想定された統計モデルの式

帰無モデルの分析結果にて，級内相関係数やデザインエフェクトが一定基準を満たしており，級内相関係数が有意に０でなかったことから，階層線形モデルの前提が満たされていることが確認できました。次に，理論的に想定された統計モデルによる分析を行います。今回は，TESTC の得点を予測するレベル１の式が専任 AET の有無によって異なることが理論的に想定されていたとします。式 3.19 にあるように，今回の統計モデルは，TESTB について中心化を行いますので，レベル１の式に集団平均中心化をした TESTB を投入し，レベル２の式に全体平均中心化をした TESTB を投入します。

（式 3.19）

［レベル 1］TESTC ＝ $\beta_{0j} + \beta_1 \times$ TESTB（集団平均中心化）＋ r_{ij}

［レベル 2］$\beta_{0j} = \gamma_{00} + \gamma_{01} \times$ AET ＋ $\gamma_{02} \times$ TESTB（全体平均中心化）＋ u_{0j}

$\beta_{1j} = \gamma_{10} + \gamma_{11} \times$ AET ＋ $\gamma_{12} \times$ TESTB（全体平均中心化）＋ u_{1j}

(2) 統計モデルの構築：独立変数の投入

❶ (1) のモデルを構築します。まず，左上の［TESTB］をクリックし，集団平均中心化を行うため［add variable group centered］を選択します（図3.28）。すると，投入された「TESTB」が太字で表示されます。同時に，レベル2の式にレベル1の回帰係数に関する式が追加されます。

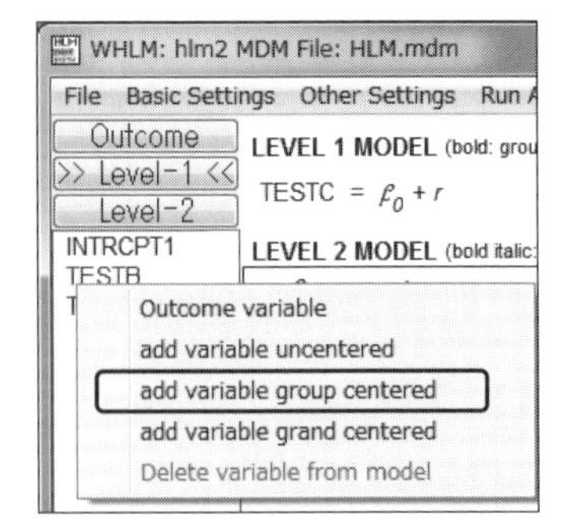

図3.28　レベル1式への投入

❷左上の「レベル2」についても，左側の［AET］，［TESTB_ME］それぞれにおいて，β_0，β_1 のどちらの式とも，［AET］→［add variable uncentered］と［TESTB_MEAN］→［add variable grand centered］を選択して，全体平均中心化を行います（図3.29）。

※「AET」はダミー変数のため，中心化は行いません。

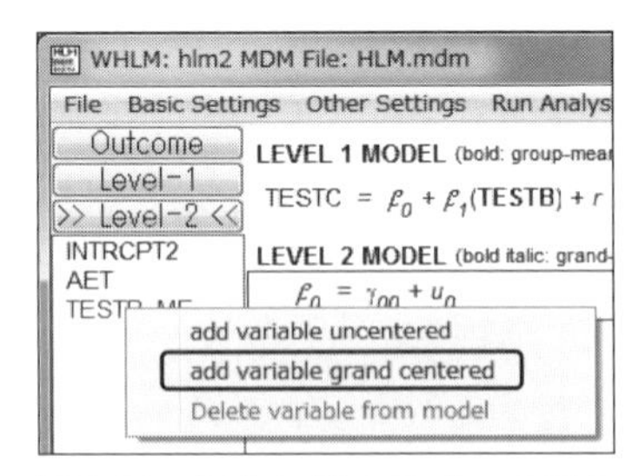

図3.29　切片に関する式への投入

(3) 統計モデルの構築：変量効果として推定するパラメタの指定

レベル2の式で，u_1 がやや薄く表示されているのは，分析に含まれていないことを示します。今回は，切片と回帰係数の両方の式に変量効果を仮定しますので，u_1 をクリックして，濃く表示された状態にします（図3.30）。最後に，［Run Analysis］をクリックします。

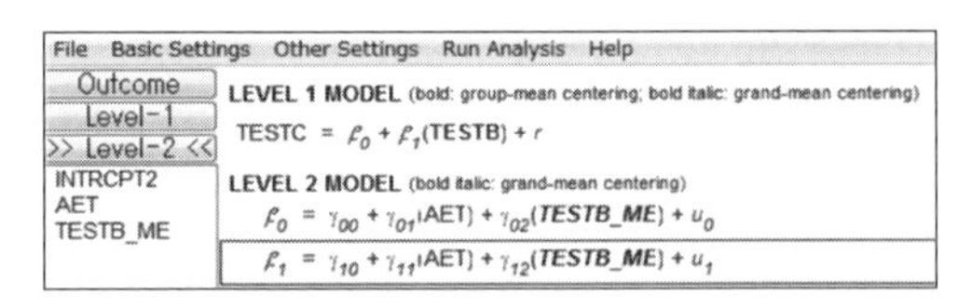

図3.30　理論的な統計モデルによる分析

(4) 変量効果の分散と信頼性

❶ 16回の計算でパラメタが収束し，残差分散 σ^2 は，520.75となりました（図3.31）。

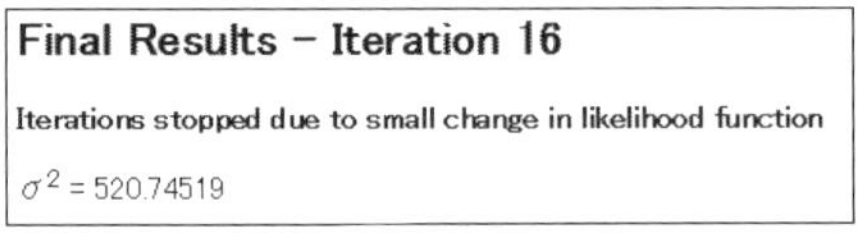

Final Results - Iteration 16

Iterations stopped due to small change in likelihood function

σ^2 = 520.74519

図3.31　理論的な統計モデルの残散分散

❷図 3.32 には β_0 と β_1 の分散共分散行列と相関行列が表示されています。その下に，それぞれの信頼性係数があり，$\beta_0 = .41$ と $\beta_1 = .31$ で，どちらも .05 以上です。したがって，切片と回帰係数に関する式のどちらに対しても変量効果を仮定した方がよいといえます。

τ

INTRCPT1, β_0	18.40362	-0.03812
TESTB, β_1	-0.03812	0.01665

τ (as correlations)

INTRCPT1, β_0	1.000	-0.069
TESTB, β_1	-0.069	1.000

Random level-1 coefficient	Reliability estimate
INTRCPT1, β_0	0.414
TESTB, β_1	0.312

The value of the log-likelihood function at iteration 16 = -4.574305E+003

図 3.32　理論的な統計モデルの共分散行列と信頼性係数

(5) 固定効果のパラメタ

❶図 3.33 の切片（β_0）に関する式では，切片の集団間変動の回帰式の切片（γ_{00}）と全体平均中心化した TESTB の集団間の切片差を示す傾き（γ_{02}）が 1％水準で有意ですが，AET の集団間の切片差を示す傾き（γ_{01}）は有意ではありません（$p = .652$）。よって，AET の有無ではレベル 1 の回帰式の切片には，有意な違いはないといえます。

Final estimation of fixed effects (with robust standard errors)

Fixed Effect	Coefficient	Standard error	t-ratio	Approx. d.f.	p-value
For INTRCPT1, β_0					
INTRCPT2, γ_{00}	56.176202	1.425793	39.400	47	<0.001
AET, γ_{01}	-0.832405	1.836013	-0.453	47	0.652
TESTB_ME, γ_{02}	0.968913	0.060536	16.006	47	<0.001
For TESTB slope, β_1					
INTRCPT2, γ_{10}	0.231539	0.051048	4.536	47	<0.001
AET, γ_{11}	0.510883	0.061660	8.285	47	<0.001
TESTB_ME, γ_{12}	-0.001882	0.004154	-0.453	47	0.653

図 3.33　理論的な統計モデルの固定効果パラメタ

❷それに対して，回帰係数（β_1）に関する式では，全体平均中心化した TESTB の集団間の切片差を示す傾き（γ_{12}）は有意ではありませんが（$p = .653$），回帰係数の集団間変動の回帰式の切片（γ_{10}）と AET の集団間の切片差を示す傾き（γ_{11}）は 1％水準で有意でした。このことから，専任 AET の有無によって，学校間で回帰直線の傾きが異なるといえます。

❸それでは，専任 AET の有無によって，回帰直線の傾きはどのように変化するでしょうか。AET の変数が 0，1 データであるため，パラメタの推定値を代入した式に，独立変数の値を代入することで計算できます。今回は，レベル 1 の回帰係数の変動を示すレベル 2 の式における回帰係数が，$\gamma_{11} = 0.51$ です。また，AET の値が 0 すなわち，AET が非常勤の学校の回帰係数は $\gamma_{10} = 0.23$ です。したがって，AET の値が 1，すなわち専任の AET がいる学校の方の回帰係数は $0.23 + 0.51 = 0.74$ となります。

※集団間の違いを示す変数のデータが 2 値より大きい場合は，パラメタの推定値を式に当てはめるだけでは計算できませんので，単純効果を計算します。詳細は清水（2014）をご参照ください。

(6) 変量効果のパラメタ

切片に関する式と回帰係数に関する式の両方における変量効果（u_0 と u_1）が 5％水準で有意になっています（**図 3.34**）。すなわち，レベル 2 のどちらの式においても，変動効果を仮定することで総分散が有意に小さくなることがわかります。

Final estimation of variance components

Random Effect	Standard Deviation	Variance Component	d.f.	χ^2	p-value
INTRCPT1, u_0	4.28994	18.40362	47	80.22002	0.002
TESTB slope, u_1	0.12902	0.01665	47	67.53908	0.026
level-1, r	22.81984	520.74519			

図 3.34 理論的な統計モデルの変量効果パラメタ

(7) モデル適合度

統計モデルの逸脱度は 9148.61 であり，算出したパラメタの数は 4 でした（**図 3.35**）。したがって，AIC は 9156.61（＝ 9148.61 ＋ 4 × 2）です。帰無モデル（AIC ＝ 9519.78，**3-6-7** 参照）に比べて値が大幅に減少したことから，モデル適合度が向上したことがわかります。

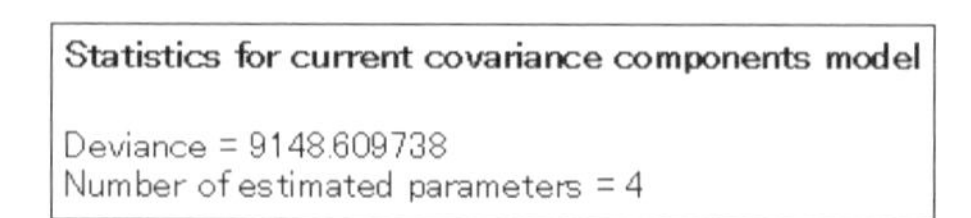
Statistics for current covariance components model

Deviance = 9148.609738
Number of estimated parameters = 4

図 3.35 理論的な統計モデルのモデル適合度

(8) 尤度比検定

逸脱度の尤度比検定の結果も一応確認します。

❶ メニュー（**図 3.30**）から［Other Settings］→［Hypothesis Testing］をクリックします（**図 3.36**）。分析する統計モデルと比較する統計モデルの逸脱度（9515.775316）とパラメタの数（2）を入力後，OK →［Run Analysis］→［Save and run］をクリックします。

❷分析時に比較する統計モデルとの尤度比検定が**図 3.35** の出力結果に追加されます（**図 3.37**）。今回の尤度比検定の結果は，$\chi^2(2) = 367.17$，$p < .001$ となっており，今回の統計モデルが帰無モデルよりも，逸脱度が 1％水準で有意に低いことがわかります。

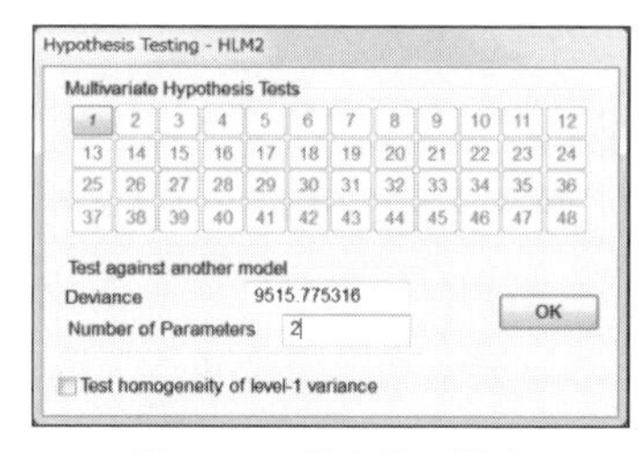

図 3.36 尤度比の検定

Variance-Covariance components test

χ^2 statistic = 367.16558
Degrees of freedom = 2
p-value = <0.001

図 3.37 尤度比の検定の結果

(9) 分析結果のまとめ

今回の分析データを用いて，さまざまな統計モデルを分析した結果，理論的な統計モデルである，**表 3.3** の最後の「切片と回帰係数の両方に変量効果を仮定するモデル」の AIC が最も小さくなりました。したがって，理論的にも，統計学的にも，今回分析した統計モデルを最終的なモデルとして採用することは妥当だといえます。なお，分析前に理論的な統計モデルを決めていたとしても，変量効果をどこまで仮定するのかを考慮して，統計学的により好ましい統計モデルを検討することがあるかもしれません。その場合は，探索的に帰無モデルを含めたさまざまな統計モデルでパラメタを推定し，AIC などのモデル適合度で比較します。

表 3.3 AIC のモデル適合度まとめ

帰無モデル	9519.78
切片のみ変量効果を仮定するモデル	9156.81
回帰係数のみ変量効果を仮定するモデル	9160.17
切片と回帰係数の両方に変量効果を仮定する統計モデル	9156.61

3-6-9 論文への記載

最終的に採択した統計モデルの固定効果と変量効果のパラメタ，そしてモデル適合度を報告します。その際，レベル 1 の式とレベル 2 の式についても説明を加えます。固定効果のパラメタについては，推定値とその信頼区間，t 値そして p 値を，変量効果のパラメタは，その分散を報告します。

また，探索的にさまざまなモデルを検討したい場合は，検討したすべてのモデルの逸脱度と AIC を掲載します。さらに，独立変数が 2 値データではないために，単純効果の検定を行った場合は，独立変数によって回帰直線がどのように変化するのかを図示するとよいでしょう。

記載例

専任AETの有無が英語リスニングテストの得点に影響しているか調べるため，3学期に実施したTESTCの得点を従属変数とし，2学期に実施したTESTBの得点を独立変数，専任AETの有無を変量効果の予想変数として階層線形モデルによる分析を行った。レベル1の式はTESTCの得点をTESTBの得点で予測する式であり，レベル2の式はレベル1の式の回帰係数と切片が専任AETの有無によって異なることを予測する式であった。分析の結果，モデルの当てはまりが最も高かった「切片と回帰係数の両方に変量効果を仮定するモデル」を最終的な分析モデルとして採用した（表3.3）。固定効果と変量効果の推定値などは表3.4のとおりである。まず，全体の基準切片（γ_{00}）と基準回帰係数（γ_{10}）が有意であったことから，サンプル全体でTESTBの得点はTESTCの得点を予測していた。そして，AETの有無による回帰係数の変動（γ_{11}）が有意であったことから，生徒のTESTCの得点を予測する回帰係数の大きさは，所属する学校の専任AETの有無によって異なることがわかった。具体的には，AETが非常勤の学校の生徒は，TESTBの得点が1点高いとTESTCの得点は0.23点高くなるのに対して，AETが専任の学校の生徒はTESTBの得点が1点高いとTESTCの得点は0.74（= 0.23 + 0.51）点高くなっていた。すなわち，AETが専任の生徒の方が，TESTBの得点が高い人ほどTESTCの得点がより高くなることがわかった。この理由の1つとして，AETが専任の学校の場合，英語リスニング能力が高い生徒は，日常的にAETとコミュニケーションをとれた可能性が考えられる。

表3.4　分析結果のまとめ

	推定値	標準誤差	p 値	95% 信頼区間
全体の基準切片（γ_{00}）	56.18	1.43	$<$ .001	[53.31, 59.04]
AETの有無による切片の変動（γ_{01}）	−0.83	1.84	.652	[−4.53, 2.86]
TESTB_MEANによる切片の変動（γ_{02}）	0.97	0.06	$<$ .001	[0.85, 1.09]
全体の基準回帰係数（γ_{10}）	0.23	0.05	$<$ .001	[0.13, 0.33]
AETの有無による回帰係数の変動（γ_{11}）	0.51	0.06	$<$ .001	[0.39, 0.63]
TESTB_MEANによる回帰係数の変動（γ_{12}）	$<$ .01	$<$ .01	.653	[−0.01, 0.01]
切片の変動を予測する式の変量効果（u_0）	18.40	—	—	—
回帰係数の変動を予測する式の変量効果（u_1）	0.02	—	—	—
残差分散（σ^2）	520.75	—	—	—

※ TESTB_MEANの影響は本研究の焦点ではないため，言及していません。

3-6-10　階層線形モデルを用いた論文例

ここでは，階層線形モデルを使った次の論文を紹介します。

篠ヶ谷圭太（2014）「高校英語における予習および授業中の方略使用とその関連―教師の授業方略による直接効果と調整効果に着目して―」『教育心理学研究』，62, 197–208.

（1）本研究の目的：高校英語授業において「教師が使用する授業方略」と「教師が使用する予習指導方略」が，高校生の「予習方略」，「授業内方略」，「学習動機」などに与える影響を検証する。

（2）協力者：日本人高校生 985 名と英語授業担当教師 15 名

（3）方法：質問紙

（4）因子分析に関する結果：

①因子分析の結果，「教師の授業方略」として「構造解説」，「単語解説」，「指名」，そして「リスニング」の 4 因子，および「教師の予習指導方略」として「準備・下調べ」，「推測方略」，「振り返り」，そして「援助要請」の 4 因子が抽出された。

②「高校生の予習方略」として，「準備・下調べ」，「推測方略」，「振り返り」，そして「援助要請」の 4 因子，および，「高校生の学習動機」として，「内容関与動機（学習内容に基づく動機）と「内容分離動機（学習内容以外の動機）」の 2 因子が抽出された。

（5）「教師の授業方略」と「高校生の予習方略」に関する分析結果：

①レベル 1 の式は高校生のデータ，そしてレベル 2 の式はそれぞれの高校生の英語を担当する教師のデータである。レベル 1 の式では，高校生の各予習方略の因子を従属変数として，高校生の学習動機を独立変数とする式である。予習方略は 4 種類あるため，4 種類の回帰式で分析を行っている。

②レベル 2 の式は，高校生の各予習方略を予測する式の回帰係数や切片が教師の授業方略によって異なるかを予測する式である。レベル 2 の式で切片や回帰係数の変動を予測する独立変数としては，レベル 1 の式の従属変数である高校生の各予習方略に対応する「教師の予習指導方略（例：「準備・下調べ」の指導）」，「構造解説」，「単語解説」，「指名」，そして「リスニング」の 5 つであった。

③レベル 1 の式とレベル 2 の式は以下のとおり。ここでは，予習方略のうち，「準備・下調べ」方略を例にして説明する。なお，本研究における有意水準は .10 に設定されている。

［レベル 1］

「準備・下調べ」(y_{ij}) ＝切片 (β_{0j}) ＋回帰係数 (β_{1j}) ×内容関与動機 (x_{ij}) ＋残差 (r_{ij})

［レベル 2］

切片 (β_{0j}) ＝全体の基準切片 (γ_{00})

＋切片の集団間変動を示す傾き (γ_{01}) ×「準備・下調べ指導」(W_{1j})

＋切片の集団間変動を示す傾き (γ_{02}) ×「構造解説」(W_{2j})

＋切片の集団間変動を示す傾き (γ_{03}) ×「単語解説」(W_{3j})

＋切片の集団間変動を示す傾き (γ_{04}) ×「指名」(W_{4j})

＋切片の集団間変動を示す傾き (γ_{05}) ×「リスニング」(W_{5j})

＋各集団の切片の変動値 (u_{0j})

回帰係数 (β_{1j}) ＝全体の基準回帰係数 (γ_{10})

＋回帰係数の集団間変動を示す傾き (γ_{11}) ×「準備・下調べ指導」(W_{1j})

＋回帰係数の集団間変動を示す傾き (γ_{12}) ×「構造解説」(W_{2j})

＋回帰係数の集団間変動を示す傾き (γ_{13}) ×「単語解説」(W_{3j})

＋回帰係数の集団間変動を示す傾き (γ_{14}) ×「指名」(W_{4j})

＋回帰係数の集団間変動を示す傾き (γ_{15}) ×「リスニング」(W_{5j})

＋各集団の回帰係数の変動値 (u_{1j})

④まとめ：

「準備・下調べ」方略を従属変数とした分析の結果，切片を予測するレベル 2 の式における，教師の「構造解説」，「単語解説」そして「指名」の変数が有意であった（「構造解説」のみ係数が負）。また，回帰係数を予測するレベル 2 の式においては，教師の「準備・下調べ」指導，「単語解説」そして「指名」の変数が有意であった（「準備・下調べ指導」のみ係数が負）。

すなわち，レベル 1 の式における切片である，高校生の「準備・下調べ」方略の使用は，教師の「構造解説」が高いほど小さくなり，また「単語解説」や「指名」が高いほど大きくなることが示された。また，高校生の「準備・下調べ」と「内容関与動機」の関係は，教師の「準備・下調べ」指導が高いほど小さくなり，「単語解説」や「指名」が高いほど，大きくなることが明らかとなった。

第4章 一般化可能性理論

◉パフォーマンスの信頼性を予測する

Section 4-1 一般化可能性理論とは

4-1-1 一般化可能性理論の概要

能力や特性を測る際，テスト得点には必ず誤差（測定誤差）が伴います。たとえば，スピーキングテストにおいて，同じ難易度の2枚の絵をある人が同じ条件で口頭で表現したとします。その2つの発話を同じルーブリックを使って同じ評価者が評価したとして，2つの得点が違っているならば，それは誤差によるものです。あるいは，同じ発話を，同じルーブリックを使って評価しても，評価者間で得点が異なるのであれば，これも誤差が原因と考えられます。

では，このようなテスト項目（タスク）や評価者の誤差要因のために，得点はどの程度変わるのでしょうか。また，一般的に項目や評価者の数を増やせば測定は安定し，誤差は小さくなり，信頼性は高くなりますが，どの程度増やせば十分に高い信頼性を得ることができるのでしょうか。

一般化可能性理論（generalizability theory または G theory）はこのような問いに答えるための分析手法で，ある要因によって得点がどのくらい変わるのかを得点の**分散**（ばらつき・散らばり，variance；平井，2017，第1・2章参照）という観点から捉えます。受験者の能力・テスト項目の難易度・評価者の厳しさなどの違いが大きければ分散は大きくなり，得点全体への影響も大きくなりますが，一般化可能性理論では，受験者の能力など分散を生み出す要因ごとにテスト得点の分散を分解し，各要因が得点にどの程度影響しているかを調べることができます。

また，一般化可能性理論は**信頼性**（reliability）の理論であり，**古典的テスト理論**（classical test theory）の信頼性の概念を発展・拡張させたものです。古典的テスト理論では，誤差を1つにまとめて扱うため，要因ごとに誤差を分けて考えることはできませんでした。また，誤差の中にも，評価者の厳しさなど系統的に起こる誤差（**系統誤差**，systematic error）と偶然起こるランダムな誤差（**ランダム誤差**，random error）があります。一般化可能性理論では，その2つを区別し，系統誤差の分散の大きさを誤差の要因ごとに推定することで，より精密な分析を可能にします。

まとめると，一般化可能性理論は，「テストの信頼性を包括的に分析するための概念的な枠組みと一連の統計的な手順をともに提供してくれる測定理論で，古典的テスト理論と分散分析に基づき，それを拡張し，測定誤差をモデル化するための柔軟なアプローチ」がとれる手法といえます（Sawaki, 2010）。

4-1-2　一般化可能性理論の主な利点

第 1 に，テスト得点の分散の中で，測定対象である受験者の能力や特性による分散の割合や，系統誤差の割合がわかります。また，それぞれの要因が単独で占める分散の割合だけでなく，受験者と評価者の組み合わせによる割合などの「交互作用」も調べることができます。

古典的テスト理論の枠組みにおいても，項目間の難易度のばらつきや評価者の厳しさの違い，あるいは実施時期による違いなどを個別に見て，信頼性を計算することはできます。しかし，一般化可能性理論では，それらの要因の誤差を同時に分析し，相対的な割合を出すことができます。

第 2 に，一般化可能性理論を使うと，**集団基準準拠**（norm-referenced）評価と**目標基準準拠**（criterion-referenced）評価のそれぞれに対応した2種類の信頼性（**G係数**と**Φ係数**；generalizability coefficient, phi coefficient）と**測定の標準誤差**（standard error of measurement：SEM）を算出することができます（**4-2-2**（3））。

第 3 に，古典的テスト理論では，スピアマン・ブラウン予測公式（Spearman-Brown prophecy formula）を使って，要因が 1 つの場合に何項目あれば信頼性がどのくらいになるか，などを求めることができます（平井，2017，第 7 章参照）。しかし，一般化可能性理論では，要因が 2 つ以上の場合でも，高い信頼性を得るのに必要な項目数や評価者数などを組み合わせて推定することができます。

第 4 に，分割点（cut score または cut-off score）とは，ある得点 A よりも高い得点ならば合格と決める場合の得点 A のことです。一般化可能性理論では，合格と不合格という分類が一貫しているかという観点からの信頼性（**ファイ・ラムダ**，phi lambda：Φ(λ）またはΦλ）を調べることができます（Bachman, 2004; Brown, 2013；**4-4-2** 参照）。

以上のように，一般化可能性理論を利用すると，通常使われる信頼性の枠を超えた分析が可能で，テストの性質を知り，テストを改良するために役立つ情報が得られます。

4-1-3　一般化可能性理論で使われる用語

一般化可能性理論では**表 4.1** にまとめた用語が使われます。ここではそれらの用語を説明します。

表 4.1　一般化可能性理論で使う用語

母得点（universe score） 信頼度（dependability） 分散成分（variance component） 相（facet） 測定の対象（object of measurement） 変動要因（source of variability） 水準（level） ランダム（または変量：random）相と固定（fixed）相 クロス式（crossed）デザインと入れ子式（または枝分かれ式：nested）デザイン

(1) 母得点，信頼度

母得点（universe score）とは，古典的テスト理論における真の得点（真値，true score；平井，2017，第 1 章）で，ある受験者が同じとみなせるテストを何度も（無限回）受けて得られた得点の平均です。

信頼度（dependability）とは，ある受験者の（観測された）あるテスト得点から，受験者の母得点をどの程度一般化して考えられるかという程度です。「信頼性」と同じ概念ですが，一般化を意識した信頼性の場合に用いられる傾向があり，一般化可能性理論は「行動測定の信頼度についての統計理論」（Shavelson & Webb, 1991）と定義されます。ただし，一般化可能性理論においても信頼度を「信頼性」と表すことが多いため，本書では「信頼性」という用語で統一して説明します。

(2) 分散成分

分散成分（variance component）とは，能力や誤差の分散の大きさを統計的に推定したものです。分散分析（平井，2017，第 4・5 章参照）と同様に，平方和（sum of squares）や自由度（degree of freedom），平均平方（mean square）を通常使って算出します（その他の計算方法については Marcoulides & Ing, 2013 参照）。

(3) 相，測定の対象，変動要因

相（facet）とは，項目や評価者など系統的な誤差を生み出すと想定できる要因です。そのため，測ることを意図している受験者の能力は，相に含めず，**測定の対象**（object of measurement）と呼

びます。相と測定の対象と交互作用を合わせて，**変動要因**（source of variability または source of variation）と呼びます。

(4) 水準

1つの相の中には，いくつかの**水準**（level）があります。たとえば評価者が3名のときには，評価者の相は3水準，項目が10個のときには項目の相は10水準，評価観点が5個のときには5水準です。また，同じ相には，交換可能なもの（例：評価者・項目・評価観点）や同じとみなせるもの（randomly parallel measures）が入り，異なると考えられるものを，同じ相の中に入れることはしません。

(5) ランダム相と固定相

相は，**ランダム**（random）**相**と**固定**（fixed）**相**に分けられます。ランダム相とは，想定する大きな母集団の中から中身をランダムに選んだ，あるいはそのようにみなせる相です。たとえば，100名からなる評価者グループがあるとして，そこからランダムに3名の評価者を選んだ（とみなせる）場合です。ランダム相では，実際に測定した状況を超えて一般化して解釈することができます。先ほどの例では，実際に選んだ3名の評価者の場合から，他の評価者を選んだ場合に一般化することができます。一方，固定相とは，研究者が一般化して解釈しない相です。これには2種類あり，第1に，想定する母集団が小さく，その中からすべてを選ぶ場合，第2に，想定する母集団は大きいとしても，ある標本を母集団から意図的に選ぶ場合があります。一般化可能性理論はランダムな影響をモデル化する測定理論ですので，最低1つのランダム相が必要です（Shavelson & Webb, 1991）。

(6) クロス式デザインと入れ子式デザイン

デザインは，**クロス式**（crossed）と**入れ子式**（nested）の2種類に分かれます。①クロス式デザインとは，相と測定の対象が互いに独立したデザインです。②入れ子式デザインは，ある相（または測定の対象）の中に他の要因が入れ子構造で入ったデザインです。また①や②に似ていますが，一般化可能性理論では分析できないものとして，③**交絡**（confounded）デザインがあります（Shavelson & Webb, 1991）。次節でそれぞれの事例を紹介します。

4-1-4 デザイン例

(1) クロス式デザイン

クロス式であるデザイン例を**表 4.2** に挙げます。20 名の受験者（person：*p*）全員が 2 つのスピーキングテスト項目（*i*）に答え，その回答を評価者（*r*）3 名全員が評価する場合です。この場合のデザインを，*p x i x r* と表します。*x* は英語で by と読み，crossed with の意味です（英語の例：Persons, items, and raters are crossed with one another.）。

※デザインの表記で使うアルファベットに厳密な決まりはありませんが，受験者は person の *p* を使うことが多く，その他は英語表記の第 1 文字目をとることが多いようです。

表 4.2 クロス式デザイン（*p x i x r*）の例

	項目 1			項目 2		
	評価者 1	評価者 2	評価者 3	評価者 1	評価者 2	評価者 3
受験者 1	5（点）	6	5	5	6	5
受験者 2	4	5	6	3	4	5
：（途中略）	⋮	⋮	⋮	⋮	⋮	⋮
受験者 19	4	4	4	3	3	5
受験者 20	6	5	5	5	5	4

(2) 入れ子式デザイン：例 1

次に，入れ子式デザイン例を，同じスピーキングテストを使って取り上げてみます（**表 4.3** 参照）。20 名の受験者（*p*）は 2 つの項目（*i*）を両方受け，項目 1 は評価者（*r*）3 名が，項目 2 は別な評価者 3 名が評価したとします。その場合は，項目の中に評価者が入れ子構造となっています。表記は *p x*（*r*：*i*）で，「：」は英語で nested within と読みます（英語の例：The rater facet is nested within the item facet.）。

表 4.3 入れ子式デザイン（*p x*（*r*：*i*））の例

	項目 1			項目 2		
	評価者 1	評価者 2	評価者 3	評価者 4	評価者 5	評価者 6
受験者 1	5（点）	6	5	5	6	5
受験者 2	4	5	6	3	4	5
：（途中略）	⋮	⋮	⋮	⋮	⋮	⋮
受験者 19	4	4	4	3	3	5
受験者 20	6	5	5	5	5	4

(3) 入れ子式デザイン：例 2

別の例として，リーディングテストで 2 つ文章があり，それぞれの文章（t）に 3 問ずつ読解問題（i）がついており，各項目 2 点満点の場合を考えます（**表 4.4** 参照）。そして，20 名の受験者がすべての問題に回答した場合は，文章の中に読解問題が入れ子構造になり，表記は p x（i：t）となります。

表 4.4 入れ子式デザイン（p x（i：t））の例

	文章 1			文章 2		
	項目 1	項目 2	項目 3	項目 4	項目 5	項目 6
受験者 1	1（点）	2	1	1	2	1
受験者 2	0	1	2	0	0	1
：（途中略）	：	：	：	：	：	：
受験者 19	0	0	0	0	0	1
受験者 20	2	1	1	1	1	0

入れ子式デザインは，効率性を考えて入れ子式デザインを選ぶ場合（**表 4.3** の例）と，ある相が別な相に対し自然に入れ子構造になっている場合（**表 4.4** の例）の 2 つに分類できます（Sawaki, 2010）。

(4) 入れ子式デザイン：例 3

表 4.5 一部入れ子式デザイン（p x（i：t）x r）の例

	評価者 1						評価者 2					
	文章 1			文章 2			文章 1			文章 2		
	I1	I2	I3	I4	I5	I6	I1	I2	I3	I4	I5	I6
受験者 1	1	2	1	1	2	1	1	2	1	1	2	1
受験者 2	0	1	2	0	0	1	1	1	2	0	0	1
：（途中略）	：	：	：	：	：	：	：	：	：	：	：	：
受験者 19	0	0	0	0	0	1	0	0	0	1	1	1
受験者 20	2	1	1	1	1	0	2	1	1	1	1	0

注．I＝項目．

デザインの中で，一部のみが入れ子式の場合もあります。例 2 の場合の拡張ですが，リーディングテストで 2 つ文章があり，それぞれの文章（t）には，各項目 2 点満点の読解問題（i）が 3 問ずつあります。20 名の受験者は全項目に答え，全項目を評価者 2 名で採点しました（**表 4.5** 参照）。この場合は，文章の中に読解問題が入れ子構造になっていますが，評価者と文章・項目は入れ子になっていません。表記は p x（i：t）x r です。このような複雑なデザインも一般化可能性理論では分析可能です（詳細は Brennan, 1992, 2001 参照）。

(5) 交絡デザイン

20 名の受験者（p）は，2 つのスピーキングテスト項目（i）を受け，項目ごとに別な評価者（r）が評価したとします（**表 4.6** 参照）。その場合は，クロス式でも入れ子式でもないため，テスト得点の分散を変動要因ごとに分解できません。研究計画の段階でこのようなデザインを組まないように注意します。

表 4.6　交絡デザインの例

	項目 1	項目 2	項目 3	項目 4	項目 5	項目 6
	評価者 1	評価者 2	評価者 3	評価者 4	評価者 5	評価者 6
受験者 1	5（点）	6	5	5	6	5
受験者 2	4	5	6	3	4	5
⋮（途中略）	⋮	⋮	⋮	⋮	⋮	⋮
受験者 19	4	4	4	3	3	5
受験者 20	6	5	5	5	5	4

デザインで最も基本的でよく使われるものは，すべてが**クロス式で，かつランダム相のデザイン**（a fully crossed design with random facets）で，本章でもこれを中心に扱います。

4-1-5　一般化可能性理論でのデザイン

テスト得点の分散がデザインによってどのように分解されるかについて，**1 相デザイン**（one-facet study design）と **2 相デザイン**（two-facet study design）を使って説明します。p, r などの記号は上記で紹介しましたが，それが意味するものをより詳しく述べていきます。

(1) 1 相デザイン：p x r デザインの場合

1 相デザインは，受験者（p）と評価者（r）など，受験者以外に 1 つの相を含めたデザインです。

この例では，テスト得点の分散は３つの変動要因に分けられています（**図 4.1**）。

p（測定の対象）：受験者の能力の違い

r（相）：評価者の厳しさの違い

pr, e（残差 : residuals）：受験者と評価者の交互作用（系統誤差 *pr*：受験者により評価者の厳しさが異なる程度）とランダム誤差（*e*）の合計。指定されていない相（例：項目）の誤差分散を含む。*pr* と *e* を分けることは一般化可能性理論の１相デザインではできない。

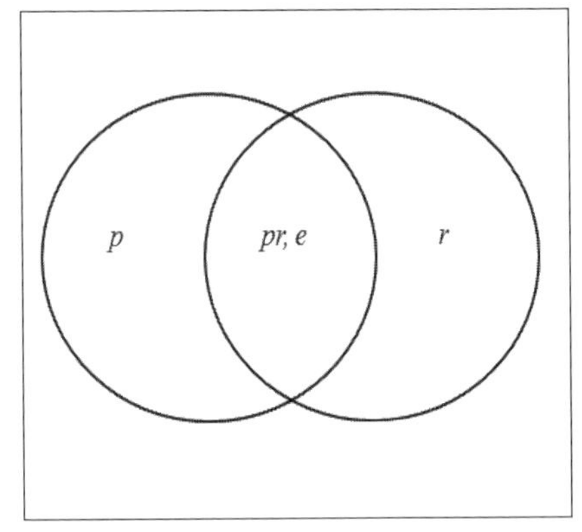

図 4.1　*pxr* デザインの変動要因

(2) ２相デザイン：*pxixr* デザインの場合

２相デザインは，受験者（*p*）とテスト項目（*i*）と評価者（*r*）など，受験者以外に２つの相を含めたデザインです。この場合には，テスト得点の分散は以下の７つの変動要因に分けられます（**図 4.2**）。

p（測定の対象）：受験者の能力の違い

i（項目の相）：項目の難易度の違い

r（評価者の相）：評価者の厳しさの違い

pi（受験者と項目の交互作用）：受験者が項目によってできたりできなかったりする，一貫性のなさ

pr（受験者と評価者の交互作用）：評価者が受験者によって厳しくなったり甘くなったりする，一貫性のなさ

ir（項目と評価者の交互作用）：評価者が項目によって厳しくなったり甘くなったりする，一貫性のなさ

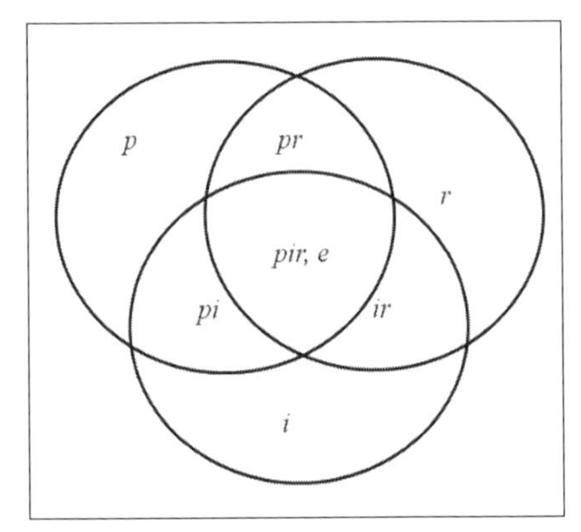

図 4.2　*pxixr* デザインの変動要因

pir, e（残差）：受験者と項目と評価者の交互作用（*pir*）とランダム誤差（*e*）の合計（例：ある受験者がたまたま疲れてある項目だけ答えられなかった。ある項目を解いているときに騒音で集中できなかった）

Section 4-2 一般化可能性理論による分析の流れ

本節では，一般化可能性理論を用いた研究の概観を説明します。例として，テスト項目（i）と評価者（r）の要因を考慮する $p \times i \times r$ デザインを用います。

一般化可能性理論は２つの段階に分けられます。第１は，**G 研究**（G study）または**一般化可能性研究**（generalizability study）と呼ばれる段階です。分散分析（平井，2017，第４・５章参照）の考え方を用い，誤差分散を異なる要因ごとに分解し，能力や誤差の分散の大きさである分散成分を統計的に推定します。通常の分散分析では，群間の違いが有意かどうかが大きな関心事であるのに対し，一般化可能性理論では，有意性よりは分散成分の推定の方が重要とされます（池田，1994）。

第２は，**D 研究**（D study）または**決定研究**（decision study）の段階です。第１段階で算出された分散成分を用い，相の水準数を変化させてシミュレーションを行い，それぞれの場合の信頼性を算出します。

4-2-1　G 研究

(1) 相の決定

一般化可能性理論を使う際，これから分析しようとするデータにどのような測定誤差が入る可能性があるかを考え，どんな相をデザインに入れるかを決めます。たとえば，テープに音声を吹きこむ形式のスピーキングテストがあるとします。使うテスト項目は２つあり，発話は録音され，後で評価者３名がすべての発話を聞き，１から６段階で全体的（holistic）に評価するとします。その場合の相は，項目と評価者が考えられます。この２つのランダム相がある２相クロス式デザイン（a crossed study design with two random facets）では，**表 4.7** にある７個の変動要因が考えられます。これは，**表 4.2** で挙げたクロス式デザイン（$p \times i \times r$）の例の，20 名の受験者全員が２つのスピーキングテスト項目に答え，その回答を評価者（r）３名全員が評価する場合と対応します。

(2) 水準数の決定

各相の水準数を２以上に設定します。最低２つの水準が必要で，１水準だけだとその相の分散は推定できません。また，水準数が多ければ多いほど，分散成分の推定はより正確にできます。

表 4.7　$p \times i \times r$ デザインにおける分散成分とその割合

変動要因	自由度	推定分散成分	推定分散成分の割合（%）
① 受験者（*p*）	19	0.849	51.08
② 項目（*i*）	1	0.002	0.12
③ 評価者（*r*）	2	0.000	0.00
④ 受験者と項目（*pi*）	19	0.090	5.42
⑤ 受験者と評価者（*pr*）	38	0.421	25.33
⑥ 項目と評価者（*ir*）	2	0.000	0.00
⑦ 残差（*pir, e*）	38	0.300	18.05
計		1.662	100.00

(3) テストの実施・分析・解釈

決定したデザインでテストを実施し，テスト得点を得ます。次に GENOVA などのプログラムを用い，一般化可能性理論の分析を行います。GENOVA の使用手順は **4-3-1** で詳述します。

(4) 解釈

分析後，G 研究の結果は**表 4.7** のようにまとめられます。推定分散成分は，受験者 1 名・項目 1 個・評価者 1 名の場合の推定値です。この推定値は，受験者の母集団グループから，ある受験者を選び，同じとみなせる項目が入っている母集団の項目グループから，ある 1 項目を選んでテストを実施し，同じとみなせる評価者が属している母集団の評価者グループから，ある 1 名の評価者を選んで評価をしたときに得られる値と考えられます。それぞれの分散成分の解釈は次のとおりです。

①受験者：受験者の分散成分は，項目数・評価者数を考慮して平均化したときに，受験者の得点が母集団でどのくらいばらついているかを示します。この割合が高いときは，そのテストが受験者の能力を測っている度合いが高いため，好ましい結果といえます。

②項目：項目の難しさの違いによって生じる分散成分を示します。この値が大きい場合は，平均的にみると項目の難易度はばらつき，易しい項目から難しい項目まであることを示します。

③評価者：評価者の違いによって生じる分散成分です。大きい値なら，平均的にみると甘い評価者から厳しい評価者までおり，厳しさにばらつきがあることを示します。

④受験者と項目の交互作用：項目によって受験者の得点が異なっていることを示します。たとえば，テスト項目 1 で受験者 A，B，C の順で点が高いとしても，テスト項目 2 では B，A，C の順で点が高く，項目間で順番が異なっている可能性があります。

⑤受験者と評価者の交互作用：評価者によって受験者の得点が違っていることを示します。評価者1では受験者A，B，Cの順で点が高いとしても，評価者2では受験者B，A，Cの順で高い点を付けたかもしれません。

⑥項目と評価者の交互作用：項目によって評価者の厳しさが違っていることを意味します。たとえば，評価者1・2ではテスト項目1，2の順で高い得点をつけていても，評価者3では項目1だけ無意識に厳しく評価し，項目2，1の順に高い得点をつけているかもしれません。

⑦残差：今までの6つの要因で説明されない残差で，受験者と項目と評価者の交互作用とランダム誤差の分散成分です。要因が複雑なので通常は解釈しません（Shavelson & Webb, 1991）。

次に，この結果から読み取れることを述べます。

まず最大の分散成分が，①受験者で51.08％でした。受験者が測定の対象ですので，ここの分散成分が大きい方が，受験者の能力・特性を弁別できているということになりますので，今回の結果は望ましい結果と考えられます。2番目に大きい分散成分は，⑤受験者と評価者の交互作用で25.33％でした。交互作用が小さくないことは少し問題です。3番目に大きいのは，⑦受験者と項目と評価者の交互作用とランダム誤差（18.05％）で，④受験者と項目の交互作用（5.42％）が続きます。

一方，②項目，③評価者，⑥項目と評価者の交互作用の割合は非常に小さく，0.00％～0.12％です。そのため，項目と評価者単独によっては得点があまり変わらないことがわかります。Sawaki and Xi（2008）は各変動要因において分散成分の割合が4％以上ならば解釈を検討するよう勧めています。たとえば，今回の例では4％以上の変動要因は①受験者，④受験者と項目の交互作用，⑤受験者と評価者の交互作用でしたが，受験者の値が大きいのは好ましいので，それ以外の変動要因について，なぜ大きな変動要因となったかを考察し，テスト方法に修正すべき点があるならばそれを修正し，特になければ相の水準数を増やすなどの対策を検討し，またどこまで論文に記載するかを考えます。

●負を示す推定分散成分

分散は標準偏差を2乗した値ですが，負の値になることがあります。原因としては，測定モデルを誤ってモデル化した場合（例：必要でない相を入れたとき）と，分散が非常に0に近く，誤差のために負の値になった場合が考えられます。また受験者のサンプルサイズが小さく，相を多く含む場合にも負の分散成分が起こりやすいといわれています（Brennan, 2001, p. 85）。このときには，一般的に分散成分を0に，分散成分の割合を0％に置き換えます（Shavelson & Webb, 1991）。負の分散成分の他の対処法についてはShavelson and Webb（1991, pp. 37-38）を参照してください。

4-2-2 D研究

(1) 信頼性の検討

●G係数とΦ係数の2つの信頼性

一般化可能性理論での信頼性は2種類あり，集団基準準拠と目標基準準拠のどちらの評価かで使い分けます。前者の信頼性を，**G係数**または一般化可能性係数（generalizability coefficient；記号は $E\rho^2$［イー，ロー2乗］または ρ^2［ロー2乗］）といい，後者を**Φ**（phi）**係数**または信頼度指数（index of dependability）といいます（Bachman, 2004）。Φは英語では［ファイ，またはフィー］と発音します。D研究の最初に，どちらの信頼性を使うかを決定します。

G係数は，受験者を順位づける場合など**相対的決定**（**relative decision**）に用います。たとえば，テストでの上位5名を海外留学候補者として選ぶとします。その場合，個々の得点の高さではなく，他の人の得点より高いか低いかという順位づけを一貫してできれば問題ないため，相対評価のためのG係数を使うことになります。

Φ係数は，得点を**絶対的決定**（**absolute decision**）に用い，ある基準を超えていれば合格，超えていなければ不合格とするなど，基準と比較することで判断するときに使います。たとえば，3段階の評価尺度を用いて受験者を分けるときに，どの段階にあてはまるかを判断して採点する場合は，Φ係数を使います。また，2以上の受験者が何名いるかを調べるような場合にも，Φ係数を用います。両方の解釈をする場合には，G係数とΦ係数の両方を使います。

2つの信頼性の基準は，通常の古典的テスト理論の信頼性と同じで.80以上ならば高いといわれます（平井，2017，第1章参照）。信頼性の基準は.70や.95など文献によって異なります（日本テスト学会，2007）。また，テストの性質や社会的な影響の程度によっても基準は変わります。

●2つの信頼性の算出式

①信頼性は基本的に式4.1で表されます。

（式4.1）信頼性＝受験者の分散／(受験者の分散＋誤差分散)

② $p \times i \times r$ デザインの場合

（式4.2）$E\rho^2$ ＝受験者の分散／(受験者の分散＋相対的誤差分散)
＝受験者の分散／(受験者の分散＋［*pi* と *pr* と *pir, e* の分散の計］)

（式4.3）Φ ＝受験者の分散／(受験者の分散＋絶対的誤差分散)
＝受験者の分散／(受験者の分散＋［*i* と *r* と *pi* と *pr* と *ir* と *pir, e* の分散の計］)

※相対的誤差分散＜絶対的誤差分散　よって　$E\rho^2 > \Phi$

G係数では，誤差と捉えるのは，受験者と交互作用がある要因のみ（*pi* と *pr* と *pir, e* の3つ）です。G係数は古典的テスト理論における信頼性係数と同じです（式4.2）。一方，Φ係数では，受験者の分散以外のすべて（*i* と *r* と *pi* と *pr* と *ir* と *pir, e* の6つ）を誤差として捉えます（式4.3）。そのため，G係数で使う**相対的誤差分散**（relative error variance）よりも，Φ係数で使う**絶対的誤差分散**（absolute error variance）の方が一般に大きくなります。よって，上記の式から，Φ係数はG係数よりも低くなります（G係数＞Φ係数）。さらに相の中の水準が増えると（たとえば，評価者の相で評価者数を増やすと），誤差分散は減り，信頼性係数は高くなります。

(2) 信頼性のシミュレーション

D研究で利用価値の高い，項目と評価者の数を変えたときの信頼性の変化について説明します。D研究のデザイン表記では，*p x I x R* のように，相を大文字で表すのが決まりです。

表4.8　項目数と評価者数と信頼性の変化（*p x I x R* デザイン）

	項目1つ	項目2つ	項目3つ	項目4つ
評価者1人	.51（.51）	.58（.58）	.61（.61）	.62（.62）
評価者2人	.65（.65）	.72（.72）	.75（.74）	.76（.76）
評価者3人	.72（.72）	.78（.78）	.81（.81）	.82（.82）
評価者4人	.76（.76）	.82（.82）	.84（.84）	.85（.85）

注．G係数（Φ係数）と表記。テストの目的によってG係数のみ，Φ係数のみ，両方提示という3パターンのうちどれかを選ぶ。

表4.8 のD研究の結果から以下がいえます。第1に，最初のテストの条件（項目2個，評価者3名）の場合には.78とかなり高い信頼性が得られたこと，第2に，課題と評価者を増やすことで，信頼性を高めることが可能なこと，第3に，もし.70の信頼性を基準にするのであれば，それ以上を満たすパターンは，項目1個で評価者3名以上，項目2～4個で評価者2名以上であることです。このように，一般化可能性理論を使うことによって，テストを改良するために項目と評価者の数をどう変えたらよいかを実証的に調べることができます。

(3) 測定の標準誤差の検討

測定の標準誤差（standard error of measurement：SEM）は，誤差分散の平方根（ルート）を計算したものです。つまり，測定の標準誤差を2乗すると誤差分散になります（式4.4）。

（式 4.4）測定の標準誤差＝$\sqrt{（相対的または絶対的）誤差分散}$

●測定の標準誤差の特徴

①小さい値ほどよいと解釈できます。

②テスト得点と同じ尺度で表現されます。

③解釈しやすく，意思決定に役立ちます。たとえば，10 点満点のテストで，平均値 5 点，測定の標準誤差が 0.50 点ならば，95％信頼区間（何回も同じ条件でテストを行ったときに 95％の確率で母得点を含む区間）は約 4～6 点（5 ± [0.50*1.96] = 5 ± 0.98 = 4.02～5.98）と，得点が変動しうる範囲がわかります。そのため，重大な決定をするときには，平均値の 5 点ではなく，信頼区間の下限の 4 点を合格ライン（分割点）にするなどと考慮できます。

④得点の正規分布の仮定が満たされないと，測定の標準誤差は正確さに欠けます。また，水準数が少ない相で得られた分散成分は精度が低く，測定の標準誤差があまり正確でない可能性があります。相の水準数を増やすことで標準誤差は減っていきます。

Section 4-3 一般化可能性理論を用いた分析の例

4-3-1 データの確認と分析の設定：*p x i x r* デザインの場合

スピーキングテストに 2 項目あり，評価者 3 名が録音された発話をすべて聞き，6 段階で評価するとします。テスト結果は順位付けに使います。スピーキングテスト得点全体で受験者能力がどの程度を占めているかを G 研究で，信頼性 .70 を満たすための項目と評価者数の組み合わせにどのような種類があるかについては D 研究で調べます。

【GENOVA の操作手順】

（1）GENOVA のダウンロード

一般化可能性理論の分析で使えるソフトウェアは複数ありますが，GENOVA がお勧めです。GENOVA は無料でホームページ（https://education.uiowa.edu/centers/center-advanced-studies-measurement-and-assessment/computer-programs#GENOVA；Center for Advanced Studies in Measurement and Assessment, 2016）からダウンロードでき，Windows 版があります。

※ Mac を用いて一般化可能性理論を行うには，以下の方法があります。

❶ Mac に Boot Camp をインストールすると，Windows のソフトウェアを使うことができますので，その中で GENOVA を実行します（https://support.apple.com/ja-jp/HT201468）。

❷ R にあるパッケージの中に，一般化可能性理論が複数あります。その中の一つを使って実行します（http://langtest.jp/shiny/g-theory/　https://cran.r-project.org/web/packages/gtheory/index.html　https://cran.r-project.org/web/packages/gt4ireval/vignettes/gt4ireval.html）。

GENOVA は GENeralized analysis Of VAriance の略で，G 研究と D 研究両方の分析ができます。

GENOVA をダウンロードし，解凍しておきます。インストールは必要ありません。以下は GENOVA for PC（Windows 版 GENOVA, Version 3.1）での説明です。

(2) GENOVA の Control cards の作成

❶分析を指示する Control cards はテキスト形式で，すべての英字は大文字で記述することになっています。GENOVA をダウンロードすると，[cc.manual] という名の Control cards の見本がついています。最初から作成するより，見本を自分の用途に合わせて変えた方が，間違いを避けられ，容易に進めることができます。拡張子（.txt）を最後に加え，[cc.manual.txt] という名前にするとテキストファイルになり，開くことができます。

❷今回は Control cards の見本ファイルを修正して，**図 4.3** のように Control cards ファイルを作成します。

```
GSTUDY      P X I X R DESIGN -- RANDOM MODEL
OPTIONS     RECORDS 2
EFFECT      * P 20 0
EFFECT      + I  2 0
EFFECT      + R  3 0
FORMAT      (6F2.0)
PROCESS
5 6 5 5 6 5
4 5 6 3 4 5
（途中略）
4 4 4 3 3 5
6 5 5 5 5 4
COMMENT
COMMENT       FIRST SET OF D STUDY CONTROL CARDS
DSTUDY        #1 -- P X I X R DESIGN -- I, R RANDOM
DEFFECT       $ P
DEFFECT         I 1 1 1 1 2 2 2 2 3 3 3 3 4 4 4 4
DEFFECT         R 1 2 3 4 1 2 3 4 1 2 3 4 1 2 3 4
ENDDSTUDY
FINISH
```

図 4.3　Control cards の例：*pxixr* デザインの場合

・1 行目：［GSTUDY　P X I X R DESIGN -- RANDOM MODEL］とあります。これはどんな分析をしたかの覚え書き用で，分析には影響しません。［COMMENT］と［DSTUDY］の右に書いた指示も同様です。

・2 行目：［OPTIONS　RECORDS 2］は，分析用データの最初の 2 行目と最後の 2 行目をアウトプットに出力するという指示です。読み込んだデータに間違いがないかを確認するために使います。

・3～5 行目：デザインの指定をします。［＊］が測定の対象を示し，通常は受験者［P］）の前につけます。それ以外は［+］をつけます。［P］，［I］，［R］の後には受験者数や水準数を書きます。その右の［0］はランダム相だという指定です。固定相の場合にはここが［0］でなく［2］になります。

・6 行目：［FORMAT］の［(6F2.0)］の最初の数字は 1 行に入っているデータ数を示し，今回は 6 つ入っているため［6］です。［F］の後の数字は，何文字ごとに数字が入っているかで，今回は 2 文字おきに入っていることを示します。最後の数字は，小数第何位までの表記かを示し，今回は整数で入力していますから［0］となります。ここからわかるように，分析データは整数でも小数でもかまいません。

・7 行目～：［PROCESS］の次の行がデータです。4・5 行目の［EFFECT］で I，R の順で指定しましたので，項目 1 の評価者 1，2，3 の順に書き，項目 2 の評価者 1，2，3 の順に続けます。**表 4.2** と同じ順番で入力することになります。GENOVA では，データの間にはタブでなく半角スペースを入れることになっています。

※ 1 つひとつに半角スペースを入れていくのは大変です。データ入力は Excel で行い，Excel に入力したデータをコピーして Control cards ファイルに貼りつけると早いです。そのままだと数字と数字の間にタブが入った形ですので，［**編集(E)**］→［**置換(R)**］を選び［**検索と置換**］のボックスを出します。［**検索する文字列(N)**］にはタブをコピーして入れ，［**置換後の文字列(I)**］には半角スペースを入力します。そして［**すべて置換(A)**］ボタンを押すと一度に置換することができ，半角スペースで区切られたデータとなります。

・［DSTUDY］以降の行：D 研究の指定をします。

［DEFFECT］：水準の数を変えて信頼性をシミュレーションする指定をします。D 研究での測定の対象を示す記号として，$ を使います。場合の書き方については，**図 4.3** の例では，［DEFFECT］の［I］と［R］から始まる行を使って，［I］が 1 個で［R］が 1 個の場合，［I］が 1 個で［R］が 2 個の場合，［I］が 1 個で［R］が 3 個と，順に右に並べて書いていき，調べた

い条件を指定します。

・最後の1・2行：［ENDDSTUDY］，［FINISH］で終えます。注意してほしいのは，［FINISH］の後でキーボード上の Enter キーを押し，カーソルを次の行に送っておくことです。

❸作成したControl cardsのファイルは，GENOVAと同じフォルダーに入れておきます（**図4.4**参照）。ここでは［161215_p_by_i_by_r.txt］をファイル名とします。

※ファイル名は単純でも構いませんが，例のように分析した日付とデザインを書いておく方が後で参照するのにわかりやすいと思います。

名前	種類	サイズ
161215_p_by_i_by_r.txt	テキスト ドキュメント	1 KB
cc.manual.txt	テキスト ドキュメント	2 KB
genova36.exe	アプリケーション	521 KB
Manual GENOVA ACT-TB43.pdf	Adobe Acrobat Document	23,217 KB
readme GENOVA for PC.txt	テキスト ドキュメント	7 KB
test1.crd	マネージ情報カード ファイル	1 KB
test2.crd	マネージ情報カード ファイル	1 KB

図4.4 Windows版GENOVAのフォルダー内のファイル

(3) GENOVAのファイル名の指定

❶ GENOVAのアイコン（geneva36.exe）をダブルクリックしてGENOVAを立ち上げます。「発行元を確認できませんでした。このソフトウェアを実行しますか？」と出ることもありますが，その場合は 実行(R) をクリックします。

図4.5のように，黒い画面に［File name missing or blank - please enter file name］，［UNIT 5?］と表示されます。

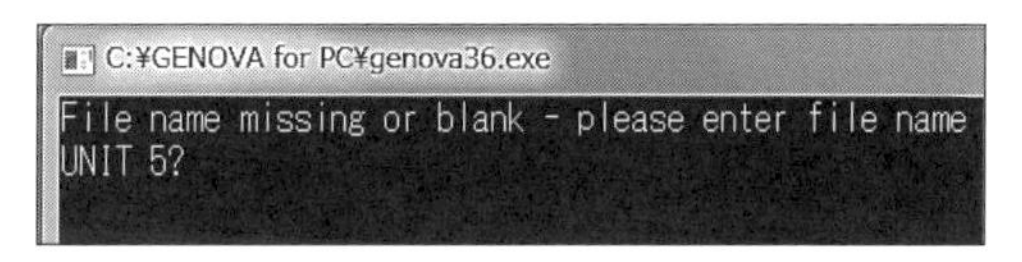

図4.5 GENOVAを立ち上げたときの画面

❷ファイル名［161215_p_by_i_by_r.txt］を入力してキーボードの Enter キーを押します。

❸［UNIT 6? ］→［161215_p_by_i_by_r.out］を入力→キーボードの Enter キーをクリックします（**図4.6**参照）。この時点では，そのファイル名のOutputファイルが存在していなくてもかまいません。

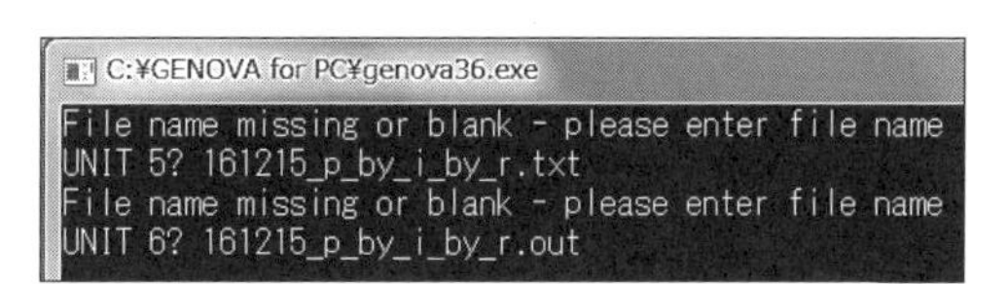

図4.6 Input・Outputファイルの指定

※ Enter キーを押してもOutputファイルがフォルダーに現れない場合，GENOVAフォルダーを置くコンピュータの場所を変えるとうまくいくことがあります。またProgram Files内にフォルダーを置いた場合に，分析ができないことがあります。

※GENOVAでは，同じOutputファイル名で指定すると，予告なしに古いファイルに新しいファイルが上書きされます。古いファイルを残しておきたい場合には，Control cardsファイルとOutputファイルの名前を変えておきます。

4-3-2　GENOVAの分析結果

Outputファイルを開きます。.txtという拡張子をOutputファイル名の最後に加え，［161215_p_by_i_by_r.out.txt］という名前にすると開くことができます。文字・数字の位置がずれて見にくいときがありますが，位置を調整して見やすくしてから読み取るとよいでしょう。

Outputファイルの中で特に重要な部分を**図4.7〜4.9**に挙げます。

（1）［DEGREES OF FREEDOM］（**図4.7**）：自由度を見て，実際に入力した値と一致しているかを確認します。P，I，Rなど交互作用でない変動要因では，（水準－1）が，交互作用の変動要因では，各要因の積が自由度となります。

(** = INFINITE)	P	I	R
SAMPLE SIZE	20	2	3
UNIVERSE SIZE	****	****	****

EFFECT	DEGREES OF FREEDOM	SUMS OF SQUARES FOR MEAN SCORES	SUMS OF SQUARES FOR SCORE EFFECTS	MEAN SQUARES
P	19	1848.83333	123.62500	6.50658
I	1	1725.88333	0.67500	0.67500
R	2	1726.47500	1.26667	0.63333
PI	19	1860.33333	10.82500	0.56974
PR	38	1893.50000	43.40000	1.14211
IR	2	1727.75000	0.60000	0.30000
PIR	38	1917.00000	11.40000	0.30000
MEAN		1725.20833		
TOTAL	119		191.79167	

図4.7　GENOVAのOutputの一部：G研究の分散成分の計算過程

EFFECT	DEGREES OF FREEDOM	MODEL VARIANCE COMPONENTS: USING ALGORITHM	USING EMS EQUATIONS	STANDARD ERROR
P	19	0.8491228	0.8491228	0.3388130
I	1	0.0017544	0.0017544	0.0103302
R	2	(0.0)	(0.0)	0.0140374
PI	19	0.0899123	0.0899123	0.0627290
PR	38	0.4210526	0.4210526	0.1320229
IR	2	0.3589143E-14	0.3588796E-14	0.0111243
PIR	38	0.3000000	0.3000000	0.0670820

図4.8　GENOVAのOutputの一部：G研究の分散成分

（2）［MODEL VARIANCE COMPONENTS］（**図4.8**）：分散成分と測定の標準誤差が示されています。［USING ALGORITHM］と［USING EMS EQUATIONS］の値は分散成分を示し，負の分散がない限りは値が一致します。［STANDARD ERROR］は分散成分の測定の標準誤差です。論文では，この図の情報の一部を**表4.7**のようにまとめます。

※分散成分の割合はGENOVAでは出力されませんので，分散成分の合計を分母にして割合を計算します。

（3）［SUMMARY OF D STUDY RESULTS FOR SET OF CONTROL CARDS NO. 001］（**図4.9**）：D研究の結果から信頼性を読み取ります。左にデザイン番号がついています。［001-001］は，Control cardsで［I］を［1］，［R］を［1］の条件下で指定した結果です。［UNIVERSE SCORE］が受験者の分散，［LOWER CASE DELTA］が相対的誤差分散，［UPPER CASE

DELTA］が絶対的誤差分散です。G 係数と Φ 係数は［GEN. COEF. ］と［PHI］を見ます。論文では，この図の情報の一部を**表 4.8** のように書きます。

※ Output のさらなる読み取り方については，GENOVA ファイルをダウンロードする際に添付されているマニュアルを参照してください。

SUMMARY OF D STUDY RESULTS FOR SET OF CONTROL CARDS NO. 001

D STUDY DESIGN NO	INDEX= UNIV.=	SAMPLE SIZES $P INF.	I INF.	R INF.	VARIANCES UNIVERSE SCORE	EXPECTED OBSERVED SCORE	LOWER CASE DELTA	UPPER CASE DELTA	MEAN	GEN. COEF.	PHI
001-001		20	1	1	0.84912	1.66009	0.81096	0.81272	0.08476	0.51149	0.51095
001-002		20	1	2	0.84912	1.29956	0.45044	0.45219	0.06673	0.65339	0.65251
001-003		20	1	3	0.84912	1.17939	0.33026	0.33202	0.06072	0.71997	0.71890
001-004		20	1	4	0.84912	1.11930	0.27018	0.27193	0.05772	0.75862	0.75743
001-005		20	2	1	0.84912	1.46513	0.61601	0.61689	0.07413	0.57955	0.57921
001-006		20	2	2	0.84912	1.17961	0.33048	0.33136	0.05986	0.71984	0.71930
001-007		20	2	3	0.84912	1.08443	0.23531	0.23618	0.05510	0.78301	0.78238
001-008		20	2	4	0.84912	1.03684	0.18772	0.18860	0.05272	0.81895	0.81826
001-009		20	3	1	0.84912	1.40015	0.55102	0.55161	0.07059	0.60645	0.60620
001-010		20	3	2	0.84912	1.13962	0.29050	0.29108	0.05757	0.74509	0.74471
001-011		20	3	3	0.84912	1.05278	0.20365	0.20424	0.05322	0.80655	0.80611
001-012		20	3	4	0.84912	1.00936	0.16023	0.16082	0.05105	0.84125	0.84076
001-013		20	4	1	0.84912	1.36765	0.51853	0.51897	0.06882	0.62086	0.62066
001-014		20	4	2	0.84912	1.11963	0.27050	0.27094	0.05642	0.75840	0.75810
001-015		20	4	3	0.84912	1.03695	0.18783	0.18827	0.05229	0.81886	0.81852
001-016		20	4	4	0.84912	0.99561	0.14649	0.14693	0.05022	0.85286	0.85249

図 4.9　GENOVA の Output の一部：D 研究による信頼性の変化

4-3-3　論文への記載

一般に，論文には上記の**表 4.7** と**表 4.8** の G 係数の情報を掲載します。**図 4.10** は**表 4.8** を基にした図です。項目数・評価者数の変化によって G 係数または Φ 係数がどのように変化するかを視覚的に伝えるために掲載することが多いです。後の研究者が詳細な値を必要とする場合もありますので，表を省略することはせず，表のみ，または表と図の両方を載せるようにします。

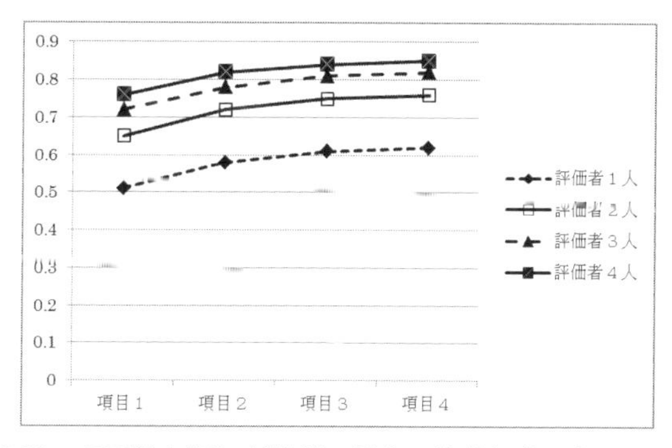

図 4.10　項目数と評価者数が一般化可能性係数に与える影響

記載例（*p x i x r* デザインの場合）

G 研究の結果を示した表 4.7 を見ると，テスト得点を占める変動要因の割合は受験者で最も高く（51.08%），受験者の能力を測る度合いが他の要因の度合いよりかなり高かった。これはテストで受験者能力を半分以上測れることを示し，望ましい結果だった。次に，受験者と評価者の交互作用（25.33%）の割合が高かった。受験者によって評価者が評価の厳しさを変える度合いが高いことは，望ましいことではなく，改善のために評価者訓練や定期的なモニタリングを行う必要があると思われる。その後，受験者と項目と評価者の交互作用（18.05%），受験者と項目の交互作用（5.42%）の順に分散成分の割合が高かった。一方，項目（0.12%），評価者（0.00%），項目と評価者の交互作用（0.00%）の割合は非常に少なかった。

表 4.8 の D 研究の結果では，本研究でのテストの条件下（項目 2 個，評価者 3 名）での信頼性が，G 係数で .78 とかなり高かったことがわかる。さらに信頼性の .70 を満たすパターンは，項目 1 個で評価者 3 名以上，項目 2 個以上で評価者 2 名以上であり，今後そのような組み合わせでの実施を検討することにした。

4-3-4 *p x i x r* デザイン以外の Control cards

デザインは違っても，Control cards を一部変えるだけで，GENOVA 使用の手順は **4-3-1** と同じです。

（1）*p x r* デザイン：(**4-1-4**（1）参照）の Control cards の例を**図 4.11** に示します。**図 4.3** との主な違いは 2 点のみです。第 1 に，**図 4.11** には［EFFECT］と［DEFFECT］の行に［I］がないこと，第 2 に，［FORMAT］で［(2F2.0)］とあり，［F］の前の数が 2 で，入っているデータが 2 つであることです。

```
GSTUDY       P X R DESIGN -- RANDOM MODEL
OPTIONS      RECORDS 2
EFFECT       * P 20 0
EFFECT       + R  2 0
FORMAT       (2F2.0)
PROCESS
3 3
(以降データ略)
2 1
COMMENT
COMMENT        FIRST SET OF D STUDY CONTROL CARDS
DSTUDY         #1 -- P X R DESIGN -- R RANDOM
DEFFECT        $ P
DEFFECT          R 1 2 3 4
ENDDSTUDY
FINISH
```

図 4.11　*p x r* デザインの Control cards の例

(2) $p \times (r:i)$ デザイン：入れ子式のデザインの場合（**表 4.3** 参照）は，**図 4.12** のように書きます。**図 4.3** との主な違いは，**図 4.12** には［EFFECT］と［DEFFECT］の行に［R］ではなくて［R:I］が書いてあることだけです。

```
GSTUDY       P X (R:I) DESIGN -- RANDOM MODEL, R nested within I
OPTIONS      RECORDS 2
EFFECT       * P   20 0
EFFECT       + I    2 0
EFFECT       + R:I  3 0
FORMAT       (6F2.0)
PROCESS
4 4 4 2 2 3
(以降データ略)
4 3 4 1 2 3
COMMENT
COMMENT        FIRST SET OF D STUDY CONTROL CARDS
DSTUDY         #1 -- P X (R:I) DESIGN -- I, R RANDOM
DEFFECT        $ P
DEFFECT          I   1 1 1 1 2 2 2 2 3 3 3 3 4 4 4 4
DEFFECT          R:I 1 2 3 4 1 2 3 4 1 2 3 4 1 2 3 4
ENDDSTUDY
FINISH
```

図 4.12　$p \times (r:i)$ デザインの Control cards の例

Section 4-4 多変量一般化可能性理論と分析例

4-4-1　多変量一般化可能性理論の概要と主な利点

ここまで単変量（univariate）の一般化可能性理論の例を説明し，GENOVA の使い方を紹介してきました。$p \times i \times r$ デザインの例では，従属変数は 1 つ（スピーキングテスト得点）でした。

一方，従属変数が 2 つ以上のときには，**多変量一般化可能性理論**（multivariate generalizability theory）を使います。この理論は，**4-3** までで説明してきた単変量一般化可能性理論を発展させたもので，多変量分散分析（平井，2017，第 6 章参照）を基に分散要因を推定します（Brennan, 2001）。

多変量一般化可能性理論が役立つのは，従属変数が複数あり，それを固定相として捉えられる場合や，複数の従属変数間に中程度の相関がある場合です（Brennan, 2001; Sawaki, 2017）。

多変量一般化可能性理論を行うと，単変量一般化可能性理論でわかることに加え，①従属変数間の共分散のばらつきに影響する要因やその影響の度合い，②母得点の間の相関関係，③合計得点の信頼性や，また合計得点の中で各従属変数がどの程度寄与しているかがわかります。詳細はBrennan（2001）を参照してください。

4-4-2　データの確認と分析の設定

多変量一般化可能性理論を用いた研究に，Hirai and Koizumi（2008）があり，これを例として説明します。開発したスピーキングテストを評価する評価尺度（EBB［Empirically-derived, Binary-choice and Boundary-definition］尺度）を新しく作成し，その信頼性を調べています。評価尺度の観点はCommunicative Efficiency（CE），Grammar & Vocabulary（GV），Content（Con），Pronunciation（Pro）の4つで，それぞれ5段階で評価します。テスト項目（i）は4つあり，受験者（p）49名は4つすべてを受けています。G係数とΦ係数をともに使います。テスト項目を相としたクロス式 $p \times i$ デザインで，評価尺度の観点4つが従属変数であるため，多変量一般化可能性理論を使います。

【mGENOVAの操作手順】

(1) mGENOVAのダウンロード

❶**表4.9**にGENOVA系のソフトウェアをまとめてあります。多変量分散分析ではGENOVAではなくmGENOVAを使います。

表4.9　GENOVA系のソフトウェアの種類

GENOVA	：単変量で欠損値がない（balanced）デザインが分析可能
urGENOVA	：単変量で欠損値がある（unbalanced）デザインが分析可能
mGENOVA	：単変量／多変量，欠損値がある／ないデザインのすべてが分析可能

注．すべてWindows用のみあり，Center for Advanced Studies in Measurement and Assessment（2016）から無料ダウンロードができ（https://education.uiowa.edu/centers/center-advanced-studies-measurement-and-assessment/computer-programs#GENOVA），マニュアルも付いている。

❷ mGENOVAをダウンロードし，解凍しておきます。以下はmGENOVA for PC（Windows版mGENOVA, Version 2.1）での説明です。

(2) mGENOVAのControl cardsの作成

❶ mGENOVAに分析を指示するControl cardsをテキスト形式で作成します。**図4.13**が使用するControl cardsです。

```
GSTUDY    p x i Design with Covariance Components Design = p
OPTIONS   "*.out"
MULT      4   CE  GV  Con  Pro
EFFECT    * p 49  49  49  49
EFFECT    # i  4   4   4   4
FORMAT    0 0
PROCESS
3.0 3.5 3.5 3.5 1.0 1.0 2.0 1.0 4.0 5.0 4.0 3.5 4.0 3.5 4.0 3.0
(途中略)
4.0 3.0 4.0 3.0 4.0 4.0 3.0 3.0 2.0 4.0 5.0 4.0 4.0 4.0 4.0 4.0
DSTUDY    p x I Design with Covariance Components Design = p
DOPTIONS DCUT 4.0
DEFFECT  $ p 49  49  49  49
DEFFECT  # I  1   1   1   1
ENDDSTUDY
DSTUDY    p x I Design with Covariance Components Design = p
DOPTIONS DCUT 4.0
DEFFECT  $ p 49  49  49  49
DEFFECT  # I  2   2   2   2
ENDDSTUDY
DSTUDY    p x I Design with Covariance Components Design = p
DOPTIONS DCUT 4.0
DEFFECT  $ p 49  49  49  49
DEFFECT  # I  3   3   3   3
ENDDSTUDY
```

図 4.13 多変量一般化可能性理論の Control cards の例：$p\ x\ i$ デザインの場合

●2 種類の一般化可能性理論の選択

多変量一般化可能性理論を使う以外に，単変量一般化可能性理論で，テスト項目と評価尺度の観点を２相とし，テスト項目をランダム相，評価尺度の観点を固定相として分析する方法もあります。多変量一般化可能性理論で従属変数にすることができるのは，単変量一般化可能性理論で固定相のもののみで，ランダム相は従属変数にすることはできません。評価尺度の観点がそれぞれ非常に異なる側面を測っているのであれば，単変量一般化可能性理論を使った $p\ x\ i$ デザインでの分析を評価尺度ごとに別々に行う方法もあります（Sawaki, 2010)。

❷ mGENOVA と GENOVA の Control cards の書き方は似ていますが，異なる点も多くあり，その点を中心に解説します。

・２行目：[*.out] は Control cards の名前に .out をつけて Output ファイルにするという指示で

す。たとえば，Control cards ファイルの名前が「161215_p_by_i_mGENOVA.txt」であれば，Output ファイルは「161215_p_by_i_mGENOVA.txt.out」になります。

- 3 行目：[MULT　4] は，4 変量の多変量一般化可能性理論を行うという指示です。その後の文字は 4 変量の名前です。
- 4〜5 行目：[EFFECT] でデザインの指定をします。[*] は測定の対象を示し，[#] は，変量間（例：CE, GV, Con, Pro の間）で同じもの（例：項目）を使っている相につけます。今回の例では，同じ 4 つの項目を 4 つの観点で評価しますので，# がつきます。

  ※変量間で異なるもの（例：項目）を使うときには，* も # もつけず，空白のままにします。たとえば，CE は項目 1〜4，GV は項目 5〜8，Con は項目 9〜12，Pro は項目 13〜16 で評価した場合です。

●デザインの厳密な表現方法

本節では p x i デザインを使うと上記で述べましたが，厳密にいうと「$p^{\bullet}$ x $i^{\bullet}$ デザイン」を扱っています。デザインの内容を厳密に表現するときには，[EFFECT] で [*] か [#] をつけるものは上つき黒丸（$^{\bullet}$）で表し，[*] も [#] もつけない場合には白丸（$^{\circ}$）をつけます（例：$p^{\bullet}$ x i° デザイン）。つまり，受験者には必ず「$^{\bullet}$」がつき，相には「$^{\bullet}$」か「$^{\circ}$」のどちらかがつきます。たとえば，p x i デザインの例では，項目について，同じ 4 つの項目で評価していますので，デザイン名には「$^{\bullet}$」がつき，Control cards には「#」がつきます。

※別な言い方をすると，従属変数（固定相）に対してクロス式の相には「$^{\bullet}$」がつき，従属変数に対して入れ子式の相には「$^{\circ}$」がつきます。

- 6 行目：[FORMAT] の 1 つめの数は，読み込まない文字数です。今回のデータ（8 行目参照）の行始めはスペースなしに [3.0] と始まっていますから，[0] と指定します。2 つめの数は，データ 1 つの幅（field width）を示します。今回は，3.0 と 1 半角スペースで，幅は 4 つなので [4] でもよいですが，[0] のときには，半角スペースで数が区切られているという意味になり，こちらを書いています。
- 7 行目以降：[PROCESS] の次の行からデータが始まります。[MULT] で指定した順で並べ，CE の項目 1，2，3，4，GV の項目 1，2，3，4 と並べていきます。書く順番は**表 4.10** と同じになります。

表 4.10　$p^{\bullet} \times i^{\bullet}$ デザインの例

	CE				GV				Con				Pro			
	I1	I2	I3	I4	I1	I2	I3	I4	I1	I2	I3	I4	I1	I2	I3	I4
P1	3.0	3.5	3.5	3.5	1.0	1.0	2.0	1.0	4.0	5.0	4.0	3.5	4.0	3.5	4.0	3.0
⋮	（途中略）															
P49	4.0	3.0	4.0	3.0	4.0	4.0	3.0	3.0	2.0	4.0	5.0	4.0	4.0	4.0	4.0	4.0

注．I＝項目；P＝受験者

［DOPTIONS DCUT］は，分割点での分類の信頼性（Φ(λ)）を計算する指示です。［DOPTIONS DCUT 4.0］だと，分割点を 4.0 に設定した（4.0 以上を合格と決めた）ときの信頼性が計算されます。［DEFFECT］で水準の数を変えて信頼性をシミュレーションする指定をします。最後に［ENDDSTUDY］で終えます。カーソルを次の行に送っておき，mGENOVA と同じフォルダーに入れておくことは GENOVA のときと同じです。

作成した Control cards のファイルは，GENOVA と同じフォルダーに入れておきます（**図 4.14** 参照）。

名前	種類	サイズ
161215_p_by_i_mGENOVA.txt	テキスト ドキュ...	5 KB
cc.manual.txt	テキスト ドキュ...	4 KB
mGENOVA.exe	アプリケーション	454 KB
mGENOVA_manual.pdf	Adobe Acrobat ...	733 KB
RCG Data	ファイル	1 KB
readme mGENOVA for PC.txt	テキスト ドキュ...	5 KB

図 4.14　Windows 版 mGENOVA のフォルダー内のファイル

❸ mGENOVA のファイル名の指定

mGENOVA のアイコン（mGENOVA.exe）をダブルクリックして mGENOVA を立ち上げます。黒い画面に［Input the filename containing the control cards］と出ますので，ファイル名を入力して Enter ボタンを押します（**図 4.15** 参照）。Output ファイル名の指定は Control cards 内で行いましたので，必要ありません。

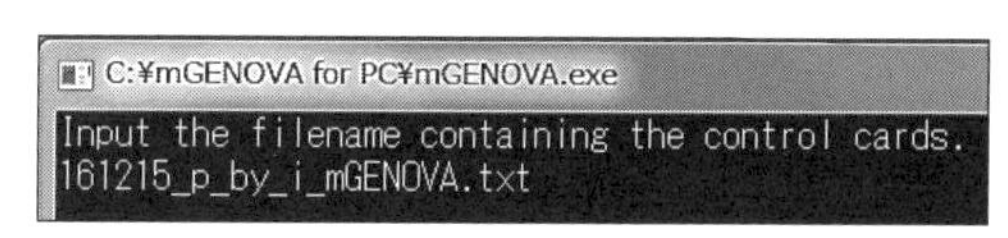

図 4.15　mGENOVA での Input ファイルの指定

❹ mGENOVA の Output ファイルの読み取り

GENOVA の時と同様に，.txt という拡張子を Output ファイル名の最後に加え，［161215_p_by_i mGENOVA.out.txt］という名前にして開きます。

❺ Output ファイルの中で特に重要な部分を**図 4.16** と**図 4.17** に挙げます。**図 4.16** の下線部が G 研究における各変数における分散成分です。**図 4.17** の下線部は，D 研究において水準数を変えたときの信頼性係数を示しており，この例ではすべて 1 水準の場合のものです。

```
ESTIMATED G STUDY VARIANCE AND COVARIANCE COMPONENTS
Note. Lower diagonal elements are covariances.
      Upper diagonal elements are correlations.

Effect            CE          GV          Con         Pro
p            0.70863     0.42391     0.87069     0.50511
             0.23220     0.42338     0.34861     0.39711
             0.57532     0.17805     0.61612     0.57753
             0.37739     0.22933     0.40235     0.78775

i            0.01242
             0.00922    -0.00498
             0.03522     0.02010     0.07499
             0.00343     0.00179     0.00928    -0.00067

pi           0.27925
            -0.03856     0.49052
             0.12635    -0.02052     0.38845
            -0.01491     0.04158     0.00092     0.23027
```

図 4.16　mGENOVA の Output の一部：G 研究の分散成分。下線は筆者が加筆

```
                       D STUDY NUMBER 1.1
(途中略)
SAMPLE SIZE STATISTICS FOR I
Statistic              CE           GV           Con          Pro
      ni                1            1             1            1
(途中略)
D STUDY RESULTS FOR INDIVIDUAL VARIABLES
                       CE           GV           Con          Pro
(途中略)
Gen Coefficient     0.71733      0.46327      0.61332      0.77381
            Phi     0.70842      0.46327      0.57072      0.77381
(途中略)
D STUDY RESULTS FOR COMPOSITE
(途中略)
            Composite Phi(Lambda =    4.000)        0.88425
```

図 4.17　mGENOVA の Output の一部：D 研究における信頼性：1 水準の場合

4-4-3　論文への記載

4-4-2 の情報を併せて，論文では**表 4.11** と**表 4.12** のようにまとめます。

表 4.11　G 研究における推定された分散成分とその割合

変動要因	Communicative Efficiency	Grammar & Vocabulary	Content	Pronunciation
受験者（*p*）	0.709（70.90%）	0.423（46.28%）	0.616（57.09%）	0.788（77.41%）
項目（*i*）	0.012（1.20%）	0.000*（0.00%）	0.075（6.95%）	0.000*（0.00%）
残差（*pi, e*）	0.279（27.90%）	0.491（53.72%）	0.388（35.96%）	0.230（22.59%）

注．*＝負の分散を 0 に固定した。

表 4.12　D 研究における信頼性の変化

	1 項目 $E\rho^2$, Φ	2 項目 $E\rho^2$, Φ	3 項目 $E\rho^2$, Φ	4 項目 $E\rho^2$, Φ
Communicative Efficiency	.72, .71	.84, .83	.88, .88	.91, .91
Grammar & Vocabulary	.46, .46	.63, .63	.72, .72	.78, .78
Content	.61, .57	.76, .73	.83, .80	.86, .84
Pronunciation	.77, .77	.87, .87	.91, .91	.93, .93
Φ（4.00）	.88	.94	.96	.96

注．$E\rho^2$＝G 係数，Φ＝Φ係数，Φ(4.00）＝分割点が 4.00 のときのΦ（λ）

記載例（$p^\bullet \times i^\bullet$デザインの場合）

表 4.11 を見ると，G 研究の結果において，変動要因が占める割合は Communicative Efficiency, Content, Pronunciation の 3 観点において受験者が最も高く（57.09～77.41%），Grammar & Vocabulary では残差（受験者とテスト項目の交互作用とランダム誤差）が半分を占めていた（53.72%）。項目の割合はすべての観点において小さかった（0.00～6.95%）。4 観点中 3 観点で，テスト得点の変動を受験者が最も説明していたことは望ましい結果だった。

D 研究の結果（表 4.12 参照）では，G 係数が .70 以上になるのは，Pronunciation と Communicative Efficiency では 1 項目，Content では 2 項目，Grammar & Vocabulary では 3 項目の場合だった。これにより，今後のテストにおける項目数を検討する予定である。分割点は 4.00 に設定し，5 点満点のうち 4

点以上を取ったときに合格と決めたが，そのときの分類の信頼性は，1 項目で .88，2 項目で .94 と高い値が得られた。つまり，4 点以上を合格と設定すると，合格と不合格の分け方が一貫しており，分類の信頼性の観点から適切であることが示された。

Section 4-5 一般化可能性理論のまとめ

今まで述べてきたことを含め，重要な点を確認します。

(1) 古典的テスト理論の信頼性は，一般化可能性理論の 1 相クロス式デザインで相対的決定の場合と一致します（Sawaki, 2010）。その相がテスト項目であればクロンバック・アルファ係数，評価者であれば評価者間・評価者内信頼性，テストフォームであれば同等フォーム信頼性，実施時期（occasion）であれば再テスト信頼性と一致します（Sawaki & Xi, 2008）。

(2) 古典的テスト理論では，①絶対的決定をすることが目標の場合や，②相が 2 つ以上の場合は扱えないため，一般化可能性理論を使うのが適切です。

(3) 一般化可能性理論の D 研究で相が 1 つで相対的決定をする場合，古典的テスト理論と同じ分析ができますが，その場合でも，一般化可能性理論の D 研究では水準数をさまざまに変えた場合の信頼性の推定が，一度に算出できます。古典的テスト理論ではスピアマン・ブラウン予測公式と予測公式を使い，何度も計算する必要があります。

(4) 信頼性が低い場合，テスト結果に誤差が多く含まれているため，結果の解釈が間違った方向に行く危険性が高くなります。たとえば，別のテストとの相関関係を調べても，信頼性が低いと本来の相関係数より低い値しか得られず，本来の関係が見えにくくなります。

　テストの信頼性の低さを考慮し，テストの信頼性が 1.00 だと仮定（誤差がないと仮定）した場合の相関関係がどの程度あるかを推定する方法を，**希薄化の修正**（correction for attenuation）といいます（平井，2017，第 7 章参照）。

(5) 先行研究で同じテストの信頼性に関する報告があったとしても，テスト実施の状況によって信頼性は変わるため，信頼性の値は報告するべきです。

(6) 受験者グループの層は幅が広いか，実施したらどの程度ばらつきが得られそうかなど，テストの信頼性を念頭において，研究計画を立てるようにします。

　その方法として，第 1 に，同じまたは似たテストを使った先行研究ではどのような受験者グループに実施し，どの程度の信頼性があったかを調べ，自分の実験でどうすべきかを考えます。第２に，自分が使用するテストを使って小規模な予備実験を行い，研究での受験者ではどの程度の分散が得られそうかをある程度確認し，誤差を生み出す可能性がある要因（相）は何で，相の水準をいくつにするかを検討します。第３に，その研究計画に基づいてテストを実施し，データを一般化可能性理論で分析して信頼性を確認するという手順を踏むことが推奨されます。

一般化可能性理論の基本については，角（2006），山森（2004），Bachman（2004），Brown（2013, 2016），Brown and Hudson（2002），Gebril（2013），村山（n.d.），Sawaki（2010）を。より深く学びたい方は，Brennan（2001），Marcoulides and Ing（2013），Shavelson and Webb（1991），Webb, Shavelson, and Haertel（2006）などを参照してください。教育・心理系研究で使われた例は，Bouwer, Béguin, Sanders, and van den Bergh（2015），Gugiu, Gugiu, and Baldus（2012），In'nami and Koizumi（2016），Lakes and Hoyt（2009），Sawaki（2005），Ushiro et al.（2015），山西（2005），Yoshida（2006）などがあります。

第5章 項目応答理論

◉標本依存と項目依存を克服した測定を実現する

Section 5-1 項目応答理論とは

項目応答理論または**項目反応理論**（item response theory：IRT）とは，受験者がテスト項目に応答するパターンから，その受験者能力（テストやアンケートで測定できる知識，技術，態度，性格などの特性）を確率モデルに基づいて，項目困難度（または難易度）と同一尺度上で推定する統計理論です（池田，1994；大友，1996）。

この理論では，テストの困難度に依存せずに，対象とする受験者能力を推定することができます。そのため，異なるテスト得点を比較することが可能で，TOEFL（Educational Testing Service）やCASEC（教育測定研究所・日本英語検定協会）などの英語運用能力を測定する試験を始め，IT パスポート試験（情報処理推進機構）や BJT ビジネス日本語能力テスト（日本漢字能力検定協会）の資格試験などに広く利用されています。

本書ではラッシュモデルを含めた項目応答理論を簡単に「IRT」と表記します。限られた紙面の中で，IRT を実際に使えるように実践に多くの紙面を割いています。

5-1-1 古典的テスト理論の限界点

IRT に先行するテスト理論として，**古典的テスト理論**（classical test theory：CTT）があります。これは，素点である観測得点は真の得点と測定誤差から構成され，統計量（平均，標準偏差，分散など）を使って，真の得点の割合からテストの信頼性や妥当性を評価する理論です。この古典的テスト理論には次のような限界が指摘されています（豊田，2002，pp.15-16）。

(1) 標本依存性（sample dependence）と項目依存性（item dependence）

古典的テスト理論に基づいて作成されたテストでは，あるテストを能力の高い受験者が受けると正答確率が高くなり，その正答確率から算出されるテストの項目困難度が低く推定されますが，そのテストを能力が低い受験者が受けると，項目困難度が高く推定されてしまいます。同様に，ある受験者が 1 回目のテストで 100 点満点中 80 点となり，2 回目の異なるテストで 60 点になったとしても，受験者が勉強したからなのか，テストの難易度が上がったからなのか解釈が難しくなります。

このように，古典的テスト理論では，項目特性と能力特性の 2 つのパラメタが相互依存的な関係にあるため，どちらかが固定されない限り，もう一方の絶対的な推定値を求めることができません。

(2) テスト全体の信頼性の推定

個々の項目によって測定精度は異なるはずですが，古典的テスト理論ではテスト全体の信頼性係数しか推定することができません。そして，すべての受験者能力がその信頼度係数で測定されているわけではなく，受験者の得点が平均に近い方ほど測定精度が高く，離れているほど測定精度が落ち，誤差が大きくなります。

また，**範囲制約性**（range restriction of reliability coefficient）の作用により，信頼性係数は受験者集団の分散から影響を受けます（Gulliksen, 1987）。これは，同じテストを実施しても，能力差が著しく異なる分散の大きい集団の方が，能力が同程度で分散の小さい集団より信頼性係数が高く推定される傾向があるからです。

5-1-2 項目応答理論のテスティングにもたらす利点

上記の古典的テスト理論の限界に対して，IRT を用いると次のような対応ができます（Hambleton & Swaminathan, 1985）。

(1) テスト項目と能力パラメタの不変性

IRT では，受験者能力と項目困難度を切り離して解釈することができます。つまり，**受験者能力に依存しない項目困難度の設定**（sample-free item calibration）および**テスト項目に依存しない受験者能力の測定**（test-free measurement）が可能になります。これをテスト項目と能力パラメタに関する**不変性**（invariance）と呼びます。

後述する**等化**（equating）を行うと，受験者能力に依存せず，異なるテストの項目困難度を同一尺度上で推定することができるため，異なるテストの受験者の得点を比較することが可能になります。

(2) 個々の項目・受験者の信頼性推定

項目情報関数（item information function）により，従来から求めることのできたテスト全体の信頼性だけでなく，個々の受験者の能力および項目ごとの困難度の**測定誤差**（error of measurement）を求めることができます。つまり，得点分布上のあらゆる地点で測定誤差を調べることができます。

5-1-3 項目応答理論の前提

IRT に基づく分析を実行する上で，次の 2 つのことが前提になっています。

(1) 一次元性

一次元性（unidimensionality）とは，分析対象の項目群が 1 つの特性（**構成概念**）を測定していることです。たとえば，文法知識を問う穴埋め問題であれば，その穴埋め箇所が文法の知識を問うものだけで構成されている必要があります。穴埋め部分が語彙やイディオム表現の部分を測定していると，結果が文法能力を反映しているかわからなくなってしまいます。一次元性が成り立っているかを検証するには，次のような方法があります。

①**因子分析**（factor analysis）を用い，回転前に描画されるスクリープロット上で第 1 因子の**固有値**（eigenvalue）が，第 2 因子の固有値から大きく離れて 1 つの因子とみなせるかを確認します。あるいは，第 1 因子の寄与率が 20％以上になっていれば，一次元性が成り立っていると解釈できます（豊田，2002）。

通常の因子分析では固有値の計算に連続尺度用のピアソン積率相関係数行列が用いられますが，**2 値**（dichotomous）データを使用する IRT では，カテゴリ数が少ないため**四分相関係数**（**テトラコリック相関係数**，tetrachoric correlation coefficient）行列から，**多値**（polytomous）データを使用する多値型 IRT では**多分相関係数**（**ポリコリック相関係数**；polychoric correlation coefficient）行列から算出される固有値を用います（**5-6-3**（2）参照）。

②ラッシュモデル（**5-1-4**）は，主成分分析における残差分析表で一次元性の程度を確認することができます。第一因子を除いた残差はノイズレベルであると仮定できるので，残差の主成分分析で占める第 1 因子（固有値）の占める割合が低ければ（3 以下）であれば問題がないとされています（Winsteps オンラインマニュアル http://www.winsteps.com/winman/table23_0.htm）。また，多相ラッシュモデルの場合は，［Variance explained by Rasch measures］の値が 20％以上であれば一次元性が保たれているといえます（Engelhard, 2013, p.185）。

③個々の項目レベルでは，各項目と全体得点との相関係数である**点双列相関係数**（point biserial correlation coefficient）を算出して確認します。他の項目より極端に低い係数の項目は，一次元性に寄与しておらず問題があります。

しかし，近年，技能統合型の問題（例：TOEFL iBT の Speaking や Writing のセクション）が増えており，一次元性に関してはさまざまな解釈があります（e.g., McNamara & Knoch, 2012）。テスト設計の段階でどのような構成概念を測定するテストなのか，一次元性の範囲や厳密さを明確にしておくことが大切です。また，複数次元を仮定する多次元 IRT モデルもあります。

(2) 局所独立性

局所独立性（local independence）とは，個々の項目は独立しており，ある項目への応答が別の項目への応答に影響しないことです。しかし，この局所独立性を完全に取り除くのは困難で，上記の一次元性が満たされている場合で，局所依存が表れやすい例として，文整序問題やマッチング問題のように 1 つ間違うと別の項目も間違えたり，長文読解で一連の英文に関する項目間では応答が依存しがちということがあります。

疑わしい項目の調べ方のひとつに，Yen（1984, 1993）が提唱した Q_3 統計量で確認する方法があります。能力値によって項目間の相関が十分に説明されていれば，その相関の影響を取り去った残差得点同士の相関は 0 になるはずです。しかし，その影響を取り除いても，項目間の相関である Q_3 の値が 0.20 を超えていれば，その項目どうしの局所独立性を疑います（加藤・山田・川端，2014，p.150）。または，1 因子の確認的因子分析から残差相関行列を算出し，標準化係数が 0.2 以上ある項目を疑います。

局所依存項目があれば，それらの項目をまとめて採点するか尺度化する方法（平井 2017，9-3-6 参考）があります。たとえば，「5 語並べ替え，そのうち 2 語答える」という整序問題では，2 語とも正解で正答扱いとするなど，得点の与え方を工夫します。また，多値型 IRT モデルに切り替えて分析する方法も検討します（加藤・山田・川端，2014，p.153）。

5-1-4 項目特性曲線と項目情報曲線

IRT に対応した分析は**ロジスティックモデル**（logistic model）が用いられています。このモデルに用いられる主要な関数とそれを使って表す曲線を紹介します。

(1) 項目特性関数と曲線

IRTのモデルでは，**ロジスティック関数**（logistic function）を用いた**項目特性関数**（item characteristic function：ICF）を使用しています。ロジスティック関数とは，指数関数（exponential function：exp(x)）を使った式（例：**5-3-1** 式5.1）のことです。ロジスティックモデルを提案したBirnbaum（1968）は，それまで項目特性曲線に使われていた正規累積モデルに近づけるために式に尺度因子（$D = 1.7$）を入れましたが，Dを入れていない式も見受けられます（熊谷・荘島，2015）。

このロジスティック関数を，受験者能力（θ）を横軸に，ある項目の**正答確率**を縦軸に取って視覚化したものが**項目特性曲線**（item characteristic curve：ICC）です。通常，能力が上がると正答確率も上がるので，右上がりの曲線になります（例：**図5.4**〜**図5.6**参照）。また，前述した局所独立性の仮定から，すべての項目特性曲線を足したものが**テスト特性曲線**（test characteristic curve）で，テスト全体の特性を表しています。

●1パラメタ・ロジスティックモデルとラッシュモデル

ロジスティックモデルでよく使われるのが**1パラメタ・ロジスティックモデル**（1 parameter logistic model：**1PLM**），2PLM，3PLMです。その中の1PLMは，Rasch（1960）が開発しWright and Stone（1979）によって発展・普及した「ラッシュモデル」と呼ばれるモデルと基本的に同じもので，ラッシュモデルの原点と単位を調整すると1PLMとなります。ただし，それぞれのモデルの発案者の考え方が異なり，ロジスティックモデルはデータに合うモデルを探ろうとしますが，ラッシュモデルでは，データがどこまでモデルに合致するかが焦点となります。1PLMでは受験者の能力値をθ，項目困難度をbとして表しますが，ラッシュモデルでは項目困難度にδ（デルタ）を使っています（住，2013；靜，2007）。

(2) 項目情報関数と曲線

項目特性曲線と並んでロジスティックモデルに用いられるのが，**項目情報関数**（item information function：IIF）を表した**項目情報曲線**（item information curve：IIC）です。1PLMでは，正答する確率と誤答する確率の積で求めるため，その2つの確率がどちらも0.5の時が最大になり，受験者能力の推定が最も正確になります。つまり，受験者能力に合った項目ほど情報量が多く，信頼性の高い項目となります。よって，項目情報曲線で各項目の推定の正確さ（信頼性）を吟味することができます（例：**図5.16b**）。そして，局所独立性の仮定により，各項目の項目情報関数の和で求めた**テスト情報曲線**（test information curve：TIC）を用いてテスト全体の信頼性を求め，実施したテストが受験者集団にとって適切なものであったかを検討できます（例：**図5.17c**）。

Section 5-2 テストの等化

異なるテストの得点を比較できるようにするには，それぞれのテストの項目を共通の尺度に変換して**等化**（equating）することが必要です。

5-2-1 等化の条件

厳密な等化を行うには，それぞれのテストが以下の条件を満たす必要があります（Dorans & Holland，2000；野口・大隅，2014，pp.113–114）。しかし，実際には，これらの条件をすべて満たすことは難しく，近似的にこれらの条件が整っていれば等化を実行できます（野口，2016）。

①同一の構成概念を測定する（equal construct requirement）

②信頼性が等しい（equal reliability requirement）

③得点分布に対称性があり移行が可能（symmetry requirement）

④同一の難易度水準にある（equality requirement）

⑤受験者の母集団が等しい（population invariance requirement）

5-2-2 等化方法

等化には，よく似た難易度のテストの得点を比較できるようにテストを等化させる場合（**水平等化**：horizontal equating）や難易度の異なるテストの得点を比較可能する場合（**垂直等化**：vertical equating）があります（野口・大隅，2014，p.120）。

このような難易度の異なるテストを等化する方法には，次のように，共通受験者あるいは共通項目を挿入して，テストをリンクさせる必要があります。

(1) 同一受験者が複数のテストを受ける（**共通受験者デザイン**：common-person design）

(2) 同一項目を複数テストに含める（**共通項目デザイン**：common-item design）

(3) 項目特性が既知の係留項目（anchor item）を入れる（**項目固定デザイン**：anchor test design）

(1) 共通受験者デザイン

ある受験者集団に Test 1 と Test 2 の両方を受けてもらうことで，2つのテストを等化することができます（**図 5.1a**）。すでに異なる受験者集団が受けたテストであれば，**図 5.1b** のように，それぞれのテストの一部だけをある受験者集団に受けてもらうだけで，両テストの残りの項目も等化することができます。さらには，等化後の項目特性情報を使って，異なる集団が受けた受験者能力値を再推定することで，その 2 つの受験者集団を比較することもできます。

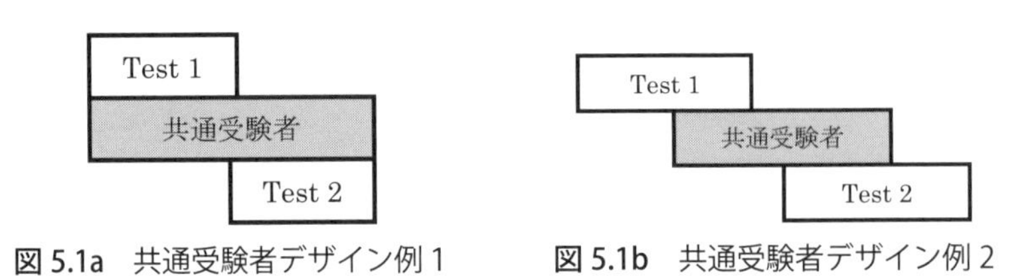

図 5.1a　共通受験者デザイン例 1　　**図 5.1b**　共通受験者デザイン例 2

(2) 共通項目デザイン

図 5.2 の例は，Test 1 から Test 4 は異なる級のテストで，Test 4 が最も難しいテストです。Test 1 と 4 は大きく難易度が異なるので，すべてのテストを同一受験者では対応できず正確に推定できません。そこで，それぞれ 4 つのレベルに合った 4 つの受験者集団に受験してもらいます（垂直等化）。この際に，隣接したレベルのテストに共通項目を入れることで，すべての項目を同一尺度上で推定することができます。

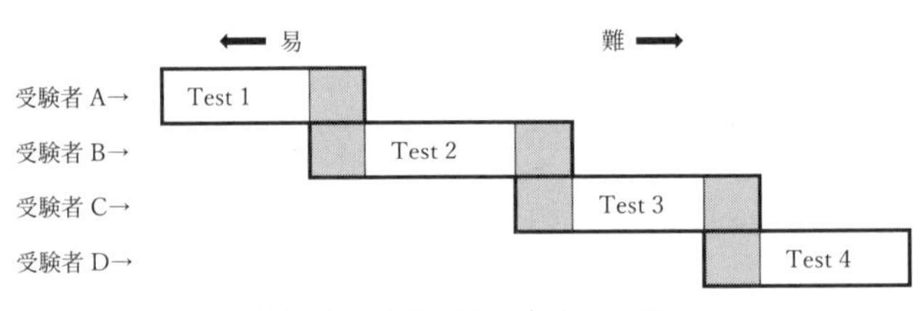

図 5.2　共通項目デザイン例

(3) 項目固定（係留項目）デザイン

①**図 5.3a** の**項目固定法**または**係留項目デザイン**（anchor item design）と呼ばれる等化方法は，2 段階で行います。まず，あるテストを作成し，任意の受験者集団に受けてもらいます。そして，IRT による分析で得た項目特性（項目困難度や識別力，適合度など）から良問を選定し，**固定項目**または**係留項目**（anchor item）とします。それを新項目を含むテストができる度に混ぜて，新項目を等化します。各テストを共通項目で等化するという点では，（2）の共通項目デザインと同じです。この方法では，最初に，良問の係留項目を決めておくと，問題作成を行ったときに，その項目を入れて実施

することで，その他の項目を同一尺度上の値で推定できるので，項目バンクを構築する場合に利用できます（平井，2010）。項目バンクの説明は後述します。

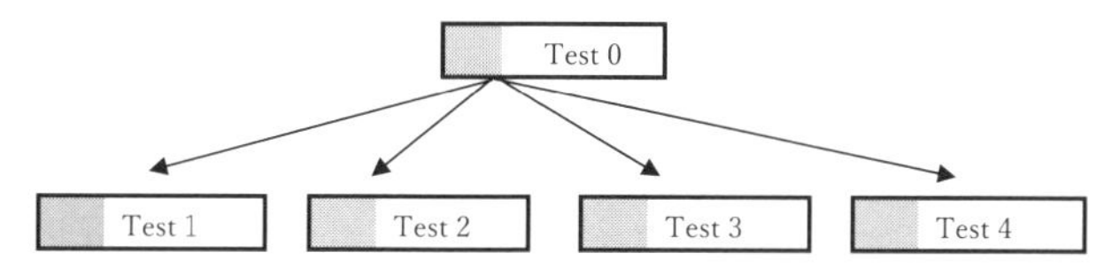

図 5.3a　係留項目デザイン例：新項目を等化する（注：網掛け部分が係留項目）

②また，逆に 4 つのテストが異なる年度に行われ，その受験者能力の推移を調べたい場合などは**図 5.3b** のようになります。まず，それぞれのテストの一部を係留項目として集め，ある集団に受験してもらいます。そして，新たに推定された係留項目を基に，それぞれのテストを受けた受験者能力を再推定することで比較が可能になります。

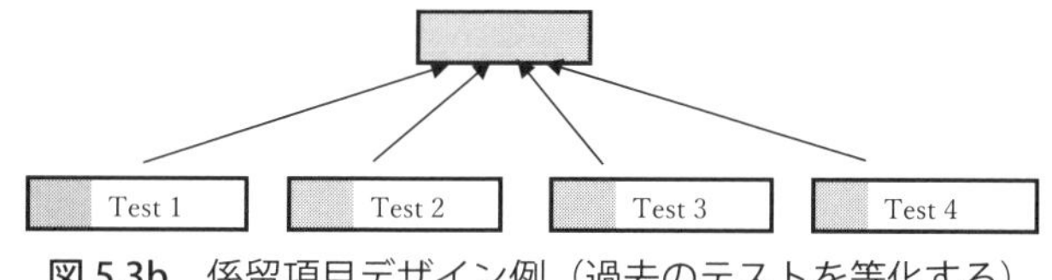

図 5.3b　係留項目デザイン例（過去のテストを等化する）

- 共通項目の適当な数または割合は，大体の目安としてテスト項目の 20～25％が妥当で，受験するどのグループにとっても難しすぎずまた易しすぎない，さまざまな困難度の項目が混ざっていることが望ましいといえます。(Hambleton, Swaminathan & Rogers, 1991)。共通項目の質が大切で，識別力および信頼性の高い項目であれば 4，5 項目程度で等化することができます。順番についても，固定項目をすべてテストの最初に置くのではなく，わからないように混ぜるようにします。

基本的には，これらのいずれかの方法で等化が行われますが，実際には目的やさまざまな実施上の制約に応じた等化が行われています。たとえば，等化を用いて受験者能力の経年変化を調査した研究に，Hirai, Fujita, Ito, and O'ki（2013）；熊谷・山口・小林・別府，他（2007）；斉田（2014）；吉村・荘島・杉野・野澤，他（2005）などがあります。

5-2-3　項目バンクの構築

比較可能な複数のテストを作成するためには，等化を行う必要があります。等化した項目には困難度等の項目特性が付与されます。そのため，これらの項目をたくさん蓄積しておくと，その項目特性情報を参照して，受験者レベルや目的に合った項目を選び，テストを構築することができます。この等化した項目を蓄積したデータベースを**項目バンク**または**アイテムバンク**（item bank）と呼びます。

項目バンクの作成方法として，たとえば，学年のプレイスメントテストとして数年間，係留項目と新たに作成した項目を混ぜて実施し，新規作成した項目を等化し良問だけを項目バンクに蓄積していきます。1 年後の出口テスト用の項目は，項目バンクから取り出した項目で作成することによって，異なる年度の学生を比較したり，1 年後の能力の伸びを測定したりすることができます（e.g., Hirai, 2006）。

このように，項目バンクには，テスト作成の質と効率を上げるだけでなく，受験者能力を比較できるという利点があり，テスト機関ではテストの目的に合った項目バンクが構築されています。大量の項目が必要ですが，項目バンクを用い，**CAT**（computer adaptive test）を行うことで，効率よく能力の測定や合否の判定を行うことができます。CAT に基づくテストでは，受験者が最初の項目に正解すれば，次は少し高い難易度の項目が，不正解であれば少し易しい項目が出題されます。それを繰り返すことで受験者能力を突き止めていきます。受験者のレベルに応じた出題ができるため，通常より少ない項目数で，つまり比較的短い時間で受験者能力を推定できるという利点があるといわれています（CASEC, n.d., http://casec.evidus.com/ex/01/）。

Section 5-3　2値型ロジスティックモデル

2 値型ロジスティックモデルではモデルに含まれるパラメタの数によって，主に 3 つの種類があります（**表 5.1**）。それぞれのモデルについて項目特性曲線を使って概説します。

5-3-1　1 パラメタ・ロジスティックモデル（1PLM）またはラッシュモデル

（式 5.1）　$$P_j(\theta)=\frac{1}{1+\exp(-Da(\theta-b_j))}$$

（$P_j(\theta)$＝項目 j の困難度（b_j）と能力値 θ の受験者の正答確率，
a は識別力で 1PLM では $a=1$, D と exp は **5-1-4** 参照）

表 5.1　1PLM の項目情報

項目	項目困難度（b）
1P001	−1.00
1P002	0.00
1P003	3.00

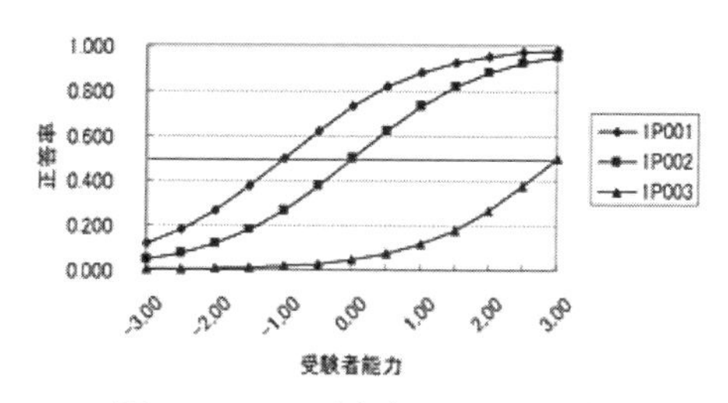

図 5.4　1PLM（大友, 1996, p.76）

1 パラメタ・ロジスティックモデル（1PLM）では，式 5.1 の分母に示されているように**受験者能力パラメタ**（person parameter：θ）と**項目困難度パラメタ**（difficulty parameter：b）を同一尺度上で表現します。受験者能力と項目困難度は，ある受験者の**正答確率**（probability）が 0.5 の場合（**図 5.4** の横軸で交わっている点）に一致します。そして，それぞれのパラメタは，± 3 か± 4 あたりの範囲で分布しますが，理論上は無限大なのでそれ以上になることもあります。

図 5.4 から，たとえば，項目困難度（$b = 3.00$）とかなり難しい項目 1P003 は，平均的な受験者能力（$\theta = 0.00$）でも正答確率が 0.00％に近く，かなり能力の高い受験者しか正答できないことがわかります。

1PLM の特徴としては，後述する項目識別力 a がどの受験者に対しても一定（式 5.1）と考えるため，それぞれの項目特性曲線が交わることはありません。また，このモデルで分析するには，100〜200 名程度の受験者が必要といわれています（大友，1996）。

5-3-2　2 パラメタ・ロジスティックモデル（2PLM）

2PLM では，1PLM では推定されなかった**項目識別力**（または**項目弁別力**とも呼ばれる）**パラメタ**（discrimination parameter：a）が推定されます（式 5.2）。よって，式 5.2 の識別力 a_j は，項目 j がどの程度受験者能力を弁別するかを推定します。

（式 5.2）　$$P_j(\theta) = \frac{1}{1 + \exp(-Da_j(\theta - b_j))}$$　（a_j ＝項目 j の識別力）

図 5.5 の項目特性曲線では，**表 5.2** に示す異なる困難度と識別力をもつ 3 項目が示されています。2P001 と 2P002 は，項目困難度は正答確率 0.50 の所を見ると，どちらも 1.00 を示しています。しかし，2P002 は，項目識別力の値が小さい 2P001 に比べて大きな高低差がみられます。これは項目識別力が項目困難度と受験者能力のパラメタが近いとき，正答できる受験者をより強く弁別している

表 5.2　2PLM の項目情報

項目	項目困難度（b）	項目識別力（a）
2P001	1.00	0.50
2P002	1.00	2.50
2P003	−2.00	2.50

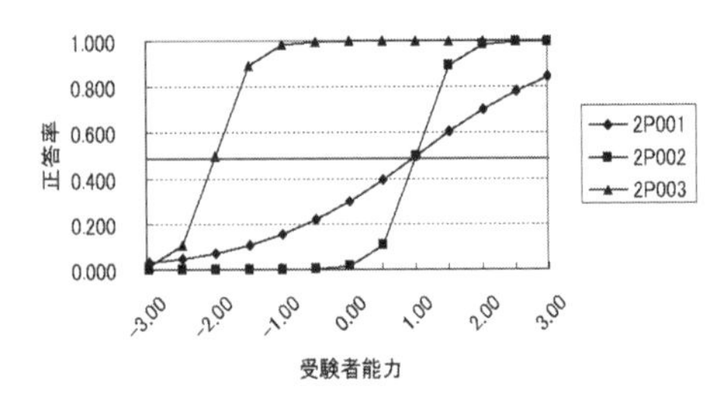

図 5.5　2PLM（大友, 1996, p.81）

様子を示しています。

2PLM の分析には，1PLM より多い 200〜400 名の受験者が必要といわれています（大友，1996）。

5-3-3　3 パラメタ・ロジスティックモデル（3PLM）

3PLM は，2PLM に**当て推量パラメタ**（guessing parameter：c）を加えたモデルです（式 5.3）。

（式 5.3）　$$P_j(\theta) = c_j + \frac{1 - c_j}{1 + \exp(-Da_j(\theta - b_j))}$$　（c_j ＝項目 j の当て推量）

図 5.6 の項目特性曲線では，− 3.00 の受験者能力であっても正答確率が 0 から離れていることで，当て推量パラメタが加わっていることがわかります。

このパラメタは，受験者が多肢選択式などでまぐれで正答できる確率です。たとえば 4 択問題では 25%（C ＝ 0.25），3 択問題では 33%（C ＝ 0.33）の確率で正答できます。

よって，項目困難度と同等の受験者能力である場合，正答確率を（1 ＋ c)/2 の式で求めることができます（大友，1996，p. 84）。項目 3P002 の場合，**表 5.3** の値を使って，項目困難度と同等の受験者能力（0.00）なら，(1 ＋ 0.25)/2 で正答確率は 0.625（＝ 62.5%）となります。3P003 では，

表 5.3　3PLM の項目情報

	項目困難度（b）	項目識別力（a）	当て推量（c）
3P001	−2.00	1.00	0.25
3P002	0.00	2.00	0.25
3P003	2.00	2.00	0.33

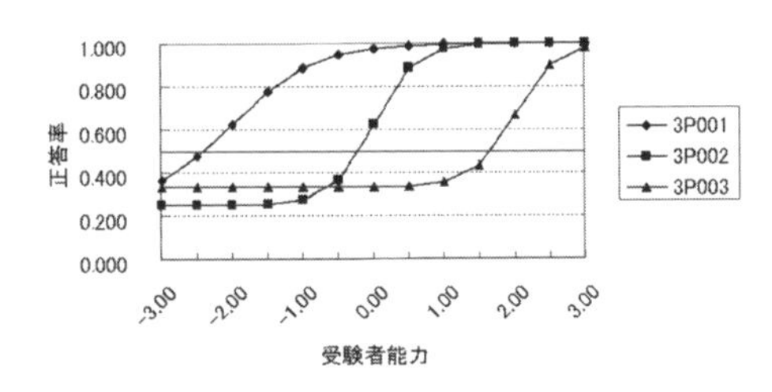

図 5.6　3PLM（大友, 1996, p.83）

項目困難度と同等の受験者能力（2.00）のとき，正答確率は 0.667（＝ 66.7%）を示します。

このモデルで安定した分析を行うには，1000〜2000 名と極めて多くの受験者数が要求されるといわれています。

5-3-4　3 つのモデルを選択する観点

Waller（1981）は各モデルの特徴を右のような**表 5.4** にまとめています。数値は順位を表し，小さいほど良いため，1PLM が要求される受験者が少なく，最も実用的といえます。3PLM は最も多くの受験者を必要としますが，最も多くの情報を提供してくれます。このように，それぞれのモデルの特徴を吟味し，目的に合ったモデルを選択します。

表 5.4　モデル選択の観点と推奨順位（Waller, 1981）

	1PLM	2PLM	3PLM
推定の正確さ	2	1	3
計算時間の経済性	1	2	3
最小標本数	1	2	3
得られる情報	3	2	1
解釈の容易さ	1	2	3
順位の合計	8	9	13

Section 5-4　多値型応答モデル

上記で紹介した 1PLM（ラッシュモデル）および 2PLM，3PLM は，問題に正解か不正解かという **2 値データ**を扱うモデルです。それ以外に，部分点のあるテスト項目や 5 件法の質問紙などで収集される多値型データなども分析できるモデルがあります。データの尺度あるいは分析の種類に基づいたモデルがあるため，すっきりした分類はできませんが，以下のようなさまざまなモデルが提案されています。

（1）多相ラッシュモデル（many-faceted Rasch model/measurement：MFRM）（Linacre, 1989）（**5-4-1**）

潜在特性に影響する要因も同時に分析できる拡張ラッシュモデルで，以下の 2 つのモデル指定ができます。

・評定尺度モデル（rating scale model：RSM）（Andrich, 1978）（**5-4-2**）

・部分得点モデル（partial credit model：PCM）（Masters, 1982）（**5-4-3**）

(2) IRT多値応答モデル

・段階反応モデル（graded response model：GRM）（Samejima, 1969）（**5-4-4**）

・一般化部分得点モデル（generalized partial credit model：GPCM）（Muraki, 1992）

(3) 多次元IRTモデル（multidimensional item response theory Model）

潜在特性が一次元ではなく，多次元のデータを扱うモデル（Reckase, 1985, 2009）

(4) 連続反応モデル（continuous response model：CRM）（Samejima, 1973）

エッセイなどで得点の上限が大きくなる連続尺度を扱うモデル

(5) 名義反応モデル（nominal response model：NRM）（Bock, 1972）

名義尺度を扱える応答モデル。k個の順序性のないカテゴリから当該カテゴリを選択する確率を求めます。

5-4-1 多相ラッシュモデル

多相ラッシュモデル（many-faceted Rasch model/measurement：MFRM）（Linacre, 1989）は，多値応答モデルの中で，パフォーマンステストや心理系領域で広く使われるモデルで，受験者能力，評価者（rater）やタスク（task）などを**相**（facet）として同時に分析できるモデルです。相とは，受験者の得点に影響を与える可能性のある分析の対象になり得る要因のことで，受験者能力と他の相を同一尺度上に並べることができるため，それぞれの相が受験者得点に与える作用や，複数の相が絡み合って受験者得点にどのような影響を与えているかを推定することができます。たとえば，評価者が数名いる場合に，個々の評価者の厳しさやバイアスを明らかにすることができます。

分析する際は，ラッシュモデルにおける拡張モデルとして開発された評定尺度モデル（RSM；**5-4-2**）または部分得点モデル（PCM；**5-4-3**）のどちらかを指定します。たとえば，3つの評価観点（流暢さ，正確さ，内容）をすべて5段階で評価する場合は評定尺度モデルを使います。しかし，評価段階が評価観点によって異なる場合や相対的に異なる難易度であると仮定する場合は，評価観点別に評価できる部分得点モデルを用います。

サンプルサイズは明確な規定はありませんが，たとえば，受験者，評価者，タスクの3つの相のそれぞれに，少なくとも2つ以上の**要素**（element）がなければ分析はできません（例：受験者数30，評価者数2，タスク数4）。そして，それぞれの相を関連付けできる十分なサンプルサイズがなければ，相同士のインタラクションやそのバイアス分析を正確に行うことができません（Barkaoui, 2013, p.1315）。

MFRMは，B_n＝受験者の能力，A_m＝タスクの困難度，D_i＝項目の困難度，C_j＝評価者判断の厳しさ，F_k ＝評価の分かれ目，P_{nmijk} ＝観測値が k の値に分類される確率，$P_{nmij}(k-1)$ ＝観測値で k より 1 低い値に分類される確率としたとき，以下の式 5.4 が適用されます。

（式 5.4）　$\log(P_{nmijk} / P_{nmij}(k-1)) = B_n - A_m - D_i - C_j - F_k$

5-4-2　評定尺度モデル

評定尺度モデル（rating scale model：RSM）（Andrich, 1978）とは，多段階の判断を含むデータを分析する際に適用するモデルで，受験者の能力，項目難易度，**閾値（いきち／しきいち，threshold, δ（デルタ））**を推定します。閾値とは，ある観点の段階の境目となる値のことで，たとえば，「正しく発音している＝ 2」，「音韻的に誤りがあるが聞き取れる＝ 1」，「何を言っているかわからない＝ 0」という 3 段階評価（rating scale；category）では，0 点と 1 点が与えられる場合の確率が等しくなった地点を第 1 閾値，1 点と 2 点が与えられる確率が等しい地点を第 2 閾値とします。そして，RSM では，複数の評価観点（タスクなど）間で共通の閾値を使用します。つまり，前述したように，すべての項目に同じ段階尺度（例：5 段階）を仮定します。

5-4-3　部分得点モデル

段階反応モデル（GRM）が項目応答を $k-1$ と k 以上のカテゴリに分けたモデルに対して，**部分得点モデル**（partial credit model：PCM）（Masters, 1982）は，カテゴリ内の部分的な正解を考慮に入れたモデルで，隣接する 2 つのカテゴリ $k-1$ と k に限定し，一方の k となる確率を求めるモデルです。つまり，0 点から 1 点の間で，1 点 をとる確率を表します。また，段階反応モデルのようにカテゴリ間の順序の大小を設けないので，高いカテゴリがより低いカテゴリの遷移点（transition point）より小さくなることもあります（加藤・山田・川端，2014）。

PCM では，評価観点ごとに独立した閾値を使用します。よって，観点間で異なるカテゴリ数や異なる難易度の観点を扱うことができます。この点が RSM と異なります。たとえば，スピーキング評価観点で流暢さ観点に 3 段階，内容評価観点で 5 段階という設定の分析も可能です。

このモデルは Masters（1982）がラッシュモデルを拡張したモデルで識別力は定数になっていますが，2PLM として識別力パラメタを推定できるようにしたモデルに，**一般化部分得点モデル**（generalized partial credit model：GPCM）（Muraki, 1992）があります。

5-4-4　段階反応モデル

段階反応モデル（graded response model：GRM）（Samejima, 1969）は，アンケートの回答（「賛

成」「やや賛成」「やや反対」「反対」など）やパフォーマンス評価などの順序尺度データを扱える多値応答モデルです。項目反応がカテゴリ k 以上になる確率を能力パラメタ θ とし，1 段階低いカテゴリ（$k-1$）の応答確率の境界から，k カテゴリ以上が与えられる確率を差し引くことで求めています（式 5.5）。

（式 . 5.5）

$$\begin{cases} P_5(\theta) = P_4^*(\theta) \\ P_4(\theta) = P_3^*(\theta) - P_4^*(\theta) \\ P_3(\theta) = P_2^*(\theta) - P_3^*(\theta) \\ P_2(\theta) = P_1^*(\theta) - P_2^*(\theta) \\ P_1(\theta) = 1 - P_1^*(\theta) \end{cases}$$

$P_k(\theta)$ は段階 k が応答される確率

$P_k^*(\theta)$ は段階ごとの境界を表す関数

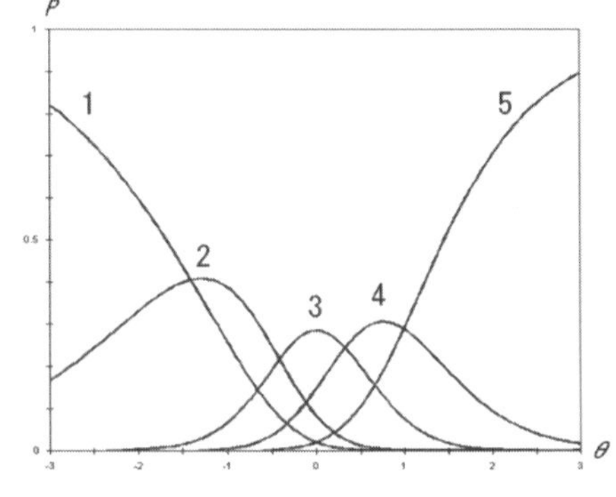

図 5.7　5 段階カテゴリ特性反応曲線

これらの関数を実際の応答データに当てはめて，**カテゴリ特性反応曲線**あるいは**カテゴリ確率曲線**（category probability curve）（**図 5.7**）で示すと，特性値 θ の最も確率の高いカテゴリを特定することができます。たとえば，能力値 $\theta = -1.00$ と推定された受験者の場合，5 段階で 2 点の評価が下される確率が最も高いことが読み取れます。しかし，能力パラメタが高くなると，2 点の評価が下降し，やがて $\theta = -0.70$ を境目に 3 点のカテゴリが与えられる確率が上回ります。このように，段階レベルの数に応じた複数の応答特性関数を用い，θ から導き出される段階レベルの確率の変動をカテゴリ確率曲線によって示すことができます。

このモデルは 2PLM 等にも当てはめることができる点で，ラッシュモデル（1PLM）の拡張モデルの評定尺度モデルと異なります。識別力パラメタが加わるので，カテゴリ確率曲線の傾きも異なってきます。

Section 5-5 モデル適合度指標と分析プログラム

テストの妥当性および信頼性について，全体および個々の項目および受験者能力の**適合度指標**（fit index）を確認します。

5-5-1 ラッシュモデルにおける適合度指標

ラッシュモデルでは，識別力パラメタや当て推量パラメタが介入しないため，能力値と項目困難度の関係からさまざまな指標が算出されます。中でもデータがモデルにどの程度適合したかを表す以下の指標が参考になります。

(1) インフィット平均平方（infit mean square：infit MSQ/MnSq）と
アウトフィット平均平方（outfit mean square：outfit MSQ/MnSq）

個々の受験者および項目の適合度指標になります。能力の高い受験者の誤答が多い項目や，能力の低い受験者の正答が予測以上に多い項目が検出できます。インフィット統計（インフィット平均平方および標準化インフィット）は受験者能力が項目困難度推定値に近いほど，つまりより適合している値に重み付けをした値です。通常，外れ値に影響されにくいこのinfit MnSqの値が報告に使われています（Bond & Fox, 2015）。アウトフィット統計は，重み付けをしていないため，受験者能力と項目難易度が極端に離れている外れ値（outlier）の影響を受けやすくなります。

(2) 標準化インフィット（standardized infit：infit ZSTD/infit t）と
標準化アウトフィット（standardized outfit：outfit ZSTD/outfit t）

標準化した適合度で，± 2.0以内（正確には1.96）であれば有意となる5%水準以内となり，問題がないといえます。しかし，サンプルサイズに影響されやすく，サイズが大きいと不当に有意となる可能性が高まります。

(3) 適合度指標の基準

適合度指標の基準は**表5.5**のようにさまざまで，テストの目的に応じて使用者の判断に任されます。よく使われる基準としては表の上から２つ目の**0.7～1.3**です。しかし，Winsteps.com（n.d）オンラインヘルプ（Fit diagnosis: infit outfit mean-square standardized, https://www.winsteps.com/winman/）では，Infit MnSqの期待値が1.0で，許容範囲を0.5～1.5としています。**許容範囲の上限より大きい場合をミスフィット**（misfit）または**アンダーフィット**（underfit），**許容範囲の下限未満をオーバーフィット**（overfit）と呼びます。

表5.5 目的別Infit MNSQとOutfit MNSQの目安

テストの種類	範囲
ハイステークスな多肢選択式テスト	0.8～1.2
通常の多肢選択式テスト	0.7～1.3
評価尺度（リッカート尺度・質問紙）	0.6～1.4
臨床的観察	0.5～1.7
合意が求められる判断	0.4～1.2

（Bond & Fox, 2007, p.243から抜粋）

ミスフィット項目は，受験者が設問を理解していなかった場合や真剣に回答しなかった場合，項目の質が悪い場合などに発生します。設定した基準以上の項目を除外すると標準誤差が小さくなり，信頼性を高めることができます（Bond & Fox, 2015）。

一方，オーバーフィットについては，項目がモデルに期待値より適合した状態を指し，それほど問題視されませんが，0.5 未満であれば不当に高い信頼性が出る恐れがあります。

(4) 適合度の診断

すべての指標を併せて行いますが, Linacre（n.d.）では，次の順に調べていくとよいとしています。

①マイナスの点双列相関係数（point-biserial correlations）

②アウトフィット値の次に，インフィット値

③平均平方（mean-square）の値の次に，標準化（standardized）の値

④低い値やマイナスの値の次に，高い値

5-5-2 IRT ロジスティックモデルにおける適合度指標

IRT ロジスティックモデルでは，データ全体の適合度はカイ 2 乗統計量で示されます。個々の受験者および項目の適合度については受験者および項目の特性曲線で，測定精度については受験者および項目の情報曲線（**5-1-4**）で検討することができます。荘島（n. d.）では，開発した IRT プログラムの「Exametrika」で算出できる適合度指標を提示しています（**表 5.6**）。

表 5.6　テスト全体の適合度と各項目の適合度

●出力される指標

・χ^2 乗値（自由度，p 値）

・NFI（normed fit index）（Bentler & Bonnet, 1980）：[0, 1] 1.0 に近いほど良い

・RFI（relative fit index）（Bollen, 1986）：[0, 1] 1.0 に近いほど良い

・IFI（incremental fit index）（Bollen, 1989）：[0, 1] 1.0 に近いほど良い

・TLI（Tucker-Lewis index）（Bollen, 1989）：[0, 1] 1.0 に近いほど良い

・CFI（comparative fit index）（Bentler, 1990）：[0, 1] 1.0 に近いほど良い

・RMSEA（root mean square error of approximation）（Browne & Cudeck, 1993）：[0, ∞] 0.0 に近いほど良い

●情報量基準：モデル同士を比較するための相対指標です。値が小さいモデルほど効率よくデータに適合していることを示します。

・AIC（Akaike information criterion）（Akaike, 1987）

・CAIC（consistent AIC）（Bozdogan, 1987）

・BIC（Bayesian information criterion）（Schwarz, 1978）

注．[0, 1]：0～1 の値を取る。（荘島（n. d.）http://www.rd.dnc.ac.jp/~shojima/exmk/jirt.htm より抜粋）

5-5-3　IRT の分析プログラム

IRT の分析プログラムはたくさんあります。たとえば，2 値データのラッシュモデルの分析で代表的な有料ソフトウェアに Winsteps（Linacre 作成；http://www.winsteps.com）があります。無料のプログラムでは R の **eRm** パッケージで評定尺度モデル（RSM）と部分得点モデル（PCM）が分析でき，多値応答モデルも一部分析できます。有料で代表的な IRT のソフトウェアに BILOG-MG3（Zimowski, Muraki, Mislevy & Bock, n.d.; Scientific Software International, Inc.）があります。また，オンライン環境では，簡単な操作で分析できる langtest.jp（Mizumoto, n.d.）が利用できます。

本書では紙面の関係で，**表 5.7** にあるプログラムを利用して，よく使われる 2PLM，項目固定等化，多相ラッシュモデルの実践を紹介します。

表 5.7　本書の分析で使用するプログラムと分析モデル

プログラム	データの種別	モデル	掲載箇所
irtoys（R パッケージ）	2 値	2PLM	Section 5.6
EasyEstimation	2 値	2PLM 項目固定等化	Section 5.7 Section 5.8
Facets	多値	多相ラッシュモデル	Section 5.9

Section 5-6　irtoys と EasyEstimation を使用した 2 値モデルの分析

本節では，R の `irtoys` パッケージと，**EasyEstimation**（熊谷，2009）を使用して，2 値のロジスティックモデルによる分析の実習をします。`irtoys` パッケージおよび EasyEstimation を用いると，1PLM から 3PLM を簡単なコマンドですべて分析することができます。EasyEstimation は windows 用のソフトウェアで，ロジスティックモデルに加え，多値型データで行う段階反応モデル，名義尺度データで行う名義反応モデルの分析をすることができます。

5-6-1　irtoys を使用した 2PLM 分析

❶ R の基本使用手順は第 1 章をご参照ください。ここでは R バージョン 3.4.1 を使用しています。

```
#必須パッケージのインストール
    install.packages("irtoys", dependencies = TRUE)
    install.packages("psych", dependencies = TRUE)
```

図 5.8　必須パッケージのインストール

❷ IRT の分析に必要な `irtoys` パッケー

ジと一次元性の確認や記述統計の出力のために psych パッケージを，**図 5.8** のコマンド（“#” 以降は覚書で読み込まれません）でインストールします。

5-6-2　データセットの作成

2 値反応データを作成します。データの行に受験者，列に項目を並べ，それぞれの反応を「0」＝不正解,「1」＝正解,「NA」＝無回答として入力します。Excel でデータを作成し，csv 形式にして R のディレクトリに保存します。

今回使用する 2 値データはプレイスメントテスト用に開発したリスニングテストです。大学 1 年生 2299 名に受験してもらい，クラス分けに使えるか項目を吟味します。データセット「2PL3PL.csv」には，1 行目には ID と項目のラベル，1 列目には受験者 ID を入力しておきます（**図 5.9**）。

	A	B	C	D
1	ID	Q1	Q2	Q3
2	1	1	1	1
3	2	1	1	1
4	3	1	1	0
5	4	1	1	1
6	5	1	1	0

図 5.9　irtoys で使用するデータ（2PL3PL.csv）

5-6-3　データの分析手順と解釈

次に，R に csv ファイルを読み込ませ，psych パッケージを利用して記述統計を算出します。そして，irtoys パッケージを起動し，項目パラメタと受験者パラメタを推定していきます。

(1) 記述統計

❶データセット［2PL3PL.csv］を読み込み，各受験者の総正答数を算出するコマンドを**図 5.10a** のボックスのように打ち込みます。

❷データの要約のために記述統計を算出します（**図 5.10b**）。［na.rm = TRUE］は NA データをカウントしない（remove）という意味です。

```
#データセットの読み込みと総正答数の算出
    dat <- read.csv(“2PL3PL.csv”, header = TRUE)
    dat <- dat [,-1]
    total <- apply(dat, 1, sum, na.rm = TRUE)
```

図 5.10a　データの読み込みと素点合計の産出

```
#記述統計の算出
    library(psych)
    describe(total)
```

図 5.10b　素点の記述統計の算出

❸アウトプットファイルを読み，今回使用するデータの記述統計をまとめます（**表 5.8**）。

表 5.8　記述統計

	N	Mean	*SD*	Skew	Kurtosis
テスト得点	2299	11.82	3.68	0.14	−0.19

注．22 項目

(2) 一次元性の確認

IRT による分析に先立ち，データセットの一次元性を確認します。今回は，因子分析に基づく方法を使用します。

❶図 5.11a のように，psych パッケージ内の関数 polychoric() を用いて，データセットから四分相関係数（5-1-3）行列を算出します。

※関数 polychoric() は多値データでは，多分（ポリコリック）相関係数を算出しますが，ここでは 2 値データのため，四分（テトラコリック）相関係数が算出されます。

❷そして，四分相関係数行列から因子の固有値（eigen value）が算出されます（図 5.11b）。

❸スクリープロットを確認します（図 5.11c）。第 1 固有値の値が第 2 固有値以下と比較して大きく，第 2 固有値以下の傾きが緩やかになっています。よって，データセットに一次元性があると判断し，分析を継続します。

```
#データの四分相関行列の作成
    r <- polychoric(dat)
#固有値の算出
    eigen <- eigen(r$rho)
#固有値の確認
    eigen$values
#スクリープロットの確認
    VSS.scree(r$rho)
```

図 5.11a　一次元性の確認への準備

```
> eigen$values
 [1] 4.2601591 1.3265869 1.1470222 1.0891390 1.0268173 1.0175005 0.9670271 0.9548907
 [9] 0.9309991 0.8781006 0.8534969 0.8334638 0.7829663 0.7798406 0.7688918 0.7173679
[17] 0.6969002 0.6577186 0.6364649 0.5911887 0.5630865 0.5203715
```

図 5.11b　固有値の算出結果

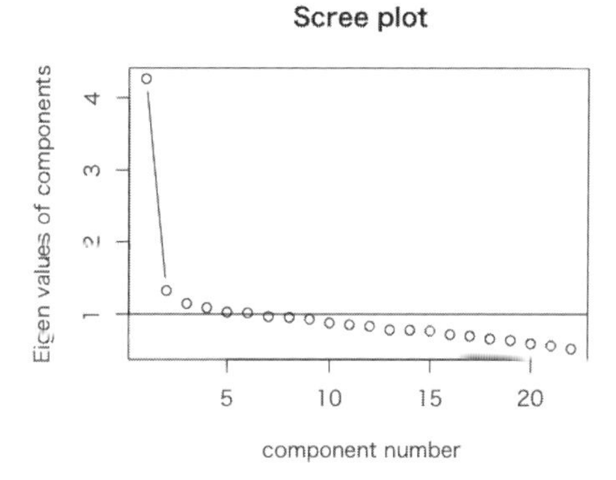

図 5.11c　スクリープロット

(3) irtoys パッケージの起動とパラメタ値の算出

❶図 5.12a のように，項目パラメタ値を推定するには，関数 est() を利用し，そのカッコ内の［model=］の後に「2PL」を代入します。

※ 1PL, 2PL, 3PL のいずれかを代入することで，分析に用いるモデルを選択することができます。

❷図 5.12b は項目パラメタ値の推定結果の一部です。［,1］の列に識別力パラメタ，［,2］の列に困難度パラメタの推定値が出力されます。［,3］の列は，3PLM での分析の際に推定される当て推量パラメタが出力されますが，2PLM の分析のため推定されていません。

```
#irtoys パッケージの起動
     library(irtoys)
#項目パラメタ値の推定
     Item <- est(resp=dat, model="2PL", engine="ltm")
#推定値の確認
     ip <- Item$est
     ip
```

図 5.12a　項目パラメタ値の推定

```
> ip
            [,1]       [,2] [,3]
Item 1 0.6465143 -1.1040388    0
Item 2 1.0182443 -0.4727309    0
Item 3 0.3137124  2.3228986    0
Item 4 0.3240236  1.8781728    0
Item 5 0.2248957  4.4609646    0
Item 6 0.9269337 -1.3289590    0
```

図 5.12b　項目パラメタ値の推定結果（一部）

```
#項目パラメタ値の記述統計の算出
    describe(ip)
```

図 5.12c　項目パラメタ値の記述統計の算出

❸項目パラメタ値の記述統計を算出するには，関数 describe() を利用します（**図 5.12c**）。

❹**表 5.9** に出力結果を整形したものを示します。

表 5.9　2PLM 項目パラメタ値の記述統計

パラメタ	*n*	Mean	*SD*	skewness	kurtosis
識別力（[,1]）	22	0.73	0.25	−0.48	−0.79
困難度（[,2]）	22	0.14	1.75	1.14	0.14
当て推量（[,3]）	22	0.00	0.00	NaN	NaN

注．NaN = 算出不能。3PLM の分析を利用した場合に結果が表示されます。

(4) データと 2PLM の適合度の確認

❶ irtoys パッケージでは，受験者適合度の算出には関数 api()，項目適合度には関数 itf() を用います。図 5.13a のコマンドを実行します。

❷表 5.10 に全受験者適合度の記述統計量（関数 summary() の出力）を示します。

```
#データの型変換
     u <- matrix(unlist(dat), byrow=FALSE, ncol=22)
#個人適合度の記述統計
     p.fit <- api(u, ip)
     summary(p.fit)
#j番目の項目の項目適合度の算出 (j=1 の場合 )
     itf(u, ip, item=j, main=paste0("Item 1"))
```

図 5.13a　個人適合度の算出

表 5.10　受験者適合度の記述統計

	Min	1st Qu.	Median	Mean	3rd Qu.	Max	NA's
全受験者	−3.27	−0.38	0.20	0.14	0.73	2.46	76

注．NA = 欠損値の数

❸項目適合度として，ここでは，関数 itf() の j に 1 を代入し，1 番目の項目を出力します。

描画される図 5.13b は，受験者を能力値に基づいて 9 つの群に分け，各群の項目特性曲線を基にした理論上の正答確率と，各群の実際の正答確率（9 つの点）とのずれを，カイ 2 乗分布を利用して推定する Q 統計量（または G^2 統計量とも呼ぶ）で評価しています。結果は，$Q = 16.36, df = 7$（群数 9 − パラメタの数 2），$p = .022$ で 5%水準で有意で，モデルがデータに適合しないことを意味します。しかし，扱うデータが大きいと有意になりやすい統計量のため，適合度の判断は，図の点と項目特性曲線を見て解釈します（加藤・山田・川端，2014）。

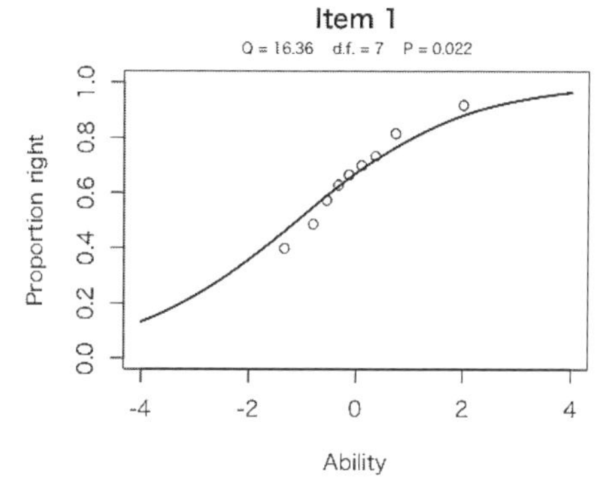

図 5.13b　項目 1 の適合度プロット

(5) 受験者の能力パラメタ値の推定

irtoys パッケージには推定法に応じて 2 つの関数が用意されています。最尤推定法・MAP 推定法を利用する場合には関数 mleble() を利用し，EAP 推定法を利用する場合には関数 eap() を利用します（推定法の詳細は加藤・山田・川端（2014，8 章）をご参照ください）。ここでは，全問正答や欠損値の処理等にも柔軟に対応でき，計数処理が簡潔な EAP 推定法による分析手順を紹介します。

❶図 5.14a のコマンドを入力し，実行します。関数 eap() 内のオプションの resp は反応パターン行列（受験者の各項目に対する反応データ），ip は項目パラメタ値を要求します。qu は求積点（推定時の計算に必要な値）と重みのことで，今回は事前分布に標準正規分布を仮定することとし，関数 normal.qu() を代入します。

```
#能力パラメタ値の推定
    EAP <- eap(resp=u, ip=ip, qu=normal.qu())
#能力パラメタ値の記述統計の算出
    describe(EAP [,1] )
#結果の csv ファイルへの出力
    write.csv(EAP, “ファイル名 .csv”, quote=FALSE)
```

図 5.14a　能力パラメタ値の推定

❷能力パラメタ値の記述統計の出力結果を整形したものを**表 5.11** に示します。

表 5.11　能力パラメタ値の記述統計量

	N	Mean	*SD*	Skewness	Kurtosis
受験者能力値	2299	0.00	0.84	0.26	−0.09

❸また，結果を元データの ID と合わせて処理するために csv ファイル形式で出力すると便利です。関数 write.csv() により出力した結果の一部を**図 5.14b** に示します。

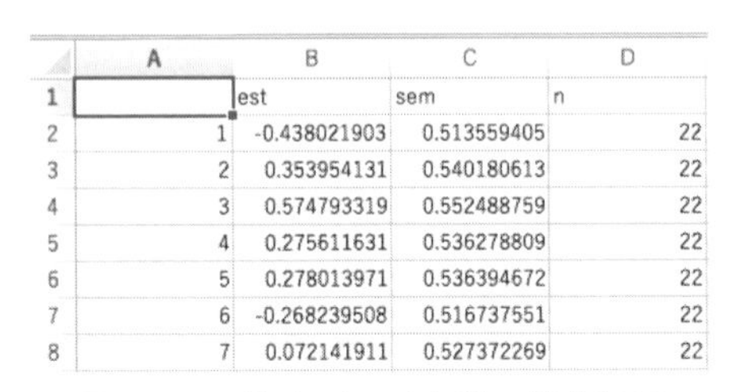

	A	B	C	D
1		est	sem	n
2	1	-0.438021903	0.513559405	22
3	2	0.353954131	0.540180613	22
4	3	0.574793319	0.552488759	22
5	4	0.275611631	0.536278809	22
6	5	0.278013971	0.536394672	22
7	6	-0.268239508	0.516737551	22
8	7	0.072141911	0.527372269	22

図 5.14b　能力パラメタ値の推定結果

2 列目の［est］列に各受験者の推定された能力パラメタ値，［sem］列に推定の標準誤差，［n］列に各受験者の反応項目数が算出されています。この誤差を考慮すると，正規分布を仮定して，± 1*SD* 内に 68％のデータが当てはまるとすると，1 番の受験者の能力値は，− 0.438 ± 0.514 で，68％の確率で推定能力値がこの− 0.952 から 0.076 の範囲にあると解釈できます。

5-6-4　推定結果の可視化と解釈

分析に必要な指標値の算出が終了しましたので，次に IRT 分析の特徴の 1 つである視覚的な分析に移ります。

(1)　項目特性曲線の描画

❶ irtoys パッケージでは，項目パラメタ値から関数 irf() により項目特性関数を求め，この結果を関数 plot() に渡して描画します（**図 5.15a**）。

```
#項目特性曲線の描画（全項目）
     plot(irf(ip), co=NA, label=TRUE)
#項目特性曲線の描画（項目 1 のみ）
     plot(irf(ip, items=1), co=NA, label=TRUE, main="item 1")
```

図 5.15a　項目特性曲線の描画

❷関数 plot() 内のオプションについて，［label=TRUE］とすると各曲線にラベルを付加できます。また，［co=NA］とすると，曲線ごとに色を割り当てることができます（**図 5.15b**）。項目 j を指定して出力したい場合には，関数 irf() 内の items オプションを利用します。たとえば，［items=1］とすると項目 1 を出力します（**図 5.15c**）。

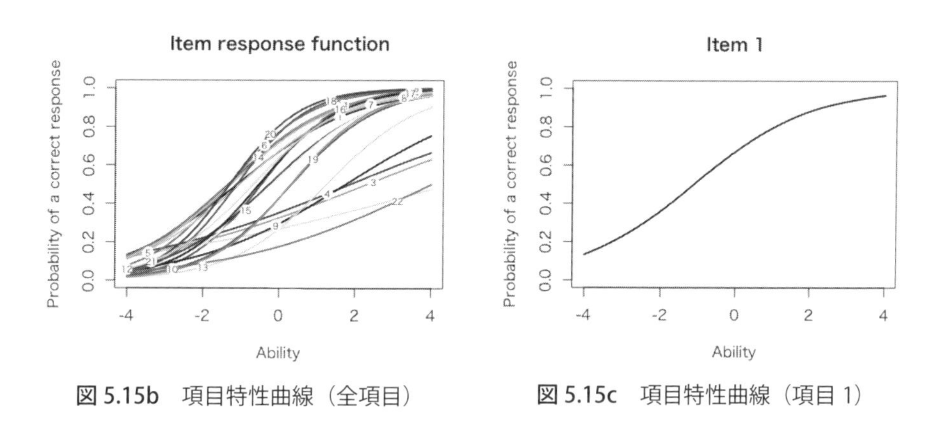

図 5.15b　項目特性曲線（全項目）　　**図 5.15c**　項目特性曲線（項目 1）

❸全項目の項目特性曲線（**図 5.15b**）と**図 5.15c** のように 1 項目ずつ確認すると，非常に傾きが平坦で識別力が低過ぎる項目（項目 22, 3, 4, 5 など）がいくつか見受けられます。

(2) 項目情報曲線の描画

❶次に項目パラメタ値から，関数 iif() により項目情報関数を求め，結果を関数 plot() に渡して描画します（**図 5.16a**）。

❷関数内のオプションは項目特性曲線の描画のときと同様です。

```
#項目情報曲線の描画（全項目）
     plot(iif(ip), co=NA, label=TRUE)
#項目情報曲線の描画（項目 1 のみ）
     plot(iif(ip, items=1), co=NA, label=TRUE, main="Item 1")
```

図 5.16a　項目特性曲線の描画

❸**図 5.16b** では，縦軸に情報量，横軸に能力値（θ）をとっており，0 より低い位置で山がある項目が比較的多く，$\theta < 0$ の能力値帯での測定精度が高いことがわかります。たとえば，項目 1 では，$\theta = -1$ 付近での情報量が最も高くなっています（**図 5.16c**）。

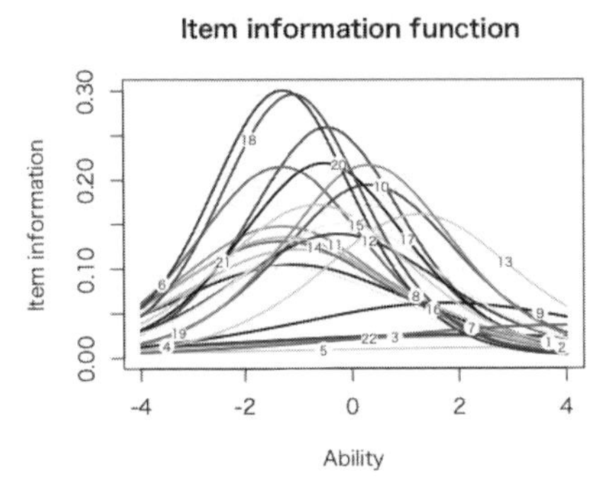

図 5.16b　項目情報曲線（全項目）

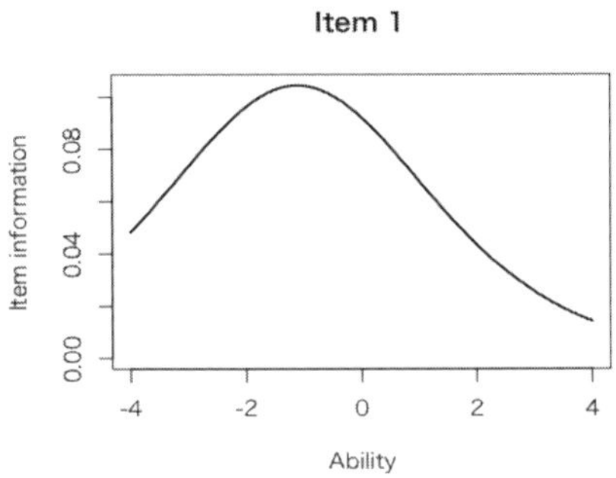

図 5.16c　項目情報曲線（項目 1）

(3) テスト特性曲線とテスト情報関数の描画

❶これまでと同様の方法で，関数 `trf()` と関数 `tif()` を用います（**図 5.17a**）。

❷テスト特性関数およびテスト情報関数は，それぞれ項目特性関数と項目情報関数の総和となっています。すなわち，前者は，特定の能力をもつ受験者が当該テストを受験した際の期待得点（正答数）を表しており，後者は，当該テストがどの能力値帯において高い精度で測定できたかを表しています。

```
#テスト特性曲線の描画
    plot(trf(ip))
#テスト情報関数の描画
    plot(tif(ip))
```

図 5.17a　テスト特性曲線・テスト情報曲線の描画

❸分析結果では，テスト特性曲線（**図 5.17b**）について，平均的な能力値（$\theta = 0$）付近での期待得点（正答数）が 22 問中 12 問となっており，バランスの良い測定ができたといえます。テスト情報曲線（**図 5.17c**）を見ると，$\theta = -0.7$ 付近の情報量が高く，この前後の能力値の受験者を識別することに適していたことがわかります。正答できるかどうかが 5 分 5 分になるような困難度の項目が，能力値について得られる情報量が最も多いことから，全体的にやや易しい，いわゆる全体平均が 60 点程度になるようなテストであったことがわかります。

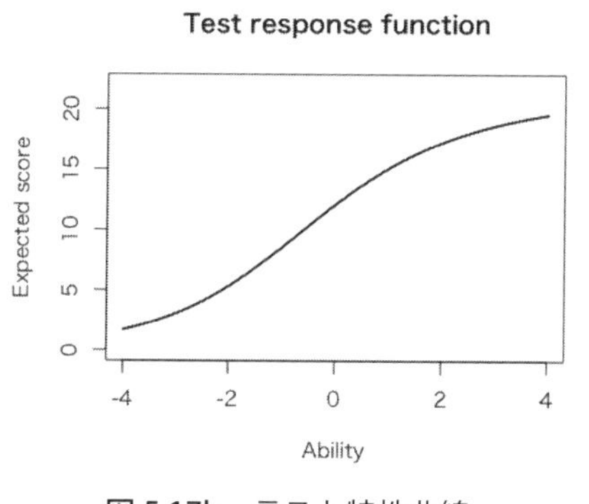

図 5.17b　テスト特性曲線

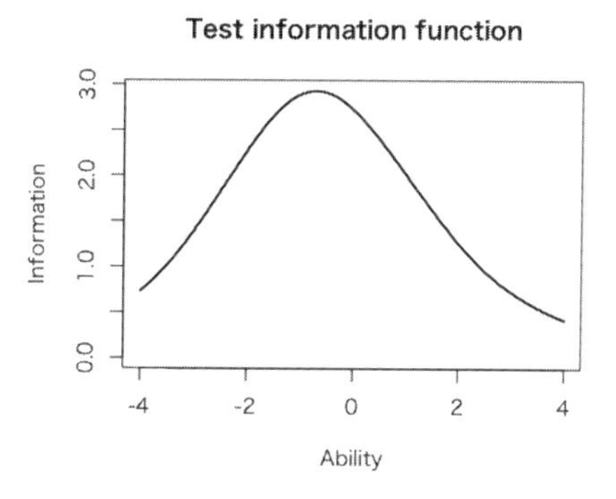

図 5.17c　テスト情報曲線

5-6-5　論文への記載

以上，R の irtoys パッケージを主とした 2 値データの基本的な分析手順を解説してきました。信頼性係数（クロンバックの α）に関しては，psych パッケージの，関数 alpha() を使い，alpha(dat) と入力します。このパッケージによる，より高度な分析手法については服部（2011，第 14 章）や加藤・山田・川端（2014）が参考になります。また，ここでは各項目の選択肢の吟味は掲載していませんが，実際に項目の改善をする場合は必要になります。

記 載 例

統計解析環境 R における irtoys パッケージを利用し，参加者 2299 名による 22 項目のリスニングテストの項目分析（2PLM）を行った。応答データに一次元性が確認されたが，テスト全体の信頼性は .68 であった。

項目パラメタ推定値（図 5.12b）および項目特性曲線（図 5.15b）より，項目 3，4，5，9，22 はかなり困難度が高く推定されており，かつ識別力が低いため，受験者に対して難しすぎる項目であった可能性がある。また，困難度が－ 1.0 付近の項目が多く，かつどれも同程度の識別力を有しており，受験者能力の推定の観点で，似通った項目が多かったといえる。

テストの改善点として，困難度が非常に高く，識別力が低かった項目は，その項目適合度，内容や選択肢の状況を調べ，改良を検討する。また，多かった同程度の項目困難度と識別度をもつ項目は，その内容（項目の目標測定領域やプロンプトが要求する認知プロセス）に注目し，別の内容の項目や幅広く能力値を推定するため，異なる困難度の項目と入れ替えるなどの対処を行うこととした。

Section 5-7 EasyEstimationによる2値モデルの分析

本節では，Windows向けのEasyEstimation（熊谷龍一氏により開発）による2PLM分析手順を紹介します。EasyEstimationは，ほとんどの分析をマウスのクリック操作で行うことができ，2値型データだけでなく，多値型データによる段階反応モデル，名義尺度データによる名義反応モデルも扱うことができます。ソフトウェアのダウンロードや詳細は，熊谷氏のホームページ（http://irtanalysis.main.jp/）を参照してください。

5-7-1 データセットの整形

❶このソフトウェアでは，データをテキスト形式（Shift-JISまたはUTF-8）で扱うことを推奨しています。よって，前節で扱ったデータをテキスト形式に変換します。この際，設問番号を記載していた1行目を削除します（**図5.18**）。

```
0001,0101001000110111110000
0002,1100011000111111110010
0003,1101111101100111010110
0004,0100011100010101111110
0005,1100011000111010111100
0006,1011111100100001110100
```

図5.18 整形後のデータセット

❷用意したデータセットは，受験者（計2299名）のIDを4桁にし，カンマを挟んで反応データを6桁目から27桁目としています（**図5.18**）。このように，IDと反応データは桁数が全受験者で一定になるようにします。また，欠損値がある場合には“N”など任意のアルファベット1文字を割り当てます。

5-7-2 EasyEstimationの起動

❶ソフトウェアをダウンロードすると，「EasyEstimation」というフォルダが作成されます。フォルダ内には，ソフトウェアの他に，説明書やサンプルデータセット，具体的な使用方法のPDFファイル等が入っています。

❷「EasyEstimation.exe」をクリックし，起動します。

❸EasyEstimationのホーム画面（**図5.19**）が表示されます。EasyEstimationでは「採点・コード変換」「一次元性確認」「項目母数推定」「受検者母数推定」「項目特性曲線・テスト情報量」の5つの機能を利用す

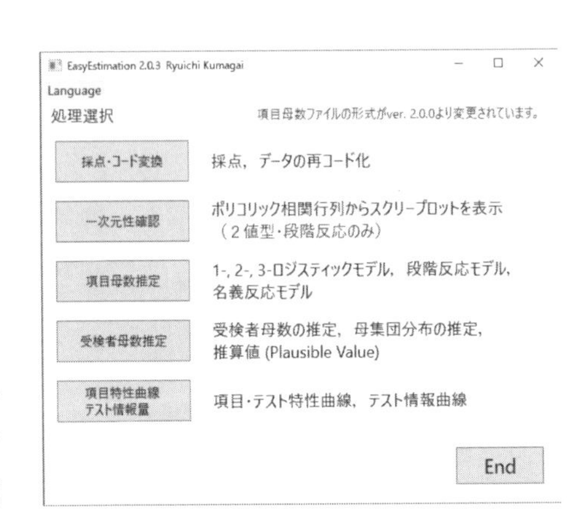

図5.19 EasyEstimationのホーム画面

ることができます。

※画面左上の［Language］で英語から日本語画面に切り替えることができます。

5-7-3　データの分析手順

(1) 一次元性の確認

❶ホーム画面（図 5.19）から 一次元性確認 をクリックします。

❷実行画面（図 5.20）が開くと，［Drag and Drop Data File HERE］と書かれた枠に整形したテキストファイル［2PL3PL.txt］をドラッグ・ドロップします。そして，［ID 開始桁］に「1」，［ID の文字数］に「4」，［反応データ開始桁］に「6」，［欠損値文字列］には「N」，2 値型データの［データの最小値］は「0」を選択します。［ポリコリック相関係数行列を出力］にチェックが入っていることを確かめたら， Read Data ボタンをクリックします。

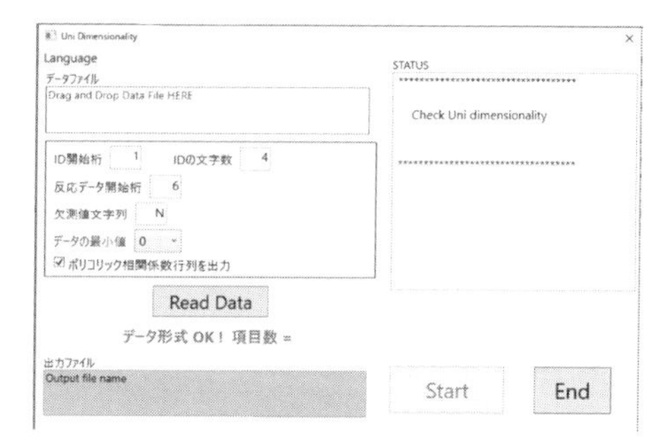

図 5.20　一次元性の確認の実行

❸分析に使用する項目を選択する画面（図 5.21）が出てきます。今回は［Use］列はすべて［○］のままにし，全項目を使用します。

※外したい項目がある場合は，その項目の Use 列を 2 回クリックして［×］にし，分析から除外します。

項目選択が終わったら， OK ボタンをクリックします。

図 5.21　使用データ選択

❹実行画面（図 5.20）に戻りますので，［出力ファイル］欄を確認します。ここでは分析結果を出力する際のファイル名を指定することができます。デフォルトでは「"元のファイル名"＋OneF.csv」という設定になっています。

❺ Start をクリックすると分析が始まり，ポリコリック相関係数行列を利用したスクリープロットが［2PL3PLOneF.csv］というファイル名で出力されます。

❻解釈については，前節と同様です。

出力ファイルには，正答確率，点双列相関係数，平均得点，得点の標準偏差，アルファ係数，および因子固有値が出力されます。

図（**図 5.22**）は保存されませんが，出力ファイルを Excel で読み込み，スクリープロットを描画することもできます。End をクリックして，スクリープロットを終え，再度，End を押してホーム画面に戻ります。

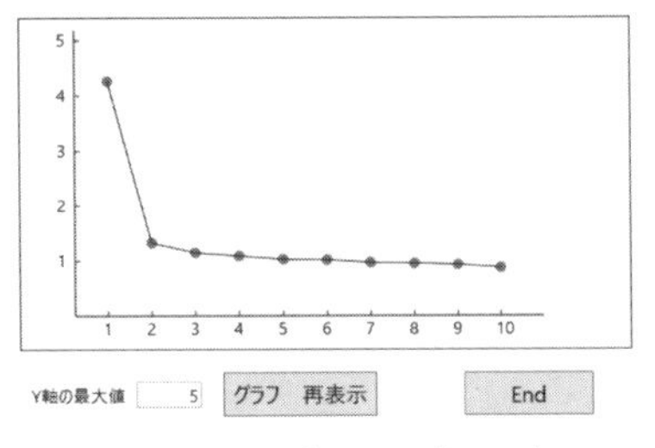

図 5.22　スクリープロット

(2) 項目パラメタ値の推定

❶ホーム画面（**図 5.19**）から 項目母数推定 をクリックすると，**図 5.23** の画面に移行します。

❷［Data File］の枠に再度，データセットをドラッグ・ドロップし，前回と同様に ID 開始桁等の必要事項を入力します。続いて，Read Data をクリックし，項目・モデル選択画面（**図 5.24**）に移行します。

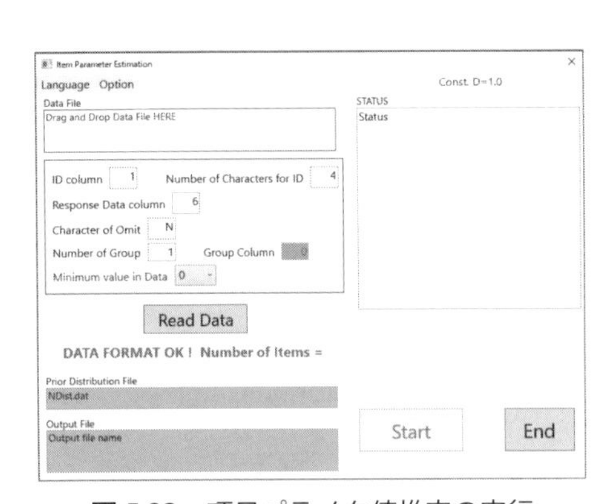

図 5.23　項目パラメタ値推定の実行

図 5.24　パラメタ推定に用いる項目選択

❸ここでも，［Use］列にて分析する項目を選択できます。また，［モデル選択］で 2 値型項目の場合は，1PLM・2PLM・3PLM を，多値型項目の場合は，GRM・名義反応モデルを選択することができます。今回は，2PLM を選択しますので 2 Parameter Logistic Model を選択します。

❹ OK → Start で，分析が開始され，2 種類の csv ファイルが出力されます。

❺ 1 つは，「2PL3PLParaResult.csv」（**図 5.25**）で，パラメタ推定値・推定の標準誤差・項目適合度等が出力されています。［slope］は識別力，［location］は困難度，［asymptote］は当て推量パラメ

タ値を示しています。もう1つの「2PL3PLPara.csv」は，次に行う受験者母数の推定や項目特性曲線・情報量関数の出力に利用するファイルです。

	A	B	C	D	E
1	Scale Const.	D = 1.0			
2	[Item Parameters]				
3	itemID	model	slope	location	asymptote
4	Item001	2PL	0.64616	-1.10566	[
5	Item002	2PL	1.01765	-0.474	[
6	Item003	2PL	0.31344	2.32379	[
7	Item004	2PL	0.32392	1.87768	[
8	Item005	2PL	0.22464	4.4648	[
9	Item006	2PL	0.92641	-1.33071	[

図 5.25　結果の一部（項目パラメタ値）

(3) 受験者の能力パラメタの推定

❶ホーム画面（図 5.19）から 受検者母数推定 をクリックします。

❷図 5.26 の画面になるので，これまでと同様に，［Drug and Drop Data File HERE］の枠内にデータを入れ，データ情報を打ち込みます。［推定方法］は，MLE（Maximum Likelihood Estimation）・MAP（Maximum A Posteriori）・EAP（Expected A Posteriori）推定法があります。その他に，POP（POPULATION）・PV（Plausible Value）というオプションがあります。POP は Population の略で，個人の推定値ではなく，母集団情報が算出されます。今回は MLE を選択します。

また［項目パラメタファイル］には，先ほど出力された［2PL3PLPara.csv］をファイルのまま入れます。

❸その後， Read Data で，項目選択画面に移行します（図 5.27）。今回もすべて使用のまま OK をクリックします。

図 5.26　能力パラメタ推定の実行

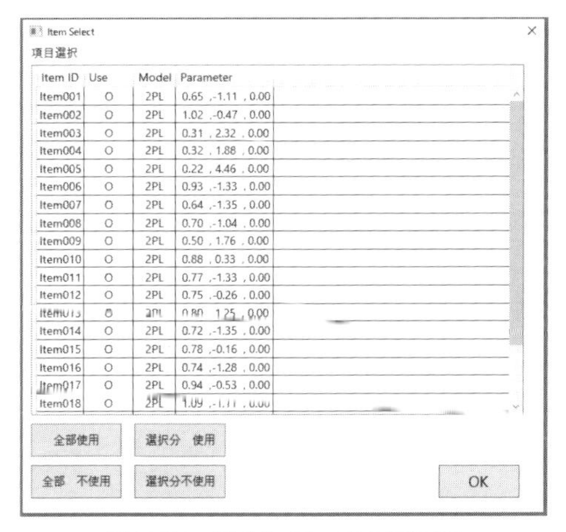

図 5.27　推定に用いる項目選択

❹実行画面に戻り，Start をクリックします。すると，「2PL3PLThetaEAP.csv」ファイル（図 5.28）が出力されます。これには，各受験者の能力推定値［THETA］，標準誤差［SE］，素点および適合度（［OutFit］や［InFit］など）が算出されています。

	A	B	C	D	E	F	G	H
1	ID	RawScore	"THETA"	"SE"	"OutFit"	"StdOFit"	"InFit"	"StdIFit"
2	1	10	-0.43884	0.51378	0.93957	-0.19891	0.96882	-0.15567
3	2	13	0.35332	0.54039	0.89997	-0.33284	0.83499	-0.80713
4	3	15	0.57415	0.5527	0.73119	-0.94277	0.80805	-0.87187
5	4	12	0.27491	0.53648	0.72712	-0.95841	0.74812	-1.35863
6	5	12	0.27733	0.5366	0.97776	-0.07246	0.99377	0.03273
7	6	12	-0.2691	0.51693	0.92704	-0.24094	0.94335	-0.30861

図 5.28　受験者パラメタの出力結果（一部）

(4) 項目特性曲線・テスト特性曲線・テスト情報曲線の描画

❶ホーム画面の 項目特性曲線 テスト情報量 をクリックし，画面（図 5.29）に移行します。

❷［項目パラメタファイル］内に，先ほど出力された「2PL3PLPara.csv」ファイルを入れ，項目特性曲線（次に テスト特性曲線 テスト情報量）をクリックして描写します。

図 5.29　曲線描画の実行画面

❸項目特性曲線画面（図 5.30a）では，1 項目ずつの項目特性曲線を ←前，次→ ボタンで変更しながら確認することができます。θの範囲を指定することもでき，再描画 で反映できます。また，CSV ファイルに書き出し の出力ファイルで，Excel 等でグラフを描画することができます。

❹テスト特性曲線（図 5.30b）・テスト情報関数（図 5.30c）では，Change Graph で，両グラフの描画を切り替えることができます。

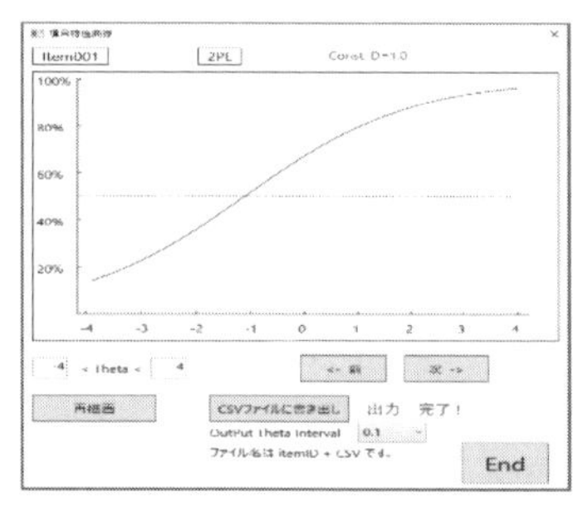
図 5.30a　項目 1 の項目特性曲線

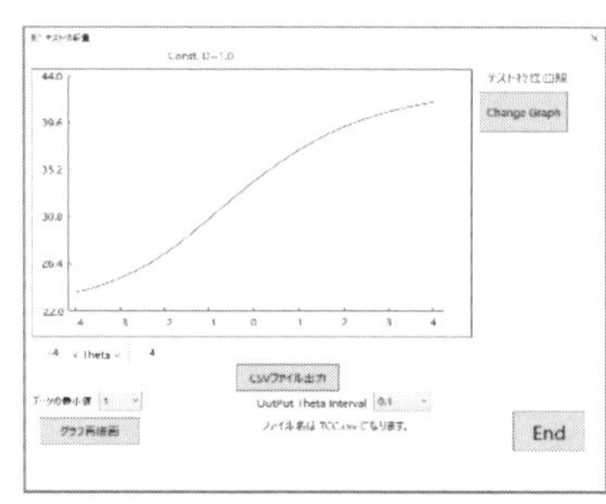
図 5.30b　テスト特性曲線

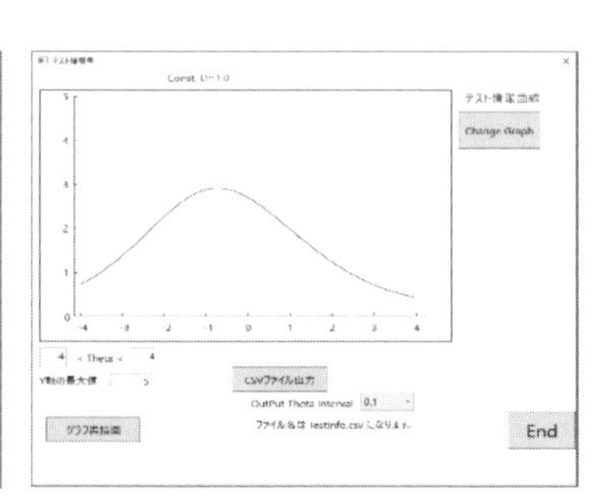
図 5.30c　テスト情報曲線

Section 5-8 項目固定等化法

本節では，EasyEstimationを使用して項目固定等化（5-2-2）を行います（このプログラムのマニュアルもご参照ください）。項目固定等化法では，項目パラメタ値が既知である項目を含む新テストにおいて，それらの項目パラメタ値を固定し，新項目のパラメタ値を推定します。パラメタ値を固定する項目を固定項目と呼びます。

新しいリスニング項目28問（**図5.31**のB）を，前節で分析したリスニングテストと同じ尺度上で等化します。そこで，前節で使用した「2PL3PL.txt」の中の10項目を固定項目（**図5.31**のAの部分）として，新しい28項目の前に加えて等化を行います。

※実際に固定項目を選ぶ方法と新テストへの混ぜ方については5-2-2（3）を参照ください。

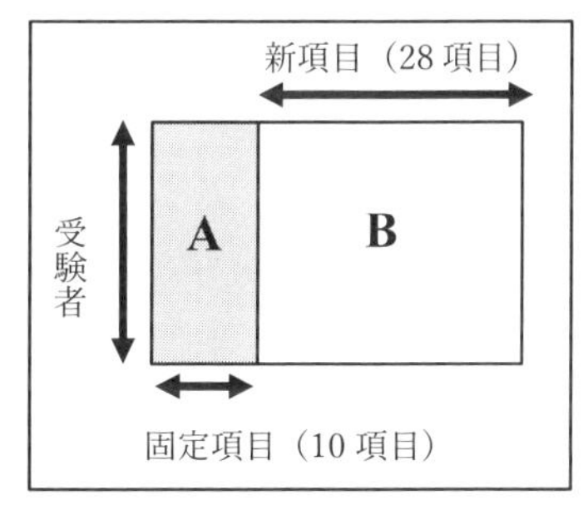

図5.31　今回の項目固定等化法デザイン

5-8-1 分析手順

新テスト（計38項目）のデータファイル［2PL3PLEQ.txt］（**図5.32**）を用います。データの1列目から4列目は受験者IDです。カンマを挟んで各受験者の反応データとなっており，1列目から10列目が固定項目です。

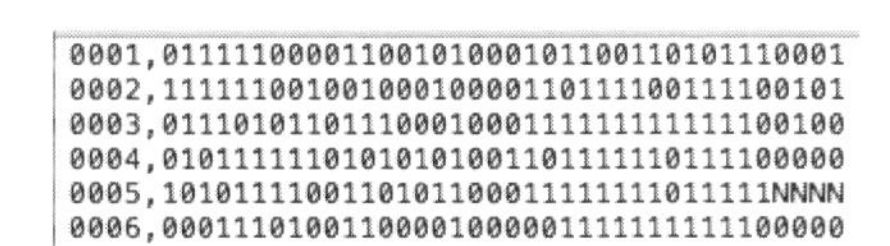

```
0001,01111100001100101000101100110101110001
0002,11111100100100010000110111100111100101
0003,01110101101110001000111111111111100100
0004,01011111101010101001101111110111100000
0005,1010111100110101100011111111011111NNNN
0006,00011101001100001000001111111111100000
```

図5.32　新テスト（2PL3PLEQ.txt）

❶まず，新テストのスクリープロットから，一次元性が担保されていることが確認できますので分析を進めていきます（**図5.33**）。

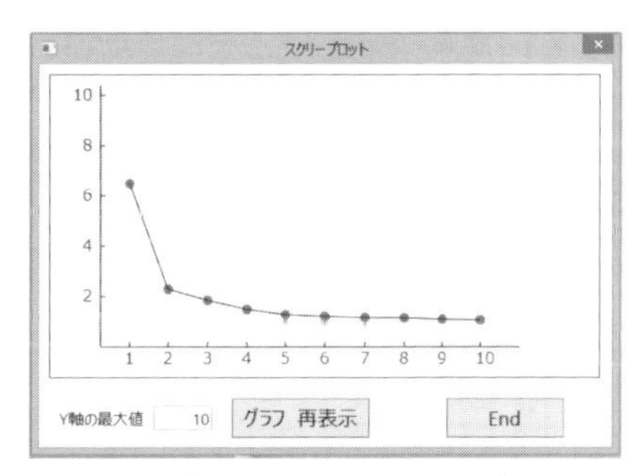

図5.33　新テストのスクリープロット

❷前節の項目パラメタ推定時の出力結果（「2PL3PLParaResult.csv」（**図5.25**）の後半10項目の情報を，**図5.34**のようにテキストエディタで各行に，項目名・分析モデル・識別力パラメタ・困難度パラメタ・当て推量パラメタをカンマ区切りで入力し，随意の

ファイル名（ここでは「Fix.txt」）を付けます。

❸ホーム画面（**図 5.19**）の **項目母数推定** から実行画面（**図 5.20**）に移り，前節と同じ要領で，［2PL3PLEQ.txt］を［データファイル］にドロップし，必要な情報を（**5-7-3 (1) ❷**を参考に）入力し，Read Data をクリックします。

❹項目選択画面（**図 5.35a**）に移ると，Item001 から Item038 までが［**項目選択**］ウィンドウに表示されています。［**モデル選択**］欄は 2PLM にします。ここで，このウィンドウの下に［**“ItemFix File” を使って項目固定ができます。**］と記載されていること確かめ，「Fix.txt」（**図 5.34**）をこのウィンドウにドラッグ&ドロップします。これで，Item001 から Item010 までの項目パラメタを固定することができます。

図 5.34　固定項目情報（Fix.txt）

❺**図 5.35b** は，「Fix.txt」ファイルを［**項目選択**］ウィンドウにドロップした結果です。固定 10 項目（囲み）に項目パラメタ情報が入力されています。これで，新項目（11 から 38 項目）を等化することができます。最後に， OK → Start で分析が実行されます。

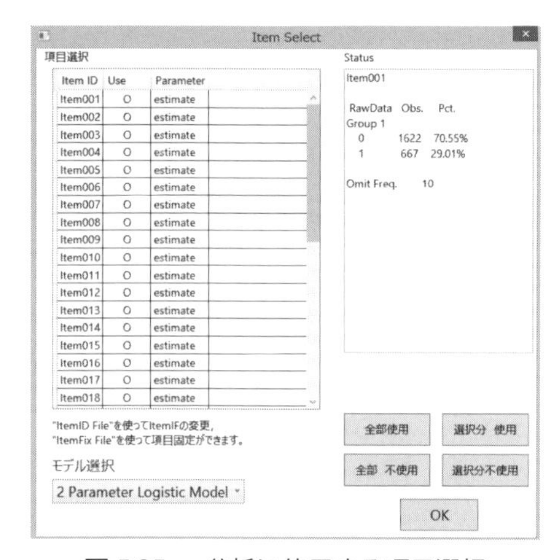

図 5.35a　分析に使用する項目選択

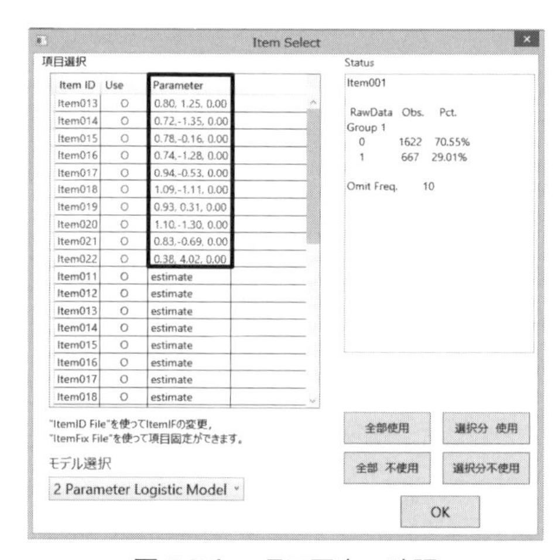

図 5.35b　項目固定の確認

5-8-2 出力結果

	A	B	C	D	E	F
1		Scale Const. D = 1.0				
2		[Item Parameters]				
3		itemID	model	slope	location	asymptote
4		Item013	2PL	0.80234	1.25124	0
5		Item014	2PL	0.72349	-1.349	0
6		Item015	2PL	0.77828	-0.16061	0
7		Item016	2PL	0.73648	-1.27643	0
8		Item017	2PL	0.93562	-0.53346	0
9		Item018	2PL	1.08759	-1.11359	0
10		Item019	2PL	0.93109	0.30756	0
11		Item020	2PL	1.09593	-1.30292	0
12		Item021	2PL	0.82911	-0.68771	0
13		Item022	2PL	0.38321	4.0192	0
14		Item011	2PL	0.95994	-1.70303	0
15		Item012	2PL	0.8944	-0.37904	0
16		Item013	2PL	0.99216	0.05122	0
17		Item014	2PL	0.85517	0.50635	0

図 5.36a　固定項目等化法による推定結果

[Standard Error]

itemID	model	slope	location	asymptote
Item013	2PL	0	0	0
Item014	2PL	0	0	0
Item015	2PL	0	0	0
Item016	2PL	0	0	0
Item017	2PL	0	0	0
Item018	2PL	0	0	0
Item019	2PL	0	0	0
Item020	2PL	0	0	0
Item021	2PL	0	0	0
Item022	2PL	0	0	0
Item011	2PL	0.10246	0.16496	0
Item012	2PL	0.07918	0.05405	0
Item013	2PL	0.07934	0.04479	0
Item014	2PL	0.07651	0.06959	0
Item015	2PL	0.07681	0.26471	0

図 5.36b　固定項目等化法での推定誤差

図 5.36a は，「2PL3PLEQPara.csv」における項目パラメタの推定結果です。枠部分の推定値は，「Fix.txt」に記録した値がそのままになっており，この情報を元にして，残りの項目パラメタ値を推定できたことがわかります。 また，このファイルをさらに下へスクロールしていくと，[Standard Error]（**図 5.36b** 囲み）という，各項目のパラメタ推定における標準誤差を確認することができます。これを見ると，固定項目の推定誤差はすべて 0 となっています。このことからも，固定項目が基準となっていることがイメージできます。

Section 5-9 Facets による MFRM 分析

本節では，多値データを扱うことができる Linacre（1989）の開発した Facets を使った**多相ラッシュモデル**（MFRM）の分析手法を紹介します。Facets は有料ですが，デモバージョンの **MINIFAC**（Evaluation, Student & Demonstration Version of FACETS; http://www.winsteps.com/minifac.htm）は無料で使用でき，合計のデータポイント数が 2000（例. 受験者 100 名×タスク［4］×評価者［5］）に制限されますが，Facets と同じ機能を使うことができます。これは Windows 向けのソフトウェアで，Mac では Windows を仮想 OS と使用できる Parallels や Bootcamp を用いることで Facets を使用することが可能になります。

以下，MINIFAC を使っていますが，指示は Facets として解説します。また，このソフトウェアに関しては詳細なマニュアル（Linacre, 2018）やオンラインヘルプが充実しています。

5-9-1　データセットの作成

（1）まず，データセットを用意します。方法としては，①直接，コントロールファイルに書き込む方法と，② Facform を使用する方法がありますが，ここでは①の方法で行います。
データは，英語学習者 50 名が 4 つのスピーキングタスクを受け，10 名の評価者が評価尺度（1～5 点）を使って採点したものです。つまり，2000（＝ 50 × 4 × 10）データポイントあります。このデータを使って，それぞれの相（学習者，タスク，評価者）に問題がないかを調査することにします。

（2）Excel で元データを作成する場合は，受験者（Test taker）を縦に並べ，その横に評価者番号（Rater）およびタスク番号（Task），最後に評価得点（Rating）と 4 列を作ります（**図 5.37**）。評価者全員が，受験者 50 名が受けた 4 つのタスクすべてを評価していますので，2000 行のデータ［facets_speaking.csv］になります。使用する際は，1 行目ヘッダー（**図 5.37** 囲み）は使用しないのではずします。

	A	B	C	D
1	Test taker	Rater	Task	Rating
2	1	1	1	5
3	2	1	1	5
4	3	1	1	3
5	4	1	1	2
6	5	1	1	3

図 5.37　データ（facets_speaking.csv）

5-9-2　コントロールファイルの作成

（1）コントロールファイルの作成には，データの並べ方も含めて，プログラムと共にダウンロードした Examples から似た分析デザインを選び変更を加えるか，データファイルの骨組みが記載されたテンプレートを［Facets］のメニューから［Edit］→［Edit from template］で呼び出して使用します。

（2）コントロールファイル（**図 5.38**）は大きく次の①から③で構成されています。

①上段：主要なコマンドを書き込むパート。

②中段［Labels=］：相と構成要素（elements）に番号と名前を付与するパート。

③下段［data=］：データを入力するパート。CSV ファイルからデータのみをコピー＆ペーストします。

（3）次の記号やコマンドを使って，テンプレートに加えていきます。

❶アスタリスク［*］：仕切りとして，それぞれの段や個々の相の終わりに付けます。

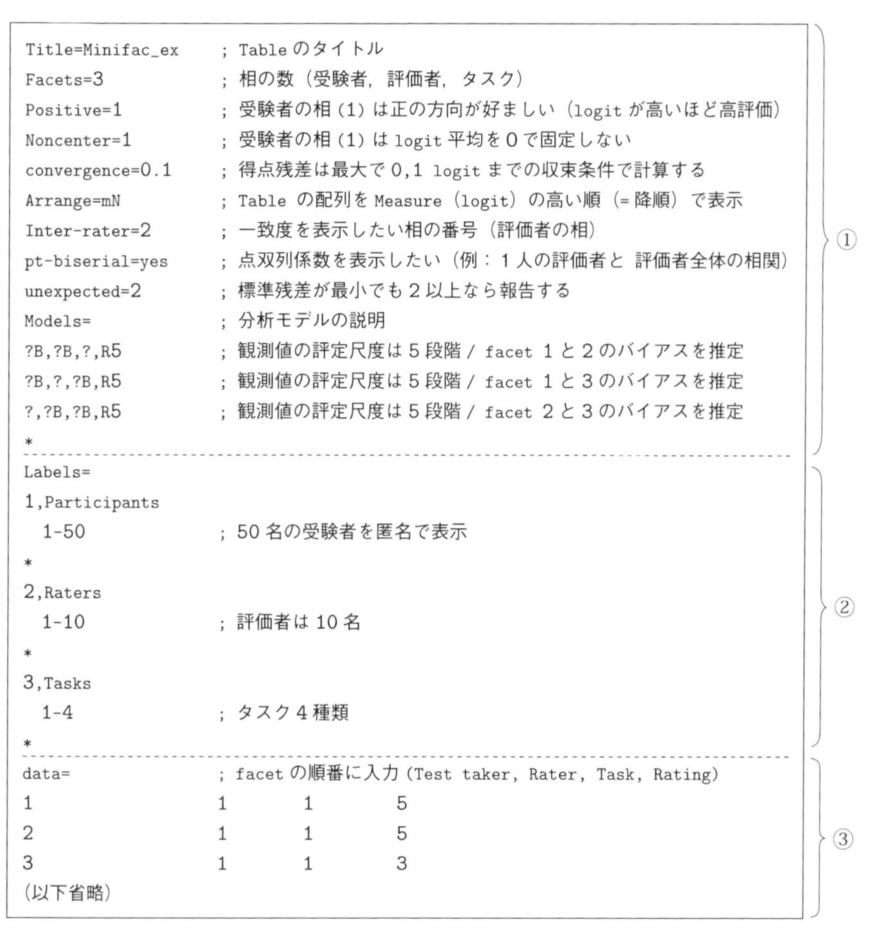

```
Title=Minifac_ex        ; Tableのタイトル
Facets=3                ; 相の数（受験者，評価者，タスク）
Positive=1              ; 受験者の相（1）は正の方向が好ましい（logitが高いほど高評価）
Noncenter=1             ; 受験者の相（1）はlogit平均を0で固定しない
convergence=0.1         ; 得点残差は最大で0,1 logitまでの収束条件で計算する
Arrange=mN              ; Table の配列をMeasure（logit）の高い順（=降順）で表示
Inter-rater=2           ; 一致度を表示したい相の番号（評価者の相）
pt-biserial=yes         ; 点双列係数を表示したい（例：1人の評価者と 評価者全体の相関）
unexpected=2            ; 標準残差が最小でも2以上なら報告する
Models=                 ; 分析モデルの説明
?B,?B,?,R5              ; 観測値の評定尺度は5段階 / facet 1と2のバイアスを推定
?B,?,?B,R5              ; 観測値の評定尺度は5段階 / facet 1と3のバイアスを推定
?,?B,?B,R5              ; 観測値の評定尺度は5段階 / facet 2と3のバイアスを推定
*
-----------------------------------------------------------------------------------
Labels=
1,Participants
  1-50                  ; 50名の受験者を匿名で表示
*
2,Raters
  1-10                  ; 評価者は10名
*
3,Tasks
  1-4                   ; タスク4種類
*
-----------------------------------------------------------------------------------
data=                   ; facetの順番に入力（Test taker, Rater, Task, Rating）
1                       1       1       5
2                       1       1       5
3                       1       1       3
（以下省略）
```


図 5.38　Facets_Speaking.txt. コントロールファイル入力例（データも含む場合）

❷セミコロン［；］：「コメントアウト」と呼ばれる説明の書き込みが可能な箇所で分析されません。

❸信頼性の情報：評価者の相を指定すれば，評価者間信頼性および点双列相関係数を算出できます。

❹［Models=］：分析モデルを指定します。［?］は相を，R5は評価で今回は最高点が5点，［B］はバイアスを意味します。［?,?,?,R］が基本形で，ここでは［受験者，評価者，タスク，評価結果］を表します。

※ Rating scale modelの場合，各相を上記のように［?］と記入しますが，Partial credit modelの場合，対応する相に［#］を入れます（例.［?,?,#,R］）。

❺［Labels =］：各相の要素を記載します。図の中段に［3, Tasks　1-4］とありますが，**図5.39** のように記入すると，output ファイルにタスク番号ではなく，タスク名で表れます。同様の方法で，［1, Participants　1-50］も個人名を出力させることが可能です。

```
3,Tasks
1,QA
2,Roleplay
3,Picture1
4,Picture2
  *
```

図5.39　コマンド

❻［data =］：csv データの 1 行目を取って，**図5.38** のようにコピー＆ペーストします。

※ csv データが，適切にコピーされているように見えても，実際には改行が複数含まれていると，データポイント数が多くなりエラーになるので注意します。

❼最後に，データを含むコントロールファイルを，［facets_speaking.txt］（**図5.38**）とし，Facets と同じフォルダに入れます（※このファイルは用意されています）。

●Facform の利用する場合

相が多い場合や係留項目（**5-2-1** 参照）を使用する場合などの複雑なデザインでは，Facform を利用する方がコントロールファイルを手軽に作成できます。Facform はダウンロードし，flat file（txt ファイルで作成したデータファイル）と key file（コントロールファイルのデータ以外の情報をまとめるためのファイル）を作成します。詳細は，ソフトウエアのダウンロードしたサイトにある Facets manual や Facform manual，また，コードは Schumacker（1999, pp.331-338）が参考になります。

5-9-3　分析の開始

❶ダウンロードした Minifac.exe（または正規の Facets.exe）を起動し，左上から［Files］→［Specification File Name? Ctrl+O］→［facets_speaking.txt］とコントロールファイルの指定をします。

※初回は，setup 画面が立ち上がりますので，指示に従ってインストールします。

❷ダイアログに［Extra specification (or click OK) ……］と現れますが，記入せずに，OK をクリックします。アウトプットファイルの保存先は，コントロールファイルのあるディレクトリに .out 拡張子が付いたファイル名が提案されるので，それに従って，［開く(O)］をクリックして進めば，分析が完了します。

❸分析結果は，Facets 上に表示されますが，閉じても，同じ内容のファイル（［facets_speaking.out.txt］）がコントロールファイルと同じフォルダに生成されています。エラーがあると，エラーコードとエラーの原因が赤字で Facets 上に示されるので，それに従って修正を行います。

5-9-4 分析結果

分析結果ファイルには，8 つ以上の Table が**表 5.12** に示された順序で出力されます。メニューバーにある［Output Tables & Plots］をクリックし，表示を希望する Table を指定することもできます。出力結果が長いので，基本の表のみを解説します。

(a)［Table 2.0 Data Summary Report と Table 5.0 Measurable Data Summary］

Table 2.0 では，各相のサンプル数，分析に際して有効なデータポイント数がアウトプットされます。データのモデル全体への適合を観察するため Table 4.0 に表示される“Unexpected Responses”の値を“Valid responses used for estimation”の値で割った値を確認し，極端に予期しない反応が多くないかを確認します。標準化誤差の絶対値が 2 以上の予期しない反応が全体の 5%を超えるようであれば，データに問題があると判断できます（Eckes, 2011)。

Table 5.0 で，一次元性（［Variance explained by Rasch measures］の値が 20%以上あるか）を確認します（**5-1-3**)。また，“Data log-likelihood chi-square”は有意である場合，データ全体がラッシュモデルに適合していないということになりますが，サンプルが多い場合，これは有意になることが多いため，特に気にすることはありません。

表 5.12　FACETS Table 表示順序

表番号および名称	報告される情報
Table 1.0 Specifications from file	データファイルの所在と，指定コマンドの履歴
Table 2.0 Data Summary Report	データ確認に使用：観測値・相・構成要素の数など
Table 3.0 Iteration Report	目標の誤差を下回る収束まで計算した履歴
Table 5.0 Measurable Data Summary	観測値の数と，各カテゴリによる基礎統計値など
Table 6.0 All Facet Vertical “Rulers”	相の logit の高低差を示した図 (Ruler または Wright map，Variable map と呼ばれる)
Table 7.0 Measurement Report	相の信頼性，構成要素の予測値・観測値，モデルとの当てはまり具合などの報告
Table 8.0 Category Statistics	使われた評定尺度の集計，logit との対応関係など
Probability Curves	logit の推移に応じ，与えられる評定尺度のカテゴリーを得る確率を示した曲線グラフ
Expected Score Ogive (Model ICC)	Probability Curves で示した logit と評定尺度の関係をロジスティック曲線に置き換えたグラフ
Table 4.0 Unexpected Responses	予測値から大きく外れた観測値の数・程度の大きさ (通常 Table 8 の後に表示される)
Table 9.0 以降 Bias Iteration (オプション)	相同士の相互作用に関する偏向（バイアス）分析の報告

(b)［Table 6.0 All Facet Vertical "Rulers"］

Table 6.0 に 1 つの "Ruler" にすべての Facet が表示された「Wright Map」（Vertical Rulers または Variable map とも呼ぶ）が表示され，視覚的・相対的に各相の対応や難易度・困難度などがわかります（**図 5.40**）。出力される図表を word 等のソフトにコピーペーストする際，フォントを等幅のものにして，行間を変えると見やすくなります。

❶コントロールファイルで［positive = 1］と指定したため，第 1 の相［+ Participants］の測定値は正の方向が高評価になります。一方，他の［−Tasks］と［−Raters］は**負の相**（negative facet）として，難しい課題や厳しい評価者ほど正の方向になります。

❷［Tasks］の分布から，困難度は，Task 1 と 2 はほぼ同じ，Task 3 はやや高く，Task 4 は最も易しいと解釈できます。いずれも左端の θ（［Measure］）= ± 1 の範囲内で極端な難易度のタスクはありません。

❸［Rater］の部分を確認すると，これも θ = ± 1 よりも狭い範囲に収まっており，評価の厳しさに大きな差は無いと判断できます。

※ Facets の場合は，評価者内評価が厳しくても一貫していれば大きな問題はありませんが，適合度に問題がある場合は一貫した採点ができていないことを意味します。この場合は，評価者の再訓練，評価尺度の見直しなどを検討します。

❹［Participants］もテスト得点を変動させる facet で，アスタリスク［*］で個々の能力値（logit 得点）が表示されます。設定で個人の ID や氏名を出すこともできます（**5-9-2**（3）参照）。

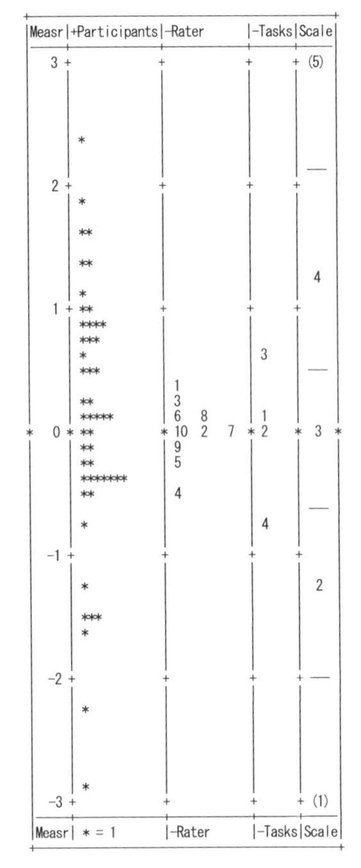

図 5.40　Wright Map

中央値付近に受験者が多い釣鐘状に分布し，右端の評定［Scale］の関係を見ると logit で 2.4 付近の受験者は 5 が与えられることがわかります。

(c)　Measurement Report

分析対象の相に応じた「**測定値の報告**」（Measurement Report）が出力され，正確な測定値の把握ができます（Table 7.1〜7.3）。

（1）［Table 7.1.1 Participants Measurement Report］（**図 5.41**）受験者の測定結果です。

❶観測得点の合計［Total Score］，評価された回数［Total count］（評価者 10 名× 4 タスク），観測平均［Observed Average］，そして予測平均［Fair(M) Average］が出力されています。

［Fair(M) Average］は，タスクや評価者の影響を同等にしたと仮定したときの予測値で，logit を 5 段階評価の予測得点に変換してあります。たとえば，1 行目の受験者（43 番）は 4.61 点と，実際の平均得点 4.57 点よりもやや高く修正されています。この 2 種類の平均の差が大きい場合や順位が変動している場合は，他の相（タスクの難易度や評価者）の Table も観察します。

❷［Measure］：受験者能力（ロジット値：logit）。平均が［0.09］とゼロになっていないのは，コマンドで［Noncenter=1］と指定し，1 番 facet（Participants）の logit 平均を 0 に固定していないからです。多相ラッシュモデルでは，等化目的でない限り通常固定しません。

❸適合度統計値：fit 値が設定した範囲内に収まっているか確認します。

Table 7.1.1 Participants Measurement Report (arranged by mN).

Total Score	Total Count	Obsvd Average	Fair(M) Average	Measure	Model S.E.	Infit MnSq	Infit ZStd	Outfit MnSq	Outfit ZStd	Estim. Discrm	Corr. PtBis	Nu Participants
183	40	4.57	4.61	2.41	.27	1.08	.3	1.26	.9	.77	-.06	43 43
174	40	4.35	4.39	1.87	.23	1.01	.1	.92	-.2	1.11	.35	40 40
170	40	4.25	4.29	1.68	.21	2.10	3.7	2.62	4.9	-.35	-.30	47 47
168	40	4.20	4.24	1.59	.21	.52	-2.5	.53	-2.3	1.46	.37	30 30
163	40	4.07	4.12	1.38	.20	.30	-4.4	.32	-4.2	1.65	.32	29 29
72	40	1.80	1.75	-1.58	.20	.43	-3.2	.42	-3.1	1.57	.56	35 35
59	40	1.48	1.43	-2.22	.25	.90	-.2	.86	-.4	1.12	.34	33 33
51	40	1.27	1.24	-2.84	.31	.88	-.2	1.34	.9	.84	-.12	6 6
124.1	40.0	3.10	3.11	.09	.19	.99	-.3	1.02	-.2		.29	Mean (Count: 50)
30.5	.0	.76	.79	1.04	.03	.49	2.2	.52	2.2		.21	S.D. (Population)
30.8	.0	.77	.80	1.05	.03	.50	2.2	.53	2.2		.21	S.D. (Sample)

Model, Populn: RMSE .19 Adj (True) S.D. 1.02 Separation 5.38 Strata 7.51 Reliability .97
Model, Sample: RMSE .19 Adj (True) S.D. 1.03 Separation 5.44 Strata 7.58 Reliability .97
Model, Fixed (all same) chi-square: 1146.7 d.f.: 49 significance (probability): .00
Model, Random (normal) chi-square: 46.8 d.f.: 48 significance (probability): .52

図 5.41 受験者能力に関する測定報告（上位 5 名と下位の 3 名のみ）

ここでは 47 番が［Infit MnSq］および［Outfit MnSq］2.10 が 2.62（囲み）とミスフィットしています。原因は，**図 5.42**［Table 4.1 Unoxpected Responses］で，3 回も期待得点と大きくずれているのが原因です。すべてタスク 4 で 7, 8, 1 番の評価者のときに 4.6 または 4.5 の期待値に反して，2 点しか取れていません。タスク 4 の何が原因だったかを調べるために，実際の発話を聞いたり，本人に尋ねたり，評価者にそれほど低く付けた理由を聞いて原因を探ることができます。

Table 4.1 Unexpected Responses (96 residuals sorted by u).

Cat	Score	Exp.	Resd	StRes	Nu Pa	Nu Ra	N T
2	2	4.6	-2.6	-4.5	47 47	7 7	4 4
2	2	4.6	-2.6	-4.4	47 47	8 8	4 4
2	2	4.5	-2.5	-3.9	47 47	1 1	4 4
5	5	2.1	2.9	3.3	22 22	1 1	2 2
5	5	2.1	2.9	3.3	22 22	3 3	2 2
1	1	3.7	-2.7	-3.1	48 48	8 8	4 4
.	.	.	.	.			

図 5.42 Unexpected Responses

❹受験者の信頼性は，以下の 3 種類が出力されます（**図 5.41**）。

- ［Separation］：分離比（separation ratio, G = True SD/RMSE）。測定誤差単位における受験者能力の分散の度合いを表す。受験者が誤差の 5.38 倍で，能力がよく弁別されています。Strata 指標より下限（小さい値）の値になります。
- ［Reliability］：person separation reliability（$= G^2/(1+G^2) = (\text{True SD})^2/(\text{Observed SD})^2$ = KR-20 or Alpha.）のことで，.97 と高い信頼性になっています。
- ［Strata］：分離指数（separation (strata) index, H = separation (strata) index = (4G + 1) /3)。統計的に明確に分けられる数。H = 7.51 と受験者能力が 7 層に分けられています。

（2）［Table 7.2.1　Rater measurement report］（**図 5.43**）評価者の測定値の結果です。

❶［Infit MnSq］が全員 0.7～1.3 内にあり，問題のある評価者はいません。

❷評価者間の得点の一致率（［Exact Agreements］）：採点者間信頼性指標で，4378 / 9002 = 48.6％となっています。

❸［Separation］2.63，［Strata］3.84 と評価者の厳しさが異なっていたことを示しています。［Reliability（not inter-rater）］.87 は一見すると良い結果のようですが，好ましい結果ではありません。この値は，従来の評価者間信頼性ではなく，Separation 指標の信頼性になり，1 に近いほど評価者の厳しさが異なっていることを示します。

Table 7.2.1　Rater Measurement Report　(arranged by mN).

Total Score	Total Count	Obsvd Average	Fair(M) Average	Measure	Model S.E.	Infit MnSq	Infit ZStd	Outfit MnSq	Outfit ZStd	Estim. Discrm	Corr. PtBis	Exact Agree. Obs %	Exact Agree. Exp %	Nu Rater
573	200	2.87	2.84	.32	.08	1.07	.7	1.13	1.2	.91	.48	52.9	33.0	1 1
578	200	2.89	2.87	.29	.08	.91	-.9	.91	-.8	1.14	.50	49.1	33.1	3 3
597	200	2.98	2.99	.16	.08	.92	-.7	.95	-.4	1.07	.48	50.2	33.5	6 6
604	200	3.02	3.03	.11	.08	1.12	1.2	1.19	1.8	.80	.43	47.4	33.6	8 8
615	200	3.08	3.09	.04	.08	.97	-.2	1.05	.5	.96	.46	52.3	33.7	7 7
626	200	3.13	3.16	-.04	.08	1.03	.3	1.05	.5	.93	.46	47.1	33.7	10 10
627	200	3.13	3.16	-.04	.08	1.04	.4	1.02	.2	1.01	.49	48.8	33.7	2 2
631	200	3.15	3.19	-.07	.08	.93	-.7	.93	-.7	1.08	.49	49.9	33.7	9 9
665	200	3.33	3.38	-.30	.08	.97	-.3	.99	.0	1.02	.48	44.5	33.3	5 5
688	200	3.44	3.52	-.46	.08	.96	-.3	.94	-.5	1.09	.49	44.2	32.6	4 4
620.4	200.0	3.10	3.12	.00	.08	.99	-.1	1.02	.2		.48			Mean (Count: 10)
34.1	.0	.17	.20	.23	.00	.07	.7	.08	.8		.02			S.D. (Population)
36.0	.0	.18	.21	.24	.00	.07	.7	.09	.9		.02			S.D. (Sample)

Model, Populn: RMSE .08　Adj (True) S.D. .22　Separation 2.63　Strata 3.84　Reliability (not inter-rater) .87
Model, Sample: RMSE .08　Adj (True) S.D. .23　Separation 2.79　Strata 4.05　Reliability (not inter-rater) .89
Model, Fixed (all same) chi-square: 77.9　d.f.: 9　significance (probability): .00
Model, Random (normal) chi-square: 8.1　d.f.: 8　significance (probability): .43
Inter-Rater agreement opportunities: 9002　Exact agreements: 4378 = 48.6%　Expected: 3004.1 = 33.4%

図 5.43　評価者に関する測定報告

（3）［Table 7.3.1　Task measurement report］（**図 5.44**）：タスクの測定値の結果です。

適合度指標を確認し，それぞれのタスクでどの程度の平均点が取れているか確認をします。

❶フィット統計値：すべてのタスクが infit MnSq でも outfit MnSq でも 0.7〜1.3 の範囲に入っていますが，4 番のタスクが標準化 Infit および Outfit とも ± 2 以上でややミスフィットの傾向があります。

❷点双列相関係数［Corr.PtBis］も高く，一次元性は問題ありません。

❸［Separation］および［Strata］が 9.49 と 12.98 とかなり高く，item separation reliability［Reliability］は，.99 と信頼性が非常に高くなっています。［Total Count］が大きいため，誤差が小さくなり，結果的にこれらの指標は高くなる傾向があります。

Table 7.3.1 Tasks Measurement Report (arranged by mN).

Total Score	Total Count	Obsvd Average	Fair(M) Average	Measure	Model S.E.	Infit MnSq	Infit ZStd	Outfit MnSq	Outfit ZStd	Estim. Discrm	Corr. PtBis	N Tasks
1325	498	2.66	2.60	.60	.05	.87	-2.3	.93	-1.1	1.14	.48	3 3
1501	502	2.99	2.99	.15	.05	1.02	.3	.99	-.1	1.01	.49	1 1
1541	500	3.08	3.09	.04	.05	.90	-1.6	.90	-1.6	1.11	.44	2 2
1837	500	3.67	3.77	-.78	.05	1.21	3.2	1.25	3.6	.75	.41	4 4
1551.0	500.0	3.10	3.11	.00	.05	1.00	-.1	1.02	.2		.45	Mean (Count: 4)
184.0	1.4	.37	.42	.50	.00	.14	2.2	.14	2.1		.03	S.D. (Population)
212.5	1.6	.42	.49	.57	.00	.16	2.5	.16	2.4		.03	S.D. (Sample)

Model, Populn: RMSE .05 Adj (True) S.D. .49 Separation 9.49 Strata 12.98 Reliability .99
Model, Sample: RMSE .05 Adj (True) S.D. .57 Separation 10.97 Strata 14.96 Reliability .99
Model, Fixed (all same) chi-square: 347.9 d.f.: 3 significance (probability): .00
Model, Random (normal) chi-square: 3.0 d.f.: 2 significance (probability): .22

図 5.44 タスクに関する測定報告

(d) 評価基準の検討

［Table 8.1 Category Statistics］（図 5.45）および［Probability curves］（図 5.46）：5 段階評定尺度が機能しているかを，［Category Counts］［Outfit MnSq］［Rasch-Andrich Threshold measure］の欄で確認します（Bond & Fox, 2015）。

Table 8.1 Category Statistics.

Model = ?B,?B,?,R5

DATA Category Counts Score	Total	Used	%	Cum. %	QUALITY CONTROL Avge Meas	Exp. Meas	OUTFIT MnSq	RASCH-ANDRICH Thresholds Measure	S.E.	EXPECTATION Measure at Category	-0.5	MOST PROBABLE from	RASCH-THURSTONE Thresholds	Cat PEAK Prob
1	246	246	12%	12%	-1.49	-1.44	.9			(-2.76)		low	low	100%
2	370	370	19%	31%	-.54	-.59	1.4	-1.43	.08	-1.22	-2.04	-1.43	-1.75	40%
3	583	583	29%	60%	.06	.07	.8	-.69	.06	-.05	-.61	-.69	-.62	43%
4	512	512	26%	86%	.71	.68	1.0	.50	.06	1.20	.54	.50	.51	45%
5	281	281	14%	100%	1.30	1.34	1.1	1.61	.07	(2.88)	2.11	1.61	1.85	100%
										(Mean)		(Modal)	(Median)	

図 5.45 評定尺度に関する集計および境界

❶［Category Counts］（左囲み）：5 段階評価得点のすべてが使われており，評価得点の 3，4 点が 29%，26%と比較的多くなっています。これらの割合だけでなく，各レベル（ここでは各スコア）

に 10 以上のデータが入っているかどうかを確認します。

❷［Outfit MnSq］（左から 2 番目囲み）：アウトフィット平均平方の値が 2.0 より大きな値になっていないかを確認します。特に，両端のレベル（ここでは Score ＝ 1 と 5）はアウトフィット平均平方の値が中心から離れた値に影響されやすい傾向があるためです。

❸［Rasch-Andrich Threshold measure］（中央囲み）：閾値（threshold level）の値が表示されています。この閾値の難易度推定値が，レベルが上がるにしたがって順に logit 値が大きくなっているかを確認します。各レベルの閾値が 1.4 以上 5.0 未満で上がっていることが望ましいといわれています（Linacre, 2004; Eckes, 2011）。その点で今回の閾値が狭いため，受験者のレベルを分ける異なった難易度のタスクを用意するか，あるいは今回のタスクでは 5 段階での評価は多すぎたと考えられます。

❹［Probability curves］（**図 5.46**）：視覚的に 5 段階評価が機能しているかがわかります。山が極端に低いところは，適切に機能していないと判断できるため，削除し 4 段階にするなど検討します。

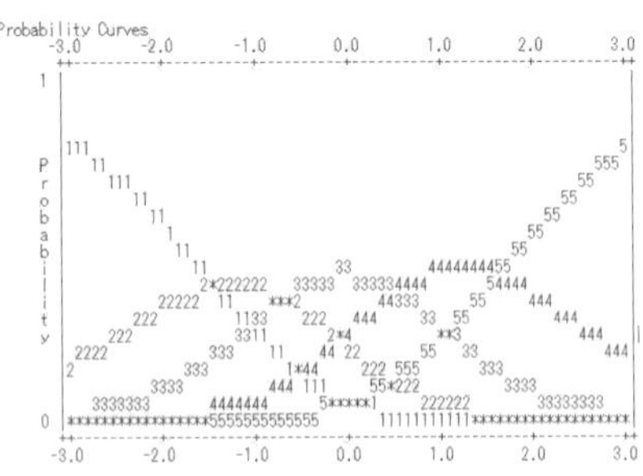

図 5.46　Probability curves

(e)　バイアス分析

今回の分析では，［Model = ?B,?B,?,R5/?B,?,?B,R5/?,?B,?B,R5］と設定し，それぞれの 2 つの相の組み合わせでバイアス分析を実施しています。問題のある評価者が，特定のタスクや受験者に低く，または高くつけているかを調べることができます。今回は大きな問題とは判断しませんが，たとえば，［Bias/Interaction Measurement Summary］（**図 5.47**）の Rater 4 は Task 4 に回答した 50 名分のデータを評価しましたが，期待得点が 198.6 であるのに対して実際の得点は 215（平均は .33）と甘くなる傾向があり，t 値が 2 を超えており，有意（p ＝ .0044）になっています。

Table 13.3.1 Bias Interaction Report (arranged by mN).
Bias Interaction 2. Rater. 3. Tasks (higher score = higher bias measure)

Observd Score	Expctd Score	Observd Count	Obs-Exp Average	+Bias Size	Model S.E.	t	d.f.	Prob.	Infit MnSq	Outfit MnSq	Rater Sq	Nu	Ra	-measr	Tasks N	T	-measr
215	198.60	50	.33	.62	.21	2.99	49	.0044	.7	.7	34	4	4	-.46	4	4	-.78
203	193.74	50	.19	.31	.19	1.66	49	.1041	1.3	1.4	35	5	5	-.30	4	4	-.78
195	185.35	50	.19	.30	.18	1.67	49	.1022	.7	.7	32	2	2	-.04	4	4	-.78
.	.	.															

図 5.47　バイアス・インタラクション（Rater × Tasks）

5-9-5 論文への記載

図 5.40 の Wright Map はよく掲載されます。また，アウトプットにはたくさんの表が算出されるので，3 相に関して，以下のように記述統計にまとめると紙面を取らず全体を把握できます。統計指標が横列に入らない場合は，縦列に指標を列挙してもいいかもしれません。今回は参考のために，それぞれの指標を英語と日本語で示してあります。

IRT の論文記載に関しては，APA マニュアルに記載例はないので，過去の論文が参考になります。たとえば FACETS ユーザーズガイドからは，当該ツールを用いて分析を行った論文をリファレンスから一覧可能です。言語に関する論文では，*Language Testing*，*Journal of Applied Measurement*，*JLTA*（*Japan Language Testing Association*）*Journal* などから比較的多くの分析事例が見受けられます。

記載例

受験者 50 名に 4 つのスピーキングタスクを課し，10 名で評価を行った。4 つのタスクの適合度はすべて基準内（0.7～1.3）に収まっており，問題のあるタスクはなかった（表 5.13）。しかし，図 5.40 の分布からわかるように，タスク 1 と 2 が同じ程度の難易度なので，幅広い範囲で測りたい場合には例えば，タスク 1 の代わりにもう少し難易度の高いタスクを加えると，能力の高い受験者をより正確に測定できると考えられる。

受験生に関しては，受験者能力が 6, 7 層に弁別され，信頼性も .87 と高い。しかし，分布のピークが 0 より低いこと（図 5.40）や，得点のバランスが 5 段階中の 1, 2 点の割合（12%と 19%）が 4, 5 点の割合（26%と 14%）より低いことからも，全体的に受験生にとってやや易しいテストだったといえる。

評価者に関しては，10 名もいるが，図 5.40 の分布で見ても分散しておらず，Strata も 3.84 と低く，評価者の厳しさがある程度均一にあるといえる。適合度も全員基準内に収まっており（表 5.12），評価者内信頼性は問題ない。また，評価者間信頼性に関しても，一致率も 48.6% と期待値よりも高く問題はない。

表 5.13 受験者，評価者，タスクの記述統計

相		評価得点		ロジット得点		インフィット		アウトフィット		点双列相関	分離比	分離指数	信頼性	評価者間	致率
Facet	n	Rating	(Min~Max)	Logit	(Min~Max)	Infit MSQ	(Min~Max)	Outfit MSQ	(Min~Max)	Ptb	Separation	Strata	Reliability	Exact agreements	Expected
受験者	40	3.1	(1.27~4.57)	0.09	(-2.84 ~ 2.41)	0.99	(.30 ~ 2.69)	1.02	(.34 ~ 2.62)	0.42	5.38	7.51	0.97		
評価者	10	3.1	(2.87 ~ 3.44)	0	(-.46 ~ .32)	0.99	(.91 ~ 1.12)	1.02	(.91 ~ 1.13)	0.7	2.63	3.84	0.87	48.60%	33.40%
タスク	4	3.1	(2.66 ~ 3.67)	0	(-.78 ~ .60)	1	(.87 ~1.21)	1.02	(.93 ~ 1.25)	0.67	9.49	12.98	0.99		

第6章 ノンパラメトリック検定

◉名義尺度と順序尺度を分析する

Section 6-1 名義尺度データの集計と分析方法

6-1-1 ノンパラメトリック検定とは

統計的検定には，大きく分けて**パラメトリック検定**（parametric test）と**ノンパラメトリック検定**（non-parametric test）があります。2 群の平均値の差を分析する t 検定や 3 群以上の平均値を比較する分散分析などのパラメトリック検定は，比較する母集団の分布に正規性と等分散性があることを前提として統計的推測がなされます。そのため，これらの前提から逸脱したデータでは，正確な推定結果は望めません。

これに対して，ノンパラメトリック検定は，母集団分布の形状を前提としないため，適用できるデータや分析範囲が広く，名義尺度や順序尺度のデータを分析することができます。名義尺度データは，カテゴリ間の頻度の偏りや変化を分析する場合に用いられ，順序尺度データは，変数間の中央値の位置の比較や関連を分析するときに使われます。順序尺度データを用いた検定は，パラメトリック検定による分析が適切でない場合に用いられます。詳細は **6-7-2** をご覧ください。

6-1-2 名義尺度を扱うノンパラメトリック検定

本節では，ノンパラメトリック検定の中の**名義尺度**（nominal scale；categorical scale）を扱った検定を紹介します。名義尺度とは，「A 型・B 型・AB 型・O 型」，「男性・女性」，「あり・なし」などの序列がない尺度のことで，それによって分類した**カテゴリ・データ**（カテゴリカル・データ：categorical data）を分析します。得点やアンケートなど間隔尺度（interval scale）や順序尺度（ordinal scale）でも，「低い（0〜4）・やや高い（5〜9）・高い（10〜）」などとカテゴリ区分すれば名義尺度データとして分析することができます。

6-1-3　分割表

表 6.1　クロス集計表（分割表）の例

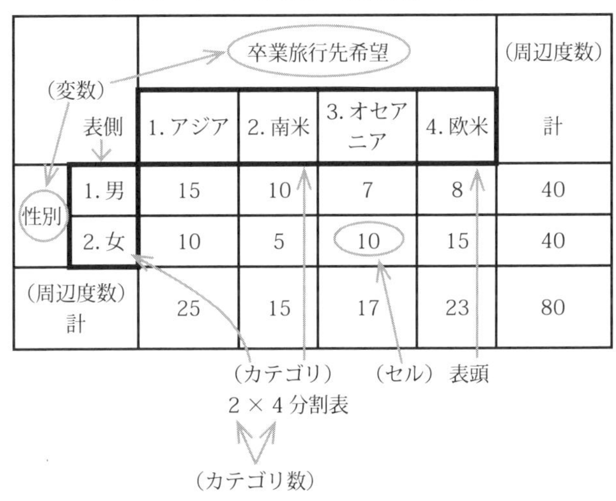

		卒業旅行先希望				(周辺度数)
	表側	1. アジア	2. 南米	3. オセアニア	4. 欧米	計
性別	1. 男	15	10	7	8	40
	2. 女	10	5	10	15	40
(周辺度数) 計		25	15	17	23	80

名義尺度データを扱う検定では，**分割表**（contingency table；frequency table；または**クロス集計表**：cross tabulation とも呼ばれる）が使われます。これは各変数の頻度データを，カテゴリごとに集計した表のことで，全体のデータの様子がわかります。

2 変数のカテゴリをそれぞれ**表側**（**行**：row）と**表頭**（**列**：column）にとって，クロスする**セル**（cell）に該当する度数を記載します。**表 6.1** の場合は，表側に 2 カテゴリ（男女），表頭に 4 カテゴリあり，計 8 つのセルに分類される 2 × 4 分割表です。ちなみに 1 × 3 分割表とは，1 変数で 3 つのカテゴリに区分される横長の表になります。

各セル内の数値は，**頻度**（frequency；または，**度数**や**回数**）を表しています。そして，それぞれの行と列の合計頻度を**周辺度数**（marginal frequency）と呼びます。用語に関しては，変数は「説明変数」「目的変数」「要因」「条件」「標本」，カテゴリは「水準」「群」「条件」と，設定や書籍によって若干異なっています。

6-1-4　対応あり／なし実験デザイン

データの性質によって 2 種類の実験デザインに分けられます。1 つは「**対応あり**」デザインで，変数の各カテゴリが時間経過で区分されている場合や，同一参加者にある処理を与えた前後に得た場合のように対応があるデータが分析対象となります。もう 1 つは「**対応なし**」デザインで，各カテゴリが異なった参加者からの独立したデータを対象とします。

対応あり／なしデザインの違いや検定の種類によって，SPSS を使用して分析する際のデータの並べ方や分割表が異なります。

参加者	学年（変数1）小6（0）中1（1）	英語の好み（変数2）嫌い（0）好き（1）
1	0	0
2	0	0
3	0	1
4	0	1
5	1	0
6	1	0
7	1	1
8	1	1
.	.	.
.	.	.

		英語の好み（変数2）	
		0. 嫌い	1. 好き
学年（変数1）	0. 小6	5	20
	1. 中1	10	10

設定：異なる学年の生徒（小6と中1）に英語が好きかを尋ね，その違いを調べる

図 6.1a　カイ 2 乗検定 2 × 2 デザイン（対応なし）

参加者	小6英語（変数1）好き（0）嫌い（1）	中1英語（変数2）好き（0）嫌い（1）
1	0	0
2	0	0
3	0	1
4	0	1
5	1	0
6	1	0
7	1	1
8	1	1
.	.	.
.	.	.

		中1英語（変数2）	
		0. 嫌い	1. 好き
小6英語（変数1）	0. 嫌い	5	2
	1. 好き	15	5

設定：同じ生徒に小6の3月と中1の3月に英語が好きかを尋ね，その変化を調べる

図 6.1b　マクネマー検定 2 × 2 デザイン（対応あり）

参加者	（変数1）小6英語 好き（0）普通（1）嫌い（2）	（変数2）中1英語 好き（0）普通（1）嫌い（2）
1	0	0
2	0	0
3	0	1
4	1	2
5	1	0
6	1	1
7	2	2
8	2	0
9	2	1
.	.	.
.	.	.

		中1英語（変数2）		
		0. 嫌い	1. 普通	2. 好き
小6英語（変数1）	0. 嫌い	10	8	2
	1. 普通	10	12	6
	2. 好き	12	10	4

設定：同じ生徒に小6の3月と中1の3月に英語が好きかを3択で尋ね，その変化を調べる

図 6.1c　マクネマー検定の拡張 3 × 3 デザイン（対応あり）

参加者	集中できる場所（変数1）			
	1. 自宅（0, 1）	2. 図書館（0, 1）	3. 自習室（0, 1）	4. カフェ（0, 1）
1	1	1	1	1
2	0	0	1	0
3	1	1	1	1
4	0	1	1	0
5	0	0	0	1
.	.	.	.	.
.	.	.	.	.
.	.	.	.	.

		集中できるか（変数2）	
		できない（0）	できる（1）
集中できる場所（変数1）	1. 自宅	8	12
	2. 図書館	5	15
	3. 自習室	3	17
	4. カフェ	10	10

設定：同じ被験者にそれぞれの場所で勉強に集中できるか2択で答えてもらった

図 6.1d　コクランの Q 検定 4 条件デザイン（対応あり）

(1) 図 6.1a と図 6.1b のデータ表

図 6.1a の左のデータ表の 2 列目にあるように，小 6 と中 1 の異なる参加者による場合は，小 6 と中 1 をそれぞれ 0 と 1 にして縦に並べます。それに対して，同じ参加者の小 6 と中 1 の時のデータの場合は，**図 6.1b** のデータ表のように，対応ありデータとして，参加者の横列に小 6 と中 1 のデータを並べます。

(2) 図 6.1a と図 6.1b の分割表

また，**図 6.1a** と**図 6.1b** の分割表にも違いがあります。**図 6.1a** のカイ 2 乗検定では，2 変数が独立した 0, 1 データですので，行・列の内容が異なります。どちらの変数を行・列にとってもいいのですが，説明変数の条件カテゴリ（ここでは小 6 か中 1 か）を表側に置き，表頭に目的変数のアンケートの回答カテゴリをもってくることが多いようです。それに対して，**図 6.1b** のマクネマー検定

では，参加者に同じ質問をしているので，行・列の回答カテゴリを対称的に並べます。

(3) 図6.1cと図6.1dの比較

図6.1cは，**図6.1b**の2値（0, 1）から多値（0, 1, 2）データにしたデザインになり，より明確にデータの**対称性**（symmetry）がわかります。それに対して，**図6.1d**のコクランのQ検定は，**図6.1b**からデータ表の列が増えています。このように，対応ありデータの条件カテゴリが3以上の場合に用いる検定です。データはマクネマー検定（**図6.1b**）と同様に2値（0か1）データのみを扱います。この分割表は3つ以上の多数の条件を扱うことができるので縦に増やせるように並べています。

6-1-5　分割表を扱う検定の種類

名義尺度を扱った分析において，比較的よく使われるものに**表6.2**のような検定があります。上記の分割表で見てきたように，分析の目的と対応あり／なしデータによって使う検定が異なっています。また，複数の条件群を扱う検定は，必要に応じて多重比較へ進んでいくことになります。

表6.2　分割表を使う検定

目的	変数（群数・条件数）	群間対応	名義尺度を扱う（頻度の偏りや連関を検定）	備考（その後の検定・効果量等）	主な記載箇所
1変数のカテゴリ間の比率の差	1変数 1×2 または 1×k	なし	適合度検定 ・カイ2乗検定 ・2項検定（1×2の場合）	・多重比較 （2項検定，カイ2乗検定） ・効果量（r）	6-3-1 6-3-4 6-4-1
2変数の関連	2変数 2×2 または l×m	なし	独立性の検定 ・カイ2乗検定 ・フィッシャーの正確確率検定（Fisher's exact test）	・イェーツの補正（Yates' correction） ・効果量（主にr，Cramer's V；その他w, ϕオッズ比，リスク比） ・残差分析と多重比較（カイ2乗検定または2項検定）	6-3-5 6-3-6 6-4-2
2変数の変化	2変数 2×2	あり	マクネマー検定（McNemar test）	・効果量（r）	6-6-1
2変数の複数カテゴリの変化	2変数 k×k	あり	マクネマーの拡張検定 ・マクネマー・バウカー検定（McNemar-Bowker test） ・周辺等質性検定（marginal homogeneity test）	・効果量（r） ・ウィルコクソンの符号付順位検定（Wilcoxon signed-rank test）	6-6-2
複数の条件の差	2変数 2×k	あり	・コクランのQ検定（Cochran's Q test）	・多重比較（マクネマー検定） ・効果量（r）	6-6-3

Section
6-2 名義尺度の多重比較と効果量

6-2-1 名義尺度の多重比較

カイ2乗検定では，残差分析によるセルごとの観測度数の有意なズレから，データを解釈することができるのであれば，あえて多重比較を行う必要はありません。しかし，どのカテゴリ間に有意差があるかを特定したい場合は多重比較を行います。基本的に，カテゴリ間に対応がない検定の多重比較は，対応なしの2群の対比較，対応のある検定の場合は対応ありの対比較を行います。

すべての対比較に5%水準の危険率で有意差を判定すると，全体で5%水準よりはるかにゆるい危険率で間違った有意性判断をしてしまう**ファミリーワイズの第1種の過誤**（Type I familywise error）の可能性が出てきます。それを防ぐために，次の方法で有意水準の調整を行います。

(1) ボンフェローニによる方法

ボンフェローニ（Bonferroni）の不等式に基づく多重比較法は，全体の有意水準αを変えないように，対比較を行った回数で割る方法です。ただし，比較群の数が多いと，調整した有意水準が極端に小さくなり，有意差が出にくくなります。たとえば，4群間（$k = 4$）の多重比較をすべて行うと，（$k(k-1)/2 =$）6回行うことになり，$.05/6 = .008$とかなり厳しい有意水準になってしまいます。

このように回数が多いと検定力が落ちるため，以下の対処法が提案されています。

①実験計画であらかじめ決めた対比較のみに絞って行います。ただし，永田・吉田（1997，p.82）は，データを取った後で有意になりそうなペアを選ぶというやり方では，第1種の過誤をコントロールできないので誤りであるとしています。

②ボンフェローニによる方法を改良したホルン（Holm）の方法（永田・吉田，1997，p.87）があります。手計算で行うには限界があるので，Rなどで行いますが，ここでは扱いません。

(2) ライアン法

ライアン法（Ryan's method）は，ステップ数によって有意水準を調整する多重比較法で，平均値，比率，中央値，相関係数などのさまざまな多重比較に適用できます。**名義的有意水準**（α'：nominal significance level）と呼ばれる概念が使われ，処理水準数（m）と各比較のステップ数（r）を基に，式6.1で算出されます（森・吉田，1990，p.171; 青木，http://aoki2.si.gunma-u.ac.jp/lecture/Average/Ryan.html）。

（式 6.1）　$\alpha' = \dfrac{2\alpha}{m(r-1)}$

たとえば，5 群の対比較の場合は次の手順を踏みます。

①平均値の最大値と最小値に有意な差を検定（名義的有意水準 $\alpha' = \dfrac{2 \times .05}{5(5-1)} = .005$）

有意差がなければここで終了。有意であれば次へ。

②最大値と次に小さい値，および最小値と次に大きな値の 2 つの対比較 $\alpha' = \dfrac{2 \times .05}{5(4-1)} = .00667$

有意差がなければここで終了。有意であれば次へ。

③次に差の大きい対比較（$\alpha' = \dfrac{2 \times .05}{5(3-1)} = .01$）と続く。

このように，次の有意になる候補の対比較の有意水準をゆるくしていく点で，一律に水準を調整するボンフェローニの方法よりは検定力が高くなります。

※ js-STAR（http://www.kisnet.or.jp/nappa/software/star/）を使えば，$2 \times k$ のカイ 2 乗検定後にライアンの方法で，すべての対比較が算出されます（**図 6.8** 参照）。

(3) 対比較に統計量 z 値を求め，その後，ボンフェローニの方法で有意水準を調整する方法

それぞれの対比較にイェーツの連続性の補正をした統計量 z を算出します（式 6.2）。そして，標準正規分布表を参照し，その値から確率を求めます。たとえば，標準正規分布表から，$z = 1.96$，$z = 2.58$ が，それぞれ 5％水準，1％水準に対応することがわかります。それらの値より大きな値であれば $p < .05$，$p < .01$ と報告します（竹内・水本，2012，p.152；出村，2007，p.201）。

（式 6.2）　$z = \dfrac{|O_1 - O_2| - 1}{\sqrt{O_1 + E_1}}$　　（O_1 ＝観測度数 1，O_2 ＝観測度数 2，E_1 ＝期待度数 1）

6-2-2　名義尺度の効果量

有意差検定はサンプルサイズに左右されやすいため，意味のある差であるかを解釈するには，**効果量**（effect size）も併せて報告することが大切です。名義尺度の効果量としては次の**効果量指標**（effect size index）が用いられます。

● r-family の効果量（2 群のカテゴリ・データの関係を表す指標）

(1) Cohen's w と r 指標

$w = r = \sqrt{\dfrac{\chi^2}{N}}$ で求めることができます。また，2 × 2 分割表による χ^2 値は，$z^2 = \chi^2$ の関係にあり，標準正規分布に従う確率変数 z の 2 乗が，自由度 1 のカイ 2 乗分布に従います（南風原，2002）。よって，有意水準 .05 の $\chi^2 = 3.84$ となり，$z^2 = (1.96)^2 = 3.84$ と同じ値になります。以上のことから，式 6.3 の関係が成り立ち，適合度検定（$1 \times k$）の多重比較で行う対比較後の χ^2 値や z 値から，最も広く使われる効果量指標として r 値を算出することができます。

（式 6.3）　$r = w = \sqrt{\dfrac{\chi^2}{N}} = \sqrt{\dfrac{z^2}{N}} = \dfrac{z}{\sqrt{N}}$

［効果量の大きさの目安 $w, r = 0.1$（小），03（中），0.5（大），（Cohen, 1988）］

※効果量は，p 値の結果と異なる場合や p 値の結果を補うことが目的であるため，多重比較検定で対象としたすべての対比較の効果量を算出することが望ましいです。

(2) ファイ係数と r 指標

ファイ係数（phi coefficient，ϕ 係数）は，2 変数のどちらも 2 値（0, 1）データの場合のピアソン積率相関係数 r に相当し，－ 1 から 1 の値を取ります。**四分相関係数**（tetrachoric correlation coefficient）とも呼ばれ，2 × 2 分割表のときに使用します（式 6.4）。

また，ファイ係数と他の指標とは，式 6.4 の関係にあり，0 から 1 までの正の値を取ります。

（式 6.4）　$\phi = r = w = \sqrt{\dfrac{\chi^2}{N}} = \sqrt{\dfrac{z^2}{N}} = \dfrac{z}{\sqrt{N}}$

※ SPSS では，ϕ 係数と同時に，関連の強さを示す**分割度係数** C（Contingency Coefficient）も算出されますが，関連が強くなるほど，1 に到達しにくい特徴があり，次のクラメールの関連係数の方が適しています（Field, 2009, p.698）。

(3) クラメールの連関係数（クラメールの V，Cramer's measure of association：Cramer's V）

名義尺度データにおける関連の強さを測定します。0 から 1 の範囲を取り，1 に近いほど連関が強いことを表します。クラメールの V と ϕ および w の関係は以下の関係にあります（Cohen, 1988, p.223）。

（式 6.5）$V = \sqrt{\dfrac{\chi^2}{N(m-1)}} = \dfrac{w}{\sqrt{m-1}}$

（m は 2 変数の少ない方のカテゴリ数。たとえば，2 × 3 分割表なら 2）

➢ 2 × k 分割表の場合

2 × k の場合の効果量は，式 6.5 の注から $m = 2$ となります。これは，式 6.4 と同じになるので，クラメールの V 係数は ϕ 係数と一致します。よって，2 × 2 のときは，$w = |\phi| = V$ の関係にあります。

➢ $l \times m$ の場合（ただし，$l, m \geq 3$）

大きな分割表ではクラメールの V 係数が効果量の指標として使われますが，式 6.5 から分割表が大きくなるほど w の値より小さくなり，1 になりにくくなります。たとえば，5 × 5 分割表で，w = .80 と効果量が大きくても，$V = .80/\sqrt{5-1} = .40$ と小さい値になります。よって，分割表が大きい場合は，上記の効果量の目安は厳しすぎて当てはまらなくなることに留意すべきです（Cohen, 1988, Table 7.2.3, p.222–224）。

● *d*-family の効果量（2 群のカテゴリ・データの違いを表す指標）

名義尺度の 2 群の違いを表す指標として，Field（2009）は，**リスク比**（risk ratio）と**オッズ比**（odds ratio）が解釈しやすいとしています。医療系分野などで広く利用されており，なかでも，オッズ比はコーパス分析にも使用されています（**7-5-3**）。計算が簡単で便利な指標のため，**6-5** で実践します。

Section 6-3 カイ 2 乗検定

6-3-1 カイ 2 乗検定とは

ピアソンのカイ 2 乗検定（Pearson's chi-square test）は，ある集団の変数が出現する頻度（観測度数）に偏りがあるかを検定する際に使います。**観測度数**（observed frequency）の比較に使用される**期待度数**（期待値：expected frequency）の設定は，以下のような場合があり，大抵は（1）の場合に使われます（村上，2015）。

（1）すべてのカテゴリで一様と仮定する場合（例：サイコロの出る目，アンケート調査）

(2) 特定の理論分布や確率分布に従うと仮定する場合（例：正規分布を仮定する身長や体重，実力テストなどのデータを等間隔でカテゴリ化する）

(3) 経験的あるいは理論的に一定の度数を取ると期待される場合（例：血液型の割合）

カイ2乗検定は，人数や個数などの数値間にデータがない離散変数（discrete variable）を扱いますが，そのχ^2値は**カイ2乗分布**（chi-square distribution：χ^2 distribution）に近似的に従うという理論に基づいています。そして，χ^2値はカイ2乗分布の上側（右側）の**棄却限界値**（critical value）を見る片側確率が，両側検定（two-tailed test）における**漸近有意確率**（asymptotic significant probability）を表しており（森・吉田，1990），その値が，**棄却限界値**より大きい場合に帰無仮説を棄却します。3つ以上のカテゴリがある場合は，観測度数が期待度数より大きい場合と小さい場合があり得るので，両方向（two-directional）の検定であるともいえます（Howell, 2007）。

6-3-2　カイ2乗検定の前提と留意点

カイ2乗検定は**ノンパラメトリックな手法**（non-parametric method）の1つで，以下のことに留意する必要があります。

(1) 観測データの独立性：データをカテゴリ区分する際に，いずれか1つのセルに1回しか入れることができません。たとえば，**表6.1**の2×4分割表の場合は，8つのセルのいずれか1回だけカウントし，総合計数が参加者総数と一致する分割表にします。

(2) 無作為抽出：正規分布を仮定しませんが，標本分布（関数）が母集団分布（関数）であるという仮説のもとで行うので，母集団からの標本の抽出は無作為に行うことが前提になっています（森・吉田，1990，p.176）。

(3) サンプルサイズ：サンプルサイズが大きくなるほど，母集団分布に近似するため，わずかな差であっても有意な結果になる傾向があります。よって，効果量も求めて判断します。逆に，サンプルサイズが小さすぎると分布の近似精度に問題が生じ，正確な検定ができません。サンプルが少ない場合は，次のような対処を考えます。

①最低1つのカテゴリの期待値が5以上になるようにデータをさらに集める。
②少ない期待値になるカテゴリを隣のカテゴリと併合する。
③後述する**フィッシャーの正確確率検定**を適用する。

6-3-3　カイ2乗検定の流れ

図6.2 はカイ2乗検定を行う手順を示しています。1変数のカイ2乗検定は，「**適合度検定**」と呼ばれています。ただし，2カテゴリ（1×2分割表）で，特にサンプルサイズの小さい場合は**2項検定**が使われます（**6-3-4** 参照）。1×3などの3カテゴリ以上ある場合でカテゴリ間に有意差があった場合は多重比較検定に進みます。

2変数の場合は，「**独立性の検定**」として使われ，セルごとに観測度数が期待度数からずれているかを測る残差分析やカテゴリ間の比較のための多重比較を行います。

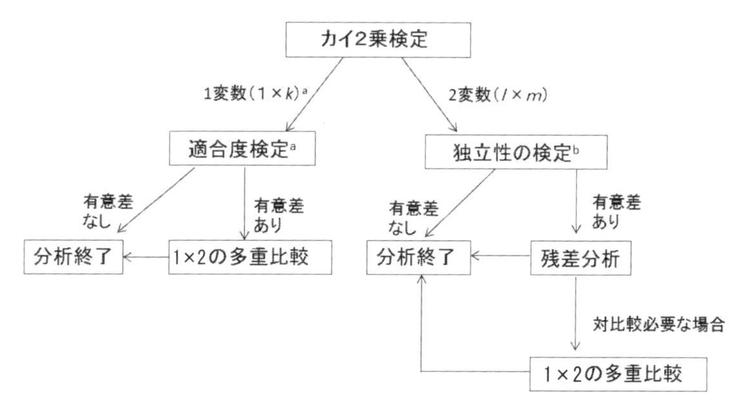

図6.2　カイ2乗検定の手順

6-3-4　適合度検定（1変数のカイ2乗検定）

適合度検定（goodness-of-fit test）と呼ばれる1変数のカイ2乗検定は，各セルの観測度数が帰無仮説のもとで予測される各セルの期待度数と一致するかという適合度を分析します。式6.6の観測度数とカテゴリ間で一様とする期待度数の差をもとに χ^2 値を算出していることからもわかります。

(1) 1変数のカイ2乗検定の求め方

①式6.6から χ^2 値を求めます。

$$(\text{式 } 6.6)\quad \chi^2 = \Sigma \frac{(\text{観測度数}-\text{期待度数})^2}{\text{期待度数}} = \Sigma_i^k \frac{(n_i - E_i)^2}{E_i}$$

（n_i ＝カテゴリ i 行目の観測度数；E_i ＝カテゴリ i 行目の期待度数）

②自由度（df）：$k-1$（ただし，k ＝カテゴリ数）

③求めたχ^2値と自由度（df）が，カイ2乗分布から得られる棄却限界値より大きければ帰無仮説を棄却し，カテゴリ間の度数が一様でないと判断します。たとえば，有意水準.05，自由度1の棄却限界値は，$\chi^2(1) = 3.84$，自由度2では，$\chi^2(2) = 5.99$となり，これらの値と求めたχ^2値を比較します。

(2) 2項検定の求め方

2項検定（binominal test）は，コインの裏か表かのように2分類された観測度数の比率が偏っているかを，理論的に期待される**2項分布**（binominal distribution）の期待値と比較して，直接確率を求める正確確率検定の1つです。よって，サンプルサイズが小さいときには，正規分布やF分布，あるいは，カイ2乗分布検定より正確で適しています。SPSSやjs-STARなどでは，1×2の検定に2項検定が使われています。以下の式6.7が2項分布を表す一般式です。

（式6.7）　$p(x) = {}_nC_x\, p^x (1 - p)^{n-x}$

（p＝ある事象が起こる確率，n＝試行回数やサンプルサイズ，
x＝ある事象が起こる回数；${}_nC_x$：2項係数）

6-3-5　独立性の検定

2変数以上のカイ2乗検定では，変数が関連しているかを検定する**独立性の検定**（test for independence）として使用されます。**表6.3**のようにそれぞれの変数にl個とm個の複数のカテゴリを設定し分析します。

(1) 2変数のカイ2乗検定の求め方

表6.3　$l \times m$分割表

	分類W_1	分類W_2	…	分類W_m	列合計
分類V_1	n_{11}	n_{12}	…	n_{1m}	$n_{1.}$
分類V_2	n_{21}	n_{22}	…	n_{2m}	$n_{2.}$
：	：	：	…	：	：
分類V_l	n_{l1}	n_{l2}	…	n_{lm}	$n_{l.}$
行合計	$n_{.1}$	$n_{.2}$	…	$n_{.m}$	N

①第 i 行，第 j 列の期待度数を式 6.8a より求めます。

（式 6.8a）　$E_{ij}\ \dfrac{n_{i.}\,n_{.j}}{N}$

（E_{ij} ＝ i 行 j 列目の期待度数, $n_{i.}$ ＝ i 行目の周辺度数, $n_{.j}$ ＝ j 列目の周辺度数, N ＝総度数）

②次に，観測度数と上記の期待度数を，式 6.8b に代入し，χ^2 値を求めます。

（式 6.8b）　$\chi^2 = \Sigma_{i=1}^{l}\ \Sigma_{j=1}^{m}\ \dfrac{(n_{ij} - E_{ij})^2}{E_{ij}}$　　　（$l \times m$ 分割表）

③自由度（df）を求めます。$df = (l - 1)(m - 1)$

➢ $l \times m$ 分割表の簡略式

次の 6.9 式からも χ^2 値を求めることができます（森・吉田，1990, p.192）。

（式 6.9）　$\chi^2 = N\left(\Sigma_{i}^{l}\ \Sigma_{j}^{m}\ \dfrac{{n_{ij}}^2}{n_{i.}\,n_{.j}} - 1\right)$

(2) 2 × 2 のカイ 2 乗検定の算出例

表 6.4 は，海外経験がある人は英語を話すのが好きな傾向があるかを 54 名に尋ねた結果を分割表にしたものです。これを使って計算式を説明します。

表 6.4　「英語で話すこと」の好み

	好き	嫌い	計
海外経験あり	a（10）	b（11）	$a + b$（21）
海外経験なし	c（8）	d（25）	$c + d$（33）
計	$a + c$（18）	$b + d$（36）	$a + b + c + d$（54）

（　）内は観測度数

① 2 つの変数が独立している場合の確率的に起こる期待度数を，式 6.7 より求めます。

$$E_a = \frac{21 \times 18}{54} = 7,\qquad E_b = \frac{21 \times 36}{54} = 14,\qquad E_c = \frac{33 \times 18}{54} = 11,\qquad E_d = \frac{33 \times 36}{54} = 22$$

②次に，式 6.8b から χ^2 値を算出します。算出した値（3.16）は有意水準 .05，自由度 1 の場合の棄却限界値（3.84）より小さいため，帰無仮説を棄却することはできません（not significant：*ns*）。

$$\chi^2 = \Sigma_{i=1}^{l}\ \Sigma_{j=1}^{m}\ \frac{(n_{ij} - E_{ij})^2}{E_{ij}} = \frac{(10-7)^2}{7} + \frac{(11-14)^2}{14} + \frac{(8-11)^2}{11} + \frac{(25-22)^2}{22} = 3.16$$

$$df = (l-1)(m-1) = (2-1) \times (2-1) = 1;\quad \chi^2(1) = 3.84 > 3.16\quad ns$$

➢ 2 × 2 分割表の簡略式

2 × 2 分割表の場合は次の式 6.10 でも求めることができます。

（式 6.10）

$$\chi^2 = \frac{N(ad - bc)^2}{(a+b)(c+d)(a+c)(b+d)} = \frac{54(10 \times 25 - 11 \times 8)^2}{(10+11)(8+25)(10+8)(11+25)} = 3.16$$

(3) 残差分析

2 変数のカイ 2 乗検定の結果が有意であった場合に，どのセルの観測度数が期待度数より有意にずれているかを分析するのが**残差分析**（residual analysis）です。分析方法は，**標準化されていない残差**（residual）以外に，**標準化残差**（standardized residual）と**調整済み標準化残差**（adjusted standardized residual：ASR）があります。後者の 2 つは，期待度数からのずれ（残差）を期待度数の平方根で割って標準化されており（式 6.11a，式 6.11b），近似的に，平均 0，分散 1 の標準正規分布に従います。

しかし，標準化残差は，絶対値が同じ残差度数であっても，セルそれぞれの期待度数が異なるので，異なる値になってしまいます。その点，調整済み標準化残差は，標準化残差を残差分散の平方根で割ることによって，すべてのセルを比較しやすく調整していますので，一般的に論文ではこちらを報告します（田中・山際，1992，p.264）。

各セルの調整済み残差が $z = \pm 1.96$ を超える値であれば 5%水準で，$z = \pm 2.56$ を超える値であれば 1%水準で，観測度数が期待度数より有意に大きいと解釈できます。

（式 6.11a）　$\text{標準化残差} = \dfrac{\text{残差}}{\sqrt{\text{期待度数}}} = \dfrac{n_{ij} - E_{ij}}{\sqrt{E_{ij}}}$　　（$n_{ij} = i$ 行 j 列目の観測度数）

（式 6.11b）　$\text{調整済み標準化残差} = \dfrac{\text{標準化残差}}{\sqrt{\text{残差分散}}} = \dfrac{\text{残差}}{\sqrt{\text{期待度数} \times \text{残差分散}}} = \dfrac{\text{残差} / \sqrt{\text{期待度数}}}{\sqrt{\text{残差分散}}}$

$$= \frac{(n_{ij} - E_{ij})\sqrt{E_{ij}}}{\sqrt{(1 - n_{i\cdot}/N)(1 - n_{\cdot j}/N)}}$$

6-3-6 独立性検定を行う際の留意点

①カテゴリ（条件）間のサンプルサイズをそろえるようにします（対馬，2007，p.127）。**表 6.4** の例でいうと，海外経験のない人ばかりではなく，海外経験がある人も同じ程度に集め，アンケートを実施した方がより正確になります。偏りがある場合は，カイ 2 乗検定や ϕ 係数（**6-2-2**）の結果が

変わることもあるので，後述する尤度比（ゆうどひ）やフィッシャーの正確確率検定の結果も参照します。

②２×２分割表のように自由度が１の場合は，第１種の過誤が起こる危険性も高くなるため，次に説明するフィッシャーの正確確率検定，または，それが難しい場合はイェーツの連続性の補正による値を報告します（前田，2004，p.107）。

(1) フィッシャーの正確確率検定

サンプルサイズが小さいと推定される期待度数も小さくなるので，カイ２乗分布から大きく逸脱し，正確な推定ができなくなります。これに対処するために考案されたのが，カイ２乗分布に頼らない**フィッシャーの直接法**（**フィッシャーの正確確率検定**，Fisher's exact test）です。サンプルサイズが大きいとセルの組み合わせが多く計算に時間がかかるといわれており，少なくとも，次の場合に使用します。

※５未満の期待値が全体の20%以上ある場合，あるいは１未満の期待値が１つでもある場合に使用します（森・吉田，1990，p.183）。１×２や２×２分割表では１つでもそのような値がある場合は20%以上になります。

正確確率検定を使っても，元のデータがあまりよくないという事実は変わらないので，セルを併合するなど，まずデータの質を上げる方がよいとされています（Howell, 2007）。SPSSでは，２×２が自由度１と小さい場合は不正確になりやすいため正確確率検定が算出されますが，それより大きい分割表の場合はオプションのExactTests（有料）をインストールする必要があります。上記のような問題がないデータであればカイ２乗検定の結果で十分正確です。

(2) 尤度比検定

カテゴリ比が極端に違う場合やサンプルサイズが小さいときに参考にします（Howell, 2007）。**尤度比**（Likelihood ratio）は，SPSSの２×２のカイ２乗検定を行う際に算出されます（**7-5-2**参照）。

(3) イェーツの連続性の補正

イェーツの連続性の補正（**または修正**）（Yates's continuity correction）は，離散型データを連続的なカイ２乗分布に近似させて統計的検定を行う際に，高めに算出されないように補正する方法です。主に２×２分割表のデータに対して行われる補正で，各々の観測値とその期待値との間の差から0.5を差し引くことにより第１種の過誤が起こる危険性を防ぎます（式6.12）。しかし，過剰に修正される傾向があるため，フィッシャーの正確確率検定を実行することが推奨されています（Field, 2009, p.691）。

$$（式 6.12）\quad \chi^2 = \Sigma \frac{(|n_{ij} - E_{ij}| - 0.5)^2}{E_{ij}} = \frac{N(|ab - bc| - N/2)^2}{(a+b)(c+d)(a+c)(b+d)}$$

Section 6-4 カイ2乗検定の実践例

SPSSを使って分析を実践していきますが，現行のダイアログと過去のダイアログおよびクロス集計表からと複数の手順で分析できます。紙面の関係で，いずれかを選択して解説します。

また，本節で扱うSPSSには，オプションのExactTestsがイントールされた画面になっていますので，基本モデルのみをお持ちの場合は，表示されない分析も入っています。正確確率統計値と元々の近似統計値の間にそれほど大きな違いがありませんが，異なる場合もあるので，参考のためにできる限り表示しています。なお，正確確率統計値はR等でも算出することができます（**7-5-3**参照）。

6-4-1 適合度検定（1変数のカイ2乗検定）の実践

英語の授業で学生60名に歌，映画，ニュースのうちどれを使った授業を受講したいかアンケートを取った結果，それぞれに対し，17名，29名，14名が希望しました。これらの3つのカテゴリの期待値（母比率）は等しいと仮定されるので，各々20（33.3%）となります。よって，「3つのカテゴリの度数は一様である」という帰無仮説を検証します。

【操作手順：過去のダイアログの利用】

❶ファイル名［カイ２乗１×3.sav］を開きます（**図6.3**）。

❷［変数ビュー(V)］の［値］欄で，［1＝歌］「2＝映画］［3＝ニュース」とラベル付けをしています。また，［尺度］は［名義］にしています。

❸［分析(A)］→［ノンパラメトリック検定(N)］→［過去のダイアログ(L)］→［カイ２乗(C)］をクリックします（**図6.3**）。

図6.3　データ入力例：カイ２乗１×３

❹［カイ２乗検定］画面（**図6.4**）で，右側の［検索変数リスト(T)］に［学習方法］を入れ，［OK］で分析

が始まります。

※図 6.4 の［正確確率(X)］から［正確(E)］をクリックしておくと，正確有意確率も算出されます。

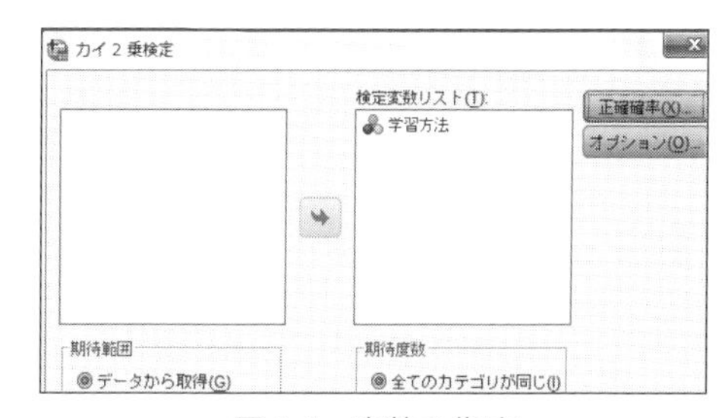

図 6.4　変数の指定

【出力結果：過去のダイアログ】

［学習方法］（図 6.5）で［観測度数 N］と［期待度数 N］が出力されます。［検定統計量］（図 6.6）の［カイ 2 乗］値を見ると 6.30，［漸近有意確率］が .043 で，5％水準で有意となっています。

学習方法

	観測度数 N	期待度数 N	残差
歌	17	20.0	-3.0
映画	29	20.0	9.0
ニュース	14	20.0	-6.0
合計	60		

図 6.5　学習方法

検定統計量

	学習方法
カイ 2 乗	6.300[a]
自由度	2
漸近有意確率	.043
正確有意確率	.046
点有意確率	.007

a. 0 セル (.0%) の期待度数は 5 以下です。必要なセルの度数の最小値は 20.0 です。

図 6.6　検定統計量

【その後の検定】

続いて，多重比較として，カテゴリ間の対比較を 3 回行い，有意差のあるペアを突き止めます。ここでは，2 通りの対比較の方法で行います（**6-2-1** 参照）。

(1) 対比較（1 × 2 のカイ 2 乗検定）後，ボンフェローニの方法で有意水準を調整する方法

❶対比較を行うためには，縦 1 列のデータ（**図 6.3**）の中から 2 カテゴリずつ指定します。以下の方法 1 の方が簡単です。方法 2 は，ケース選択機能を使ってデータを選択する方法です。

（方法 1） **図 6.3** にあるデータ 1 列をコピー・ペーストで，横の開いた列に，1 列目は数値 1，2 のみ，2 列目は数値 1，3 のみ，3 列目は数値 2，3 のみ，と異なるカテゴリごとに 3 列作成します。

（方法 2） メニューから［データ(D)］→［ケースの選択(S)］→［IF 条件が満たされるケース(C)］→［ケースの選択(S)］→［IF(I)］→［ケースの選択：IF 条件の定義］（**図 6.7**）の右側のボックスに［学習方法］を移し，画面中央の演算式を使って，以下のように指定して 2 群を指定します。

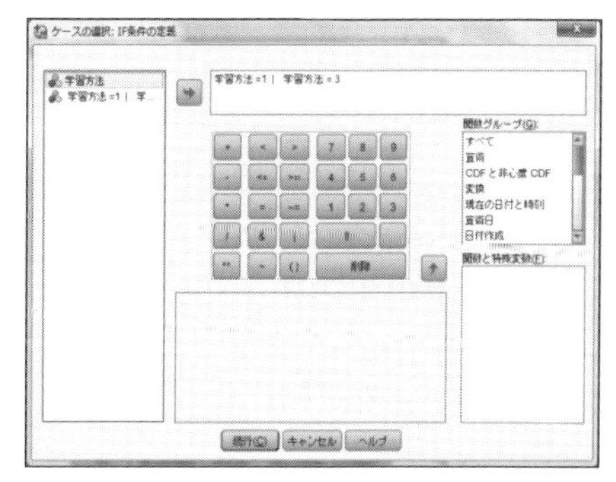

図 6.7　ケースの選択：IF 条件の定義

・2群と3群の選択：［学習方法＞1］

・1群と2群の選択：［学習方法＜3］

・1群と3群の選択：［学習方法＝1 | 学習方法＝3］（| は or の意味）

❷上述のカイ2乗検定の手順（**図 6.3**）で，［分析(A)］→［ノンパラメトリック検定(N)］→［過去のダイアログ(L)］→［カイ２乗(C)］で，［歌］と［映画］，［歌］と［ニュース］，［映画］と［ニュース］の3回のカイ2乗検定を行います。

❸結果をまとめると，**表 6.5** のようになります。ボンフェローニの方法で有意水準を.0167（＝.05÷3）に設定し，それより小さい p 値の場合を有意とします。結論として，どのペア間も有意差はありません。あえていえば，映画とニュース間に.0167＜.022＜.05と有意傾向になっています。

表 6.5　対比較による多重比較結果

		漸近 有意確率	正確 有意確率	
対比較	カイ2乗値	p 値	p 値	結果
歌と映画	3.13	.077	.104	*ns*
歌とニュース	0.29	.590	.720	*ns*
映画とニュース	5.23	.022	.032	*ns*

(2) 有意水準をライアン法で調整する方法

js-STAR（http://www.kisnet.or.jp/nappa/software/star/）でカイ2乗検定後にライアン法で多重比較を行った手順と結果をそのまま示します。

❶ 1×i 表（カイ2乗検定）を選択します。

❷ 3列に指定し，度数欄に17，29，14（**図 6.5** の観測度数）と入力し，［計算！］をクリックすると，結果が算出されます。

❸結果：**図 6.8** 下の［名義水準］（囲み）と［検定］を比較した結果，すべての対比較で［ns］となっており有意ではありません。ただし，映画とニュースの間が，調整した名義水準では *ns* となっていますが，方法1同様に，有意傾向（p = .0324）にあります。

※ **6-2-1**（2）のライアン法の説明にあるように，最も差があった2＝3群間とそれ以外で名義水準の値が異なっています（**図 6.8** 囲み部分）。

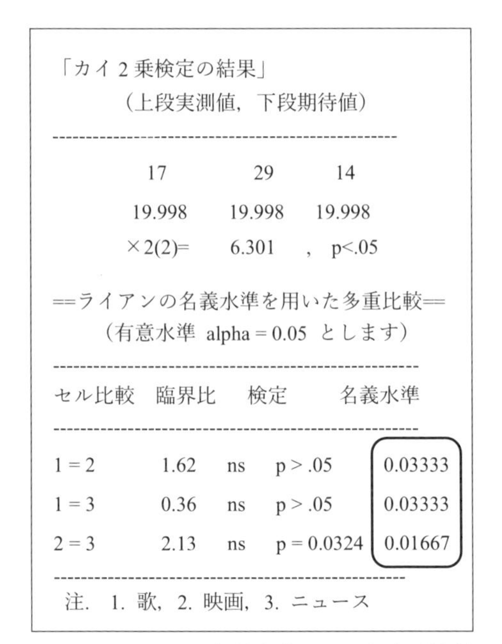

「カイ2乗検定の結果」
（上段実測値，下段期待値）

	17	29	14
	19.998	19.998	19.998
×2(2)=	6.301	,	p<.05

==ライアンの名義水準を用いた多重比較==
（有意水準 alpha = 0.05 とします）

セル比較	臨界比	検定		名義水準
1 = 2	1.62	ns	p > .05	0.03333
1 = 3	0.36	ns	p > .05	0.03333
2 = 3	2.13	ns	p = 0.0324	0.01667

注．1．歌，2．映画，3．ニュース

図 6.8　ライアンの名義水準を用いた多重比較

【論文への記載】

通常，観測度数が記された分割表（**図 6.5**）を掲載します。スペースがある場合，全体として有意であったにもかかわらず，有意水準を調整すると有意ではなくなっているため，**表 6.5** あるいはライアン法による多重比較の結果を掲載すると解釈しやすくなります。カイ２乗検定を行った際には，χ^2（自由度）＝ χ^2 値，p ＝（有意確率）または p ＜有意水準，r ＝（効果量）を報告します。**表 2** のカイ２乗値を使う場合は①，**図 6.8** の臨界比の z 値をつかう場合は②の式から算出できます。

①効果量 $r = \sqrt{\dfrac{\chi^2}{N}} = \sqrt{\dfrac{5.23}{(29+14)}} = 0.349$

②効果量 $r = w = \dfrac{z}{\sqrt{N}} = \dfrac{2.13}{\sqrt{(29+14)}} = 0.325$

記 載 例

学生 60 名に歌，映画，ニュースのうち，どれを使った授業を受講したいか調査した結果，図 6.5 のように分かれた。カイ２乗検定による分析から χ^2 (2) ＝ 6.30，漸近有意確率 p ＝ .043 と 5％水準で，学生の受講希望が有意に異なることがわかった。そこで，ライアン法の名義水準を用いた多重比較を行った。その結果，どのカテゴリ間においても有意差はなかったが，映画とニュースの間に z ＝ 2.13，p ＝ 0.032（＞ .0167），r ＝ .32 と有意傾向が見られ，効果量も中程度あった。このことから，映画による授業を受けたいと考えている学生が他の方法より多い傾向にあることがわかった。

6-4-2　3 × 3 分割表のカイ２乗検定の実践

高校生 55 名の単語テストの得点順に３グループに分けた後，「声に出す」「書き写す」あるいはその「両方」のいずれの方法で暗記したか尋ねました（**表 6.6**）。「単語テストの成績と暗記方法に関連はない」という帰無仮説のもとで検定します。

表 6.6　成績と暗記方法（3 × 3 分割集）

		暗記方法		
		両方(1)	書き写す(2)	声に出す(3)
成績	下位群(1)	4	7	10
	中位群(2)	6	4	6
	上位群(3)	13	3	2

【操作手順】

❶ファイル名［カイ２乗３×３.sav］を開くと，［成績］と［暗記方法］の変数が２列に入力されています（**図 6.9**）。

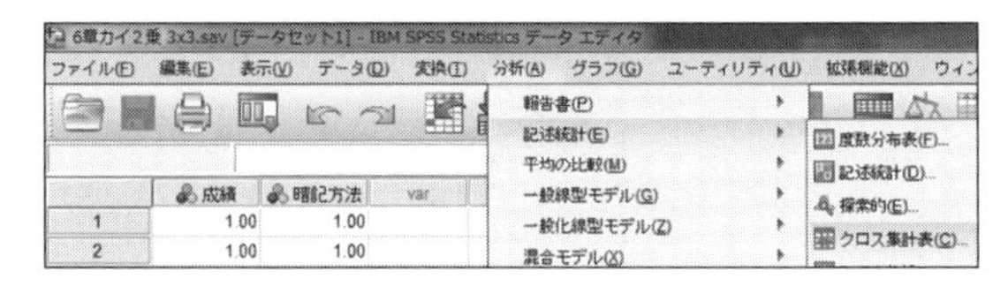

図 6.9　カイ２乗３×３　変数ビュー

❷［変数ビュー］の［成績］の［値］欄で，［1＝下位群］［2＝中位群］［3＝上位群］，［暗記方法］で，［1＝両方］［2＝書き写す］［3＝声に出す］とラベル付けをしています。［尺度］はどちらも［名義］に指定します。

❸メニューから［分析(A)］→［記述統計(E)］→［クロス集計表(C)］と進みます（**図 6.9**）。

❹［クロス集計表］（**図 6.10**）の［行］ボックスに［成績］を，［列］ボックスに［暗記方法］を入れ，統計量(S) をクリックします。

❺［統計量の指定］（**図 6.11**）で，［カイ２乗(H)］および［分割係数(O)］［Phi（ファイ）および Cramer V(P)］にチェックを入れ，続行 をクリックします。

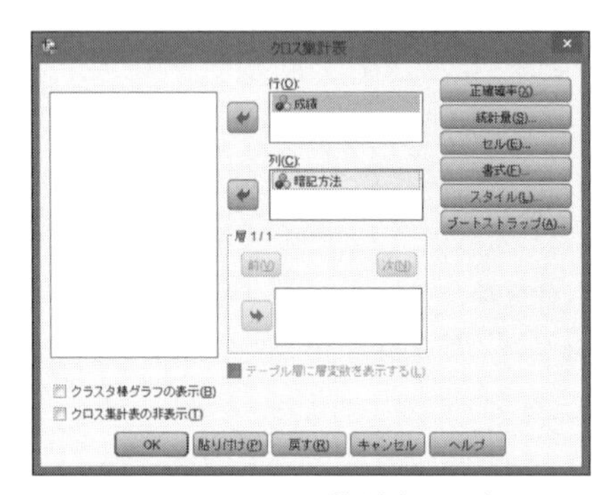

図 6.10　クロス集計表の選択

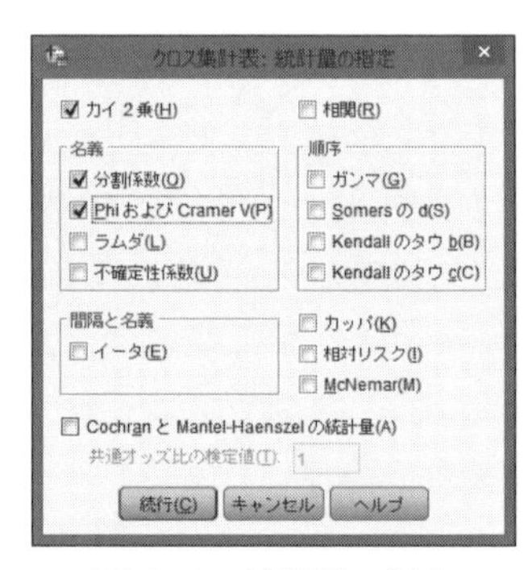

図 6.11　統計量の指定

❻次に，セル(E)（**図 6.10**）→［セル表示の設定］（**図 6.12**）と進みます。［度数］欄の［観測(O)］と［期待(E)］，および［残差］欄の［調整済みの標準化(A)］，および［Z 検定］欄の［列の割合を比較(P)］と［p 値の調整（Bonferroni 法）(B)］にチェックを入れ，続行 をクリックします。

※今回は使いませんが，［パーセンテージ］欄の［合計(T)］をチェックすると，全体を 100％とした各セルの比率を

図 6.12　セル表示の設定

把握することができます。

❼度数の小さいセルがあるので，ExactTests オプションがある場合は，**図 6.10** の 正確確率(X) →［正確(E)］（**図 6.13**）をクリックし，時間制限はデフォルトのままにします。最後に， 続行 → OK で分析を始めます。

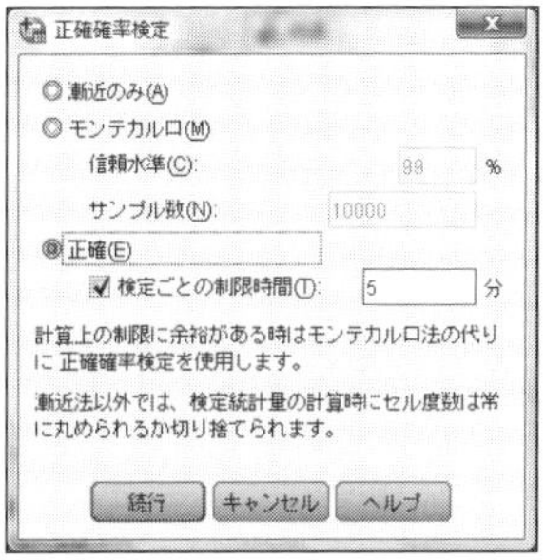

正確確率検定

◎ 漸近のみ(A)
◎ モンテカルロ(M)
信頼水準(C): 99 %
サンプル数(N): 10000
◉ 正確(E)
☑ 検定ごとの制限時間(T): 5 分

計算上の制限に余裕がある時はモンテカルロ法の代りに 正確確率検定を使用します。

漸近法以外では、検定統計量の計算時にセル度数は常に丸められるか切り捨てられます。

続行　キャンセル　ヘルプ

図 6.13　正確確率検定

【出力結果】

（1）［成績と暗記方法のクロス表］（**図 6.14**）：各度数が正しく入力されたかを確認します。

（2）［カイ２乗検定］（**図 6.15**）：［Pearson のカイ２乗］が［11.818］，漸近有意確率が［.019］と，5％水準で有意となっています。しかし，図下の注 a. で［2 セル（22.2%）は期待度数が 5 未満です。］と 20％を超えているので，［Fisher の直接法］の値［.017］も確認します。今回は，［漸近有意確率］が［.019］とわずかに厳しく算出されており，結果に違いがありません。

成績 と 暗記方法 のクロス表

			暗記方法			
			両方	書き写す	声に出す	合計
成績	下位群	度数	4a	7a, b	10b	21
		期待度数	8.8	5.3	6.9	21.0
		調整済み残差	-2.7	1.1	1.8	
	中位群	度数	6a	4a	6a	16
		期待度数	6.7	4.1	5.2	16.0
		調整済み残差	-.4	.0	.5	
	上位群	度数	13a	3a, b	2b	18
		期待度数	7.5	4.6	5.9	18.0
		調整済み残差	3.2	-1.0	-2.4	
合計		度数	23	14	18	55
		期待度数	23.0	14.0	18.0	55.0

各サブスクリプト文字は、列の比率が .05 レベルでお互いに有意差がない 暗記方法 のカテゴリのサブセットを示します。

図 6.14　クロス集計表

（3）［対称性による類似度］（**図 6.16**）：効果量の指標となる［Cramer の V］は［.328］で有意な関連を示しています。

（4）［調整済み残差］（**図 6.14**）：次にどのセルが期待値からずれているかをクロス表内［調整済み残差］から判断します。合わせて，**図 6.14** 下に説明されているように，列の比率の比較も見ていきます。［下位群］内では，5％水準で有意に，［両方］が［声に出す］より少なく，（−2.7）と 1％水準棄却値（2.56）より有意に低い値なっています。続いて，中位群内で有意差

カイ２乗検定

	値	自由度	漸近有意確率 (両側)	正確な有意確率 (両側)	正確有意確率 (片側)	点有意確率
Pearson のカイ２乗	11.818[a]	4	.019	.018		
尤度比	12.511	4	.014	.020		
Fisher の直接法	11.698			.017		
線型と線型による連関	10.231[b]	1	.001	.001	.001	.000
有効なケースの数	55					

a. 2 セル (22.2%) は期待度数が 5 未満です。最小期待度数は 4.07 です。
b. 標準化統計量は -3.199 です。

図 6.15　カイ２乗検定（２変量）の出力結果

対称性による類似度

		値	近似有意確率	正確な有意確率
名義と名義	ファイ	.464	.019	.018
	Cramer の V	.328	.019	.018
	分割係数	.421	.019	.018
有効なケースの数		55		

図 6.16　Cramer の V

が見られませんが，［上位群］内では，［両方］（3.2）が，［声に出す］（− 2.4）より有意に多く，調整済み残差からも 1%水準棄却値よりも大きな値になっています。

【その後の検定】

今回は，残差分析から傾向が読み取れるので，その後の検定を行いません。ただ，上位群内でカテゴリ間に有意差があるかを知りたい場合は，1 × 3（上位群×暗記方法）のカイ 2 乗検定後，1 × 2 の対比較を各カテゴリ間で行うことができます（手順は **6-4-1** 節参照）。

●クロス表からカイ 2 乗検定を行う方法

カイ 2 乗検定の計算は，クロス表しかない場合でも検定することができます。ただし，それぞれの度数がどのカテゴリの組み合わせかを間違わないように入力する必要があります。

【操作手順】

❶**表 6.6** を基に，**図 6.17a** のように，［成績］と［暗記方法］の列を作り，3 × 3 の 9 通りのパターンを作ります。

※［カイ 2 乗 3 × 3_ クロス表.sav］に完成したデータが用意してあります。

❷次に，変数ビューの［値］で，**6-4-2 ❷**と同様のラベル付けをします。メニューで，切り替えてみると**図 6.17b** のようになります。

	成績	暗記方法	頻度
1	1.00	1.00	4.00
2	1.00	2.00	6.00
3	1.00	3.00	13.00
4	2.00	1.00	7.00
5	2.00	2.00	4.00
6	2.00	3.00	3.00
7	3.00	1.00	10.00
8	3.00	2.00	6.00
9	3.00	3.00	2.00

図 6.17a　データ入力

	成績	暗記方法	頻度
1	下位群	両方	4.00
2	下位群	書き写す	6.00
3	下位群	声に出す	13.00
4	中位群	両方	7.00
5	中位群	書き写す	4.00
6	中位群	声に出す	3.00
7	上位群	両方	10.00
8	上位群	書き写す	6.00
9	上位群	声に出す	2.00

図 6.17b　値ラベル入力後

❸ 3 列目に［度数］列を作り，頻度を打ち込みます。

❹続いて，メニューから［データ(D)］→［ケースの重み付け(W)］と進みます。

❺**図 6.18** で［ケースの重み付け(W)］にチェックを入れ，［頻度］を［度数変数(F)］に移動させ，OK をクリックします。

❻その後の手順はこれまでの方法と同じです。

［記述統計(E)］→［クロス集計表(C)］（**図 6.9**）と進み，2 変数を列と行に指定します（**図 6.10**）。その他の指定も，前述の操作方法 **6-4-2 ❺**からになります。

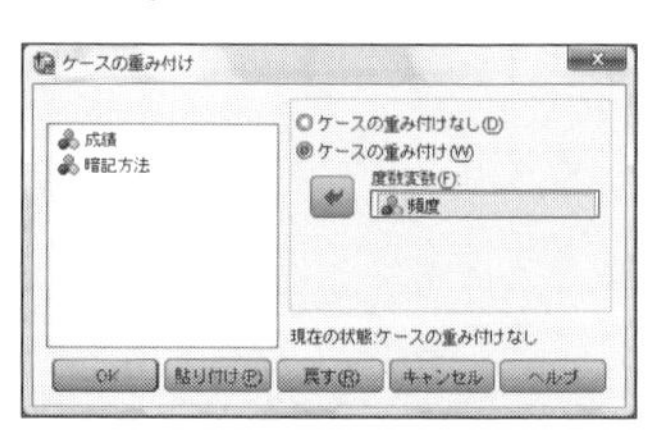

図 6.18　ケースの重み付け

【論文への記載】

調整済み残差の結果が入った分割表（**図 6.14**）を論文に掲載しておくと，全体の概要が掴みやすく，追調査やレプリケーション研究（replication study）を行う際に参考になります。

記載例

単語テストを受けた 55 名の単語の暗記方法とテストの成績に関連があるかを，カイ 2 乗検定で分析した。その結果，$\chi^2(1) = 11.82$，漸近有意確率 $p = .019$，Cramer's $V = .33$ と比較的強い有意な関連が示唆された。図 6.14 のクロス集計表において期待値が 5 未満のセルが全体の 20％以上あったので，Fisher の正確確率検定を参照した。その結果も，$p = .017$ と 5％水準で有意であった。そこで調整済み残差で判断したところ，上位群は，暗記の際に声に出す方法だけを使用する場合が極端に少なく（$z = -2.4$, $p < .01$），その方法と書き写す方法の両方をより使う傾向がある（$z = 3.2$，$p < .01$）ことがわかった。それに対して，下位群は声に出す方法だけを使う傾向があり（$z = 1.8$，$p < .05$），両方の方法を使うことが有意に少なかった（$z = -2.7$，$p < .01$）。中位群にはそのような顕著な傾向はみられなかった。

Section 6-5 リスク比とオッズ比の求め方

6-5-1 リスク比

リスク比は，**相対危険度**（relative risk）とも呼ばれ，リスク（発生率）の比率を示します。**表 6.7**（**表 6.4** と同じ）を使ってリスク比率を算出します。設定は，「海外経験をもっている人は英語を話すのが好きな傾向があるのか」です。それを調査した結果を示しています。

表 6.7 「英語で話すこと」の好み（2 × 2）の分割表

	好き	嫌い	計
海外経験あり	a（10）	b（11）	$a + b$（21）
海外経験なし	c（8）	d（25）	$c + d$（33）
計	$a + c$（18）	$b + d$（36）	$a + b + c + d$（54）

（　）は観測度数

①まず，各群のリスクを算出します。式 6.13a や式 6.13b にあるように，どちらのセルを分子に置くかで 2 通りの算出ができます。

(式 6.13a) $\text{リスク 1a} = \dfrac{a}{a+b} = \dfrac{\text{海外経験あり群で英語を話すのが好き}}{\text{海外経験あり群全体}} = \dfrac{10}{21} = 0.476$

または，$\text{リスク 1b} = \dfrac{b}{a+b} = \dfrac{11}{21} = 0.524$

⇒海外経験のある人の約半数が英語で話すのが好きである（になる）。

(式 6.13b) $\text{リスク 2a} = \dfrac{c}{c+d} = \dfrac{\text{海外経験なし群で英語を話すのが好き}}{\text{海外経験なし群全体}} = \dfrac{8}{33} = 0.242$

または，$\text{リスク 2b} = \dfrac{d}{c+d} = \dfrac{25}{33} = 0.758$

⇒海外経験のない人の約 4 分の 1 が英語を話すのが好きである（になる）。

②次にリスク比を算出するため，それぞれのリスクの値を分子と分母におきます。

(式 6.13c) $\text{リスク比 1} = \dfrac{a/(a+b)}{c/(c+d)} = \dfrac{.4762}{.2424} = 1.964$

または，$\text{リスク比 2} = \dfrac{b/(a+b)}{d/(c+d)} = \dfrac{0.524}{0.758} = 0.691$

⇒海外経験のある人は英語を話すのが好きになる確率が，
海外経験のない人の 2 倍である（になる）。

6-5-2 オッズ比

オッズ比はリスク比と似ています。

①各群のオッズ（群内の比率）を算出します。

(式 6.14a) $\text{オッズ 1a} = \dfrac{a}{b} = \dfrac{\text{海外経験あり群で英語を話すのが好き}}{\text{海外経験あり群で英語を話すのが嫌い}} = \dfrac{10}{11} = 0.909$

または，$\text{オッズ 1b} = \dfrac{b}{a} = \dfrac{11}{10} = 1.10$

⇒海外経験のある群で英語を話すのが好きと嫌いの比率は 0.909：1 とほぼ等しい。

(式 6.14b) $\text{オッズ 2a} = \dfrac{c}{d} = \dfrac{\text{海外経験なし群で英語を話すのが好き}}{\text{海外経験なし群で英語を話すのが嫌い}} = \dfrac{8}{25} = 0.320$

または，オッズ 2b $= \dfrac{d}{c} = \dfrac{25}{8} = 3.125$

⇒海外経験のない群で英語を話すのが好きと嫌いの比率は 0.320：1 で

嫌いが 3 倍高い。

②次に，オッズ比を算出するために，上記のそれぞれのオッズ値を分子と分母におきます。

（式 6.14c）オッズ比 1 $= \dfrac{a/b}{c/d} = \dfrac{.9091}{.32} = 2.841$

または，オッズ比 2 $= \dfrac{b/a}{d/c} = \dfrac{1.1}{3.125} = 0.352$

⇒海外経験のある人は英語を話すのが好きになる確率が

海外経験のない人の 2.84 倍である（になる）。

※リスク比もオッズ比も，上記のようにどちらを分子にするかによって数値が変わってしまいます。分子に大きい値をもってきて 1 を超える方が解釈しやすくなります（Howell, 2007, p.155）。

6-5-3　リスク比とオッズ比の操作手順

ここでは，SPSS を使って，分割表の度数データだけを使って算出する方法を紹介します。

❶データビューに**表 6.5** のデータを**図 6.19** のように入力するか，［リスクとオッズ.sav］を開きます。

❷メニュー［データ(D)］→［ケースの重み付け(W)］→［人数］のデータを選択し，OK をクリックします（**図 6.19**）。

❸次に，メニューから，［分析(A)］→［記述統計(D)］→［クロス集計表(C)］と進みます。

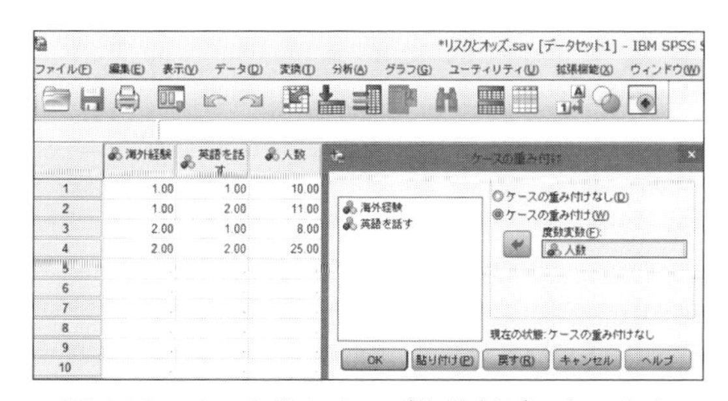

図 6.19　リスク比とオッズ比分割データの入力

❹図 6.20 の［行(O)］に［海外経験］を，［列(C)］に［英語を話す］を移動させます。

❺続いて，［統計量(S)］→［相対リスク(I)］（図 6.21）にチェックを入れ，最後に，続行(C) → OK で分析を始めます。

図 6.20　行と列の指定

図 6.21　相対リスク比

リスク推定

	値	95% 信頼区間	
		下限	上限
海外経験1 (1.00 / 2.00) の オッズ比	2.841	.882	9.147
コホート 英語を話す1 = 1.00 に対して	1.964	.926	4.165
コホート 英語を話す1 = 2.00 に対して	.691	.440	1.086
有効なケースの数	54		

図 6.22　オッズ比とリスク比の結果

【出力結果】

［リスク推定］（図 6.22）の上段がオッズ比，2，3 段落目がリスク比で，それぞれ 95%信頼区間とともに算出されます。これらの結果は手計算の場合と同じ値になっています。

6-5-4　リスク比とオッズ比の使用の留意点

次の調査デザイン（1）の場合はリスク比で解釈しやすいのですが，調査デザイン（2）の場合は，オッズ比しか使えません。

(1) コホート調査（cohort study）

前向き調査（prospective study）または**追跡調査**（follow-up study）とも呼ばれ，原因と考えられる因子の有無によって構成された 2 群を追跡調査して，その因子のあり／なしを比較するものです。

(2) 対照コントロール調査（case-control study）；後ろ向き調査（retrospective study）

結果がわかった後に，その原因をさかのぼって調査する研究です。この場合にリスク比は使えません。以下の対照コントロール調査事例で，リスク比とオッズ比を使って説明します。

表 **6.8** 対照コントロール調査：「英語で話すこと」の好み

	好き	嫌い	計
海外経験あり	a（100）	b（11）	$a+b$（111）
海外経験なし	c（80）	d（25）	$c+d$（105）
計	$a+c$（180）	$b+d$（36）	$a+b+c+d$（216）

（　）は観測度数

表 6.8 の事例は，先述の**表 6.7** を使って，もう少し厳密に「英語の好きな人は本当に海外経験をしている人が多いのか」を調べるために，英語が好きな人ばかりを当初の 18 名から 180 名集め，海外経験の有無を尋ねたとします（**表 6.8**）。このように，対照コントロール調査では，その研究目的に応じて，変数の 1 つのカテゴリ条件だけ意識的に集めて調査することもあります。

・リスク比 1 $= \dfrac{a/(a+b)}{c/(c+d)} = \dfrac{10/(100+11)}{80/(80+25)} = 1.182$,

　または，リスク比 2 $= \dfrac{b/(a+b)}{d/(c+d)} = \dfrac{11/(100+11)}{25/(80+25)} = 0.416$

・オッズ比 1 $= \dfrac{a/b}{c/d} = \dfrac{100/11}{80/25} = 2.841$，または，オッズ比 2 $= \dfrac{b/a}{d/c} = \dfrac{11/100}{25/80} = 0.352$

この結果と**表 6.7** の結果（式 6.13c）を比較すると，1.964 → 1.182；0.691 → 0.416 とリスク比の値が変化しており，結果が歪んでいることがわかります。それに対して，オッズ比は 2.841 と 0.352 で，式 6.14c の結果から変化しておらず，このような調査でも使用することができることがわかります。

※ウェブ上では，梶山（「効果量を計算する -- R でコピペ学習」http://monge.tec.fukuoka-u.ac.jp/r_analysis/effect_size_01.html）のサイトなど，効果量の詳細な説明サイトや R で求められるサイト，さらには，手持ちのデータで効果量を算出してくれるサイトがいくつかあります。

Section 6-6 対応のあるデータを比較する

6-6-1 マクネマー検定（対応ある 2 変数を比較する）

マクネマー検定または**マクネマーの検定**（McNemar/McNemar's test）は，対応のある 2 変数の 2 値データ（paired nominal/dichotomous data）の変化を調べる際に用います。間隔尺度で使用する

対応あり t 検定，順序尺度で使用するウィルコクソンの符号付順位検定（**6-8-2**）に対応する検定です。マクネマー検定は２×２分割表で使用し，たとえば，ある体験談を聞いて勉強する気が（1. ある，0. ない）など，介入前後の１，０の比率に変化があったかを分析する場合が考えられます。

表 6.9　話すことへの自信

		留学後	
		ない	ある
留学前	ない	15（a）	21（b）
	ある	3（c）	11（d）

本節で扱うデータは，１年間の留学経験のある 50 名の学生に，留学前後に留学先の言語で話す自信の有無を尋ねました。それぞれの変数は，２値の名義尺度データを扱うので，２×２分割表をもとに分析がなされます（**表 6.9**）。

【操作手順：現行ダイアログの利用】

❶ファイル名［マクネマー2×２と拡張３×３.sav］を開きます。変数ビューの［値］から，［1 ＝ある］［0 ＝ない］と指定しています。

❷メニューから［分析(A)］→［ノンパラメトリック検定(N)］→［対応サンプル(R)］と進みます（**図 6.23**）。

※現行ダイアログでは［変数ビュー(V)］で［尺度］を［順序(O)］に指定しておきます。

※［ノンパラメトリック検定(N)］→［過去のダイアログ(L)］→［2 個の対応サンプルの検定(L)］からでも分析可能です。

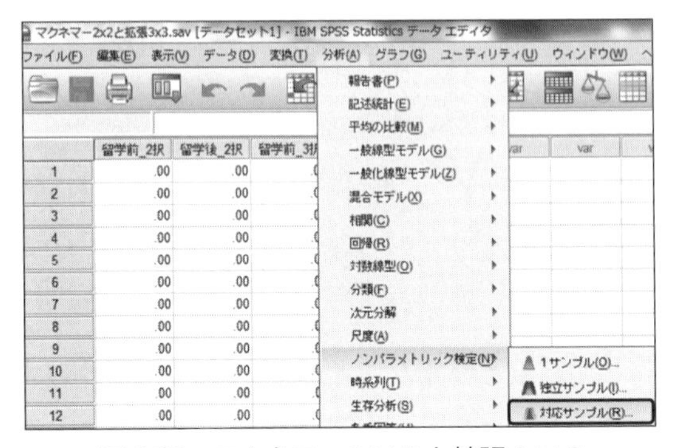

図 6.23　マクネマー2×２と拡張３×３

❸**図 6.24a** 左上の３つの指定を行います。

・**目的**（**図 6.24a**）：デフォルトの［観測データを仮説と自動的に比較する(U)］にすると，データが正しければ，分析が自動的に行われますので，３つ目の［設定］を行う必要はありません。

・**フィールド**（**図 6.24b**）：［検定フィールド(T)］に，分析を行う２変数「留学前 _２択」と「留学後 _２択」を移動させます。

※２変数は，［変数ビュー(V)］で［順序］尺度にしておく必要があります。

・**設定**（**図 6.24c**）：［検定のカスタマイズ(C)］の場合は，［McNemer の検定(2 サンプル)(N)］にチェックを入れ，［成功の定義］はそのままにします。最後に画面下の［実行］で分析が始まります。

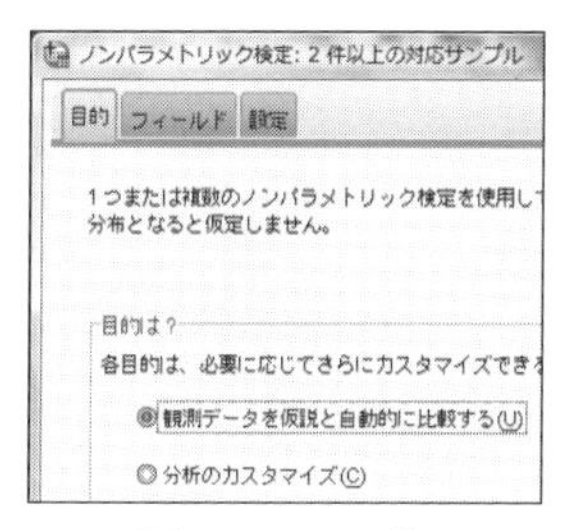

図 6.24a　目的

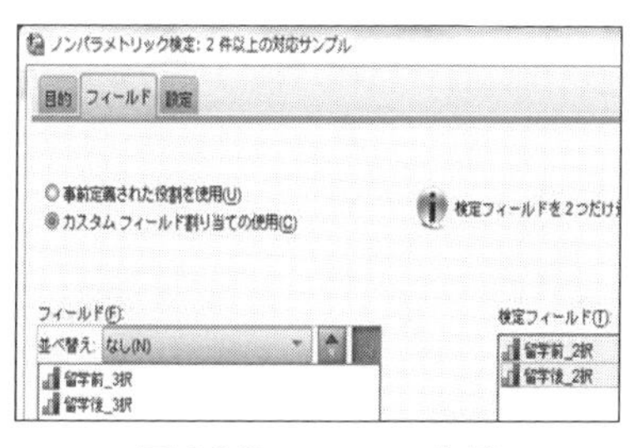

図 6.24b　フィールド

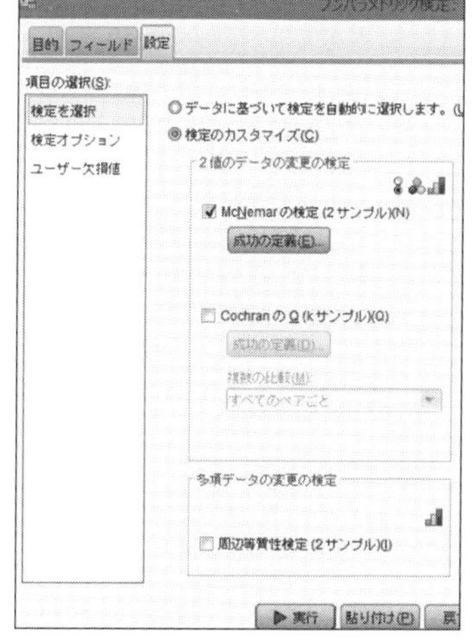

図 6.24c　設定

【算出式】

マクネマー検定は，**表 6.9** の 4 つのセルの内，2 変数間で変化度数を表す b と c のセル情報のみを利用して，式 6.15a または式 6.15b で統計量 z を求めます。χ^2 は，$\chi^2 = z^2$ の関係から，以下のように χ^2 で求めることもできます。

$$（式 6.15a）\quad z_1 = \frac{b - c}{\sqrt{b + c}} = \frac{21 - 3}{\sqrt{21 + 3}} = 3.674 \quad (p < .01)\ ;\ \chi^2 = \frac{(b - c)^2}{b + c} = 13.50$$

$$（式 6.15b）\quad z_2 = \frac{|b - c| - 1}{\sqrt{b + c}} = \frac{21 - 3 - 1}{\sqrt{21 + 3}} = 3.470\ ;\ \chi^2 = \frac{(|b - c| - 1)^2}{b + c} = 12.042$$

①式 6.15a では，$b = c$ のときは，$z = 0$ となります。

②サンプルサイズが十分大きいときは式 6.15a を使用します。

③サンプルサイズが小さいとき（例：$b + c \leq 25$）は，式 6.15b のイェーツの連続性の修正を利用します（出村，2007；森・吉田，1990，p.191）。次の出力結果は，式 6.15b のカイ 2 乗値が［検定の統計］（**図 6.26**）になっています。

仮説検定の要約

	帰無仮説	テスト	有意確率	決定
1	留学前_2択 ～ 留学後_2択 のさまざまな値の分布は、等しくなります。	対応サンプル McNemar 検定	.000[1]	帰無仮説を棄却します。

漸近的な有意確率が表示されます。有意水準は .05 です。

[1] この検定の正確な有意確率が表示されます。

図 6.25　マクネマー検定の要約

【出力結果】

［仮説検定の要約］**図 6.25** をダブルクリックするとクロス表と検定結果が示されます（**図 6.26**）。［漸近有意確率］，［正確な有意確率］ともに，1％水準で有意になっています。最後に効果量を計算し，論文へ記載します。

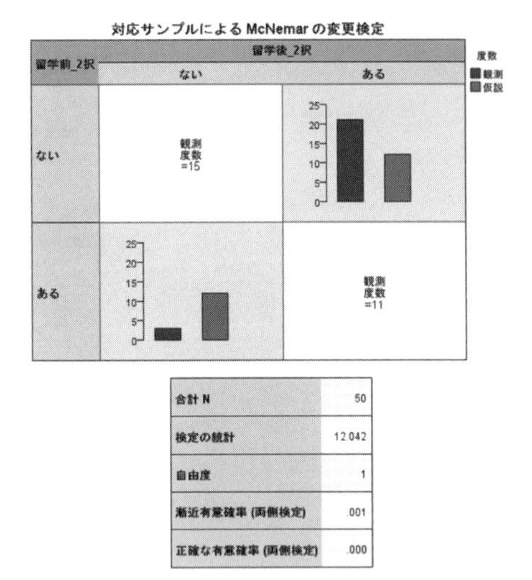

合計 N	50
検定の統計	12.042
自由度	1
漸近有意確率 (両側検定)	.001
正確な有意確率 (両側検定)	.000

1. レコード数が 25 以下であるため、2 項分布に基づいて正確な p-値が計算されます。

図 6.26　対応サンプルによる
マクネマーの変更検定

$$効果量\ r = \sqrt{\frac{\chi^2}{N}} = \frac{z}{\sqrt{N}} = 3.470\sqrt{24} = 0.708$$

（ただし，$N = b + c$）

【論文への記載】

記 載 例

1 年間の留学をした 50 名の学生に，留学先の言語で話す自信があるかを留学前後で尋ね，その変化をマクネマー検定を使用して分析した。留学前後で「自信がない」から「自信がある」となった学生は 21 名で，逆に，「自信がある」から「自信がない」に変わった学生は 3 名で，検定の結果，$p < .001$ で有意な変化がみられた。また，効果量も $r = .71$ と大きく，1 年間の留学は話すことへの自信に繋がることが示された。

6-6-2　マクネマーの拡張検定

マクネマー検定は，2 値データ（例：「0 嫌い」「1 好き」）の 2 × 2 分割表で使用しますが，3 カテゴリ以上の多値データによる $k \times k$ 分割表における 2 変数の変化を検定する際には，**マクネマー・バウカー対称性検定**（McNemar-Bowker's test of symmetry）を使用します。たとえば，「0 嫌い」「1 普通」「2 好き」の 3 カテゴリ（多項）で対称性のある 3 × 3 分割表に関して，介入前後の応答の変化を，Bowker 統計量のカイ 2 乗値で算出します。

SPSS ではオプションの ExactTests がインストールされていれば，**周辺等質性検定**（marginal homogeneity test）として検定を実行できます。オプションがない場合は，対応ある 2 変数の順序尺度の検定と同じ結果になる，**ウィルコクソンの符号付順位検定**（Wilcoxon signed-rank test）で分析が可能です（**6-8-2** で周辺等質性検定を算出します）。

6-6-3　コクランの *Q* 検定（対応ある 3 条件以上の比率の比較）

コクランの *Q* 検定（Cochran's *Q* test）は，マクネマー検定の拡張検定として，対応ある 3 つ以上の変数間でそれぞれの比率に変化や差があるかを検定します。データは 2 値（0, 1）データを扱い，「1，0 の比率がすべての変数（条件）間で等しい」という帰無仮説のもとで検定され，次のような場合に使用されます。

（1）集団が *k* 個の条件下である特性を有するか否かを調べ，その条件間に差があるかを検定する。
（2）ある一定期間を置いて *k* 回繰り返し調査し，その特性を有する比率が変化したかを検定する。

コクランの *Q* 検定は，次節で説明するフリードマンの検定（Friedman's Test）の 2 値データ版です。変数間の比率の変動（変化）が大きいほど *Q* 値が大きくなり，有意な結果となります（森・吉田，1990，p.195 参考）。前提として最低でも 10 以上のサンプルが必要と言われています（出村，2007）。また，多重比較には，マクネマー検定が使えます。

データは，TOEFL 受験コースの学生 15 名に，4 技能（聞く，話す，読む，書く）の苦手意識を調べるため，それぞれの技能に関して，「得意（1）」か「苦手（0）」かの 2 択で回答してもらったものです。同一参加者が 4 条件に回答しているため，「対応あり」の 2 値データになります。帰無仮説は「4 技能の苦手意識に違いはない」となります。

【操作手順 1：過去のダイアログの利用】

❶ファイル［コクランの Q.sav］を開きます。「変数ビュー(V)］の［値］で，［1 ＝得意］［2 ＝苦手］とラベル付けしています。［尺度］は［名義(N)］です。

❷メニューから，［分析(A)］→［ノンパラメトリック検定(N)］→［過去のダイアログ(L)］→［K 個の対応サンプルの検定(S)］と順にクリックします（**図 6.27**）。

❸ 4 つの変数を，［検定変数(T)］に入れます（**図 6.28a**）。そして，下部の［検定の種類］から［Cochran の Q(C)］を選択します。

❹［正確検定(X)］（**図 6.28a**）がある場合は，そこから［正確(E)］（**図 6.28b**）を選択し，最後に，続行(C) → OK で分析を始めます。

【操作手順 2：現行ダイアログの利用】

❶メニュー（**図 6.27**）から，［分析(A)］→［ノンパラメトリック検定(N)］→［対応サンプル(R)］と進みます。

❷**図 6.29a** の左上の 3 つをそれぞれ設定します。

・［目的］：デフォルト。

・［フィールド］（**図 6.29a**）：4 つの変数を右の［検定フィールド(T)］に移します。

・［設定］：デフォルト。（［検定のカスタマイズ(C)］を選択した場合は，［Cochran の Q(k サンプル)］（**図 6.29b**）→ 実行 をクリックします。）

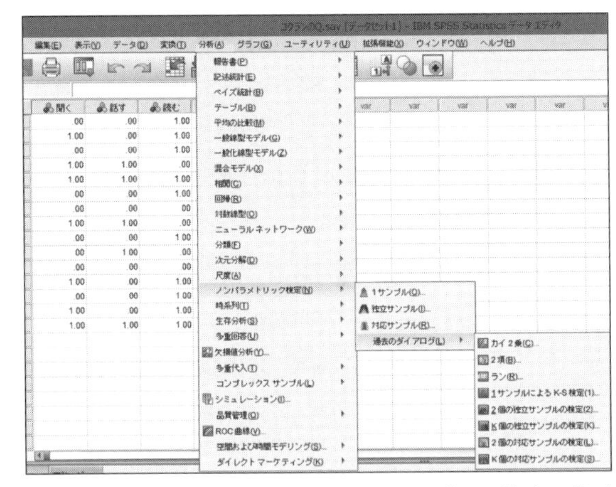

図 6.27　データ入力と K 個の対応サンプルの検定の指定

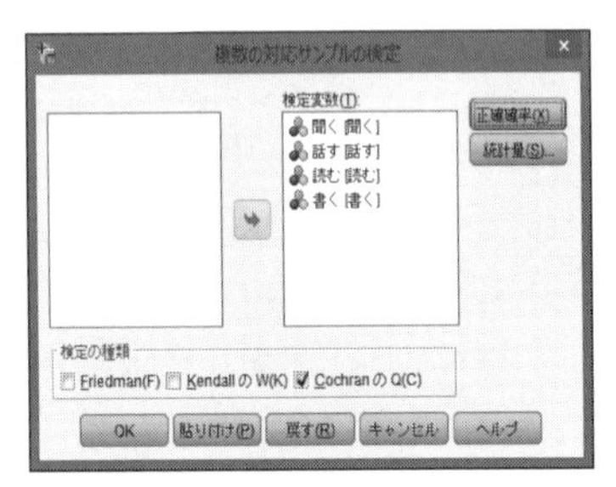

図 6.28a　検定変数の選択

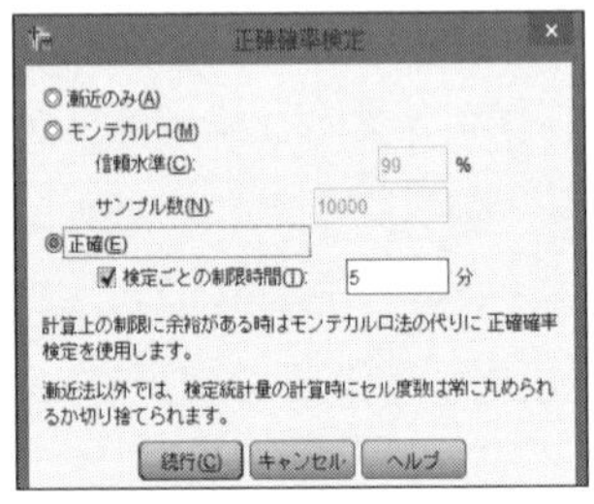

図 6.28b　正確確率の設定

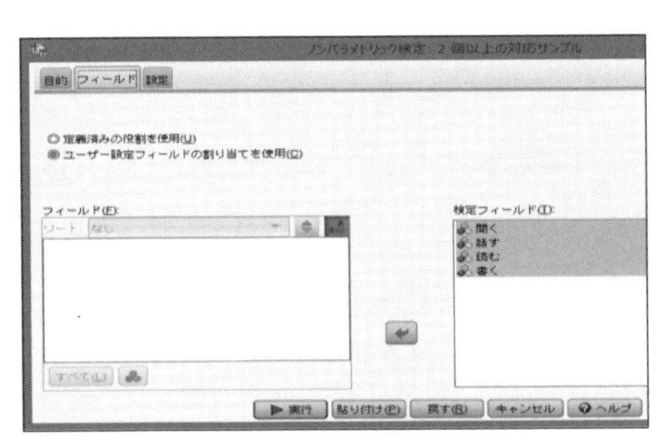

図 6.29a　検定変数の選択

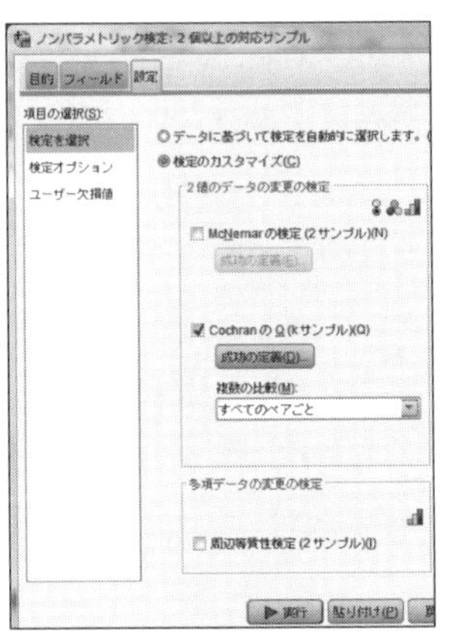

図 6.29b　検定の設定

【手順１の結果の出力：過去のダイアログ】

［度数］（**図 6.30**）：データが正しく分析されたかを確認します。

［検定統計量］（**図 6.30**）：算出される Cochran の Q は，$df = k - 1$ のカイ２乗分布に従い，$Q \geq \chi^2$ のときに有意と判定されています。［Cochran の Q］が 9.714，［自由度］が 3，［漸近有意確率］が .021 となっていることから，5%水準で有意であることがわかります。

度数

	値 0	1
聞く	8	7
読む	5	10
話す	13	2
書く	10	5

検定統計量

度数	15
Cochran の Q	9.714[a]
自由度	3
漸近有意確率	.021
正確有意確率	.022
点有意確率	.006

a. 0 は成功したものとして処理されます。

図 6.30　過去のダイアログ統計量の結果

【手順１の場合のその後の検定】

手順１で行った場合は，４技能間のどこに差があるかをマクネマー検定の過去のダイアログ（**6-6-1 ❷**）を使って調べます。ここでは，あらかじめ関心の対象としていた対比較のみ（４回）を行います。

❶［ノンパラメトリック検定(N)］→［過去のダイアログ(L)］→［2 個の対応サンプルの検定(L)］と進みます。

❷**図 6.31a** のように「聞く・話す」「聞く・書く」「読む・話す」「読む・書く」のテストペアを設定し，［McNemar(M)］にチェックを入れます。

❸結果（**図 6.31b**）は，ボンフェローニの方法で調整した有意確率 .0125（＝ α / 比較回数＝ .05/4）

図 6.31a　マクネマー検定：過去のダイアログ

聞く & 話す

聞く ＼ 話す	苦手	得意
苦手	7	1
得意	6	1

聞く & 書く

聞く ＼ 書く	苦手	得意
苦手	7	1
得意	3	4

読む & 話す

読む ＼ 話す	苦手	得意
苦手	5	0
得意	8	2

読む & 書く

読む ＼ 書く	苦手	得意
苦手	2	3
得意	8	2

検定統計量[a]

	聞く & 話す	聞く & 書く	読む & 話す	読む & 書く
度数	15	15	15	15
正確な有意確率 (両側)	.125[b]	.625[b]	.008[b]	.227[b]
正確な有意確率 (片側)	.063	.313	.004	.113
点有意確率	.055	.250	.004	.081

a. McNemar 検定

b. 使用された 2 項分布

図 6.31b　マクネマー検定による対比較

仮説検定の要約

	帰無仮説	テスト	有意確率:	決定
1	聞く，話す，読む and 書く の分布は同じです。	対応サンプルによる Cochran の Q 検定	.021	帰無仮説を棄却します。

漸近的な有意確率が表示されます。 有意水準は .05 です。

図 6.32a　Cochran の Q 検定の要約

サンプル1-サンプル2	検定統計	標準エラー	Std. 検定統計	有意確率	調整済み有意確率
読む-聞く	.200	.176	1.134	.257	1.000
読む-書く	-.333	.176	-1.890	.059	.353
読む-話す	-.533	.176	-3.024	.002	.015
聞く-書く	-.133	.176	-.756	.450	1.000
聞く-話す	-.333	.176	-1.890	.059	.353
書く-話す	.200	.176	1.134	.257	1.000

各行は、サンプル 1 とサンプル 2 の分布が同じであるというヌル仮説を検定します。
漸近有意確率 (両側検定) が表示されます。 有意水準は .05 です。
有意確率値は、複数のテストに対して Bonferroni 訂正により調整されています。

図 6.32b　現行の出力：ペアごとの比較

と比較すると，「**読む・話す**」の間で有意差（$p = .008$）があることがわかります。

【手順 2 の結果の出力：現行ダイアログ】

まず Cochran の Q 検定の結果（**図 6.32a**）が出力されます。その図をダブルクリックすると図や対比較の結果が表示されます。画面下の［ビュー］の［**ペアごとの比較**］を選択すると，比較の結果の表が表示されます（**図 6.32b**）。

手順 1 の結果と同様に，［**読む・話す**］間の［**調整済み有意確率**］$p = .015$ で苦手意識に有意な違いがあることがわかります。

効果量は，(A) **図 6.32b** の［Std. 検定統計］z からか，または (B) マクネマー検定で算出される「読む・話す」のクロス表（**図 6.30**）から値をとり，式 6.15b より z を求めてから r を算出することもできます。

※ここでは有意であった「読む・話す」間のみ効果量を算出していますが，本来は対象としたすべての対比較を調べます（**6-2-2**（2））。

$$\text{(A)}\ \text{効果量}\ r = \frac{z}{\sqrt{N}} = \frac{-3.024}{\sqrt{15}} = -0.781$$

$$\text{(B)}\ z_2 = \frac{|b - c| - 1}{\sqrt{b + c}} = \frac{|0 - 8| - 1}{\sqrt{0 + 8}} = 2.475$$

$$r = \frac{z}{\sqrt{N}} = \frac{2.474874}{\sqrt{15}} = 0.639$$

【論文への記載】

記載例

学生 15 人に対して英語の 4 技能の苦手意識を調査した。技能間によって得意と感じる比率に差があるかどうかをコクランの Q 検定で検証したところ，Q (3) = 9.714，p = .021 と 5%水準で有意であった。その後，マクネマー検定であらかじめ関心のある技能間で 4 回の多重比較を行った。その結果，読む・話す技能間に，p = .008, r = .64 と，調整した有意水準 p = .013 と比較して，苦手意識に有意差があり，効果量 r も大きかった。

Section 6-7 順序尺度の検定

6-7-1 順序尺度を扱うノンパラメトリック検定の特徴

順序尺度を扱うノンパラメトリック検定は，間隔尺度データを扱うパラメトリック検定の代替として用いることができ，次のような特徴があります。

①どのような形状かわからない母集団から抽出したデータを扱うという前提のため，正規性は仮定されませんが，等分散性は仮定されます。

②分析の代表値として**中央値**が使われます。散らばり（散布度）のパラメータとしては，**範囲**，**四分位範囲**，および**四分位偏差**を利用します。

- **中央値**（median）：順序尺度以上のデータを順番に並べたときの真ん中（50%タイル）にあたる値。データの真ん中の値が 4 と 5 の場合は，平均を取って 4.5 になります。
- **範囲**（range）：最大値と最小値の差
- **四分位偏差**（quartile deviation）：最小値から順に並べたデータを 4 等分し，その境界となる第 1 四分位（Q_1：25 % タイル）と第 3 四分位数（Q_3：75 % タイル）の差である**四分位範囲**（quartile range）を 2 で割った値。$Q = (Q_3 - Q_1)/2$

③順序尺度以上のデータを扱うことができます。よって，正規性のない比率や間隔尺度データを順序尺度として分析できます。

④外れ値があった場合，平均値では外れた距離に大きく影響を受けますが，中央値では順序情報のみが使われるため大きな影響を受けません。

⑤２群の散布度に大きな偏りがある場合は不正確になります（Filed, 2009, p.540）。また，サンプルサイズがかなり小さいと，どんな値をとっても有意になりにくくなるため，永田・吉田（1997, p.64-65）では少なくとも各群 10 以上は必要としています。また，多重比較する場合は対比較の有意水準を厳しく調整するため，検定力が落ちます。

⑥パラメトリック検定と比較した場合には，次の**漸近相対効率**という用語が使われます。

> ・**漸近相対効率**（asymptotic relative efficiency：ARE）とは，パラメトリック検定とノンパラメトリック検定の検出力の比で，1 のときに等しく，値が小さくなるにつれてノンパラメトリック検定の検出力の方が劣ることを意味します。ウィルコクソンの順位和検定もウィルコクソンの符号順位検定も，正規分布の場合は 0.955 となり，パラメトリック検定より若干劣ります。
>
> 　間隔尺度データほど情報を活用していない順序尺度データを扱うノンパラメトリック検定ですが，正規分布以外の多くの分布に対して 1 を超えることがわかっており，正規性がない場合はノンパラメトリック検定を利用した方が妥当だといえます（村上，2015）。

⑦母集団から無作為抽出したデータであることを前提にします。

以上のことから，ノンパラメトリック検定は，特に外れ値が含まれるデータに頑健でパラメトリック検定の代替になる場合もあります。しかし，有意差検定であるので，サンプルサイズがかなり小さい場合や２群の散らばりが大きく偏っている場合は，パラメトリック検定同様に，正確な検定は難しくなります。よって，データのサンプリング，つまりデータの質を確保することが基本になります。

6-7-2　順序データの種類

表 6.10 は，順序尺度データを扱う主なノンパラメトリック検定と，それに対応するパラメトリック検定を示しています。

表 6.10　順序尺度を扱う検定と多重比較

目的	要因群数	群間対応	順序尺度を扱う ノンパラメトリック検定手法	対応するパラメトリック検定手法・備考	記載箇所
代表値の差の検定	1 要因 2 群	なし	・マン・ホイットニーの U 検定 （Mann-Whitney U test） ・ウィルコクソンの順位和検定 （Wilcoxon rank sum test）	・対応なし t 検定に相当 ・効果量は r	**6-8-1**
		あり	・ウィルコクソンの符号付順位検定 （Wilcoxon signed-rank test）	・対応あり t 検定に相当 ・効果量は r	**6-8-2**
	1 要因 3 群以上	なし	・クラスカル・ウォリス（の順位和）検定（Kruskal-Wallis test）	・対応なし一元配置分散分析に相当 ・マン・ホイットニーの U 検定による多重比較後，p 値を調整 ・効果量は r	**6-8-3**
		あり	・フリードマン検定（Friedman's test） （類似検定：Kendall's W）	・対応あり一元配置分散分析に相当 ・ウィルコクスンの符号付順位検定による多重比較後，p 値を調整 ・効果量は r	**6-8-5**
関係の強さ	順序 & 順序		・スピアマンの順位相関係数 （Spearman's rank correlation coefficient；r_s） ・ケンドールの順位相関係数（Kendall's rank correlation coefficient）	・ピアソンの積率相関係数に相当 ・効果量指標となる	**6-8-6**

6-7-3　順序データの多重比較と効果量

●順序尺度を扱う検定の多重比較

表 6.10 にあるように，3 水準（群，条件）以上ある検定では，有意であった場合はどこに有意差があるかを調べるために，以下の方法で多重比較を行います。

(1) 2 群の比較検定（マン・ホイットニーの U 検定など）で対比較を行い，その後，ボンフェローニによる方法やライアン法で有意水準の調整を行います（詳細 **6-2-1**（2）参照）。

(2) 多重検定として，**スティール・ドゥワスの方法**（Steel-Dwass test）もよく使われます。この手法は，テューキー（Tukey）の方法のノンパラメトリック版で，群間ですべての対比較を同時に検定するために順位が使われます。Excel 統計ソフトや R で分析できます。また，オンライン上で計算できるサイト（http://www.gen-info.osaka-u.ac.jp/MEPHAS/s-d.html）もあります。詳細は，永田・吉田（1997）を参照してください。

（3）SPSS では，現行のダイアログを使用すると，3 群以上あるノンパラメトリック検定の多重比較として，対比較が自動的に算出されます（例：**図 6.44**）。

●順序データの効果量

名義尺度同様に効果量を報告することは，意味のある結果かどうかの解釈に役立ちます。簡単な方法として，z 値から r 指標を求める方法が提案されています（Field, 2009, p.550）。

（1）z 値から r 値を算出し，効果量として報告：$r = \frac{z}{\sqrt{N}}$（0〜1 の範囲の値を取る；**6-2-2** 参照）

（2）3 水準以上の検定では，多重比較の結果を（1）の方法で算出します。

●サンプルサイズや散布度に問題がある場合

（1）**正確確率法**（Exact test）：名義尺度の場合と同様にサンプルサイズがかなり小さい場合や偏りがある場合は，正確な近似確率を求めることができないため，こちらの方法が推奨されています（Field, 2009, p.547；7-3-3 節参照）。どの組み合わせを含むかは検定によって異なりますが，A 変数と B 変数の 2 変数の総ペアを比較し，A ＞ B となるペア数がどの程度多いかを確率計算する方法です。ただし，サンプルサイズが大きい場合は，ソフトによって時間がかかることもあるようです。その場合は，次の（2）の方法が有効です。

（2）**モンテカルロ法**（Monte Carlo method）：元データから，シミュレーションでたくさんの統計量の分布を求め，今回の統計量の発生確率を求める手法で，有意水準の信頼区間が算出されます。このシミュレーションを用いる方法は，上記の正確確率法に比べてサンプルサイズが大きい場合に使います。（ただし，SPSS ではオプションの ExactTests が必要になります。）

● Kolmogorov-Smirnov および Shapiro-Wilk による正規性の検定

パラメトリック検定の母集団分布の正規性が仮定できないデータであるかを確認する方法の 1 つに，コルモゴロフ・スミルノフの検定（Kolmogorov-Smirnov test）およびケース数が少ない場合に参考になるシャピロ・ウィルクの検定（Shapiro-Wilk test）があります。SPSS でこの 2 つの検定結果が同時に算出されます（平井，2017，2-2-3 参照）。**有意確率**が $p < .05$ であれば，正規性があるという帰無仮説を棄却することになります。

Section 6-8 順序尺度検定の実践

6-8-1 マン・ホイットニーの *U* 検定（対応なしの 2 群比較）

マン・ホイットニーの *U* 検定（Mann-Whitney *U* test）は，単に ***U* 検定**（*U* test）とも呼ばれ，対応がない 2 群の中央値に差があるかを検定します。対応のない *t* 検定に対応するノンパラメトリック検定になります。SPSS では，**ウィルコクソンの順位和検定**（Wilcoxon rank sum test；または Wilcoxon の *W*）も同時に算出されますが，実質的に同じ検定です。

マン・ホイットニーの *U* 検定の使用の際に以下のことに留意します。

（1）ノンパラメトリック検定の中でも比較的検定力が高いが，サンプルサイズがかなり小さい（たとえば，2 群の合計が 10 以下）と有意差が出にくい。

（2）2 群のサンプルサイズがほぼ等しいことが望ましい（対馬，2007，p.76）。

使用データは，習得させたい単語を 10 名には句の形で，別の 10 名には文の中で覚えさせ，2 週間後にどちらの条件が単語の定着がより良かったかを調べたものです。正規性に問題があったためマン・ホイットニーの *U* 検定を行います。帰無仮説は「単語提示条件の違いによって，語彙テスト得点の中央値に差はない」となります。

【操作手順：現行ダイアログの利用】

❶ファイル［マン・ホイットニー.sav］を開きます（**図 6.33**）。［変数ビュー(V)］から［条件］の値ラベルを「1 ＝句」，「2 ＝文」に割り当てています。

※尺度は［条件］を［名義(N)］に，現行のダイアログで分析するために，［語彙テスト］を［スケール(S)］にします。

❷［分析(A)］→［ノンパラメトリック検定(N)］→［独立サンプル(I)］と進みます（**図 6.33**）。

❸［ノンパラメトリック検定：2 個以上の独立サンプル］（**図 6.34a**）の左上の 3 つのタブをクリックして指定します。

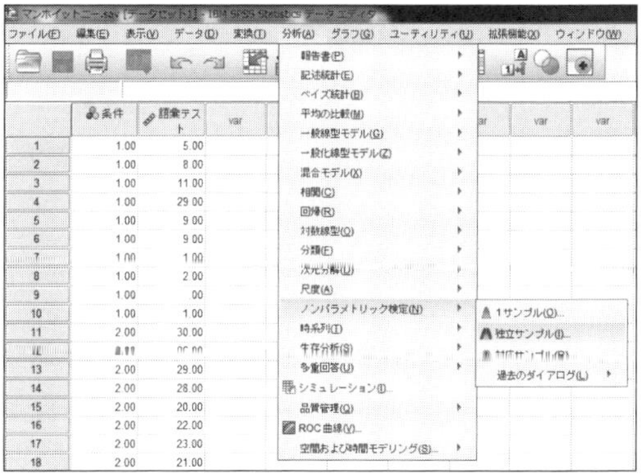

図 6.33　2 群の独立サンプルデータ

・［目的］：［分析のカスタマイズ(C)］またはデフォルト。

・［フィールド］（**図 6.34a**）：［検定フィールド(T)］に［語彙テスト］，［グループ(G)］に［条件］。

・［設定］（**図 6.34b**）：［検定のカスタマイズ(C)］で［Mann-Whitney の U(2 サンプル)(H)］を選択し，実行 します。

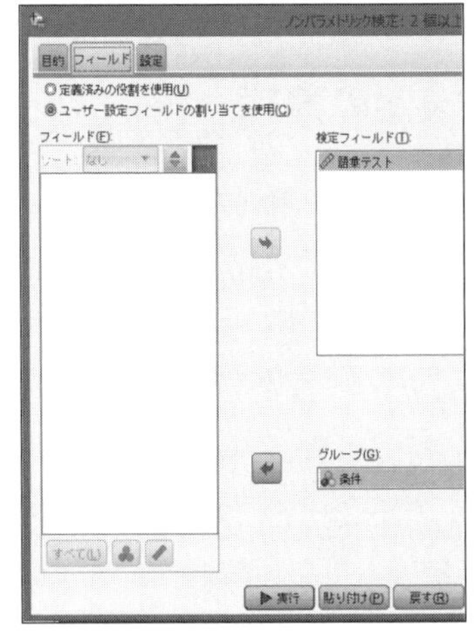

図 6.34a　フィールド

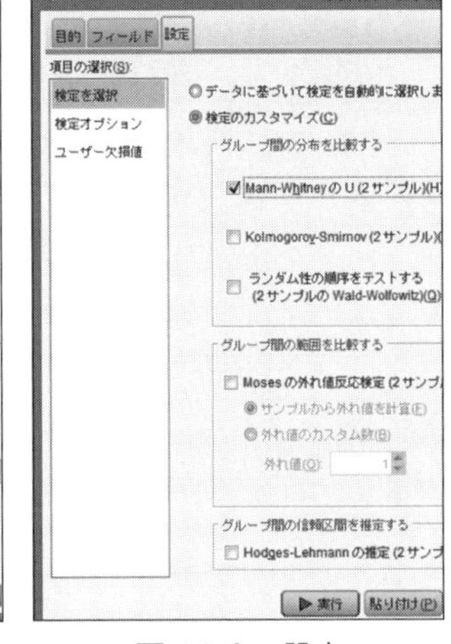

図 6.34b　設定

【算出式】

全データを並べて 1 から順位をつけ，各群に属するデータの順位の数字を足した**順位和**を求め，その小さい方の順位和を使って，式 6.16 で U 値を求めます。

$$U = n_1 n_2 + \frac{n_1(n_1+1)}{2} - R_1 = 10 \times 10 + \frac{10(10+1)}{2} - 77.5 = 77.5 \qquad \text{（式 6.16）}$$

（n_1 および n_2：1 群と 2 群のサンプルサイズ；R_1 ＝小さい方の順位和）

【結果の出力：現行のダイアログ】

(1)［仮説検定の要約］（**図 6.35a**）のテーブルをダブルクリックすると，**図 6.35b** の詳細結果が現れます。［Mann-Whitney の U］値の結果は，手計算で行った結果 $U = 77.5$ となっています。また，［標準化された検定の統計］$z = 2.083$（> 1.96），および［漸近有意確率（両側検定）］.037 が算出されています。

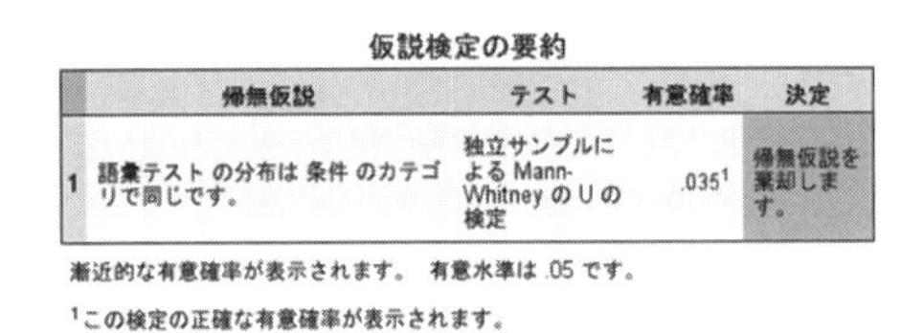

仮説検定の要約

	帰無仮説	テスト	有意確率	決定
1	語彙テスト の分布は 条件 のカテゴリで同じです。	独立サンプルによる Mann-Whitney の U の検定	.035[1]	帰無仮説を棄却します。

漸近的な有意確率が表示されます。 有意水準は .05 です。

[1] この検定の正確な有意確率が表示されます。

図 6.35a　仮説検定の要約

合計 N	20
Mann-Whitney U	77.500
Wilcoxon W	132.500
検定の統計	77.500
標準誤差	13.204
標準化された検定の統計	2.083
漸近有意確率 (両側検定)	.037
正確な有意確率 (両側検定)	.035

図 6.35b　Mann-Whitney U 結果

（2）効果量は以下の式から r を算出します。

$$r = \frac{z}{\sqrt{N}} = \frac{2.083}{\sqrt{20}} = 0.466$$

【論文への記載】

各グループの中央値または平均ランク，U 値，z 値，p 値，r 値等を報告します。

記載例

それぞれ 10 名の生徒に句または文単位で単語を覚えさせた後，30 点満点の語彙テストを行った。得点が正規分布から逸脱していたため，マン・ホイットニーの U 検定を用いて，条件間で語彙の定着度に差があるかを検証した。結果は，句平均ランク＝ 7.75，文平均ランク＝ 13.25，$U = 77.5$，$z = 2.08$，$p = .037$，$r = .47$ と 5％水準で有意差があり，効果量も中程度以上あった。このことから，単語を文単位で提示された群が，句単位で提示された群よりも有意に語彙テストの得点が高いことがわかった。

6-8-2 ウィルコクソンの符号付順位検定（1 要因の対応ある 2 群の比較）

ウィルコクソンの符号付順位検定（Wilcoxon signed-rank test/Wilcoxon signed ranks test）は，順序尺度以上のデータを扱い，対応のある 2 群（水準）の中央値の差を検定します。**6-8-1** のウィルコクソンの順位和検定とは異なる検定法で，対応あり t 検定に対応するノンパラメトリック検定にあたります。特徴としては，母集団分布に対称性を仮定しています（村上，2015，p.34）。

対応する 2 群の 2 値データから多値データに変更する場合は，マクネマーの拡張検定として，Exact Tests オプションにある周辺等質検定（**6-6-2**）を使うことができます。また，多値データに順序性がある場合は，ウィルコクソンの符号付順位検定で分析することも可能です。よって，**6-6-1** のマクネマー検定で使用したデータを 3 件法にしたデータを使って，この 2 つの検定を同時に行ってみます。SPSS で 2 つの検定を同時に行う場合は過去のダイアログを使います。

設定は，6 か月間の留学をした学生 50 名に対し，留学前と後に，留学先の言語で話す自信度（ある／少しある／ない）を尋ねました。順序性があるので順序尺度として扱い，留学前後でどう自信度が変化したかを分析します。

【操作手順：過去のダイアログの利用】

❶ファイル［マクネマー2 × 2 と拡張 3 × 3.sav］を開きます（**図 6.36**）。変数ビューで尺度を［順序(O)］または［スケール(S)］にします。

❷［分析(A)］→［ノンパラメトリック検定(N)］→［過去のダイアログ(L)］→［2 個の対応サンプルの検定(L)］と進みます（**図 6.36**）。

❸［2 個の対応サンプルの検定］（**図 6.37a**）の囲みの 2 つの変数［留学前 _3 択］［留学後 _3 択］をそれぞれ［テストペア(T)］の［変数 1］［変数 2］に入れます。また，［Wilcoxon(W)］と［周辺等質性(H)］にチェックを入れます。

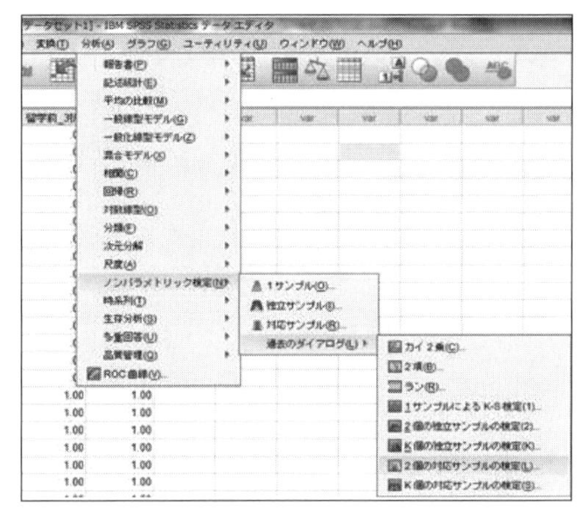

図 6.36　対応あり 2 変数データの入力

❹今回のデータは, 3 択しかなく 2 変数の数値の大半が同数な偏ったデータであるため，正確確率(X) から，［モンテカルロ(M)］を使ってみます（**図 6.37b**）。

❺最後に，続行(C) → OK で検定を実行します。

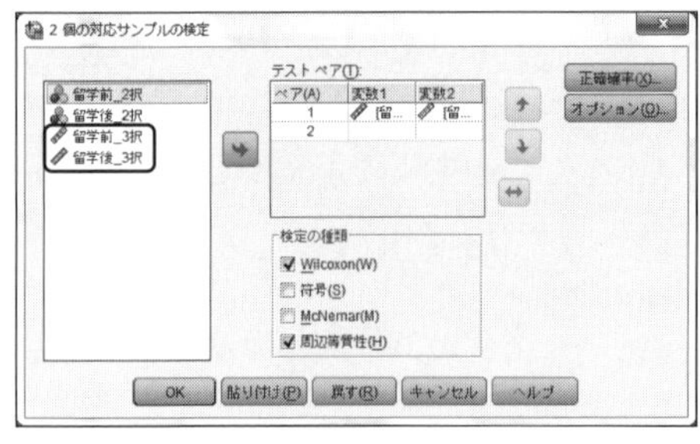

図 6.37a　変数の指定と 2 つの検定

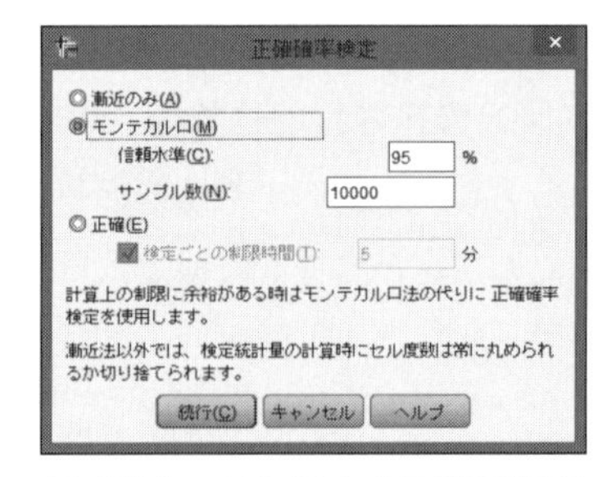

図 6.37b　モンテカルロ法の指定

【算出方法】

①対応ある 2 変数の差の絶対値を小さい順に順位を割り当てます。差が同じ場合は順位づけに含めません。

②次に，正の順位和（A ＞ B の場合の順位の合計）および負の順位和（A ＜ B の場合の順位の合計）を求め，この統計量の小さい値が求める統計量 T となります。

③その後，有意差検定をするために，T から T の平均 $\dfrac{n(n+1)}{4}$ を引いた値を，標準誤差 $\left(\sqrt{\dfrac{n(n+1)(2n+1)}{24}}\right)$ で割ることで標準化し，z 値を算出します（式 6.17）。

④統計量 z は近似的に標準正規分布に従う値で，$z > 1.96$ の場合は有意水準 .05 で，帰無仮説を棄却し，2 群間の中央値には差があると結論づけることができます。

$$（式 6.17）\quad z = \frac{T - \dfrac{n(n+1)}{4}}{\sqrt{\dfrac{n(n+1)(2n+1)}{24}}}$$

（n = 2 変数の値の差が 0 の数を引いたサンプルサイズ，T = 2 変数を $A > B$ の順位和と $A < B$ の順位和の小さい方の順位和）

※今回の計算に使用するサンプルサイズは（3 + 11 =）14，負の順位和 22.50（**図 6.38**）です。しかし，同数が多く，サンプルサイズが 25 より小さい場合は，ウィルコクソンの符号付順位和検定表（ネットや他所を参考のこと）から 14 と 22.5 の交わる数値が z 値になります。よって，今回は上記の式に当てはめても，**図 6.39a** の z 値 − 2.138 になりません。

順位

		度数	平均ランク	順位和
留学後_3択 - 留学前_3択	負の順位	3[a]	7.50	22.50
	正の順位	11[b]	7.50	82.50
	同順位	36[c]		
	合計	50		

a. 留学後_3択 < 留学前_3択
b. 留学後_3択 > 留学前_3択
c. 留学後_3択 = 留学前_3択

図 6.38　ウィルコクソンの符号付順位和検定記述統計

検定統計量[a,c]

			留学後_3択 - 留学前_3択
Z			-2.138[b]
漸近有意確率 (両側)			.033
モンテカルロ有意確率(両側)	有意確率		.055
	95% 信頼区間	下限	.051
		上限	.060
モンテカルロ有意確率(片側)	有意確率		.030
	95% 信頼区間	下限	.027
		上限	.034

a. Wilcoxon の符号付き順位検定
b. 負の順位に基づく
c. 開始シード 2000000 を伴う 10000 サンプル テーブルに基づく

図 6.39a　モンテカルロ法の結果

周辺等質性検定

			留学前_3択 & 留学後_3択
異なる数値			3
対角上にないケース			14
観測された MH 統計量			17.000
MH 統計量の平均値			21.000
MH 統計量の標準偏差			1.871
標準化された MH 統計量			-2.138
漸近有意確率 (両側)			.033
モンテカルロ有意確率(両側)	有意確率		.055[a]
	95% 信頼区間	下限	.051
		上限	.060
モンテカルロ有意確率(片側)	有意確率		.025[a]
	95% 信頼区間	下限	.022
		上限	.028

a. 開始シード 2000000 を伴う 10000 サンプル テーブルに基づく

図 6.39b　周辺等質性検定結果

【出力結果】

（1）［順位］（**図 6.38**）の表内の［負の順位］と［正の順位］は，留学後に自信度が下がった人が 3 名，上がった人が 11 名いたことを示しています。

（2）Wilcoxon の符号付き順位検定（**図 6.39a**）の［Z］と周辺等質性検定の［標準化された MH 統計量］（**図 6.39b**）の値が − 2.138，［漸近有意確率（両側）］.033 と同じ結果になっています。

しかし，［モンテカルロ有意確率(両側)］では .055 と有意になっておらず，95％信頼区間（95％CI）の上限も .05 より高くなっています（**図 6.39a**）。

(3) 効果量 $r = \frac{z}{\sqrt{N}} = \frac{-2.138}{\sqrt{100}} = -0.214$

（ただし，N はサンプルサイズではなく総観測データ数）

【論文への記載】

ウィルコクソンの符号付順位和検定を行った際には，検定で得た統計値である z 値と p 値を記載し，以下のように報告します。

記 載 例

50 名の学生を対象に 6 か月間の留学前後で，留学先の言語を話す自信について変化があったかを調査した。その結果，ほとんどの学生は変わらなかったが，3 名が下がり，11 名が上がっていた。ウィルコクソンの符号付順位和検定で分析したところ，$z = -2.138$，漸近有意確率 $p = .033$ で有意であった。しかし，より正確なモンテカルロ有意確率（両側）では，$p = .055$，［99％ CI：.05，.06］と有意傾向に留まり，効果量 $r = .21$ も小から中低度であった。以上のことから，6 か月の留学経験によって，留学先の言語で話す自信が大きくつくわけではないが，その傾向はあるといえる。

6-8-3　クラスカル・ウォリスの順位和検定（対応のない 3 群以上の比較）

クラスカル・ウォリスの順位和検定（Kruskal-Wallis test）は，対応のない 3 群以上のデータの中央値に差があるかを検定します。対応なしの一元配置分散分析に対応するノンパラメトリック検定で，順序尺度以上を扱います。正規性を仮定しないので，その仮定に問題がある場合にこちらを使用することができます。

有意差があった場合は，Steel-Dwass 法や，対応がない 2 群を比較するマン・ホイットニーの U 検定（**6-8-1**）で多重比較を行い，必要に応じて，ボンフェローニの方法またはライアン法で有意水準を調整します。効果量は，マン・ホイットニーの U 検定の結果から r を求めます。ただし，SPSS の現行のダイアログを使用すると多重比較まで算出してくれます。

※ SPSS では**図 6.41** から，**ヨンクヒール・タプストラ検定**（Jonckheere-Terpstra test）を行うことができます。今回は使用しませんが，複数のグループにある傾向がみられるかを分析するトレンド検定と呼ばれる検定です。

データは，1 クラス 8 名のクラス A・B・C のスピーチのパフォーマンスを 10 点満点で付けたものです。ここでは，「3 クラスの得点の中央値に差がない」という帰無仮説を検証します。

【操作手順：現行のダイアログの利用】

❶ファイル［クラスカル・ウォリス .sav］（**図 6.40**）を開きます。

❷メニューの［分析(A)］→［ノンパラメトリック検定(N)］→［独立サンプル(I)］と進みます（**図 6.40** 囲み）。

❸［ノンパラメトリック検定：2 個以上の独立サンプル］（**図 6.41a**）の左上の 3 つのタブをクリックして指定します。

- ［目的］：［分析のカスタマイズ(C)］またはデフォルト。
- ［フィールド］（**図 6.41a**）：［検定フィールド(T)］に［小テスト］，［グループ(G)］に［クラス］

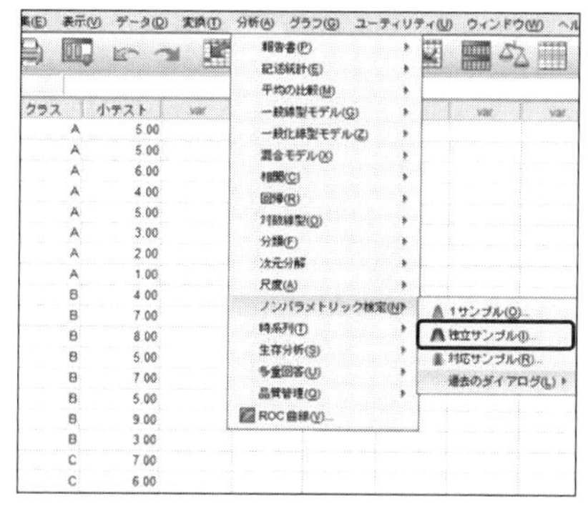

図 6.40　クラスカル・ウォリス（対応なし）

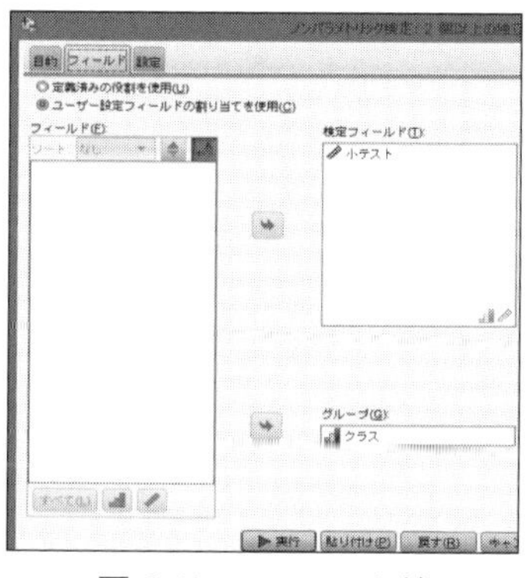

図 6.41a　フィールド

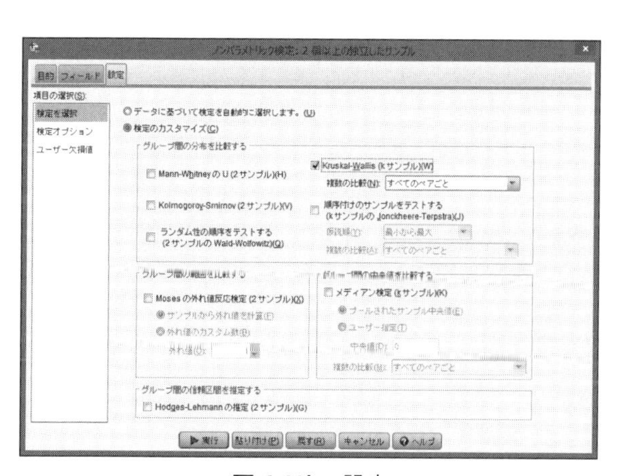

図 6.41b　設定

を移動させます。

・［設定］（**図 6.41b**）：［検定のカスタマイズ(C)］で［Kruskal-Wallis(K サンプル)(W)］を選択し，実行 します。

【算出式】

グループの区別なしに，低い値から通しの順位を付け，その後，各グループの順位和を求めます。その値を式 6.18 に代入し，統計値 H を求めます。自由度（df）$= k - 1$ のカイ 2 乗分布の棄却限界値より大きければ，帰無仮説を棄却します。

［順位］**図 6.44** 上のそれぞれのクラスの平均ランクと式 6.18 から，$H(2) = 9.022$ となります。

（式 6.18）
$$H = \frac{12}{N(N+1)} \sum_{i=1}^{k} \frac{R_i^2}{n_i} - 3(N+1)$$
$$= \frac{12}{24 \times 25} \left(\frac{(8 \times 6.81)^2}{8} + \frac{(8 \times 13.56)^2}{8} + \frac{(8 \times 17.12)^2}{8} \right) - 3 \times 25 = 9.022$$

（N ＝サンプルサイズ，n_i ＝グループのサンプルサイズ，R_i ＝それぞれのグループの順位和）

【出力結果と多重比較】

(1)［仮説検定の要約］（**図 6.42**）をダブルクリックすると，**図 6.43** が現れます。［検定の統計］が 9.022 で，［漸近有意確率］が .011 と 5%水準で有意となっています。よって，多重比較の結果を見ていきます。

(2) 画面下のビューで［ペアごとの比較］を選択すると，**図 6.44** が現れます。結果をみると 5%水準で A − C 間で有意となっています。

(3) それぞれの効果量 r を［Std. 検定統計］（**図 6.44**）から算出します。

$$r_{A-B} = r = \frac{Z}{\sqrt{N}} = \frac{|1.835|}{\sqrt{16}} = .459, \quad r_{B-C} = \frac{|1.021|}{\sqrt{16}} = .255, \quad r_{A-C} = \frac{|2.957|}{\sqrt{16}} = .739$$

【論文への記載】

論文には，平均ランク（**図 6.44** 上図内の値）を報告すると，どのクラスが最も得点が高いか把握できます。以下のように，クラスカル・ウォリスの順位和検定の統計量 H と p 値，また，多重比較で算出される p 値，z 値および効果量 r 値を報告します。

仮説検定の要約

	帰無仮説	テスト	有意確率	決定
1	小テスト の分布は クラス のカテゴリで同じです。	独立サンプルによる Kruskal-Wallis の検定	.011	帰無仮説を棄却します。

漸近的な有意確率が表示されます。 有意水準は .05 です。

図 6.42　クラスカル・ウォリスの検定の要約

合計 N	24
検定の統計	9.022
自由度	2
漸近有意確率 (両側検定)	.011

1. 検定統計量は同順位の調整が行われています。

図 6.43　クラスカル・ウォリスの検定の要約

クラス のペアごとの比較

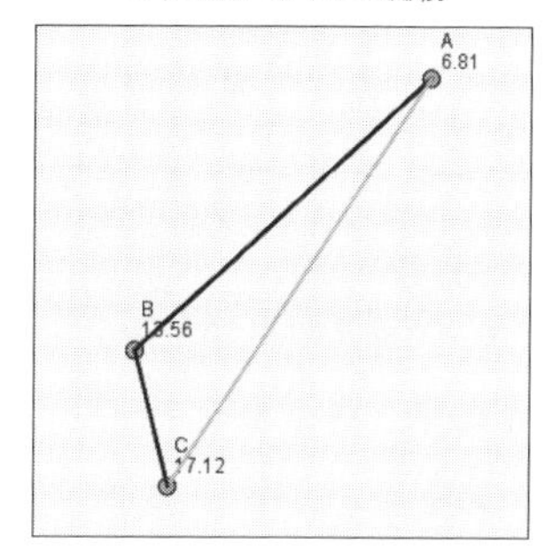

各ノードには クラス の平均順位が示されます。

サンプル 1-サン…	検定統計	標準エラー	Std. 検定統計	有意確率	調整済み有意確率
A-B	-6.750	3.488	-1.935	.053	.159
A-C	-10.312	3.488	-2.957	.003	.009
B-C	-3.562	3.488	-1.021	.307	.921

各行は、サンプル 1 とサンプル 2 の分布が同じであるというヌル仮説を検定します。
漸近有意確率 (両側検定) が表示されます。 有意水準は .05 です。
有意確率値は、複数のテストに対して Bonferroni 訂正により調整されています。

図 6.44　ペアごとの比較

記 載 例

各８名のA・B・C組で，スピーチのパフォーマンスに違いがあるかをクラスカル・ウォリスの順位和検定で検証した。その結果，H (2) ＝ 9.02，漸近有意確率 p ＝ .011 で，クラス間に 5％水準で有意差があった。多重比較の結果，A組とC組の間で中央値に有意な違いがあり，効果量 r も大きかった（p ＝ .009，z ＝ 2.97，r ＝ .74）。よって，図 6.44 の平均ランクより，C組がA組より有意にスピーチパフォーマンスが高いといえる。

6-8-4　カイ２乗検定からクラスカル・ウォリスの順位和検定を利用できる場合

クラスカル・ウォリスの順位和検定は，「賛成・どちらかといえば賛成・反対」や「上位・中位・下位」などの順序関係があるアンケート回答の３件法や４件法の分析にも使えます。このときに，名義尺度の頻度として分析するカイ２乗検定でも可能ですが，クラスカル・ウォリスの順位和検定を使用することで，順序情報も利用していることになります。

同様に，アンケートの５件法以上になると順序尺度ではなく間隔尺度とみなして分析を進める場合が多くあります（狩野・三浦，2007）。この場合は，*t* 検定や分散分析だけでなく，必要に応じて因子分析や主成分分析を使用することも可能になります。

【操作手順：現行のダイアログの利用】

6-5-2 の［カイ２乗３×3.sav］を使って説明します。

この場合は，成績（3＝上位・2＝中位・1＝下位）を順序データとみなし，従属変数とします。暗記方法（1＝声に出す・2＝書き写す・3＝両方）は独立変数とします。よって，帰無仮説は「暗記方法によって単語テストの成績に違いはない」となります。

❶「成績」変数の尺度を，「名義」から「スケール」に変更します。

❷［過去のダイアログ(L)］を使うこともできますが，ここでは，現行のダイアログを使ってみます。
メニューから［分析(A)］→［ノンパラメトリック検定(N)］→［独立サンプル(I)］と進みます。

❸画面左上にある３つのタブで設定を行います。

- 目的：［分析のカスタマイズ(C)］またはデフォルト。
- フィールド：［検定フィールド(T)］に［成績］，［グループ(G)］に［暗記方法］を入れます。
- 設定：［検定のカスタマイズ(C)］をクリック後，［Kruskal-Wallis（k サンプル）(W)］にチェックを入れ，［複数の比較(N)］は［すべてのペアごと］を選択します。最後に，実行 します。

【結果の出力】

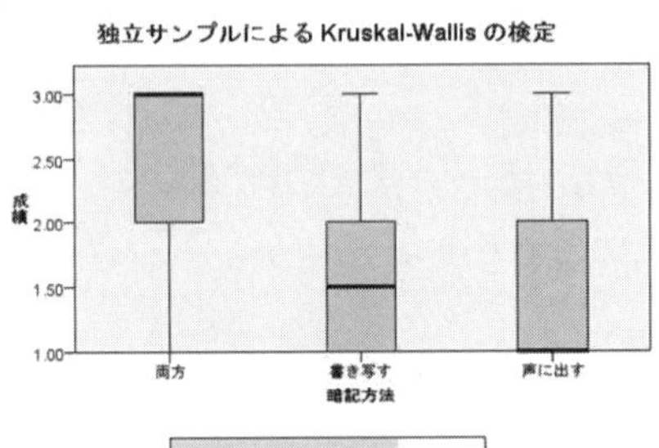

合計 N	55
検定の統計	11.106
自由度	2
漸近有意確率 (両側検定)	.004

図 6.45　箱ひげ図と検定結果

各ノードには 暗記方法 の平均順位が示されます。

サンプル1-サンプル2	検定統計	標準エラー	Std. 検定統計	有意確率	調整済み有意確率
声に出す-書き写す	2.782	5.371	.518	.604	1.000
声に出す-両方	14.780	4.743	3.116	.002	.005
書き写す-両方	11.998	5.109	2.349	.019	.057

各行は、サンプル 1 とサンプル 2 の分布が同じであるというヌル仮説を検定します。
漸近有意確率 (両側検定) が表示されます。有意水準は .05 です。
Bonferroni 訂正により、複数のテストに対して、有意確率の値が調整されました。

図 6.46　ペアごとの比較

［仮説検定の要約］をダブルクリックすると，箱ひげ図（**図 6.45**）やペアごとの比較（**図 6.46**）が，調整済み p 値でも示されています。

$$r_{2-1} = \frac{0.518}{\sqrt{55}} = 0.070, \quad r_{2-0} = \frac{3.116}{\sqrt{55}} = 0.420, \quad r_{1-0} = \frac{2.349}{\sqrt{55}} = 0.317$$

【論文への記載】

記載例

暗記方法によって単語テストの成績に違いがあるかをクラスカル・ウォリスの順位和検定で検定したところ，$H(2) = 11.106$，$p = .004$ と 5％水準で有意であった。そこで，多重比較を行ったところ，$z = 3.116$，$p = .005$，$r = 0.42$ となり，書く・声に出すと両方の方法で暗記した方が，声に出すだけより，有意に単語の暗記には有効だと示唆された。

6-8-5　フリードマン検定（対応ある 3 条件以上の比較）

フリードマン検定（Friedman's test）は，対応ある 3 条件以上の順序尺度データを扱います。各条件の中央値に差があるかを検定します。対応あり一元配置分散分析に相当するノンパラメトリック検定で，**フリードマンの分散分析**（Friedman's ANOVA）とも呼ばれています。帰無仮説のもとでは，自由度 $k-1$ の χ^2 分布に近似的に従うことを利用して検定が行われます。また，複数条件を設定することからサンプルサイズがある程度大きくなくては正確な検定はできません（森・吉田，1990，p.214）。

15 人に学期中に事前テスト（プレテスト）を含めて，4 回行った音読テストを例に取り上げます。正規性が満たされていない 8 点満点のデータです（**表 6.11a**）。

表 6.11a　小テスト結果

生徒 ID	プレテスト	テスト 1	テスト 2	テスト 3
1	3	6	4	5
2	5	4	8	6
：	：	：	：	：
4	5	6	6	7

表 6.11b　ランク付け

プレテスト（順位）	テスト 1（順位）	テスト 2（順位）	テスト 3（順位）
2	4	1	3
2	1	4	3
：	：	：	：
1	2.5	2.5	4

【操作手順：現在のダイアログの利用】

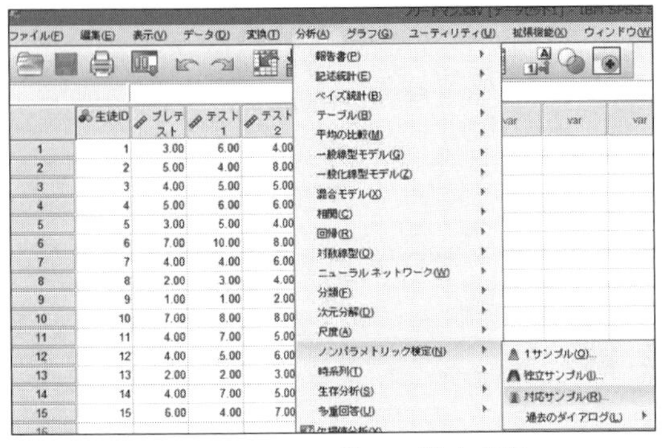

図 6.47　フリードマン検定手順

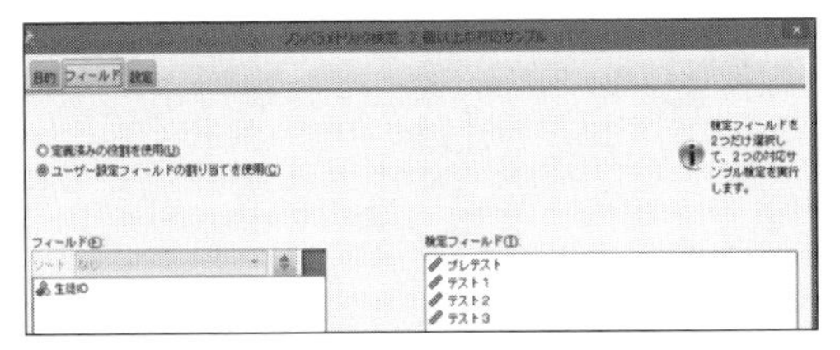

図 6.48a　フィールドの指定

図 6.48b　設定

❶ファイル［フリードマン.sav］を開き（**図 6.47**），［分析(A)］→［ノンパラメトリック検定(N)］→［対応サンプル(R)］を順にクリックします。

❷画面左上のタブで，以下の 3 つの設定をします。

- 目的：［分析のカスタマイズ(C)］またはデフォルト。
- フィールド：［検定フィールド(T)］に［プレテスト］［テスト 1］［テスト 2］［テスト 3］を入れます（**図 6.48a**）。
- 設定：［検定のカスタマイズ(C)］→［Friedman(k サンプル)(V)］にチェックを入れ，［複数の比較(T)］は「すべてのペアごと」を選択します（**図 6.48b**）。最後に，実行 をクリックします。

【算出式】

表 ID の 1 番から，4 つのデータを比べ，低い順にランクをつけます（**表 6.11b**）。その後，それぞれの条件の順位和（R_i）を求めます。ここでは，手計算のため，平均ランク（**図 6.50b** 上の数値）にサンプルサイズを掛けて，順位和（R_i）を出しています。その後，4 条件の順位和を式 6.19 に当てはめフリードマンの値（Fr）を求めています（**図 6.49**）。ただし，$k \leqq 4$ の場合はフリードマン検定表から，$k > 4$ の場合はカイ 2 乗分布に従います。小数点以下が少ないので手計算では正確ではありませんが，正確には**図 6.50a** のカイ 2 乗値になります。

$$(\text{式 } 6.19)\quad Fr = \left[\frac{12}{Nk(k+1)} \Sigma_{i=1}^{k} R_i^2\right] - 3N(k+1)$$

$$= \left[\frac{12}{15 \times 4(4+1)}[(15\times1.40)^2 + (15\times2.57)^2 + (15\times3.00)^2 + (15\times3.03)^2]\right]$$

$$- 3\times15(4+1)$$

$\fallingdotseq 17.109$　（N ＝サンプルサイズ，k ＝条件数，R_i ＝各条件の順位和）

【出力結果】

仮説検定の要約

	帰無仮説	テスト	有意確率	決定
1	プレテスト, テスト 1, テスト 2 and テスト 3 の分布は同じです。	対応サンプルによる Friedman の順位付けによる変数の双方向分析	.001	帰無仮説を棄却します。

漸近的な有意確率が表示されます。 有意水準は .05 です。

図 6.49　フリードマン検定の要約

合計 N	15
検定の統計	17.109
自由度	3
漸近有意確率 (両側検定)	.001

図 6.50a　検定の統計量

（1）**図 6.50a** の［検定の統計］のカイ 2 乗値が 17.109，自由度 3(＝ 4 － 1）で，［漸近有意確率］.001 となっており，1％水準で有意となります。したがって，4 つのテストのどこかに差があるといえます。

（2）どこに有意差があるかを調べるには，プレテストと他の 3 つのテストとの間の多重比較を，2 群の対応サンプルの比較で使うウィルコクスンの符号付順位和検定で求めます。そして，ボンフェローニの方法（$\alpha = 0.05/3 = 0.0167$）で有意水準を調整した値と比較します。SPSS では，［ペアごとの比較］（**図 6.50b**）が計算されています。

（3）効果量は，ウィルコクソンの符号付順位和検定の結果からか，**図 6.50b** の［Std. 検定統計］から以下のように r を求めます。

$$r_{2-1} = \frac{z}{\sqrt{N}} = \frac{2.475}{\sqrt{15}} = 0.639$$

$$r_{3-1} = \frac{3.394}{\sqrt{15}} = 0.876$$

$$r_{4-1} = \frac{3.465}{\sqrt{15}} = 0.895$$

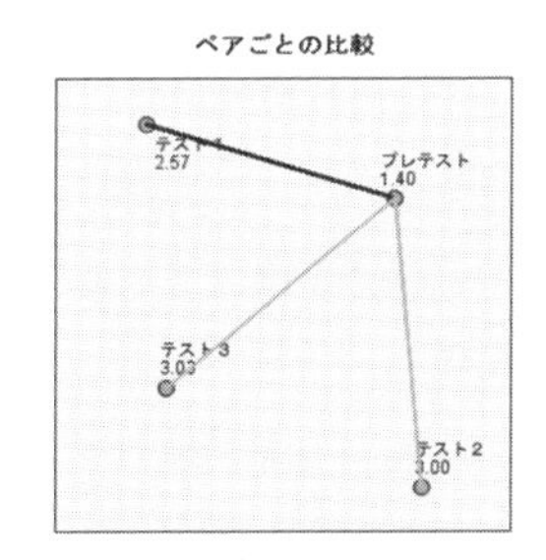

各ノードにはサンプル平均ランクが示されます。

サンプル1-サンプル2	検定統計	標準エラー	Std. 検定統計	有意確率	調整済み有意確率
プレテスト-テスト 1	-1.167	.471	-2.475	.013	.080
プレテスト-テスト 2	-1.600	.471	-3.394	.001	.004
プレテスト-テスト 3	-1.633	.471	-3.465	.001	.003
テスト 1-テスト 2	-.433	.471	-.919	.358	1.000
テスト 1-テスト 3	-.467	.471	[illegible]	[illegible]	1.000
テスト 2-テスト 3	-.033	.471	-.071	.944	1.000

各行は、サンプル 1 とサンプル 2 の分布が同じであるというヌル仮説を検定します。
漸近有意確率 (両側検定) が表示されます。 有意水準は .05 です。
有意確率値は、複数のテストに対して Bonferroni 訂正により調整されています。

図 6.50b　ペアごとの比較

【論文への記載】

記載例

15名に8点満点の音読テストを4回行い，変化があったかを，フリードマン検定で調べた。その結果，$\chi^2(3) = 17.1$, 漸近有意確率 $p = .001$ と1%水準で有意であった。事前テスト（プレテスト）とどのテスト間で有意かを多重比較で調べた結果，プレテストとテスト2（$z = -3.394$, $p = .004$, $r = .876$）およびテスト3の間（$z = -3.465$, $p = .003$, $r = .895$）に有意差がみられた。よって，徐々にテスト得点が伸び，プレテストからテスト2，プレテストからテスト3で有意な伸びがみられ，かつ中程度の効果量があった。

6-8-6 順序相関係数（関係の強さを測る）

パラメトリック検定でよく使われるピアソンの積率相関係数に対応する，ノンパラメトリック検定の相関係数には，**スピアマンの順位相関係数**（Spearman's rank correlation coefficient：r_s）と**ケンドールの順位相関係数**（Kendall's rank correlation coefficient）があります。どちらも順序尺度同士の相関係数で，－1から1の値を取り，0で無相関，±1に近づくほど正または負の相関が強いことを表しています（**表6.12**）。

表6.12 相関係数の解釈の目安

$\|r\|$ の値	相関の強さの解釈
1.0～0.7	強い相関がある
0.7～0.4	中程度の相関がある
0.4～0.2	弱い相関がある
0.2～0.0	ほぼ相関がない

注．田中・山際，1992，p.188に基づく

ピアソンの順位相関係数は外れ値によって大きく正規性がくずれ，相関係数が低くなる傾向があります。そのような場合は，正規性を前提にしていない，順位情報のみを使ったスピアマン順位相関係数を使用します。

（式6.20）　$r_s = 1 - \dfrac{6\sum_i^n d_i^2}{n^3 - n}$　（d_i：対応する順位の差）

SPSSではピアソンの積率相関係数と同じ操作画面で算出しますので，迷う場合は両方とも算出してみるとよいでしょう。算出方法は平井（2017，第7章）等を参照してください。

第7章 コーパス分析

◉コーパスツールを用いて語句の出現頻度を比較する

Section 7-1 コーパスとコーパス活用のためのツール

7-1-1 コーパスとは

この章では**コーパス**（corpus）を研究や学習支援に利用する方法について説明します。現在，一般に，コーパスとは「言語分析に利用できる電子化された言語資料の集積」を指します（齊藤・中村・赤野，2005）。言語の分析を目的とせずに存在している電子テキスト，つまりウェブページのテキストやTwitterのメッセージなどをコーパスとして利用することもあります。

コーパスを効果的に活用するには，コーパスに出現する特定の語句の頻度を集計したり，これらの語句がどのような文脈で使われているかを提示したりすることが必要になってきます。本章では，そのようなことができるツールとその使用方法を解説していきます。また，コーパスに含まれる語句の頻度を比較分析するための統計手法を紹介します。

7-1-2 コーパスの種類

広く利用されている英語テキストを集積したコーパスには，次のようなものがあります。

(1) 公開されている大規模**均衡コーパス**（balanced corpus：言語の総体を母集団とし，バランスよくデータを収集したコーパス）のうち現代英語を対象にしたもの

- **British National Corpus**（BNC）：

  収集する分野や文体が考慮され，1990年代のイギリス英語の実態を代表するような構成比となっています。1億語を収集しており，9割が書き言葉，1割が話し言葉で構成されています。次のウェブサイトからアクセスします。

  ①**BNCweb**（http://bncweb.lancs.ac.uk/bncwebSignup/user/register.php）ユーザー登録をして利用します。

②**BYU-BNC**（http://corpus.byu.edu/bnc/）

③**小学館コーパスネットワーク BNC Online**（http://scnweb.japanknowledge.com/BNC2/）有料です。

・**Corpus of Contemporary American English**（COCA）：

話し言葉，フィクション，雑誌，新聞，学術論文の分野から収集され，アメリカ英語を代表するように構成されています。1990 年から毎年 2,000 万語が収集されており，2018 年 10 月現在は 2017 年までの 5 億 6,000 万語が含まれています。なお，COCA は上記の②BYU-BNC と共通のインターフェースをもっており，両方とも Mark Davies 氏によって開発されたコーパス群に含まれています。（http://corpus.byu.edu/coca/）

（2）公開されている英語学習者コーパス（学習者の書き言葉や話し言葉をデータとするもので日本語母語話者の英語学習者が対象となっているもの）

・**ICNALE**（The International Corpus Network of Asian Learners of English）：

日本を含むアジア圏の大学生英語学習者および英語母語話者の書き言葉と話し言葉が収集されています。オンラインでの使用およびデータのダウンロードも可能です。
（http://language.sakura.ne.jp/icnale/）

・**The NICT-JLE Corpus**（The National Institute of Information and Communication Technology Japanese Learner English Corpus）：

日本語母語話者の英語インタビューテストの発話を書き起こしたデータが収集されています。データはダウンロードできます。（https://alaginrc.nict.go.jp/nict_jle/）

・**JEFLL**（Japanese EFL Learner Corpus）：

日本の中学生および高校生によって書かれた英作文のコーパスです。
（http://scnweb.japanknowledge.com/~jefll03/）

（3）自作のコーパス

・生徒が書いた英作文を集めて電子化したものや，電子化された教材テキストや任意のウェブページなどから英文をコピーし，テキストエディタに貼り付けたものなどがこれにあたります。

（4）言語分析以外の目的で存在する電子テキストをコーパスとして利用

・Google 等のブラウザを利用して検索できるウェブサイトや Twitter などがあります。Google の利用方法については仁科（2013，2014）が参考になります。

※上記に挙げたコーパスについては，赤野・堀・投野（2014）に詳しい説明があります。また，音素の発音やイントネーションなどの音声学的情報や音声ファイルが付加されている音声コーパスについては，青木（2014a，2014b）を参照してください。

7-1-3　コーパスを利用する利点と事例

（1）コーパスを研究や学習支援に用いる利点として，大きく次のことが挙げられます。

・言語現象を計量的に捉えることができる。

・品詞情報や発話者情報などのタグを付け，さらに詳細な分析ができる。

・言語の実際の運用実態を反映している。

（2）コーパス活用事例

コーパスの身近な活用事例の 1 つに辞書編纂があります。語が用いられる構文のパターンや語法などについてコーパスに基づいた研究成果が辞書に反映されることが増えています。またコーパスは，通時的あるいは共時的な文法研究などを含む，言語に関わる幅広い研究分野に利用されています。英語教育分野においては，学習対象となる語彙表の作成，英語学習者が産出するテキストや発話を集積したコーパスの分析，英語学習者コーパスと英語母語話者コーパスの比較研究などがあります（中村・堀田，2008；投野，2015）。コーパスの活用実践については，研究社のウェブマガジンにリレー形式で連載された記事（研究社，2013，2014，2015，2016）も参考になります。

7-1-4　コーパス活用のための分析ツール

コーパス分析ツールの多くは，コーパス内の語句の出現頻度の集計，検索する語句を含んだテキストを表示するコンコーダンス（concordance），および簡単な統計分析を行う基本機能を持っています。また，次に紹介する②，③，④では統計分析結果を視覚的にグラフなどで提示することもできます。

（1）オフラインで使用可能なコーパス分析ツール（無償）

① AntConc …… Laurence Anthony 氏による開発。対応 OS は Windows，Mac，Linux。
（http://www.laurenceanthony.net/software.html）

同サイトには，AntConc の他にも，以下を含む便利なツールが掲載されています。

- TagAnt：テキストに品詞のタグをつける。
- AntPConc：日本語文と対応する英語文など2言語のテキストを同時にコンコーダンスラインとして表示する。
- AntWordProfiler：テキストに含まれる語彙のレベルを示す。
- EncodeAnt：ファイルの文字コードを検出し，たとえばSHIFT-JISのテキストファイルをUTF-8に変換する。

② CasualConc …… 今尾康裕氏による開発（今尾，2017）。対応OSはMac。
（https://sites.google.com/site/casualconcj/Home）

③ KH Coder …… 樋口耕一氏による開発（樋口，2014）。対応OSはWindows（**10-1-2**参照）。Macや Linuxでも作動するが追加設定が必要。（http://khc.sourceforge.net）

④ MTMineR …… 金明哲氏による開発（金・張，2012）。どのOSでも動作可能。
（http://mjin.doshisha.ac.jp/MTMineR/mt.html）

（2）ウェブ環境で操作できるコーパス分析ツール

- Voyant Tools（http://voyant-tools.org/）
 分析対象のテキストをコピーし貼り付けるか，ファイルを読み込ませる方法で入力します。

Section 7-2 AntConcを用いた分析事例

本節では，上記で挙げたコーパスツールの中のAntConcを用いたコーパス分析ツールの基本的な機能と実際の操作方法を解説します。

7-2-1 AntConcの機能

AntConcには次のような機能があります。これらは，次の小節（**7-2-2**）で説明するAntConcの起動画面のタブ（**図7.1**）の表示と対応します。

- 検索語句を含む表現をコンコーダンスラインとして表示 …… Concordance
- 検索語句がファイルのどこに出現するかを表示 ……………… Concordance Plot
- 検索語句をテキストの文章とともに表示 ……………………… File View
- 単語の連鎖とn-gramの抽出 ……………………………………… Clusters/N-Grams

・共起語の抽出 ………………………………………………………… Collocates
・コーパスに出現する語句の頻度の集計 ………………………… Word List
・あるコーパスと別のコーパスを比較したときの
　それぞれのコーパスにおける特徴語の抽出 …………………… Keyword List

7-2-2 AntConcのダウンロードとコンコーダンスラインの提示（Concordance，File View）

AntConcを利用して，Lewis Carroll作 *Alice's Adventures in Wonderland* を分析対象のコーパスとし，このコーパスに出現する *queen* という語とその冠詞の用いられ方について考察します。

【操作手順】

(1) コーパスの準備

読み込むコーパスをテキストファイル形式で用意します。*Alilce's Adventures in Wonderland* のテキスト（Plain Text UTF-8）を，著作権の保護期間を越えた資料を電子化して公開しているプロジェクト・グーテンベルク（Project Gutenberg）のサイトからダウンロードします（http://www.gutenberg.org/files/11/11-0.txt）。分析の目的によってはダウンロードしたままの状態でAntConcに読み込ませますが，ここでは，文書の冒頭や末尾のタイトルや著者，プロジェクト・グーテンベルクの説明など分析に不要な部分は削除し，［Alices Adventures.txt］としています。

※AntConcは英語以外のテキストでも，ファイル形式がUnicodeであれば読み込むことができます。

(2) AntConcのダウンロードと起動

使用するOSに合わせてhttp://www.laurenceanthony.net/software.htmlからダウンロードします。本書ではWindows（3.4.4）を使用しています。インストールは不要で，AntConcのアイコンもしくはAntConc.exeファイルをダブルクリックすると起動します（**図7.1**）。

※起動画面の上部に機能別のタブ（**図7.1**囲み）が並んでいます。これらは左からキーボードのF1からF7に対応しています。

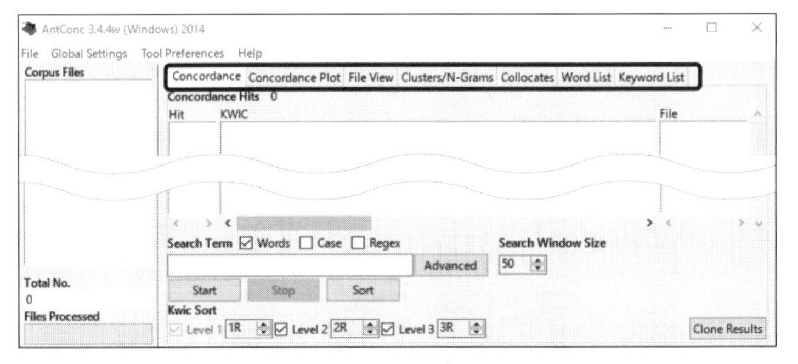

図 7.1　AntConc 起動画面

(3) コーパスファイルの読み込み

❶メニューバーの左上の［File］→［Open File(s)］と進み，［Alices Adventures.txt］を読み込みます。

※［Open File(s)］は 1 つもしくは複数のファイル，［Open Dir］はフォルダ単位でファイルを読みこむときに使います（図 7.2）。

❷［Corpus Files］欄に，読み込んだファイルのファイル名が示されます（図 7.3）。

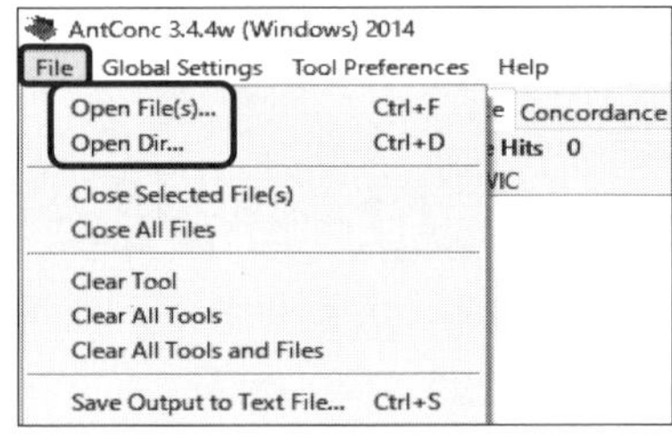

図 7.2　ファイルの読み込み

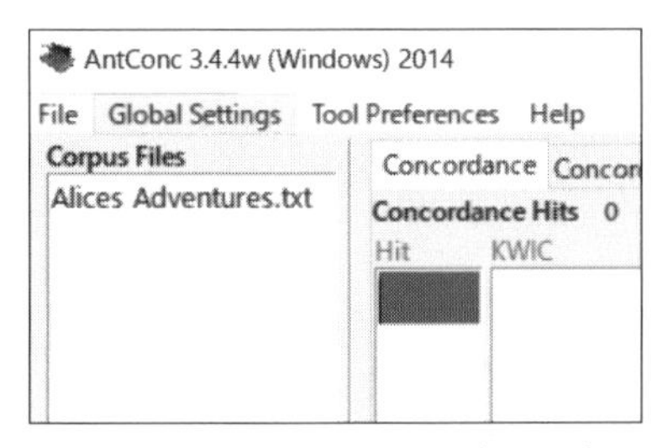

図 7.3　ファイル読み込み済みの表示

(4) コンコーダンスラインの表示

❶ Concordance のタブが選択されている状態で，［Search Term］欄に検索語「queen」を入力し，Start をクリックします（図 7.4）。検索語を含む行が KWIC（key word in context）形式で表示されます。

※［Search Term］の［Words］，［Case］，［Regex］ではそれぞれ次のことができます。

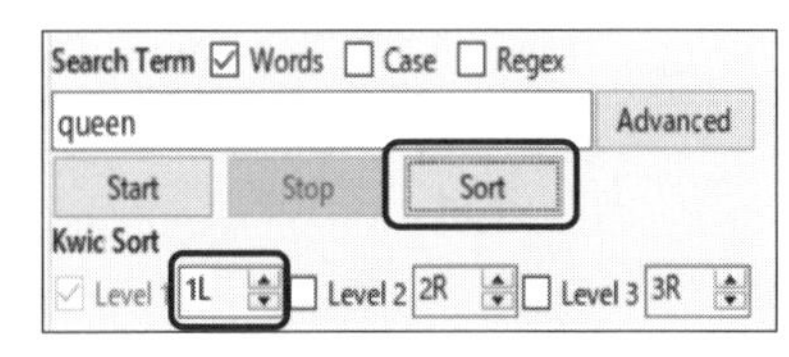

図 7.4　AntConc への検索語入力

・［Words］：検索語のスペリングを含んでいる語を検出するのを避けます。チェックを外し，「to」を検索窓に入力した場合，「into」，「too」，「tomorrow」，「took」，「October」，「stole」なども検出します。デフォルトでチェックが入っています。

・［Case］：大文字と小文字を区別します。チェックを入れて，検索語に may を入力した場合に May を検出しません。

・［Regex］：正規表現を使って検索できます。「?」は直前の文字が 0 または 1 回の出現を示し，たとえば「cats?」と入力すると cat と cats の両方が検出されます。「has|have|had」と入力すると OR 検索となり，has，have，had が検出されます。

❷このコーパスの queen と queen の前に置かれる定冠詞 the について観察するため，［Kwic Sort］の［Level 1］を［1L］に変更し，［Level 2］と［Level 3］はチェックを外した状態で Sort をクリックし，並べ替えを行います（**図 7.4**）。

※［Kwic Sort］の Level は並べ替えをする際に優先されるレベルのことで，チェックを入れることで最大 3 つのレベルまで指定できます。

※ L と R は検索語から見た左と右を意味します。たとえば，2L は検索語よりも 2 つ前の語，1R は検索語の 1 つ後ろを指定することになり，その指定した語のアルファベット順に並べ替えが行われます。

❸コンコーダンスラインを観察すると，queen はすべて Queen と大文字で始まっており，そのほとんどに定冠詞が付いていること（75 件中 72 件）や king and queen に the が付く表現（「The King and Queen of Hearts were...」）があることがわかります（**図 7.5**）。

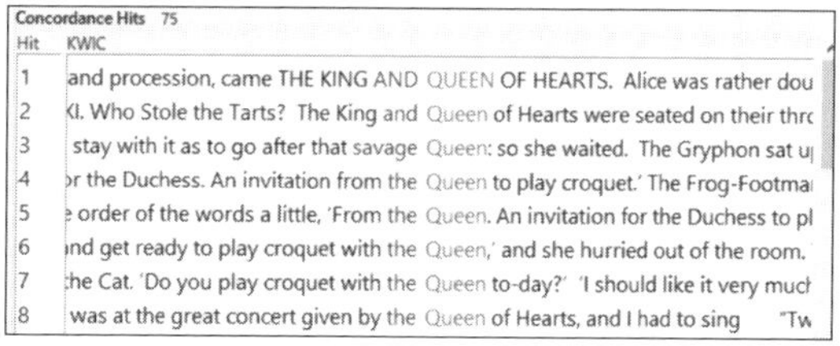

Concordance Hits 75

Hit	KWIC
1	and procession, came THE KING AND QUEEN OF HEARTS. Alice was rather dou
2	XI. Who Stole the Tarts? The King and Queen of Hearts were seated on their thrc
3	stay with it as to go after that savage Queen: so she waited. The Gryphon sat u
4	or the Duchess. An invitation from the Queen to play croquet.' The Frog-Footma
5	e order of the words a little, 'From the Queen. An invitation for the Duchess to pl
6	and get ready to play croquet with the Queen,' and she hurried out of the room.
7	the Cat. 'Do you play croquet with the Queen to-day?' 'I should like it very much
8	was at the great concert given by the Queen of Hearts, and I had to sing "Tw

図 7.5　コンコーダンスラインの表示

（5）テキスト内での検索語句の表示

検索した語句が用いられている文脈を確認するには，Concordance のタブが選択されている状態で，コンコーダンスラインの検索語をクリックすると，［File View］の画面に自動的に移動します。先ほどの the の付かない「Queen」の部分をクリックすると，対象語句（黒マーカー）が含ま

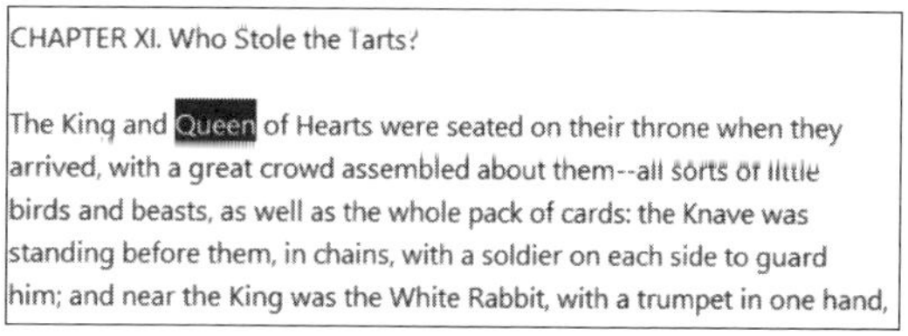

CHAPTER XI. Who Stole the Tarts?

The King and Queen of Hearts were seated on their throne when they
arrived, with a great crowd assembled about them--all sorts of little
birds and beasts, as well as the whole pack of cards: the Knave was
standing before them, in chains, with a soldier on each side to guard
him; and near the King was the White Rabbit, with a trumpet in one hand,

図 7.6　File View 表示

れる文章が表示されます（**図 7.6**）。再び［Concordance］をクリックすると戻ります。

7-2-3 n-gram と concordance plot の確認（Clusters/N-Grams，Concordance Plot）

次に，*Alilce's Adventures in Wonderland* において，一定の語が定まった順番で隣接して出現する，かたまりのような表現にはどのようなものがあるのか，また，それらの表現の前後の文脈はどのようなものがあるか，そして，これらの表現はファイル全体のどのあたりに出現しているのかを調べます。**n-gram（n グラム）**とは一定の文字数で構成される語のかたまりのことです。n は任意の数字を示し，たとえば，3-gram であれば 3 語のかたまりを意味します。

【操作手順】

(1) 3-gram の検索指定

❶［Alices Adventures.txt］が読み込まれている状態で，起動画面（**図 7.1**）の Clusters/N-Grams を選択します。

❷［Search Term］の［N-Grams］にチェックを入れます（**図 7.7**）。ここでは 3-gram を検索するため，［N-Gram Size］の［Min.］，［Max.］ともに「3」を指定します。［Sort by］で［Sort by Freq］（出現頻度順）が選択されていることを確認し，Start をクリックします。

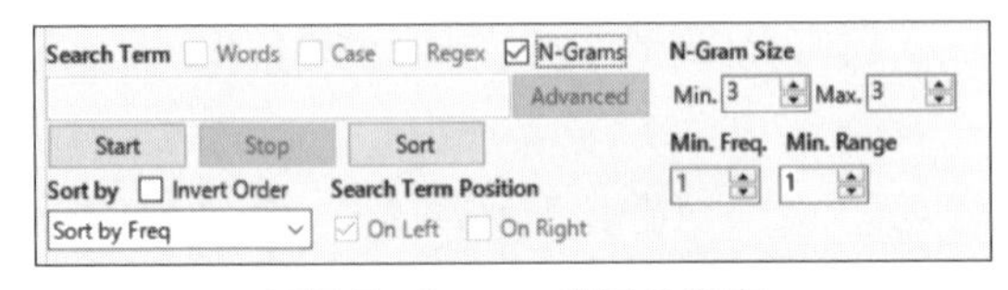

図 7.7　3-gram 表示の指定

❸結果（**図 7.8**）を観察すると，登場人物の名前「the mock turtle」（ニセウミガメ）（53 回）や，「i don t」（31 回）や「said the king」（29 回）という表現が出現頻度が高いことが確認できます。

※ここでは，アポストロフィ（'）でつながれた語を分け，I don' t は 3 語としてカウントされています。I と don't の 2 語としてカウントする場合は，**7-2-4** を参考に設定変更を行います。

Rank	Freq	Range	N-gram
1	53	1	the mock turtle
2	31	1	i don t
3	30	1	the march hare
4	29	1	said the king
5	21	1	said the hatter
6	21	1	the white rabbit

図 7.8　3-gram の表示

(2) 検索語句の出現位置の表示

頻度の高かった［the mock turtle］は *Alice's Adventures in Wonderland* でどのように使用され，また，全体のどのあたりに出現することが多いのか調べてみます。

❶**図 7.8** の「the mock turtle」をクリックします。すると，Concordance の画面に移動し，コンコーダンスラインが提示され，対象表現の文脈が観察できます。

❷次に Concordance Plot からバーコードのような図が現れます（図 7.9）。黒く表示されている部分は検索語の出現位置を示しています。ここでは検索語の［the mock turtle］がファイルの後半部分に多く出現しているのがわかります。

※分析対象の語句があらかじめ決まっている場合は，n-gram 検索ではなく，単語連鎖（cluster）で検索します。この場合，操作手順（1）❷の［N-Grams］のチェックをはずし，検索窓に検索語を入力します。そして，［Cluster Size］の［Min.］と［Max.］を指定して，Start をクリックして出力します。

図 7.9　検索語の出現位置

7-2-4　n-gram と共起語の抽出（Clusters/N-Grams，Collocates）

日本の中学校および高校で使用されている英語の教科書には，どのような表現が多くみられるのでしょうか？　ここでは，Shimada（2013）で使われている文科省検定済の中学校英語教科書 15 冊と高校英語教科書 10 冊および教師用マニュアルから構成されたテキストをコーパスとして，中学・高校の英語教科書コーパスにおける，出現頻度の高い 3-gram および how に後続する語句について考察します。

※著作権の関係でデータは付けていませんので，以下は説明のみとします。

【操作手順】

(1) 語のカウントについての設定の変更

❶アポストロフィ（'）でつながれた表現を 2 語ではなく，1 語とカウントするように設定変更します。メニューから［Global Settings］（図 7.2）→［Token Definition］を選択します（図 7.10）。

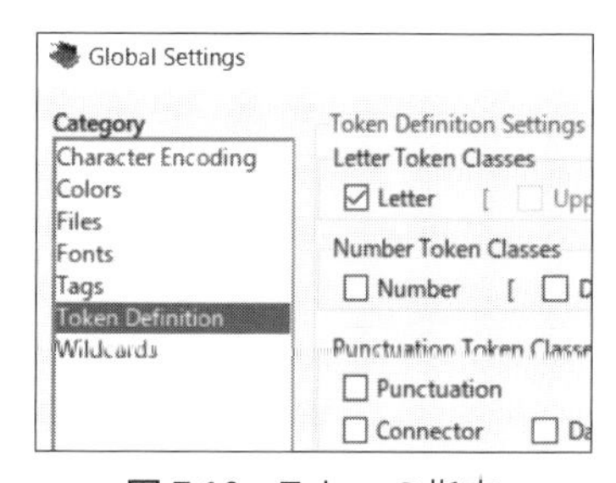

図 7.10　Token の指定

❷［User-Defined Token Class］（図 7.11）の［Append Following Definition］のボックスに「'」が入っていることを確認し，Apply をクリックして閉じます。

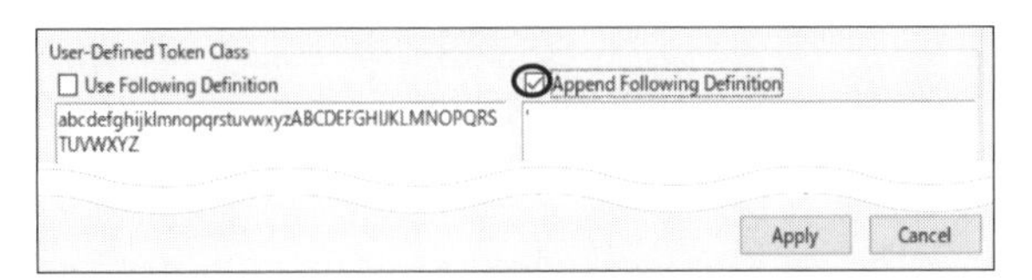

図 7.11　「'」でつながれた語を 1 語とする設定

(2) 3-gram の生成と並べ替え

❶中高の英語教科書コーパスファイルを AntConc で読み込みます。そして，**7-2-3** の（1）❶，❷と同様に，Clusters/N-Grams を選択し，［Search Term］の［N-Grams］にチェックを入れ，［Min.］・［Max.］ともに「3」を指定します。［Sort by］では［Sort by Freq］になっています。

❷ 3-gram の出力結果（**図 7.12**）を見ると，最も頻繁に出現する 3-gram は「i want to」（186 回）で，次に「a lot of」（132 回）となっています。

Rank	Freq	Range	N-gram
1	186	55	i want to
2	132	58	a lot of
3	111	53	what do you
4	97	41	do you know
5	97	37	do you like
6	93	36	do you have

図 7.12　3-gram の表示

(3) 共起語の抽出

共起語（collocates）とは，ある語が用いられるときに，その語と共に出現する語のことです。ここでは how という語に後続する語を調べてみます。

❶起動画面から Collocates を選択します。［Search Term］の［Words］にチェックを入れ，検索窓に「how」を入力します（**図 7.13**）。共起関係を検索する幅を指定する［Window Span］は左右 20 語の範囲で検索できます。ここでは［From...］は 0，［To...］は 1R にして，how の直後にくる語を検索します。

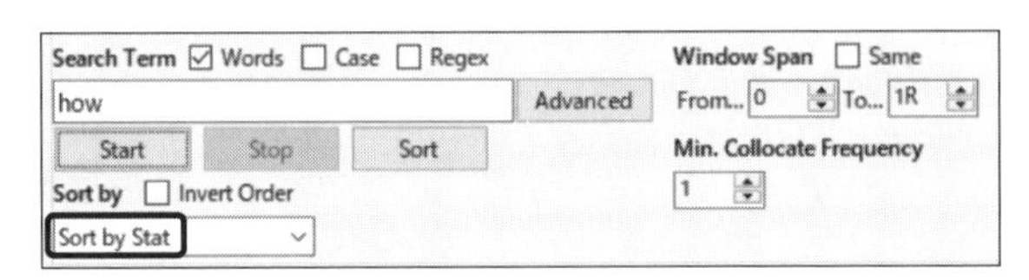

図 7.13　共起語の指定

❷デフォルトの［Sort by Stat］（共起の強度を示す統計値の降順）のままで，Start をクリックします（**図 7.13**）。

❸次に，共起の強度を示す統計量の算出設定を行います。これには **MI スコア**と **T スコア**（囲み解説参照）があります。メニューバーの［Tool Preference］（**図 7.14**）をクリックし，［Category］から［Collocates］を選択します。

❹［Selected Collocate Measure］（**図 7.15**）で，［T-Score］か［MI］を選択し，Apply をクリックして閉じます。

❺ how の直後に出現する共起語を T スコア順に見ると，「about」，「to」，「many」，が上位にあることが観察できます（**図 7.16**）。

❻一方，MI スコアが高いのは「sophisticated」，「poorly」，「intensely」などとなっています。これらの語はそれ自体の出現頻度が低いと考えられる語です（**図 7.17**）。

図 7.14　Tool Preferences の設定

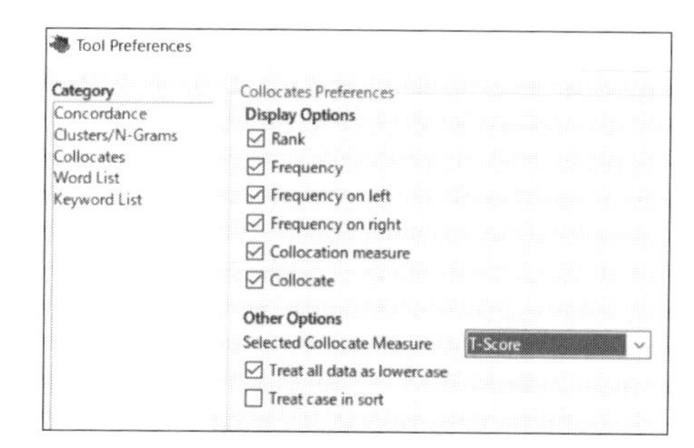

図 7.15　Collocate Measure の選択

Total No. of Collocate Types: 63　Total No. of Collocate

Rank	Freq	Freq(L)	Freq(R)	Stat	Collocate
1	132	0	132	11.25704	about
2	80	0	80	7.26737	to
3	55	0	55	7.18070	many
4	42	0	42	6.37120	long
5	32	0	32	5.39112	did
6	36	0	36	5.37672	do

図 7.16　how の直後に出現する共起語（T スコア）

Total No. of Collocate Types: 63　Total No. of Collocate Tokens: 591

Rank	Freq	Freq(L)	Freq(R)	Stat	Collocate
1	1	0	1	7.22895	sophisticated
2	1	0	1	7.22895	poorly
3	1	0	1	7.22895	intensely
4	1	0	1	6.22895	painful
5	42	0	42	5.88656	long
6	132	0	132	5.62949	about

図 7.17　how の直後に出現する共起語（MI スコア）

◎語と語の共起の強度を示す指標

・MI スコア（mutual information score，**相互情報量**）は出現頻度が低い語については敏感に反応しすぎる傾向があります。次の式で求められます。中心語（node）は，ここでは検索する語に対応します。

（式 17.1）　$$\mathrm{MI} = \log_2 \frac{\text{共起頻度} \times \text{総語数}}{\text{中心語の頻度} \times \text{共起語の頻度}}$$

・T スコア（t-score）は t 検定を利用した指標です。高頻度の共起語を抽出しやすい傾向があります。次の式で求められます。

$$（式 17.2）\quad T = \frac{共起頻度 - \dfrac{中心語の頻度 \times 共起語の頻度}{総語数}}{\sqrt{共起頻度}}$$

これらの指標については滝沢（2017）に詳しい説明があります。また，共起の強度を示す指標として，対数尤度比が用いられることもあります。対数尤度比が抽出する語の傾向はＴスコアと似ています。

7-2-5 特徴語の抽出（Word List，Keyword List）

コーパスＸとコーパスＹに含まれる語の出現頻度を比較することで，コーパスＸにおいてどんな語が特徴的なのかがわかります。ここでは，プロジェクト・グーテンベルクのサイトから入手した *Alice's Adventures in Wonderland* と *Peter Pan*（http://www.gutenberg.org/ebooks/16）を用いて比較します。

【操作手順】

(1) 総語数と異なり語数の集計

❶ここから分析する場合は，［Alices Adventures.txt］を AntConc に読み込んでおきます（**7-2-1** 参照）。

❷起動画面（**図 7.1**）から Word List → Start で［Alices Adventures.txt］の語数を調べます。

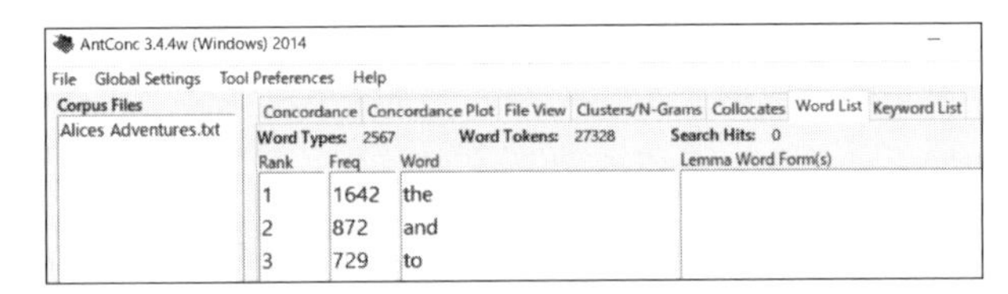

図 7.18　異なり語数と総語数の表示

❸［Word Types］（**異なり語数**），［Word Tokens］（**総語数**）が示されます（**図 7.18**）。たとえば，最も出現頻度の高い語は the であることがわかります。

(2) 特徴語の抽出

❶メニューから［Tool Preferences］を選択し，［Category］から［Keyword List］を選択します（**図 7.19**）。

❷［Reference Corpus］で［Use raw file(s)］にチェックがあることを確認し，Add Files をクリッ

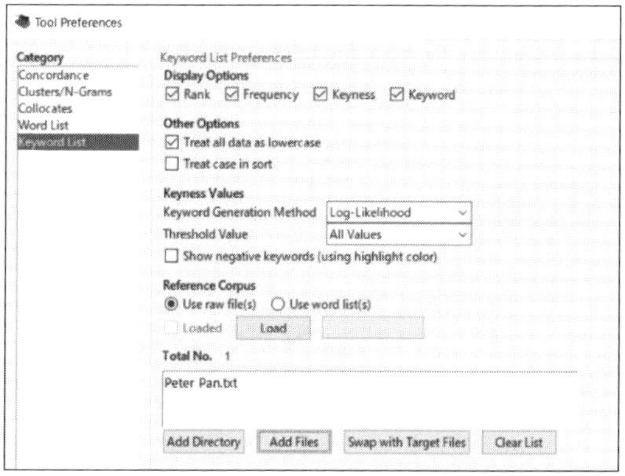

図 7.19　特徴語抽出の設定

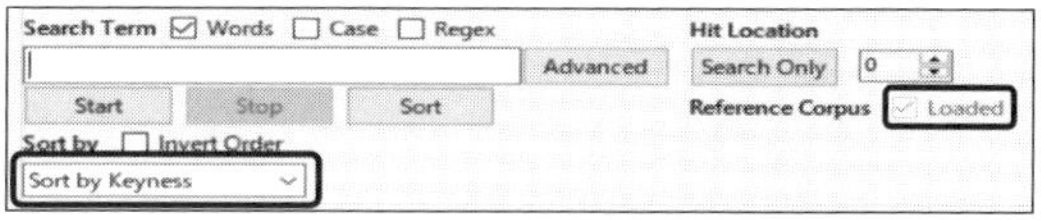

図 7.20　対照とするコーパスの読み込み

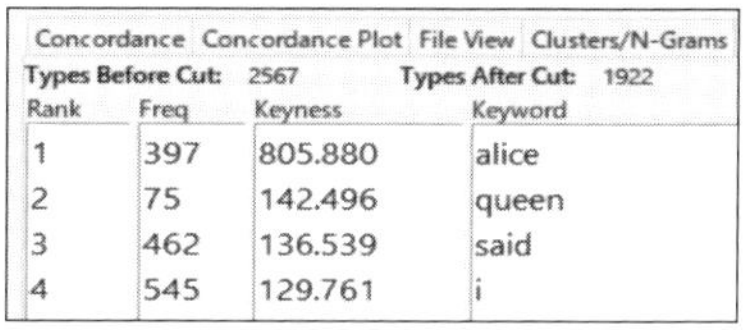

Concordance | Concordance Plot | File View | Clusters/N-Grams

Types Before Cut: 2567　Types After Cut: 1922

Rank	Freq	Keyness	Keyword
1	397	805.880	alice
2	75	142.496	queen
3	462	136.539	said
4	545	129.761	i

図 7.21　AntConc による特徴語の表示

クします。ここで［Peter Pan.txt］を選択し，Load → Apply と進みます。

❸起動画面の Keyword List を選択し，画面下の［Reference Corpus］の［Loaded］（図 7.20）に薄くチェックがついていること，また［Sort by Keyness」が選択されていることを確認し，Start をクリックします。

❹ *Peter Pan* と比較した場合の *Alice's Adventures in Wonderland* の特徴語が統計値の高い順に一覧表示されます（図 7.21）。

※特徴語を抽出する際に alice などの固有名詞や含めたくない語があれば，［Tool Preferences］の Word List を操作します。［Word List Range］の［Use a stoplist below」をチェックし，分析から除外する語を Add Word に書き込み，Add → Apply をクリックして入力を確定します。いったん Word List の画面で Start をクリックすると，入力した語を除外した異なり語数や総語数が表示されます。その後，Keyword List の画面で特徴語を表示すると，入力した語を除外した特徴語が表示されます。

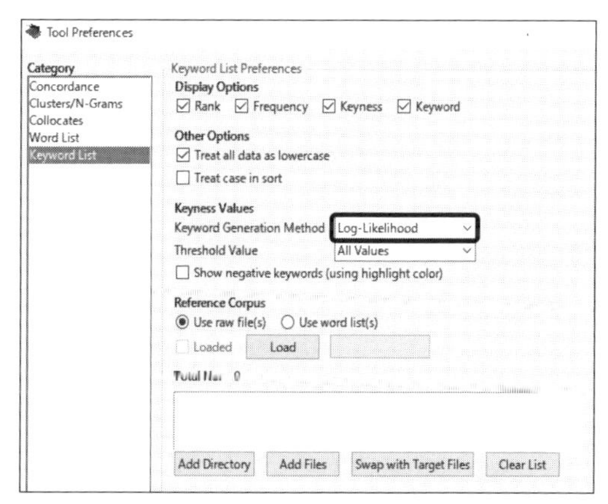

図 7.22　特徴語の統計値の算出方法

AntConc では，異なるコーパス間における特徴語を判断する統計分析として，［Log-Likelihood］（対数尤度比検定）と

［Chi Squared］（カイ2乗検定）が用意されています。［Tool Preferences］の［Keyword list］にある［Keyness Values］の［Keyword Generation Method］で選択できます（**図7.22**）。

Section 7-3 品詞タグを付けたコーパスの比較

文法タグをつけたコーパスをAntConcに読み込み，さらに詳細な分析を行うことができます。誤ったタグが付くこともありますが，自動で文法タグを付与する次のようなプログラムがあります。

- **Tree Tagger**：Helmut Schmid氏による開発。TagAntツール（http://www.laurenceanthony.net/software/tagant/）によって実行できます。
- **CLAWS**：Lancaster大学より提供。総語数が10万語までのテキストを無償でタグ付けが実行できるFree CLAWS WWW taggerのサイトがあり，以下ではこれを使用します。

*Alice's Adventures in Wonderland*において，現在完了形と過去完了形ではどちらがより出現する頻度が高いでしょうか？［Alices Adventures.txt］に文法タグをつけ，AntConcで分析を行います。

【操作手順】

(1) 文法タグ付けの実行

❶ Free CLAWS WWW tagger（http://ucrel.lancs.ac.uk/claws/trial.html）にアクセスします（**図7.23**）。62の文法タグセットで構成される［C5 tagset］か，より細かい137区分の文法タグセットの［C7 tagset］かを選択ができます。ここでは［Select tagset］で［C5］，［Select output style］は［Horizontal］を選択します。

❷［Alices Adventures.txt］を開き，全範囲を選択後コピーします。Free CLAWS WWW taggerのサイトの空欄に貼り付けます。その後，Tag text now をクリックします。

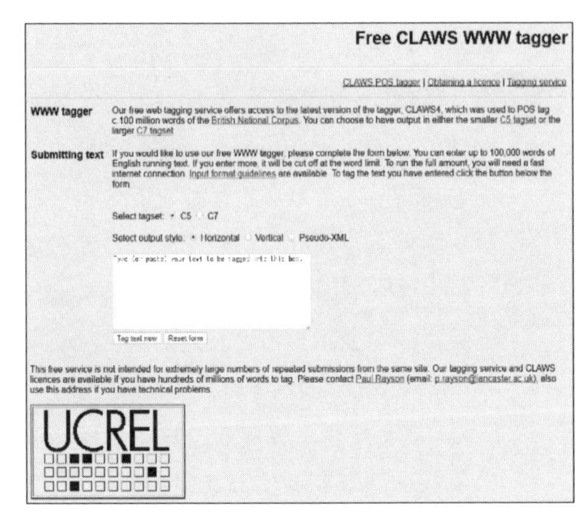

図7.23 Free CLAWS WWW tagger

❸タグ付けが終了すると，新しい画面が現れ，テキストに文法タグが付与されたことが確認できます（**図 7.24**）。タグ付きテキストを選択・コピーし，任意のテキストエディタに貼り付けて，テキスト形式［tag_Alices Adventures.txt］で保存します。

```
27508 words tagged
Tagset: c5 Output style: Horizontal

-----_PUN
CHAPTER_NN1 I._NP0 Down_NN1 the_AT0 Rabbit-Hole_NP0 Alice_NP0 was_VBD
beginning_VVG to_TO0 get_VVI very_AV0 tired_AJ0 of_PRF sitting_VVG by_PRP
her_DPS sister_NN1 on_PRP the_AT0 bank_NN1 ,_PUN and_CJC of_PRF having_VHG
nothing_PNI to_TO0 do_VDI :_PUN once_AV0 or_CJC twice_AV0 she_PNP had_VHD
peeped_VVN into_PRP the_AT0 book_NN1 her_DPS sister_NN1 was_VBD reading_VVG
,_PUN but_CJC it_PNP had_VHD no_AT0 pictures_NN2 or_CJC conversations_NN2
in_PRP it_PNP ,_PUN and_CJC what_DTQ is_VBZ the_AT0 use_NN1 of_PRF a_AT0
book_NN1 ,_PUN thought_VVD Alice_NP0 without_PRP pictures_NN2 or_CJC
conversations_NN2 ?_SENT -----_PUN
So_AV0 she_PNP was_VBD considering_VVG in_PRP her_DPS own_DT0 mind_NN1 (_PUL
as_AV0 well_AV0 as_CJS she_PNP could_VM0 ,_PUN for_PRP the_AT0 hot_AJ0 day_NN1
made_VVD her_PNP feel_VVB very_AV0 sleepy_AJ0 and_CJC stupid_AJ0 )_PUR ,_PUN
whether_CJS the_AT0 pleasure_NN1 of_PRF making_VVG a_AT0 daisy-chain_NN1
would_VM0 be_VBI worth_PRP the_AT0 trouble_NN1 of_PRF getting_VVG up_AVP
and_CJC picking_VVG the_AT0 daisies_NN2 ,_PUN when_CJS suddenly_AV0 a_AT0
White_AJ0 Rabbit_NN1 with_PRP pink_AJ0 eyes_NN2 ran_VVD close_AJ0 by_PRP
her_PNP ._SENT -----_PUN
There_EX0 was_VBD nothing_PNI so_AV0 VERY_AV0 remarkable_AJ0 in_PRP that_DT0
;_PUN nor_CJC did_VDD Alice_NP0 think_VVI it_PNP so_AV0 VERY_AV0 much_DT0
out_PRP of_PRP the_AT0 way_NN1 to_TO0 hear_VVI the_AT0 Rabbit_NN1 say_VVB
to_PRP itself_PNX ,_PUN Oh_ITJ dear_ITJ !_SENT -----_PUN
Oh_ITJ dear_ITJ !_SENT -----_PUN
```

図 7.24　文法タグ付きのテキスト

(2) 文法タグ付きテキストの読み込み

AntConc にテキスト形式で保存した文法タグ付きテキスト［tag_Alices Adventures.txt］を読み込みます（**7-2-2**（3）参照）。

(3) 出現回数の算出

❶ Free CLAWS WWW tagger のサイト（http://ucrel.lancs.ac.uk/claws5tags.html）から文法タグのコードを確認し，HVB（不定詞以外の have），HVZ（has），VHD（had），VVN（主語の動作や状態を表す語彙動詞の過去分詞形），#（任意の 1 語）を組み合わせて，現在完了形および過去完了形を示す式を作ります。

❷ Concordance の［Search Term］の検索窓に作成した式を書き， Start で検索し，出現回数を記録します。

❸今回，使用した式と出現回数は次のようになりました（**図 7.25**）。

- VHB # VVN（have ＋動詞過去分詞）12 件
- VHB # # # VVN（have ＋副詞，主語，否定の not など任意の語＋動詞過去分詞）3 件
- VHZ # VVN（has ＋動詞過去分詞）4 件
- VHZ # # # VVN（have ＋副詞，主語，否定の not など任意の語＋動詞過去分詞）1 件
- VHD # VVN（had ＋動詞過去分詞）75 件
- VHD # # # VVN（have ＋副詞，主語，否定の not など任意の語＋動詞過去分詞）29 件

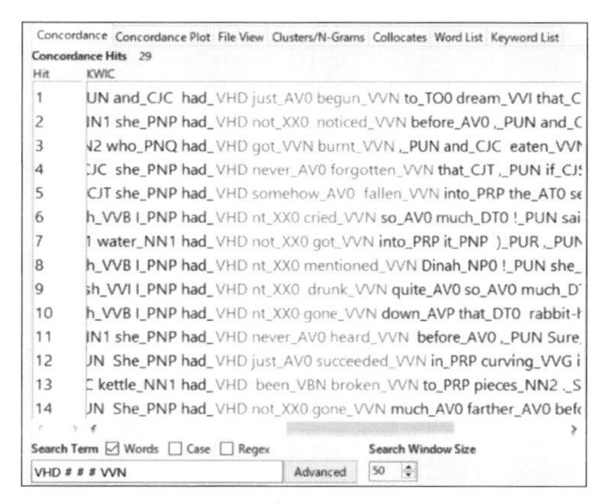

図 7.25　文法タグ付きのテキストの検索

以上より，現在完了形の出現回数は（12 ＋ 3 ＋ 4 ＋ 1 ＝）20 回，過去完了形の出現回数は（75 ＋ 29 ＝）104 回と算出されます。なお，検索で検出されない完了形（たとえば，副詞が 2 回連続する場合など）もあるかもしませんが，ここでは考慮しないことにします。

※文法タグの表示を消して操作するときには，メニューから［Global Settings］（**図 7.2**）→［Tags］→［Hide tags］を選択します。

(4) 有意差検定

次に上記の現在完了形と過去完了形の出現回数には統計的に有意な差があるか，カイ 2 乗の適合度検定（**6-3-1**）を用いて検討します。統計ソフト R を用いる場合は関数 `chisq.test()` を使用します。効果量（**6-4-2**）の算出は pwr パッケージに含まれる関数 `ES.w1()` を使用します（**図 7.26**）。

```
> kanryoukei <- c(20, 104)  # カイ二乗の適合度検定
> chisq.test(kanryoukei, p = c(1/2, 1/2))

        Chi-squared test for given probabilities
data:  kanryoukei
X-squared = 56.903, df = 1, p-value = 4.578e-14

# 効果量の算出
> install.packages("pwr")
> library(pwr)
> P0 <- c(1/2, 1/2)   # 期待比率
> P1 <- kanryoukei/124  # 標本比率
> w <- ES.w1(P0, P1)   # 効果量を求める関数
> w
[1] 0.6774194
```

図 7.26　カイ 2 乗の適合度検定と効果量の算出

記 載 例

Alice's Adventures in Wonderland において，現在完了形と過去完了形ではどちらがより出現頻度が多いかについて調査したところ，現在完了形の出現回数は 20 回，過去完了形の出現回数は 104 回であり，$\chi^2 = 56.903$，$df = 1$，$p < .001$ で統計的に有意差があった。効果量 w についても .68 と大きく，過去完了形の出現回数のほうが多いことが判明した。

Section
7-4 教育実践と学習用コーパスの紹介

コーパスを教育実践や学習に利用するためのツールが開発されています。ここでは，①教育実践で利用できる支援ツールである教育用例文コーパス SCoRE，②音声映像付きの動画コーパス，③コーパス研究の成果を取り入れた論文執筆支援ツール AWSuM を簡単に紹介します。

7-4-1 教育用例文コーパス SCoRE

SCoRE（Sentence Corpus of Remedial English）は中條清美氏が中心となって開発した**データ駆動型英語学習**（data driven learning：DDL）を支援するツールです（http://www.score-corpus.org/）。

DDL とは，語句や文法規則を教科書や参考書が提示するままに覚えるのではなく，コーパスに含まれる実際の英語表現を観察し，意味や文法規則を推測する帰納的学習法のことで，高い学習効果が得られることが報告されています（Cobb & Boulton, 2015）。たとえば，前節で紹介した COCA や BNC，あるいは，WebParaNews（http://www.antlabsolutions.com/webparanews/）などのコーパスを利用し，中・上級の学習者を対象とした DDL の実践が行われています。これに対して，SCoRE は初級レベルを含む学習者の英文に対する気づきを促進することを意図し，以下のように設計されています（Chujo, Oghigian, Akasegawa, 2015）。

- 文長や語彙レベルをもとに，初級，中級，上級で区分された，簡潔で自然な英文の収集
- 文法項目を意識した英文の収集
- 日本語対訳の付与

では，実際に SCoRE を操作し，「したことがあります」という経験を表す日本語の表現は，英語でどのように表現されるのか調べてみます。

【操作手順】

❶トップページの右上の コンコーダンス を選択し，コンコーダンス画面に移動します（**図 7.27**）。

❷検索語として「したことがあります」と入力します。検索する文法項目は「現在完了」（**図 7.28**），レベルは「すべて」にチェックを入れ，検索 をク

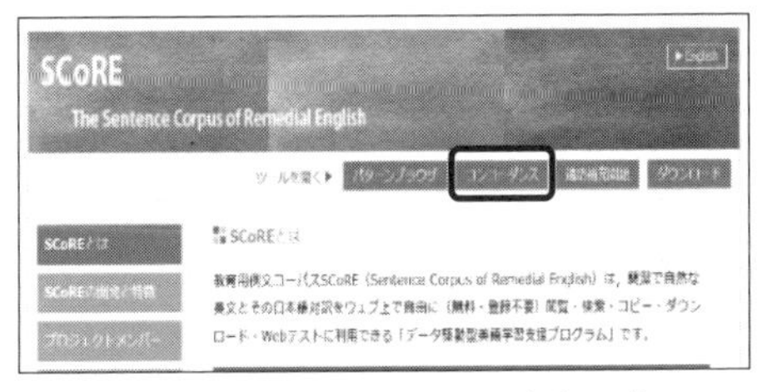

図 7.27　SCoRE のトップページ

リックします。

❸「したことがあります」を含む日英の文が表示されます（**図 7.29**）。学習者は英文を観察し，「したことがある」という経験を表す文には has や have が含まれているなどの共通点に気づくというようなデータ駆動型英語学習が可能になります。

❹検索語は日本語だけでなく，英語の 1 語あるいはスペースで区切られる複数の語からなる句の検索，半角の「*」（アスタリスク）のワイルドカードの使用や「|」（バーティカルバー）で OR 検索などができます。

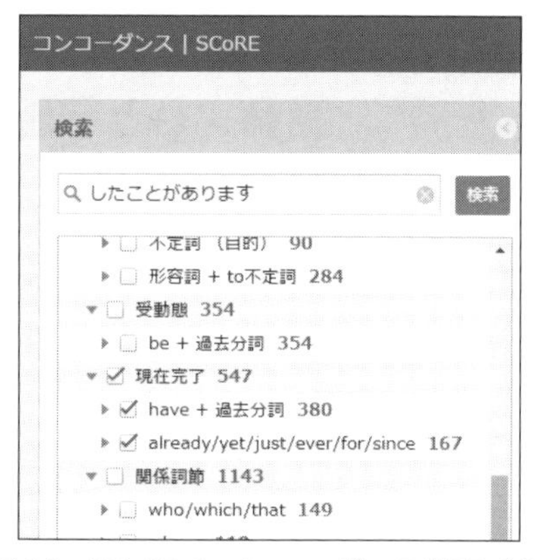

図 7.28　SCoRE のコンコーダンス検索パネル

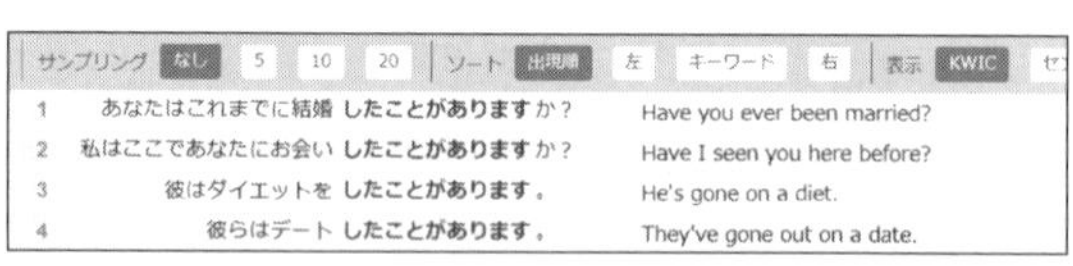

図 7.29　SCoRE のコンコーダンスラインの表示

※ SCoRE の例文データはクリエイティブコモンズの「表示—非営利—継承 4.0 国際」（CC BY-NC-SA 4.0）ライセンスで提供されており，非営利目的であればダウンロードできます。コンコーダンスラインを提示した配布教材を自作し，教科書や辞書の説明を補完することにも利用できます。SCoRE の使用方法の詳細はウェブページの「ユーザーガイド」にあります。

7-4-2　音声映像付きコーパス

音声映像付きコーパスを使用することで，検索した語句が使用されている実際の場面を学習者に提示することができます。

TCSE（TED Corpus Search Engine）

長谷部陽一郎氏の開発による TCSE は TED（https://ted.com）のプレゼンテーションの英語字幕を検索できるシステムで，検索結果を音声付の動画や日本語対訳付きで表示できます（https://yohasebe.com/tcse/）。使用方法はトップページからアクセスできるワークショップ資料（長谷部，2017）に説明されています（**図 7.30**）。

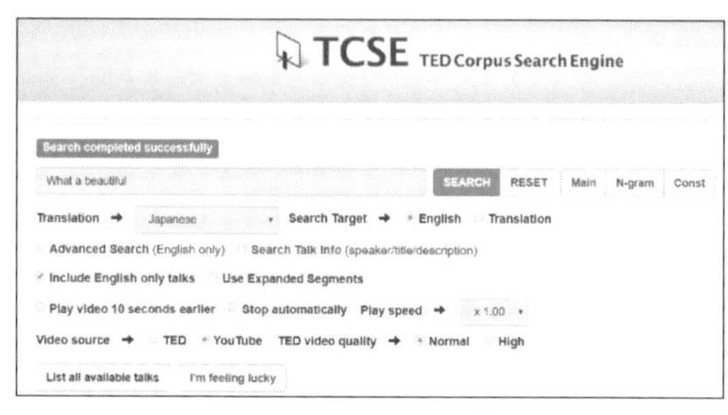

図 7.30　TCSE のトップページ

7-4-3　英語学術論文執筆支援ツール AWSuM

AWSuM（Academic Word Suggestion Machine）（**図 7.31**）は，水本篤氏によって開発された，英語での論文を作成する際に役立つツールです（http://langtest.jp/awsum/）。学術分野ごとに主要雑誌に掲載された論文を集積して作成したコーパスをもとに開発されており，次のような機能があります。

・論文のセクション別での高頻度の n-gram の表示

・語句を入力すると，その語句に続く高頻度の語を予測変換するような形式で提示

・集積しているコーパスでの検索語をコンコーダンスラインで表示

論文を書きながら，定型表現の候補や，実際の論文での検索語句の使われ方を容易に確認できます。AWSuM の詳しい使用方法は，ウェブページの Manual（**図 7.31** 囲み）や水本（2017）を参照してください。

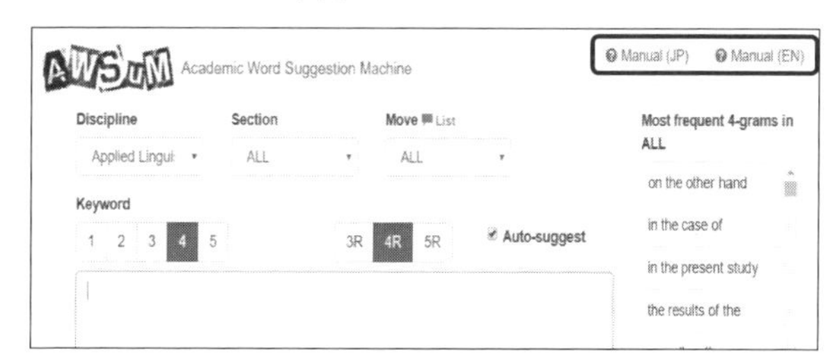

図 7.31　AWSuM のトップページ

Section 7-5　コーパスにおける出現頻度を用いた検定

コーパス分析ツールを使って算出した出現頻度を分割表にまとめることができます。分割表に対して行う代表的な検定手法に，対数尤度比検定，カイ二乗検定，フィッシャーの正確確率検定があります。これらは第 6 章で解説し，SPSS で分析例を紹介していますので，ここでは統計ソフト R を使って簡単に紹介します。

7-5-1　頻度比較や特徴語抽出における統計手法

(1) 出現頻度比較の際の留意点

コーパス X とコーパス Y に含まれる言語表現の出現頻度を比較する際，それらのコーパスが，実際にはいくつかの分割できるテキストから構成されていることがあります。たとえば，1 人が書いた作文が 1 つのファイルに記録されており，そのようなファイル 50 個分，つまり 50 人分のテキストを一括してコーパス X として扱うような場合です。ある語句に注目して比較するときや特徴語を抽出するときに，コーパス X やコーパス Y は，それぞれが 1 つの袋として扱われ，その袋の中のテキストから対象とする語句を無作為に取り出すという考え方（bag of words）が背景にあります。このタイプの検定手法には，カイ二乗検定や対数尤度比検定があります。

しかし，コーパスXを構成するある1人の作文ファイルに，極端に多い分析対象の語句が含まれていた場合，bag of words に基づく手法では，これを適切に考慮することができません。その場合は，コーパス内の分散を考慮に入れ，コーパスを構成するテキストが各々独立していることに焦点を当てる手法が適切です。このような手法には，マン・ホイットニーの U 検定（Mann-Whitney U test，**6-8-1**），t 検定，ブートストラップ法，ランダムフォレスト（**7-6-2**）などがあり，bag of words に基づく分析に比べて，通常，統計的な有意差が出にくく，第1種の過誤を避けやすくなります。

Lancaster University のウェブページにある BNC64（http://corpora.lancs.ac.uk/bnc64/）のサイトでは，男性の話し言葉のコーパスと女性の話し言葉のコーパスの比較について，検索語を自由に入力することができ，対数尤度比検定とマン・ホイットニーの U 検定の両方の結果を確認できます。たとえば，「sort of」の出現頻度について，対数尤度比検定では，男女の使用において有意差があると判断されてしまいますが，マン・ホイットニーの U 検定では有意な差はないと判断されます（Brezina and Meyerhoff, 2014）。

(2) コーパス分析ツールの特徴語抽出

特徴語を抽出する場合についても，使用するコーパスの組成や性質，分析の目的を考えて，手法を選択する必要があります。上記（**7-1-2**）で紹介したコーパス分析ツールには，次のような手法で特徴語を抽出する機能が備わっています。

- AntConc：カイ二乗検定，対数尤度比検定
- CasualConc：カイ二乗検定，対数尤度比検定，マン・ホイットニー検定，ランダムフォレスト
- MTMineR：カイ二乗検定，対数尤度比検定，Kruskal-Wallis 検定，ランダムフォレスト法による正答率，ランダムフォレスト法による Gini 値

7-5-2 対数尤度比検定

対数尤度比検定は，単に尤度比検定，あるいは，G^2-test，G-test とも呼ばれ（McDonald, 2014），異なるコーパス間に出現する分析対象語句の出現頻度の差について検定や特徴語の抽出に用いることができます。対数尤度比検定量（log-likelihood ratio：LLR，あるいは G^2 統計量）は次の式で求められます。

$$\mathrm{LLR} = 2\sum \text{観測度数} \cdot (\log(\text{観測度数}) - \log(\text{期待度数}))$$

たとえば，**表 7.1** のような分割表を想定するとき LLR は以下の式で算出されます。

$$
\begin{aligned}
\mathrm{LLR} = 2\,(&a \cdot \log(\mathrm{a}) + b \cdot \log(\mathrm{b}) + (c - a) \cdot \log(c - a) + (d - b) \cdot \log(d - b) \\
&- (a + b) \cdot \log(a + b) - c \cdot \log(c) - d \cdot \log(d) \\
&- (c + d - a - b) \cdot \log(c + d - a - b) + (c + d) \cdot \log(c + d))
\end{aligned}
$$

表 7.1　コーパス比較のための分割表

	コーパス A	コーパス B	合計
分析対象語句の出現頻度	a	b	$a+b$
分析対象以外の語句の出現頻度	$c-a$	$d-b$	$c+d-a-b$
総語数	c	d	$c+d$

LLR の値は，その自由度（degree of freedom：*df*）のカイ二乗分布に漸近的に従い，有意水準に対応するカイ二乗値よりも大きいと，設定した帰無仮説（「コーパス A とコーパス B に出現する X の出現頻度は異なっていない」）を棄却します。

対数尤度比検定もカイ 2 乗検定（**6-2-2**）の場合と同じく，回数や頻度などを扱う名義尺度が用いられ，パーセンテージなどの比率や，コーパスの場合は調整頻度や標準化頻度は分析の対象としません。

コーパスサイズが異なるコーパス間で，語の出現頻度を比較するときや，低頻度語について検定をする場合は，カイ二乗検定よりも対数尤度比検定のほうが妥当な値を算出します（Dunning, 1993）。サンプルサイズが小さい場合は，**フィッシャーの正確確率検定**（Fisher's exact test, **6-3-6**（1））を使用します。

7-5-3　分割表に基づく分析手法の事例

日本人英語学習者による英作文に含まれる前置詞 *in* と *of* の誤用の頻度に有意差があるかについて独立性の検定を R の関数を用いて実行します。また，対数尤度比検定を実行できるウェブサイトを紹介します。

- カイ二乗検定（関数 `chisq.test()`／関数 `assocstats()` 青木繁伸氏のサイトを利用する方法）
- フィッシャーの正確確率検定（関数 `fisher.test()`）
- オッズ比（関数 `oddsratio()`）
- 対数尤度比検定（関数 `assocstats()` 青木繁伸氏のサイトを利用する方法）

【操作手順】

(1) コーパスデータの用意

❶コーパスデータは東京外国語大学のサイトで公開されている，英作文学習者コーパス「オンライン英作文学習者コーパス・誤用辞典（ver.1.2.4)」(http://sano.tufs.ac.jp/lcshare) を使用します（**図 7.32**)。サイトは無償で利用できますが，登録が必要です。

図 7.32　ODME トップページ

❷検索画面（**図 7.33**）で，英語学習者が誤って用いた *in* と *of* の頻度を調べてみると，それぞれの頻度が 299 と 165 であることがわかりました。

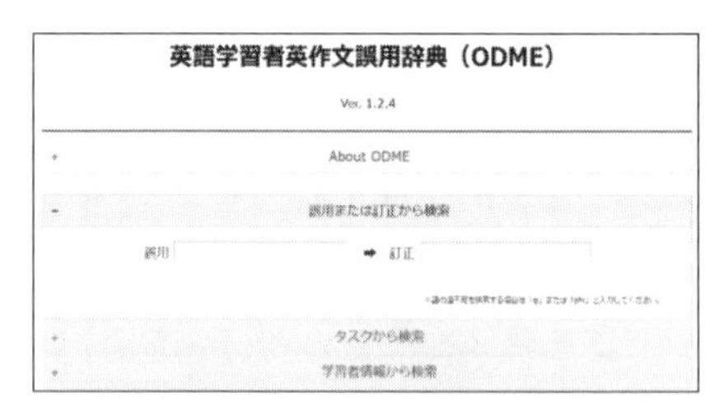

図 7.33　ODME 検索画面

❸次に，英作文課題の原文をダウンロードし，AntConc を用いて *in* と *of* の総頻度を集計するとそれぞれ 5923 と 7141 でした。正しく使用されていた頻度は，総頻度数から誤用頻度数を引いて求めることができ，*in* と *of* の正用の頻度はそれぞれ 5624 と 6976 になります。これを分割表にまとめます（**表 7.2**)。

表 7.2　in と of の誤用の分割表

	in	*of*	total
error	299	165	464
correct	5624	6976	12600
total	5923	7141	13064

(2) 帰無仮説と R による分割表の準備

今回の帰無仮説は「*in* と *of* の誤用の頻度には差がない」となり，帰無仮説が正しい確率 p を，上記で挙げた検定手法で計算します。また，効果量として，ここではオッズ比を計算します。

R を起動します。関数 `matrix()` を用いて「data.1」という名前の分割表を入力します。分割表の周辺度数（合計の数値）は入力する必要はありません。分割表の行には error と correct，列には in と on のラベルをつけます（**図 7.34**)。

(3) カイ二乗検定を行う場合

```
# 2×2の分割表を作成します
> data.1 <- matrix(c(299, 5624, 165, 6976), nrow = 2, ncol = 2)
# 行と列にラベルをつけます
> colnames(data.1) <- c("in", "of")
> rownames(data.1) <- c("error", "correct")
# 作成した分割表を表示します
> data.1
          in   of
  error    299  165
  correct 5624 6976
```

図 7.34　分割表の作成

❶使用する関数 `chisq.test()` は，イェーツの連続補正をする仕様になっています。ここでは，十分なサンプル数があると判断されますので，引数 `correct = F` を加えて，連続補正をしないという指示を与えます。カイ二乗値は 70.828，p 値は指数表記されており，2.2 × 1/10 の 16 乗という意味で，0 に非常に近い値となっています（**図 7.35**）。

```
> chisq.test(data.1, correct=F)

       Pearson's Chi-squared test
data:  data.1
X-squared = 70.828, df = 1, p-value < 2.2e-16
```

図 7.35　カイ二乗検定

❷続いて残差分析を行います。上記の実行内容を x に代入し，調整済み標準化残差を表示させます（**図 7.36**）。

```
> x <- chisq.test(data.1, correct = F)
> x$residuals/sqrt(outer(1-rowSums(data.1)/sum(data.1),
1-colSums(data.1)/sum(data.1)))
          [,1]      [,2]
[1,]  8.415908 -8.415908
[2,] -8.415908  8.415908
```

図 7.36　残差分析

・青木繁伸氏のウェブサイト（http://aoki2.si.gunma-u.ac.jp/R/）の「カイ二乗分布を使用する独立性の検定と残差分析」を利用しても実行できます（**図 7.37**）。

```
# ウェブサイトの指示に従い，コピーした文字列を張り付けます。
> source("http://aoki2.si.gunma-u.ac.jp/R/src/my-chisq-test.R",
encoding="euc-jp")
```

図 7.37　ウェブからの関数の読み込み

図 7.38 のコマンドを入力することで，カイ二乗検定が実行されます。

図 7.39 のコマンドで調整済み残差と p 値が算出されます。

```
> y <- my.chisq.test(data.1)
> y
```

図 7.38　カイ二乗検定の実行

```
> summary(y)
```

図 7.39　残差分析の実行

(4) フィッシャーの正確確立検定を行う場合

関数 `fisher.test()` を使用します（**図 7.40**）。[95 percent confidence interval] はオッズ比の 95％信頼区間を示しますが，これは周辺分布を固定して求める条件付き最尤推定量（conditional maximum likelihood estimation）です。6 章（**6-3-6，6-4-2**）で説明されている条件なしの最尤推定量（unconditional maximum likelihood estimation）は，すぐ下の関数 `oddsratio()` で求めることができ，通常はこちらの値を報告します（奥村，2016）。

```
fisher.test(data.1)
        Fisher's Exact Test for Count Data
data:  prep
p-value < 2.2e-16
alternative hypothesis: true odds ratio is not equal
to 1
95 percent confidence interval:
 1.846121 2.743958
sample estimates:
odds ratio
  2.247629
```

図 7.40　フィッシャーの正確検定の実行

(5) オッズ比を算出する場合

❶オッズ比の算出は複雑ではないため手計算でもできますが（6-5-2），ここではRの関数 oddsratio() を用います。vcd パッケージをダウンロードし，読み込みます（図 7.41）。

```
> install.packages("vcd")  #パッケージをダウンロードします
> library (vcd)  #パッケージを読み込みます
```

図 7.41　vcd パッケージのダウンロードと読み込み

❷関数 oddsratio() はデフォルトでは対数をとったオッズ比が算出されるため，引数を log = F とし，対数をとらないことを指示します（図 7.42）。オッズ比が 1 よりも大きいことから，in のオッズのほうが of のオッズよりも高い，つまり，in における誤用の割合は of における誤用の割合の約 2.25 倍であると解釈できます。

❸オッズ比の信頼区間は関数 confint() を使って求めます（図 7.43）。もしオッズ比の 2.5％から 97.5％の信頼区間に 1 が含まれている場合は，差がないという帰無仮説が採択されます（金，2016）。

```
> oddsratio(data.1, log = F)
 odds ratios for and
[1] 2.247752
```

図 7.42　オッズ比の算出

```
> confint(oddsratio(data.1, log=F))
                          2.5 %   97.5 %
error:correct/in:of    1.852684 2.727064
```

図 7.43　オッズ比の信頼区間の算出

(6) 対数尤度比検定を行う場合

vcd パッケージに入っている関数 assocstats() を使います。関数 assocstats() は，対数尤度比検定のほかに，カイ二乗検定，Φ係数，クラメールの V を同時に実行できます。対数尤度比検定量は 70.883，df は 1，p 値は 0 と算出されています（図 7.44）。

- 青木氏ウェブサイト（http://aoki2.si.gunma-u.ac.jp/R/）の「度数に関する検定」で区分されている「対数尤度比（G2）に基づく独立性の検定」を利用した実行も可能です（図 7.45）。

```
> assocstats(data.1)
                     X^2 df P(> X^2)
Likelihood Ratio 70.883  1        0
Pearson          70.828  1        0

Phi-Coefficient   : 0.074
Contingency Coeff.: 0.073
Cramer's V        : 0.074
```

図 7.44　assocstats () 関数の実行

```
# ウェブサイトの指示に従い，コピーしたものを張り付けます。
> source("http://aoki2.si.gunma-u.ac.jp/R/src/G2.R", encoding="euc-jp")
> G2(data.1)
```

図 7.45　ウェブからの関数の読み込みと対数尤度比検定の実行

(7) ウェブサイトを利用して対数尤度比検定を行う場合

❶ランカスター大学のサイトにある Andrew Hardie 氏が作成したウェブサイト（http://corpora.lancs.ac.uk/sigtest/）では，カイ二乗検定，対数尤度比検定，フィッシャーの正確検定，Cramer's *V*，オッズ比などや，期待度数を表示させることができます（**図 7.46**）。

❷同じくランカスター大学サイトにある Paul Rayson 氏が作成したウェブサイト（http://ucrel.lancs.ac.uk/llwizard.html）でも対数尤度比検定が実行できます。こちらは，分析対象語句の出現頻度とコーパスの総語数を入力し，Calculate をクリックします（**図 7.47**）。次に表示される画面中央の LL の値が対数尤度比の値になります（**図 7.48**）。算出される値が R と多少異なるのは，Dunning（1993）とは異なる算出方法を用いているためです（Rayson and Garside, 2000）。

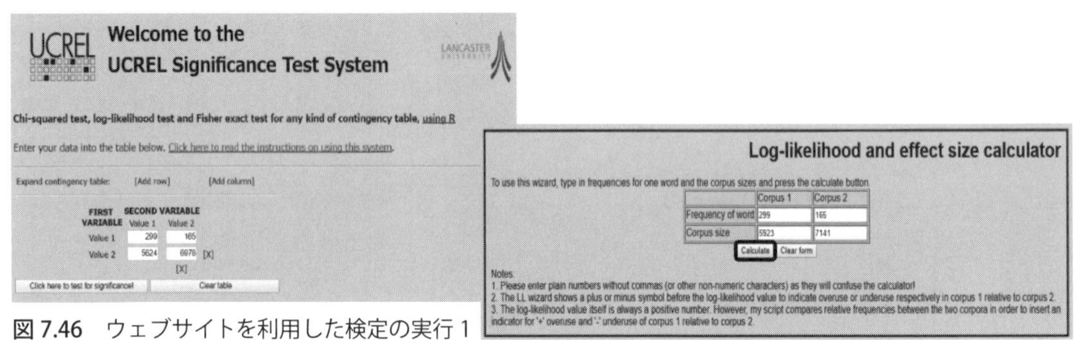

図 7.46　ウェブサイトを利用した検定の実行 1

図 7.47　ウェブサイトを利用した検定の実行 2

Item	O1	%1	O2	%2		LL	%DIFF	Bayes	ELL	RRisk	LogRatio	OddsRatio
Word	299	5.05	165	2.31	+	68.37	118.48	58.89	0.00098	2.18	1.13	2.25

図 7.48　対数尤度比の値

【論文への記載】

上記では，複数の検定手法を説明しましたが，実際に論文に記載するときには，分析の目的に合う検定手法を 1 つ選択し，分割表や検定結果を報告します。

記 載 例

学習者の英作文における *in* と *of* の誤用の頻度について差があるかについて対数尤度比検定を行ったところ，G（1）＝ 70.88，p ＜ .001 であった。オッズ比は 2.25 であったため，*in* の誤用の頻度のほうが *of* の誤用の頻度よりも 2.25 倍あることがわかった。

Section 7-6 ランダムフォレストによる特徴量の重要度を利用する分析

本節では，ランダムフォレストを用いて算出される重要度を利用する分析手法を紹介します。**7-1-2**（2）で紹介したICNALEのデータを使用し，日本人英語学習者と中国人英語学習者の英作文を分類する場合の独立変数の重要度を推定します。

7-6-1 ランダムフォレストによる独立変数の重要度

あるデータの属性値からそのデータがどのグループに属するのかを判別する判別分析の1つとして，**決定木**（decision tree）を用いる手法があります。これは，説明変数を用いて段階的にグループ分けをしていく方法で，その段階的なグループ分けのプロセスは木の枝分かれのような形で図示されます（藤井，2010）。

この決定木を大量に発生させ，それらの結果を統合して推定結果を算出する分類手法が**ランダムフォレスト**（random forest）です。ランダムフォレストは，決定木と比べて分類の精度が良く，外れ値に対しても頑強であることが知られており（下川・杉本・後藤，2013），文学作品の著者判別や画像処理などにも用いられています。

ランダムフォレストでは，変数の分類に用いられる寄与率を重要度として算出し，独立変数の指標として扱うことができます。この指標には次の2つがあり，値が大きいほど識別力があることを意味します。

（1）**Gini係数減少量の平均**（mean decrease Gini）：すべての独立変数の尺度が同じときに適切な値を算出します。

（2）**順列重要性**（permutation importance）：すべての独立変数の尺度が異なる場合（名義尺度と順序尺度など）においても適切な値を算出します（Strobl, 2009）。（関数`cforest()`・関数`varimp()`を使用）。

7-6-2 重要度を用いた分析

英語母語話者と比べて日本人英語学習者の英語作文でより多く使用されていた特徴語は *we, agree, people, but* であることがICNALEのデータを用いた研究で明らかにされています（石川，2013）。それでは，母語が異なる英語学習者の作文にはどのような違いがあるのでしょうか？　ここでは，日本人英語学習者と中国の英語学習者を区別する特徴として挙げられる語には，どのようなものがあるかを調べます。

分析には，ICNALEのサイトにある［The ICNALE Written Essays］をダウンロードし，それに含まれるB1_2（TOEICスコア670～784）の日本人英語学習者と中国人英語学習者によるエッセイを利用します。そして，使用されたすべての語，異なり語数(type)，総語数(token)のうち，どれが独立変数として，日本あるいは中国の学習者という従属変数の分類に大きく寄与するのかを推定します。

【操作手順】

AntConcではコーパスとして扱う全体の総語数や語の出現頻度は算出されますが，ファイルごとの出現頻度は算出されません。そこでAntConcとAntWordProfilerの両方を用いて算出します。

(1) データの準備

❶AntConcを使用し，分析対象とする日本人英語学習者B1_2［W_JPN_PTJ_B1_2.txt］と［W_JPN_SMK_B1_2.txt］と中国人英語学習者のB1_2のファイル［W_CHN_PTJ_B1_2.txt］と［W_CHN_SMK_B1_2.txt］を全部読み込みます。Word Listのタブの画面で［Sort by Word］を選択し，Startをクリックします（**図7.49**）。

❷メニューの［File］から［Save Output to Text File...］を選択し（**図7.50**），語彙リスト結果をダウンロードします。

図7.49　AntConcによる総出現単語リスト作成する

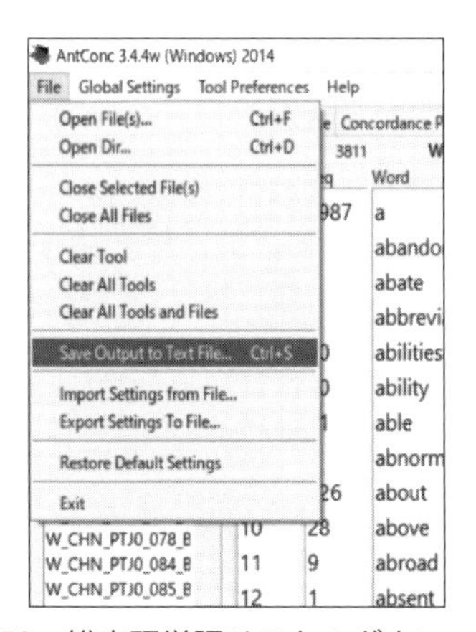

図7.50　総出現単語リストのダウンロード

❸ AntWordProfiler をダウンロードし，起動します。

❹ AntWordProfiler の左上の［Choose］を選択し，分析対象のファイル（ここでは，❶で入力したすべてのファイル）を AntWordProfiler に読み込ませます。

❺次に AntWordProfiler の左下にある Level List(s) を選択し，AntConc からダウンロードした語彙リスト結果を読み込みます。［Output Settings］の［Statistics］，［Word Types］，［Include complete frequency list］にチェックを入れ，［Sort Settings］の［Sort Level 1］は［word］，［Sort Level 2］は［frequency］を選択します。Start をクリックします（**図 7.51**）。

❻表示された結果をダウンロードするために，メニューの［File］から［Save results in tabbed space format...］を選択し保存します。エクセルでファイルを開き，成形します（**図 7.52**）。ここではこのファイルを［ICNALE.csv］とします。

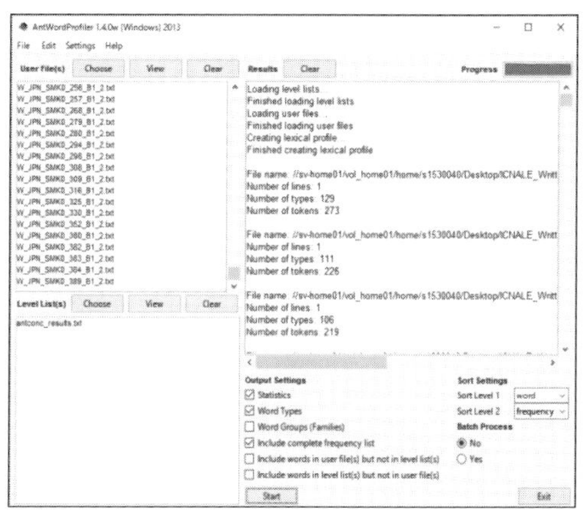

図 7.51　総出現単語リストのダウンロード

	A	B	C	D	E	F	G
1	learner	types	tokens	the	to	a	is
2	CHN	129	273	7	12	5	7
3	CHN	111	226	9	10	10	6
4	CHN	106	219	7	5	8	6
5	CHN	128	241	18	8	8	4
6	CHN	129	232	12	11	6	6
7	CHN	132	237	4	13	8	7
8	CHN	132	263	14	13	7	8
9	CHN	125	228	8	3	12	5
10	CHN	102	238	4	11	7	6
11	CHN	75	198	9	6	17	2
12	CHN	148	291	10	12	4	3

図 7.52　分析データの外観

(2) R での分析の準備

❶**図 7.53** のコマンドで，randomForest パッケージをインストールし，読み込みます。

```
Install.packages("randomForest")
library(randomForest)
```

図 7.53　パッケージのインストールと読み込み

❷データファイル［ICNALE.csv］を R に読み込み「ICNALE」と名付けます（1 章参照）。

(3) ランダムフォレストの実行

ランダムフォレストを実行した結果を data.2 とし，**図 7.54** のコマンドを入力します。

```
data.2 <- randomForest (learner ~., data = ICNALE, ntree = 1000, importance =
TRUE)
```

図 7.54　ランダムフォレストの実行

(4) 結果の表示

❶**図 7.55** のコマンドを用いて，独立変数の重要度を数値（**図 7.56**）とグラフ（**図 7.57**）を表示させます。

❷重要度を示す Gini 係数減少量のグラフ（**図 7.57**）を見ると，「i（一人称の I）」，「type（異なり語数）」，「japan」，「think」，「agree」，「the」の順に日本の英語学習者と中国の英語学習者の分類に寄与していることがわかります。

```
importance(data.2, type = 2)
varImpPlot(data.2)
```

図 7.55　ランダムフォレストの実行

	MeanDecreaseGini
type	29.533157
token	15.746109
ttr	22.033105
we	10.878466
agree	4.737918
people	27.064083
but	4.804100
must	2.996211
so	6.978421
think	8.243596

図 7.56　重要度リスト

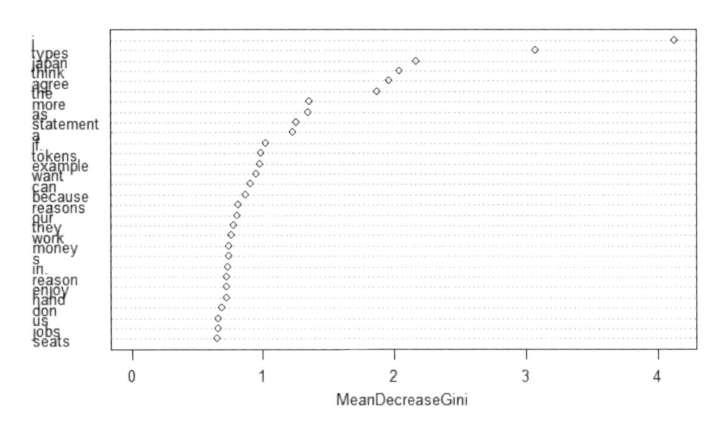

図 7.57　重要度のグラフ化

【論文への記載】

記載例

習熟度が同レベルの日本人英語学習者の作文と中国人英語学習者の作文について，分類に寄与する要因を探った。独立変数を，異なり語数，総語数，使用されたすべての語とし，ランダムフォレストを実施し，独立変数の重要度をみたところ，最も分類に寄与していた要因は，一人称の *I*，異なり語数，*Japan*，*think*，*agree* であった。

ランダムフォレストを使用した分析結果の論文における報告は，手法が比較的新しいこともあり，確定的なものはありません。分析の目的に沿って，Gini 係数減少量の平均のグラフ（**図 7.57**）などを報告するとわかりやすくなります。

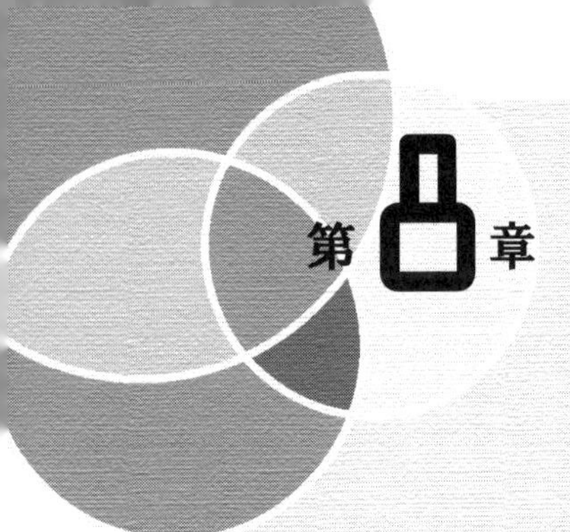

第8章 コレスポンデンス分析

◉カテゴリ項目間の関係を図で探る

コレスポンデンス分析（correspondence analysis）とは，２つのカテゴリ変数間の関連性，類似性を平面的な図で示す分析方法で，**対応分析**とも呼ばれます。２つのカテゴリ変数は，行項目と列項目に分けられ，その関連性については，**クロス集計表**（cross-tabulation table；**6-1-3**）を用いて，表の形で示すことができますが，表の行と列の項目数が多くなれば，表の解釈が難しくなります。そのような場合，コレスポンデンス分析では，それぞれの項目を散布図（scatter plots）で視覚化できるだけでなく，２つの項目を組み合わせた散布図（biplot）で項目間の関係を視覚的に捉えることができます。

社会調査や商品のマーケティング・リサーチにおいては，多くの調査項目と大量のデータを扱うことが多く，このコレスポンデンス分析が頻繁に使用されていますが，コーパスなど大量の言語データを分析する場合や項目数が多いアンケート調査の分析においても，最近多く使われるようになりました。たとえば，コーパスの分析においては，石川（2010），小山・水本（2010）などが英語の語彙の頻度情報をもとに，コレスポンデンス分析を用いています。また，カレイラ（2015）は，大学生の英語学習に対するニーズを探るアンケート調査を行い，コレスポンデンス分析でその回答を分析しています。

なお，３つ以上の変数間の関連性，類似性も同様に散布図で視覚化できます。この分析方法は，**多重コレスポンデンス分析**（multiple correspondence analysis）と呼ばれます。本章では，コレスポンデンス分析に加えて，この多重コレスポンデンス分析も例をまじえて詳しく解説します。

Section 8-1 カテゴリ変数とクロス集計表

8-1-1 クロス集計表の作成

本章では，まず，２つのカテゴリ変数の関連性を確認するために，Shimada（2013）の英語教科書コーパスを使って，**7-2-4** で分析したデータをクロス集計表にします。このコーパスは，採択率の上位より，中学校の英語教科書を各学年から 5 冊，高等学校の英語教科書から英語 I（1 年生用），英語 II（2 年生用）各 5 冊の計 25 冊を選んで作成されています。

表 8.1 は，中学 1 年生用から高校 2 年生用の教科書を学年別にしたものを行項目とし，教科書コーパス中に高頻度で出現する 3-gram の上位 5 項目を列項目としたクロス集計表になっています。教科書コーパス中の 3-gram の出現頻度の結果は，「*I want to*」（186 回），「*a lot of*」（132 回），「*what do you*」（111 回），「*do you know*」（97 回），「*do you like*」（97 回）の 5 項目が高頻度で出現していました（**図 7.12**）。

表 8.1　英語教科書コーパス中の 3-gram に関するクロス集計表

		3-gram の出現頻度					
		I want to	*a lot of*	*what do you*	*do you know*	*do you like*	合計
教科書コーパス	中学 1 年生用	0	11	28	19	40	98
	中学 2 年生用	92	39	26	12	31	200
	中学 3 年生用	53	39	24	46	14	176
	高校 1 年生用	17	26	18	9	9	79
	高校 2 年生用	24	17	15	11	3	70
	合計	186	132	111	97	97	623

表 8.1 を見ると，それぞれの学年用の教科書にどのような 3-gram が出現しているのかがわかります。たとえば，「*I want to*」は，中学 1 年生用の教科書に出現せず，中学 2 年生用の教科書で最も多く出現していますが，これは to 不定詞の用法を中学 2 年生で習うことを示しています。また，全体的に，高等学校用の教科書よりも中学校用の教科書の方に 3-gram が多く出現していることもわかります。

8-1-2　SPSS によるクロス集計表の作成

まず，SPSS を使って，**表 8.1** のようなクロス集計表を作成します。

【操作手順】

❶ 3-gram の上位 5 項目の出現頻度が含まれた［英語教科書コーパス分析.sav］データを開きます（**図 8.1**）。このデータは，［教科書コーパス］の各学年別に数字が 1〜5,

	教科書コーパス	トライグラム	出現頻度
1	1	1	0
2	1	2	11
3	1	3	28
4	1	4	19
5	1	5	40
6	2	1	92
7	2	2	39
8	2	3	26
9	2	4	12
10	2	5	31
11	3	1	53
12	3	2	39

図 8.1　クロス集計表のためのデータ入力

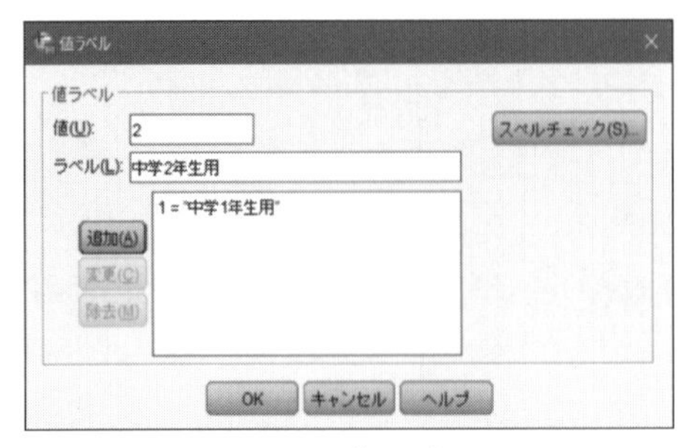

図 8.2　値ラベル

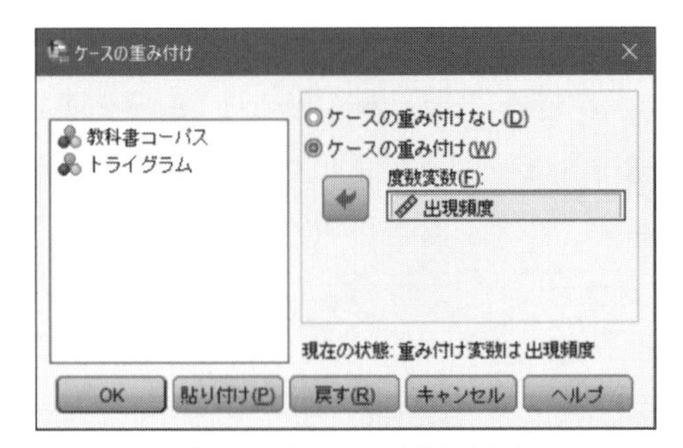

図 8.3　ケースの重み付け

［トライグラム］の各項目にも数字が 1～5 と付してあります。教科書コーパスの場合は 1 が中 1 用で，5 が高 2 用の教科書を表し，3-gram の場合は 1 が「*I want to*」，5 が「*do you like*」となります。

❷［教科書コーパス］に関して，ラベル（カテゴリの定義）を設定します。

［変数ビュー］から［教科書コーパス］1 番目の変数の行の［値］→［…］とクリックし，［値ラベル］（**図 8.2**）を表示させます。［値(U)］に「1」，［ラベル(L)］に「中学 1 年生用」と入力し，追加(A) をクリックします。

同様に，［2 ＝中学 2 年生用，3 ＝中学 3 年生用，4 ＝高校 1 年生用，5 ＝高校 2 年生用］と，追加(A) → OK をクリックします（**図 8.2**）。これで［データビュー］のツールバーの［値ラベル］のアイコン をクリックすれば，1～5 の数値がラベル表示に変わります。

［トライグラム］に関しても同様の作業を行います。

❸続いてメニューから，［データ(D)］→［ケースの重み付け(W)］を選択し，クリックします。［ケースの重み付け］（**図 8.3**）が表示されますので，［度数変数(F)］に「出現頻度」を指定し，OK をクリックします。

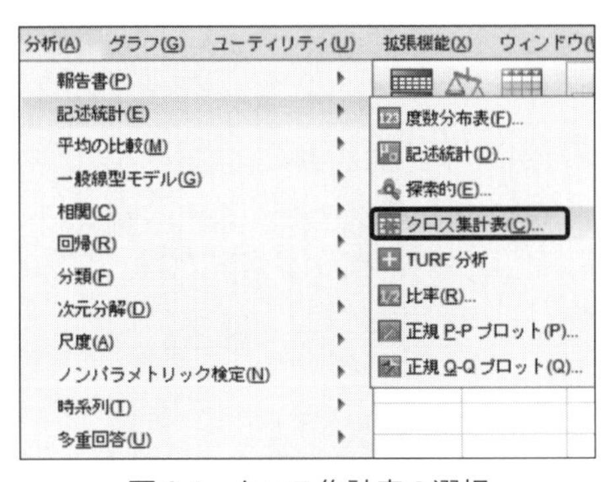

図 8.4　クロス集計表の選択

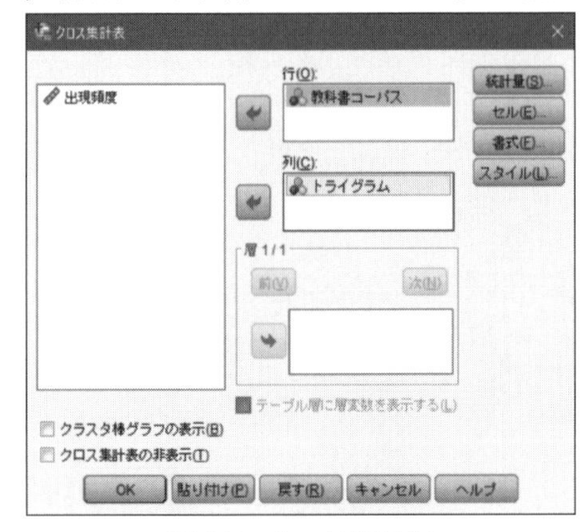

図 8.5　クロス集計表

❹メニューから，［分析(A)］→［記述統計(E)］→［クロス集計表(C)］を選択します（**図 8.4**）。

❺［クロス集計表］の［行(O)］に「教科書コーパス」，［列(C)］に［トライグラム］を指定して，OK をクリックします（**図 8.5**）。

❻これで**表 8.1** と同様のクロス集計表が出力されます（**図 8.6**）。

※ SPSS でクロス集計表を作成する場合，［クロス集計表］の 統計量(S) をクリックして，**カイ二乗検定**（chi square test）もできます（第 6 章参照）。

教科書コーパス と トライグラム のクロス表

度数

		トライグラム					
		I want to	a lot of	what do you	do you know	do you like	合計
教科書コーパス	中学1年生用	0	11	28	19	40	98
	中学2年生用	92	39	26	12	31	200
	中学3年生用	53	39	24	46	14	176
	高校1年生用	17	26	18	9	9	79
	高校2年生用	24	17	15	11	3	70
合計		186	132	111	97	97	623

図 8.6　クロス集計表の出力

Section 8-2 コレスポンデンス分析の例

クロス集計表で，行項目と列項目の特徴はある程度つかむことができますが，これら 2 つのカテゴリ項目をよりわかりやすく視覚化するために，SPSS でコレスポンデンス分析を行います。コレスポンデンス分析，多重コレスポンデンス分析は，オプションの IBM SPSS Categories（有料）が必要ですが，R に比べて，比較的容易に分析を行うことができます。なお，R を使ったコレスポンデンス分析については，藤本（2015）で詳しく説明されています。

8-2-1 SPSS の操作手順

英語教科書コーパスデータの度数変数（**8-1-2**）は 3-gram の出現頻度です。これは出現した回数をそのままカウントした**粗頻度**（raw frequency）で，コレスポンデンス分析では，粗頻度を用いることが可能です（小林，2010）。

※なお，コーパス分析（7 章）では，上記のように粗頻度を使用する場合と，サブコーパス（今回の場合は，各学年別の教科書データ）間の総語数が違うことを考慮して，10,000 語あたり，あるいは 1,000 語あたりの**調整頻度**（adjusted frequency）を算出して項目の比較をすることがよくあります。

❶［英語教科書コーパス分析.sav］データ（**図 8.1**）を開きます。コレスポンデンス分析では，行項目と列項目の２つのカテゴリ変数，および度数変数をそれぞれ縦に並べて入力します。**表 8.1** のクロス集計表のような形で入力しないように注意しましょう。

❷メニューから，［データ(D)］→［ケースの重み付け(W)］を選択します。［ケースの重み付け］（**図 8.3**）が表示されますので，［度数変数(F)］に「出現頻度」を指定し，OK をクリックします。

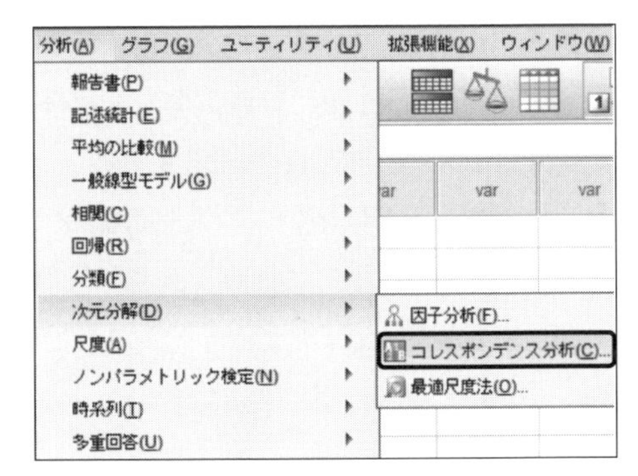

図 8.7　コレスポンデンス分析の選択

❸メニューから，［分析(A)］→［次元分解(D)］→［コレスポンデンス分析(C)］を選択します（**図 8.7**）。

❹［対応分析］の画面が表示されますので，［行(W)］に［教科書コーパス］，［列(C)］に［トライグラム］を指定し，範囲の定義(D) をクリックします（**図 8.8**）。

❺［行範囲の定義］の画面が表示されます。行項目の教科書コーパスのカテゴリ数は５つありますので，［最小値(M)］に「1」，［最大値(A)］に「5」を入力します（**図 8.9**）。続いて，更新(U) → 続行(C) へと進みます。同様に，［列範囲の定義］においても，列項目の 3-gram の項目数にしたがって，［最小値(M)］は「1」，［最大値(A)］は「5」になります。

❻［対応分析］の画面で，作図(T) をクリックします。すると［作図］の画面が表示されますので，［散布図の選択］で［バイプロット(B)］［行ポイント(O)］［列ポイント(M)］（**図 8.10**）にチェックを入れ，続行(C) → OK で分析結果が出力されます。

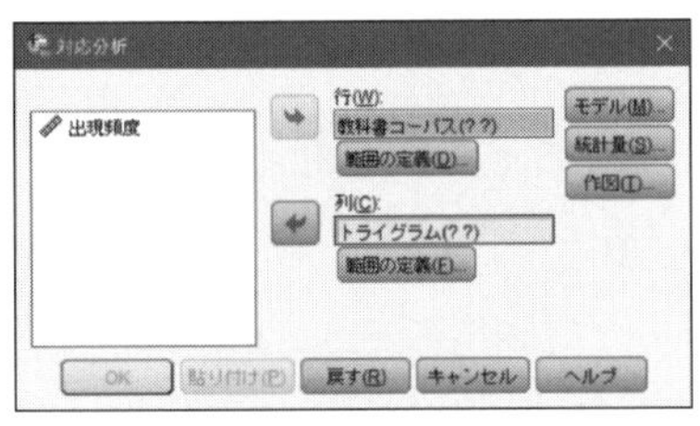

図 8.8　対応分析

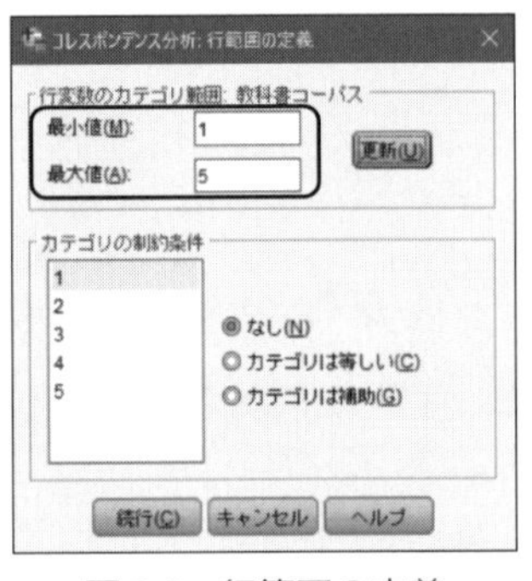

図 8.9　行範囲の定義

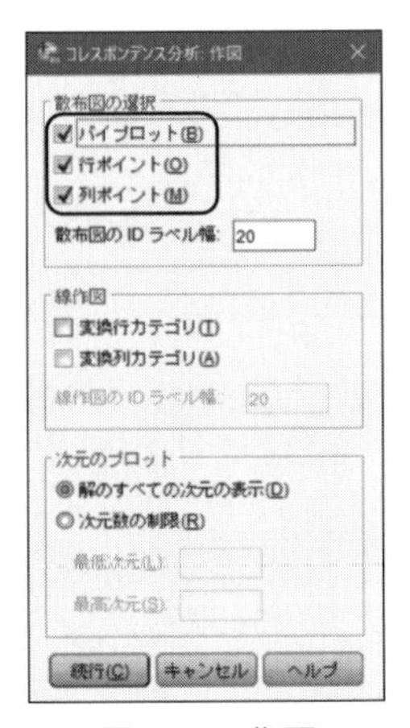

図 8.10　作図

8-2-2　出力結果の見方

（1）まず［コレスポンデンステーブル］（**図 8.11**）が表示されます。教科書コーパス中の 3-gram の粗頻度が**図 8.6** のクロス集計表と同様にまとめられています。

（2）［要約］（**図 8.12**）が表示されますので，以下の項目結果を解釈していきます。

コレスポンデンス テーブル

教科書コーパス	トライグラム 1	2	3	4	5	周辺
1	0	11	28	19	40	98
2	92	39	26	12	31	200
3	53	39	24	46	14	176
4	17	26	18	9	9	79
5	24	17	15	11	3	70
周辺	186	132	111	97	97	623

図 8.11　コレスポンデンステーブル

・［次元］（dimension）：行項目と列項目の特徴が次元に分解されます。2 つの次元であれば，散布図の縦軸と横軸という 2 つの成分にそれぞれのカテゴリ変数の特徴が分解されます。したがって，次元を**成分**（component）と呼ぶこともあります。

　通常，コレスポンデンス分析では 2 次元までをみますが，［要約］の次元の数は，行項目と列項目のどちらかの少ない方の項目数から 1 を引いた数になります（Clausen, 1998）。今回の分析では，行，列のどちらの項目数も 5 ですので，次元の数は 4 になります。

・［特異値］（singular value）：行と列のポイントの相関係数に相当します。0 から 1 までの値をとり，0 に近いほど，行と列の変数間の関連性がありません（内田，2006）。**図 8.12** では，次元 1 が .401，次元 2 が .242 ですので，相関係数の解釈の基準（田中・山際，1992）に基づくと，2 つの変数間の関連性は，中程度ないしは弱いものといえるでしょう。

・［イナーシャ］（inertia）：特異値を二乗した値で，**固有値**（eigenvalue）とも呼ばれます。このイナーシャの総計（.243）は，データ全体の分散に相当します。

・［カイ 2 乗］・［有意確率］：行項目の分布と列項目の分布の関連性を示す数値で，**図 8.12** では，$p < .000$（囲み）ですので，何らかの関連があるといえます。

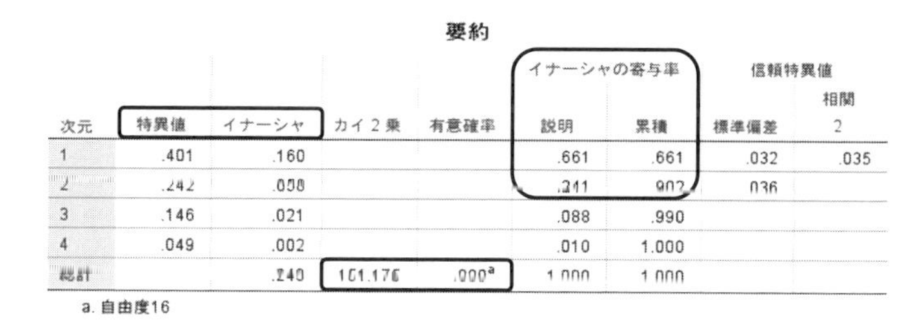

要約

次元	特異値	イナーシャ	カイ 2 乗	有意確率	イナーシャの寄与率 説明	累積	信頼特異値 標準偏差	相関 2
1	.401	.160			.661	.661	.032	.035
2	.242	.058			.241	.902	.036	
3	.146	.021			.088	.990		
4	.049	.002			.010	1.000		
総計		.240	101.176	.000[a]	1.000	1.000		

a. 自由度16

図 8.12　要約

・［イナーシャの寄与率］(contribution to the inertia)：全データにおける各次元の説明率を示します。ここでは，次元 1 と次元 2 は，それぞれ全体のデータの 66.1%，24.1%を説明し，2 つの次元で 90.2%を説明していることになります（囲み）。

このイナーシャの寄与率が高いほど，次元がデータの何らかの特徴（たとえば，教科書の難易度や 3-gram の項目の出現頻度）を説明していることを意味します。逆に，この寄与率が低いと，分析対象のデータの特徴をコレスポンデンス分析でうまく表すことができないと言えます。

※明確な基準はありませんが，高橋（2005）は，次元 1 と次元 2 の累積寄与率が 50%以上あることを，分析がうまくいくためのひとつの目安としています。

(3)［行ポイントの概要］（**図 8.13**）と［列ポイントの概要］が表示されます。

・［次元の得点］：散布図において，各項目がどこに位置しているのか（原点からの散らばり具合）を，次元（座標軸）ごとに数値で示しています。たとえば，［行ポイントの概要］の次元 1 の得点が .000（囲み）と表示された項目 4（高 1 用）は，次元 1 の座標軸の原点のところにプロット（布置）され，座標軸の正の方向には，得点が正の値の項目 3，5，2 がプロットされます（**図 8.14a**）。

・［寄与率］：各行，列のそれぞれの次元に対する説明率，およびそれぞれの次元の各行，列に対する説明率を示します。

行ポイントの概要[a]

		次元の得点			寄与率				
					次元のイナーシャに対するポイント		ポイントのイナーシャに対する次元		
教科書コーパス	マス	1	2	要約イナーシャ	1	2	1	2	総計
1	.157	-1.432	-.163	.130	.805	.017	.991	.008	.998
2	.321	.406	-.617	.052	.132	.506	.412	.574	.986
3	.283	.193	.603	.034	.026	.426	.124	.738	.863
4	.127	.000	.179	.016	.000	.017	.000	.062	.062
5	.112	.360	.272	.011	.036	.034	.517	.179	.696
合計	1.000			.243	1.000	1.000			

a. 対称的正規化

図 8.13　行ポイントの概要

(4) 行ポイント（教科書コーパス）と列ポイント（3-gram）の散布図が**図 8.14a，b** のように表示され，それぞれ横軸が次元 1，縦軸が次元 2 になります。この散布図中の項目間の距離は，離れるほど，項目間の類似性は低くなり，逆に近くなるほど，項目間の類似性が高くなります（Clausen, 1998）。

図 8.14a を見てみると，次元 1 の各項目の間の距離は，項目 1 と項目 4 がかなり離れている一方，項目 4，項目 3，項目 5 の距離はそれほど離れていません。次元 2（縦軸）においても，同様に項目 4 と項目 5 が近い距離にあります。

したがって，高 1 用（項目 4）と高 2 用（項目 5）は類似性が高いと言えますが，中 1 用（項目 1）

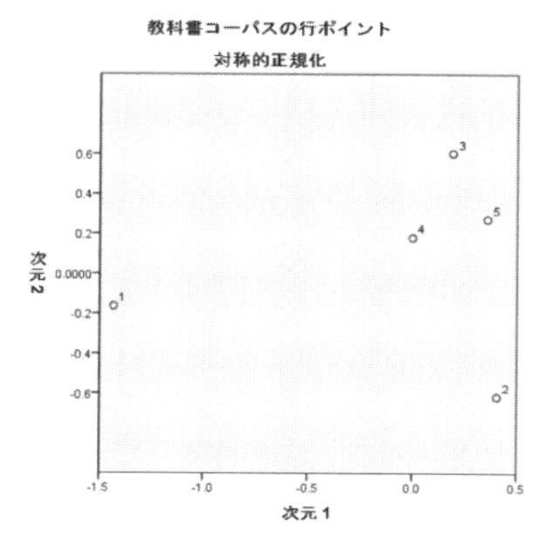

図 8.14a　行ポイント（教科書コーパス）散布図

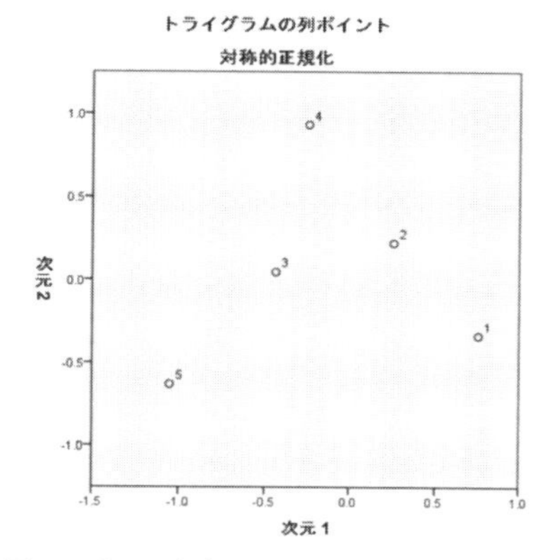

図 8.14b　列ポイント（3-gram）散布図

は他の 4 冊の教科書と類似性があまりないと解釈ができます。ただし，行ポイントの次元 1，次元 2 ともデータのどのような特徴を示しているのかは，残念ながらよくわかりません。

次に，**図 8.14b** の列ポイントの各次元を見てみると，次元 2 は解釈が難しいですが，次元 1 は横軸が左から右の方向に進むにつれて，項目 3 と項目 4 を除いて，3-gram の項目が出現頻度順にプロットされています。項目 3 と項目 4 の差はそれほどないため，次元 1 は 3-gram の出現頻度を示していると解釈できそうです。

このように，コレスポンデンス分析では，各次元の座標軸がどのような特徴を意味しているのかという解釈（**軸の解釈**）が研究者の判断に委ねられており，イナーシャの寄与率が高い次元を中心に，いろいろな解釈を検討します。

(5) 最後に行ポイントと列ポイントを合わせた散布図（biplot；**図 8.15**）が表示されます。次元 1 を 3-gram の出現頻度として解釈すると，教科書コーパスの項目 1（中 1 用）には，高頻度の 3-gram が含まれることが少なく，教科書コーパスの項目 2（中 2 用）は，高頻度の 3-gram が含まれることが多いといえます。また，3-gram の項目 2（*a lot of*）は，教科書コーパスの項目 3（中 3 用），項目 4（高 1 用），項目 5（高 2 用）と距離が近いため，「*a lot of*」は中学 3 年生以上の教科書に多く含まれると解釈できます。

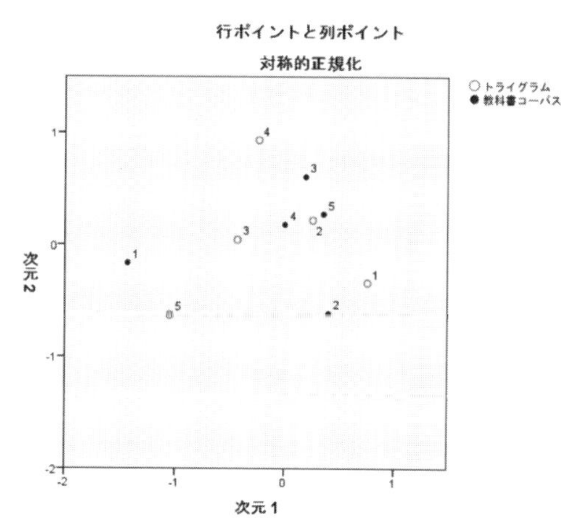

図 8.15　行と列を組み合わせた散布図

以上の散布図の解釈は，クロス集計表のデータと一致するものであり，今回のコレスポンデンス分析は，クロス集計表でまとめた２つのカテゴリ変数の関連性，類似性をうまく視覚化できたことになります。なお，論文では，研究目的などに合わせて，行・列ポイントに分けた散布図と，両方を組み合わせた散布図を適宜選択して掲載します。

8-2-3　論文への記載

SPSS で出力した散布図（**図 8.14a，b** など）は，各項目が数字で示されているため，論文に掲載するときは見づらくなります。また，行と列を組み合わせた散布図（**図 8.15**）では，各項目の点がカラー表示となり，モノクロ印刷の場合，行と列のどちらの項目か判別できなくなります。そこで，［図表エディタ］を使って，散布図を論文掲載用に見やすくしてみます。

【操作手順】

❶まず，出力された散布図の上で右クリックし，［内容編集(O)］→［別ウィンドウ(W)］と進みます（**図 8.16**）。

❷［図表エディタ］が表示されますので，ツールバーと［プロパティ］を使って，適宜，散布図の体裁を整えます（**図 8.17**）。散布図の背景の色をグレーから無色に変更したり，Word のように，テキストボックス（**図 8.17** 囲みのアイコン）を使って，行と列の各項目に名前を付けることもできます。

❸［図表エディタ］で散布図を編集したあとは，画面全体をキャプチャーして，「ペイント」ソフトなどを使って，コピー・ペーストすれば，レイアウトが崩れずにすみます。

論文では，散布図に加えて，イナーシャの寄与率，カイ二乗値等を出力結果の［要約］（**図 8.12**）から抜粋して記載します。また，［行ポイントの概要］（**図 8.13**）と［列ポイントの概要］の中から，次元の得点を表にまとめて論文の付録にすることもあります。

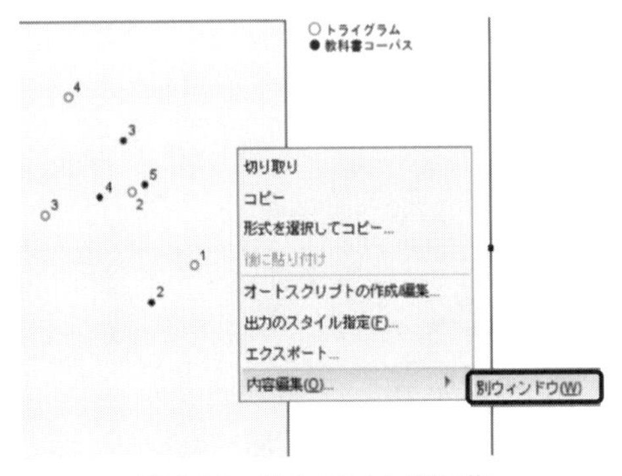

図 8.16　散布図の内容編集

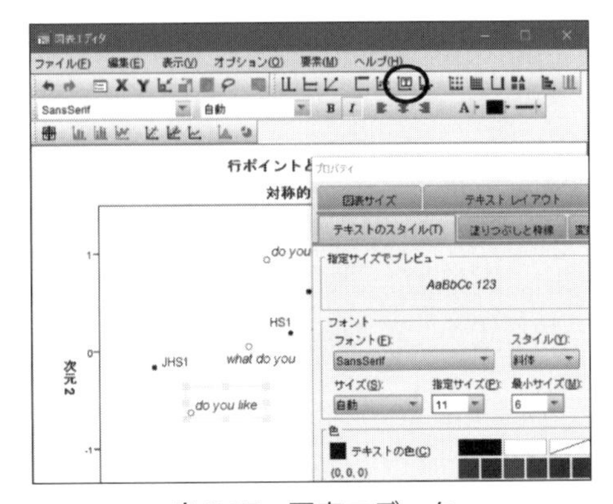

表 8.17　図表エディタ

記載例

中学1年生用（JHS1）から高校2年生用（HS2）の教科書を学年別にしたものを行項目とし，教科書コーパス中に高頻度で出現する3-gramの上位5項目を列項目としたコレスポンデンス分析を行った。分析の結果，抽出された4つの次元のうち，次元1と次元2のイナーシャの寄与率はそれぞれ66.1%，24.1%であり，2つの次元で全体のデータが90.2%説明された。また，次元1と次元2の特異値はそれぞれ.401，.242であり，行項目，列項目の2つのカテゴリ変数間のカイ二乗値が有意（$\chi^2(20, N=25) = 151.175, p < .000$）であった。そこで，2つのカテゴリ変数間に関連性があると考え，図8.18の散布図で行項目と列項目を同時にプロットした。

この散布図の次元2は解釈が難しいが，次元1は3-gramの出現頻度として解釈でき，これをもとにすれば，中学1年生用の教科書には，高頻度の3-gramが含まれることが少なく，中学2年生用の教科書には，高頻度の3-gramが含まれることが多いといえる。また，「*a lot of*」は，中学3年生以上の教科書に多く含まれると考えられる。すなわち，英語教科書の難易度が上がれば，それに応じて3-gramの出現頻度が高くなるということではないが，「*a lot of*」のような特定の項目は，高学年用の教科書で多く用いられていることが明らかになった。

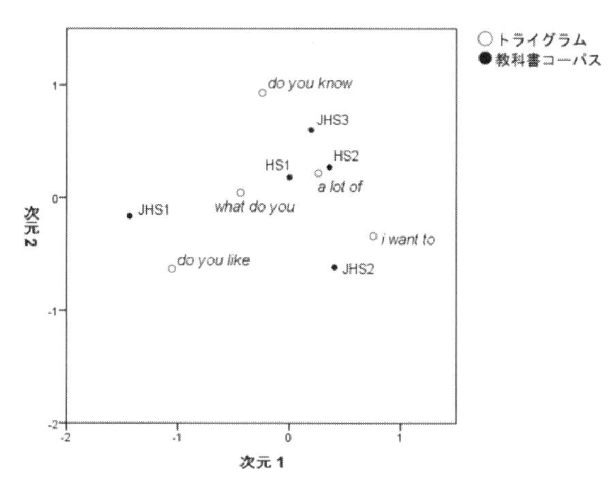

図8.18　英語教科書コーパスと3-gramの出現頻度の関連性を示した散布図

Section
8-3 多重コレスポンデンス分析の例

コレスポンデンス分析では２つのカテゴリ変数を扱いましたが，**多重コレスポンデンス分析**（**多重応答分析**）を行うと，３つ以上のカテゴリ変数の関連性，類似性を探ることができます。たとえば，アンケート調査のように，集計表の行が個々の標本（回答者），列が３つ以上のカテゴリ変数（質問項目）になる場合，多重コレスポンデンス分析を用いて，それぞれの項目を散布図で視覚化できます (Le Roux & Rouanet, 2010)。因子分析ではアンケートの質問項目の共通概念を因子というまとまりで推定できますが，多重コレスポンデンス分析では，質問項目だけでなく，大量の回答データから特徴的な傾向やパターンを抽出する**データマイニング**（data mining）に適しています。多重コレスポンデンス分析の例は，内田（2006），石村・加藤・劉・石村（2010）で紹介されています。

8-3-1 操作手順

大学１年生 29 名に，以下の英語学習に関する多肢選択式のアンケート（**図 8.19**）を実施しました。この３つの質問の回答を分析します。

以下の各質問について，最もあてはまる数字・項目を○で１つ囲んでください。

質問 1. 英語の学習の中でどれが最も好きですか。

1. リスニング　2. リーディング　3. スピーキング　4. ライティング

質問 2. 英語の学習でどれを最も利用していますか。

1. 書籍・雑誌　2. テレビ・ラジオ
3. インターネット　4. スマートフォンの英語学習アプリ

質問 3. 英語の学習場所として，どこを最も利用していますか。

1. 自宅　2. 教室　3. 電車・バスの中

図 8.19　多肢選択式アンケート

❶［英語学習アンケート.sav］データを開きます（**図 8.20**）。このデータでは，アンケートの質問項目は横に並べてあり，各質問の回答が数字 1～4 で入力されています。

	StudentNo	Q1	Q2	Q3
1	1	2	3	2
2	2	3	4	2
3	3	3	1	3
4	4	2	3	1
5	5	4	3	1
6	6	2	3	1
7	7	2	3	2
8	8	2	3	2
9	9	4	4	2
10	10	3	2	2
11	11	1	3	1

図 8.20　多重コレスポンデンス分析のデータ入力

❷［変数ビュー］から，変数の行の［値］→［…］とクリックし，［値ラベル］（**図 8.2**）を表示させます。今回は，質問の回答に関して，Q1 は［1 ＝リスニング，2 ＝リーディング，3 ＝スピーキング，4 ＝ライティング］，Q2 は［1 ＝書籍・雑誌，2 ＝テレビ・ラジオ，3 ＝インターネット，4 ＝スマホアプリ］，Q3 は［1 ＝自宅，2 ＝教室，3 ＝電車・バス］とラベルを付けます。

❸メニューから，［分析(A)］→［次元分解(D)］→［最適尺度法(C)］を選択します（**図 8.21**）。

❹［最適尺度法］画面（**図 8.22**）の［最適尺度水準］で［すべての変数が多重名義(A)］，［変数グループの数］で［単一グループ(O)］を選択します。［選択された分析］が［多重応答分析］になっていることを確認し，定義 をクリックします。

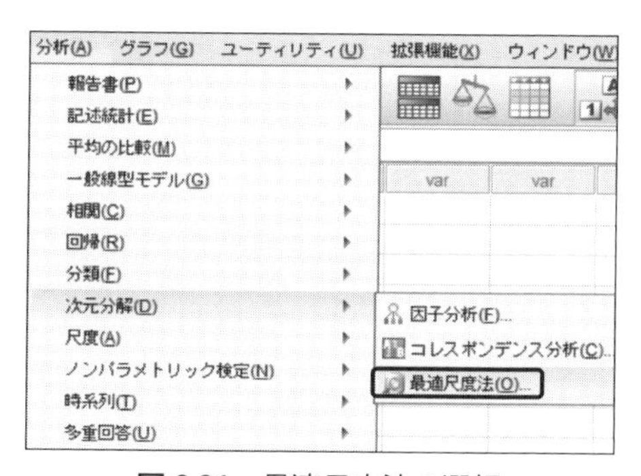

図 8.21　最適尺度法の選択

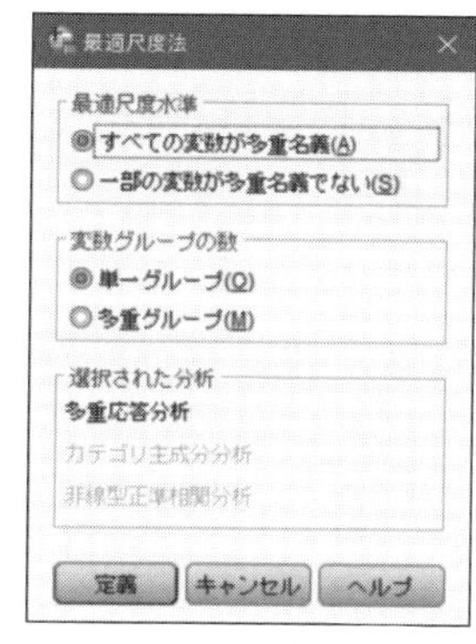

図 8.22　最適尺度法

❺［多重応答分析］の［分析変数(A)］に 3 つのカテゴリ変数［Q1］，［Q2］，［Q3］を入れます（**図 8.23**）。

※変数の一部が身長，体重のような**連続変数**（continuous variable）であれば，離散化(C) をクリックし，連続しないカテゴリ変数（**離散変数**，discrete variable）扱いにすることもできますが，本書では扱いません。

❻データに欠損値が含まれている場合は，SPSS で自動的に処理をすることができます。今回のデータでは，No. 24 の学生に未回答部分がありましたので，この学生のすべての回答を分析から除外します。

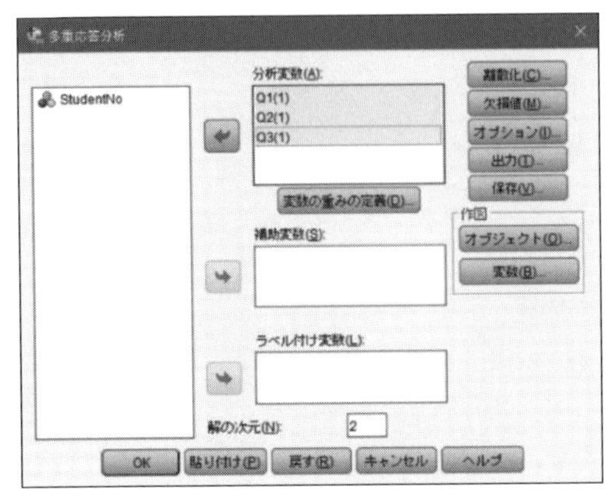

図 8.23　多重応答分析

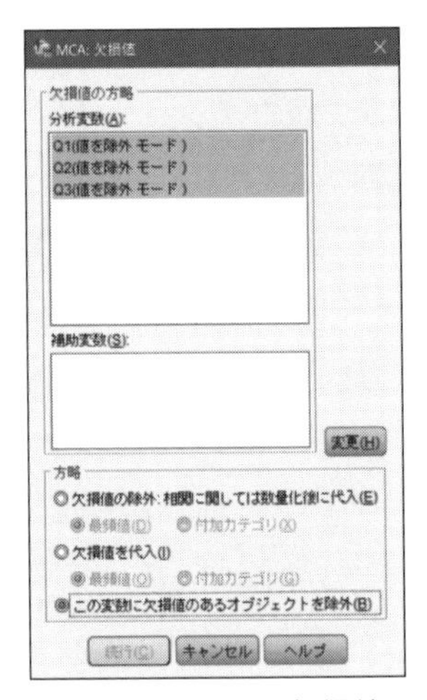

図 8.24　MCA：欠損値

まず，図 8.23 の［多重応答分析］の 欠損値(M) →［MCA：欠損値］と進み，［分析変数(A)］で［Q1］,［Q2］,［Q3］を指定します。そして，［方略］の中から［この変数に欠損値のあるオブジェクトを除外(B)］を選択し， 変更(H) → 続行(C) の順にクリックします（図 8.24）。

❼［多重応答分析］（図 8.23）から， 出力(T) をクリックします。そして，［MCA：出力］画面で，［カテゴリ数量化と寄与率(T)］に3つのカテゴリ変数［Q1］,［Q2］,［Q3］を指定して， 続行(C) をクリックします（図 8.25）。

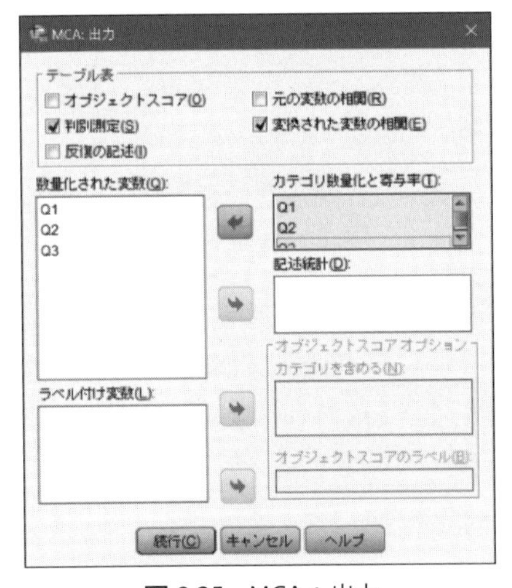

図 8.25　MCA：出力

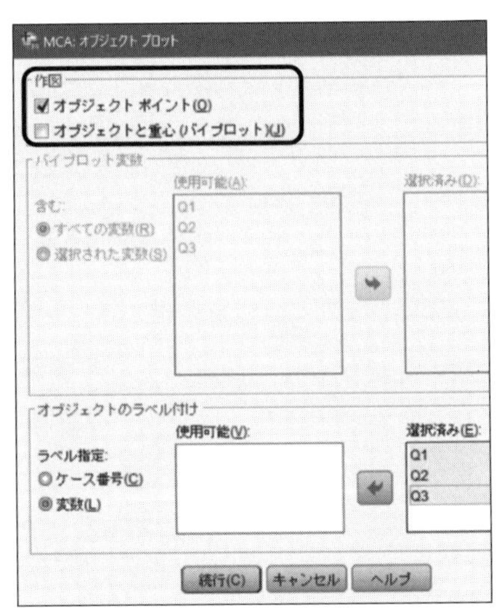

図 8.26　MCA：オブジェクトプロット

❽次に，［多重応答分析］（**図 8.23**）から，オブジェクト(O) をクリックし，［MCA：オブジェクト プロット］で，［作図］の［オブジェクト ポイント(O)］を選択します（**図 8.26** 囲み）。

また，画面下の［ラベル指定］で［変数(L)］を選択し，［選択済み(E)］に［Q1］，［Q2］，［Q3］を指定して，続行(C) をクリックします。

❾再び，［多重応答分析］（**図 8.23**）から［作図］の 変数(B) をクリックし，［MCA：変数プロット］画面の［結合カテゴリプロット(J)］に［Q1］，［Q2］，［Q3］を指定します。最後に，続行(C) → OK で分析結果が出力されます（**図 8.27**）。

図 8.27　MCA：変数プロット

8-3-2　出力結果の見方

（1）出力結果として，［モデルの要約］が表示されます（**図 8.28**）。

・［要約イナーシャ］・［分散の％］：データ全体の分散におけるそれぞれの次元の説明率を示します。**図 8.28**（囲み）では，次元 1 が .643，次元 2 が .500 ですので，それぞれ分散の 64.3％，50.0％を説明していることになります。

モデルの要約

次元	Cronbach のアルファ	説明された分散 合計 (固有値)	要約イナーシャ	分散の %
1	.723	1.930	.643	64.349
2	.499	1.499	.500	49.966
総計		3.429	1.143	
平均	.625[a]	1.715	.572	57.158

a. Cronbach のアルファ平均値は、固有値平均値に基づいています。

図 8.28　モデルの要約

（2）Q1，Q2，Q3 の質問項目ごとに［数量化］が表示されます（**図 8.29**）。

・［度数］：アンケートの回答人数で，未回答（欠損値）の回答者を除いています。合計すると 28 になります。

・［重心座標］：8-2-1 で行ったコレスポンデンス分析の［次元の得点］同様，散布図において，各カテゴリ項目がどこに位置しているのかを，次元（座標軸）ごとに数値で示しています。

Q1

点: 座標

カテゴリ	度数	重心座標 次元 1	重心座標 次元 2
リスニング	3	-1.005	-.093
リーディング	10	-.891	-.191
スピーキング	9	1.084	-.797
ライティング	6	.361	1.561

変数主成分の正規化

図 8.29　数量化

(3) 各カテゴリ項目をプロットした散布図が表示されます（**図 8.30**）。コレスポンデンス分析と同様に，横軸が次元 1，縦軸が次元 2 になり，項目間の距離が近いほど，項目間で関連性があると考えられます。(Abdi & Valentin, 2007)。

コレスポンデンス分析では，各次元の座標軸の意味を解釈しますが，多重コレスポンデンス分析を用いた研究では，散布図のカテゴリ項目間の似た特徴を探る場合が多くみられます。データによっては，軸の解釈が可能な場合もありますが，**図 8.30** では，次元 1，次元 2 とも解釈が難しいため，カテゴリ項目間の距離が近いもの（**図 8.30** の囲み部分）に注目してみると，3 つの特徴が読み取れます。

すなわち，今回の調査対象の大学生は，自宅で英語学習をする場合，インターネットを利用して主にリスニングとリーディングを行うこと，教室では書籍・雑誌を利用すること，そして，テレビ・ラジオやスマートフォンのアプリを利用してスピーキングの学習をすることが特徴として挙げられます。

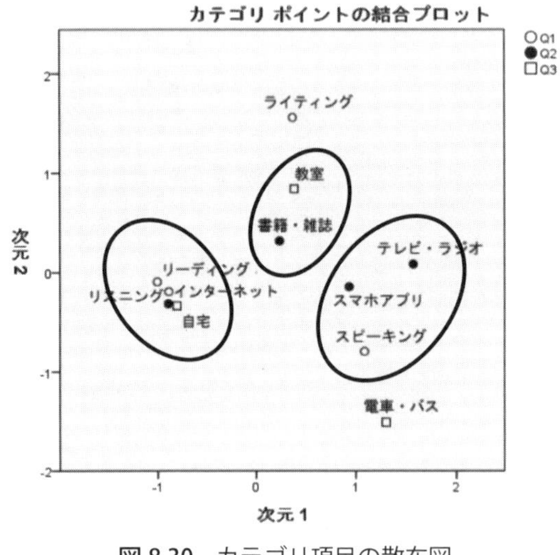

図 8.30　カテゴリ項目の散布図

変換された変数の相関

次元: 1

	Q1	Q2	Q3
Q1	1.000	.539	.565
Q2	.539	1.000	.275
Q3	.565	.275	1.000
次元	1	2	3
固有値	1.930	.725	.345

図 8.31　カテゴリ変数の相関

(4) 3 つのカテゴリ変数（Q1, Q2, Q3）の相関係数が表示されます（**図 8.31**）。相関係数をみると，Q1 と Q2，そして Q1 と Q3 の相関は中程度ですが，Q2 と Q3 の相関は弱いことがわかります。

(5) 個々のオブジェクト（標本）ポイントを散布図にプロットしたものが表示されます（**図 8.32**）。**図 8.32** では，28 名分の回答者の番号が表示されていますが，**図 8.26** の［MCA：オブ

ジェクト プロット］で，オブジェクトのラベル付けを指定すると，番号の代わりに，リスニング，リーディングなどのカテゴリ項目のラベルが表示されます（**図 8.30** では，オブジェクトのラベル付けを指定していますが，ここでは便宜的にラベル付けを指定せずに出力しています）。

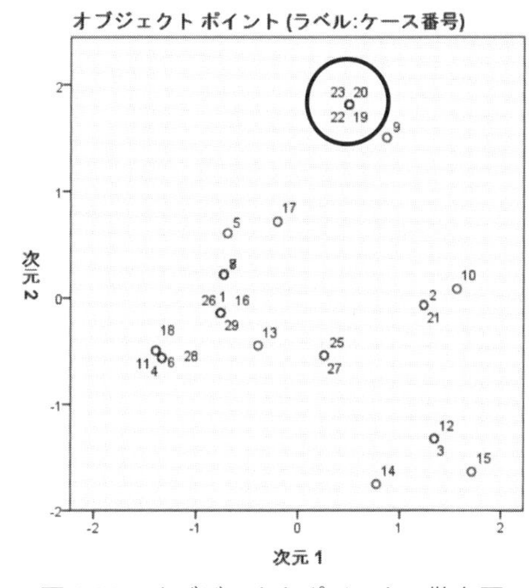

図 8.32　オブジェクトポイントの散布図

この散布図では，3 つの質問で同じ選択肢を選んだ回答者は，同じ位置にプロットされます。たとえば，No. 19，20，22，23 の 4 名の回答者（**図 8.32** の囲み）は，Q1 ではライティング，Q2 では書籍・雑誌，Q3 では教室を選んでいます。また，散布図の中で距離が近くなると，回答パターンの類似性が高くなります（Le Roux & Rouanet, 2010）。

(6) ［**判別測定**］の表では，各次元における Q1，Q2，Q3 の数値は固有値で，合計の数値は［**モデルの要約**］（**図 8.28**）の合計（固有値）の数値と同じになっています（**図 8.33** 囲み）。この固有値を元にした右のグラフ（**図 8.34**）で，カテゴリ変数の情報が各次元でどの程度説明されているかを視覚的に確認できます（内田，2006）。今回のグラフでは，Q1，Q3 は次元 1 と次元 2 のどちらにおいても説明されている割合が高く，Q2 が次元 1 で説明されている割合が高いと判断できます。

判別測定

	次元		
	1	2	平均値
Q1	.798	.740	.769
Q2	.552	.083	.318
Q3	.581	.676	.628
合計	1.930	1.499	1.715
分散の %	64.349	49.966	57.158

図 8.33　判別測定表

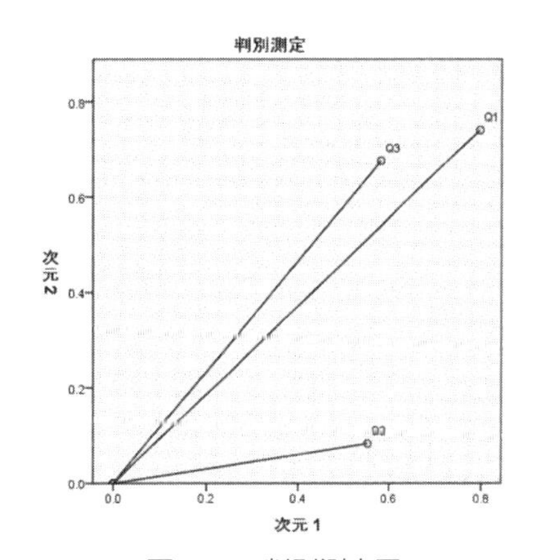

図 8.34　判別測定図

8-3-3 論文への記載

記載例

大学1年生29名に実施した英語学習に関するアンケート調査において，3つの質問項目に対する回答結果を多重コレスポンデンス分析で分析した。質問は，Q1が英語の学習で最も好きな技能，Q2が最も多く利用する媒体，Q3が最も多く利用する場所をそれぞれ問うものであった。質問に対して未回答部分があった1名を除き，28名分で分析をした結果，抽出された次元1と次元2のイナーシャの値で，各次元はそれぞれ分散の64.3%，50.0%を説明していた。そこで，Q1，Q2，Q3の3つのカテゴリ変数に基づく計11項目を図8.35の散布図にプロットした。

この散布図では，次元1，次元2の解釈は難しいが，カテゴリ項目間の距離が近いものに注目してみると，3つの特徴が読み取れる。まず，今回の調査対象の大学生は，自宅で英語学習をする場合，インターネットを利用して主にリスニングとリーディングを行う傾向がみられる。また，教室では教科書等の書籍・雑誌を利用する傾向があり，テレビ・ラジオやスマートフォンのアプリを利用してスピーキングの学習をする傾向もあることが明らかとなった。

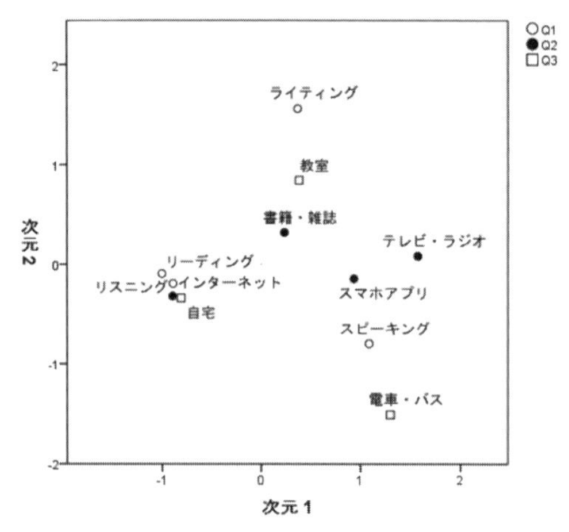

図8.35　英語学習における大学生の好みに関する散布図

第9章 質的分析

◉授業観察を分析する

Section 9-1 質的分析とは

これまでの章では主に数量化されたデータを分析する量的研究を扱ってきましたが，本章では，インタビュー記録や日誌などにおける，文字テキストデータなど，数値化されにくいデータを分析する質的研究について述べていきます。質的研究は，限られた事象を分析対象として，その場の状況を具体的に提示し，その意味を深く掘り下げ解釈することによって，新しい理論や発想，問題点を発見しようとする手法です（秋田・藤江，2007）。

9-1-1 質的研究の定義・意義

(1)「質的研究」を一言で定義するのは難しく，次のようにさまざまな定義が試みられています。

- 質的研究とは，包括的用語。より広い枠組みのなかには多くの異なったアプローチが存在する。個人，集団，文化における社会現実の理解という目的をもつ（Holloway & Wheeler, 1996）。
- 自然な状態で，研究者と研究参加者が相互作用する中で行われ，言葉などの質的データを用いて帰納的に探究する研究（グレッグ・麻原・横山他，2007）。
- 「意味・場・行為・文脈」という概念を，研究対象とする（竹内・水本，2012）。
- 現象を生成・維持・変容させているプロセスの中身（質的な側面）を組織的に探究する研究法（関口，2013）。

このように，研究者の観点により定義の妥当性も変わるため，どの分析対象に対しても共通した定義はありませんが，総じて，質的研究とは，言葉を主とする質的データを分析対象として，具体的に解釈することによって探究的に研究する手法といえます。

(2) 質的研究の意義については，量的研究と比較することで明確化されます。量的研究では，事前に設定された枠組みの中で調査を行い，結果については，客観的な見方により，より一般化できる理論の構築を目指します。それに対して質的研究は，個別の事象を研究対象として調査を行い，その場での複雑な状況や価値観などを意味的に解釈して，帰納的に概念を構築することを目指します。量的研究と質的研究の目的と手法は異なるため，両手法をうまく使いこなすことによって，それぞれ一方だけでは見えにくい事象を掘り下げることができます。たとえば，量的研究を行った結果，明らかにできなかった細部に焦点を当てている例もあります。またその逆に，質的研究手法を主な分析手段として，結果を補足するために量的分析を行うという例もあります。Flick（2002，p.4）は，質的研究の意義について次のように述べています。

『社会の急速な変化により生活世界が多様化することで，新しい文脈や視野に対応するには，演繹的方法（既存の理論モデルから設問・仮説を導き，実証的データと比較する）では対応しきれない。よって，実証的データから新たに理論を作る帰納的な研究の戦略が必要となる。この場合，知と行為は地域的（ローカル）なものとみなされる。』

また，秋田・藤江（2007）によると，質的研究の意義とは，多様な世界に起こる事象の意味を具体的に解釈し，協力者の行動を内側からとらえることで，その場にいる人々の多様性をとらえ，そこから理論を発展させることができることです。

9-1-2 質的研究の特徴

先行文献ではさまざまに議論されていますが，質的研究には次の特徴があります。

(1) 文脈化

質的研究における文脈（context）とは，発話や行為などのある特定の対象が位置付けられる状況の前後関係を指します。そして，その対象の意味を状況の前後関係から解釈しようとすることを**文脈理解**といいます。Holloway & Wheeler（1996，p.9）は，質的研究では，『文脈に敏感でなければならない。参加者の生活の文脈は彼らの行動に影響するため，研究者は人々の生活の全文脈を理解しなければならない』と述べています。つまり，研究者が文脈を理解することで，人々が伝え合う意味を把握することができ，また，個々の行為や認識を文脈の中に位置づけることができます。

(2) 濃密な記述

「濃密な記述」とは，参加者の経験についての詳しい記述のことで，表面的な現象についての報告にとどまらず，参加者の解釈も含めて，参加者の行為に関する感情や意味を明らかにします。このような濃密な記述は，質的研究の質を高めるためにも重要です。質的研究では，研究対象について研究者の主観的視点から分析をするため，分析結果が妥当であるかどうか読者に示すためにも，出来事や対象について詳細に伝えることが必要となります。どの程度詳細に提示するべきかについては，分析データをすべて提示するような記述量が必要というわけではなく，対象を知らない人にも意味を理解してもらうために必要な記述をすることが重要となります。

(3) リフレクション

リフレクション（反省，reflection）とは，『実践者が自分の活動を振り返り続ける中で，望まれる効果的な実践に悟りを開いていく自己探求の過程である』とグレッグ他（2007）は述べています。研究者は，実践をしながらリフレクションを行うことで，一連の出来事を振り返り，自身のもつ知識と連動させて意味を解釈することができます。リフレクションのプロセスはダイナミックであり，独自の正当性をもってデータとみなされ，解釈の一部となります。リフレクションのデータを提示することで，研究者の観点が妥当なものであるかどうかを示すことができます。

(4) トライアンギュレーション

質的研究は，一般化を目的とはしていませんが，得られた結果は客観的に考察をされ，妥当性が確立されているかを示す必要があります。研究者の単なる主観性から結果が述べられているのではないことを示すために，**トライアンギュレーション**（triangulation）の手法が必要になります。この用語は，元は三角測量方式の意味で，1つの研究事象について複数の方法を用いて検証することです。以下のような種類があります（Holloway & Wheeler, 1996）。

①データのトライアンギュレーション：異なった集団，異なった場所，異なった時期からデータを収集すること。

②方法のトライアンギュレーション：2つ以上の収集方法を用いてデータを得ること。**図 9.1** のように，インタビューや参加観察，記録物や質問紙など，多様なデータ収集方法が用いられます。

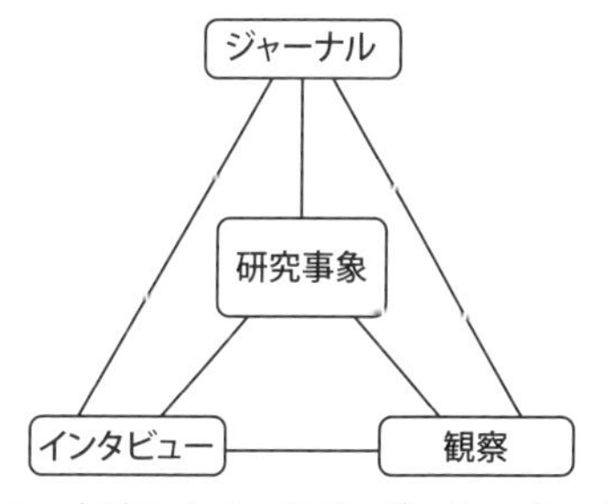

図 9.1 方法のトライアンギュレーション例

③研究者のトライアンギュレーション：2 人以上の研究者が研究に関わっていること。

④理論のトライアンギュレーション：1 つの研究事象を解釈する際に，いくつかの理論を用いて説明し検証すること。

Section 9-2 データ収集方法

質的研究のデータ収集と分析は，研究者が研究対象に関わる人や場と相互に作用し合いながら行っていくものです。データを収集して分析・解釈し，それに基づきさらにデータを収集するというプロセスを含みます。本章では質的研究で用いられることの多い，**面接法**と**観察**を紹介します。

9-2-1　面接法

面接法（interview）は質的研究において最もよく用いられるデータ収集方法です。面接がどの程度構造化されているか，つまり手順がどの程度決められているかに基づいて，以下の 3 つに分類されます（Holloway & Wheeler，1996；グレッグ他，2007）。

（1）非構造化面接

非構造化面接（unstructured interview）では，面接の質問を事前に準備しません。研究に関する広い領域についての一般的な質問から始め，研究者が研究参加者の興味や考えを追いながら，柔軟に質問をしていく面接法です。他の面接法よりも幅のある豊富なデータを得ることができるのですが，研究者の力量と，研究者と参加者との関係性に大きく依存します。研究者は，研究参加者と良好な関係を保ちながら，参加者の回答の意味を即時につかみ言語化する即応性が求められます。また，豊富なデータを生み出す反面，不必要なデータの割合が他の面接形式に比べても最も多く，後の分析で必要なデータを抜粋することが困難になるという欠点があります。

（2）半構造化面接

半構造化面接（semi-structured interview）は，その名称のとおり，構造化された面と構造化されていない面の両方の特徴をもった面接法です。質問や題目を示した面接ガイドをあらかじめ作成し，質問する項目を設定して面接を行います。質問項目は，研究参加者にできるだけ多く語ってもらうような内容の項目にして，質問の順序は参加者によって変えることも可能です。ガイドに沿っているため，すべての研究参加者から同じようなデータ収集ができることも利点です。ガイドに関しても数回の面接後に修正可能で，研究者は質問を発展させることもできます。参加者から多くのデータを引き出すためには，非構造化面接と同様，研究者と研究参加者間の良好な関係が重要となります。

(3) 構造化面接

構造化面接（または標準化面接）（structured interview）は，構造化された質問を事前に作成し，面接票を用いて面接を行います。質問のタイプは，「はい」「いいえ」の二択や選択肢をもつことが多く，記述式の質問紙に似ており，設定された質問の順番に沿って行われます。構造化面接は，前もって研究参加者の反応を方向づけてしまうため，質的研究には適切ではない（Holloway & Wheeler, 1996）という意見もある一方，現象の本質に迫るための最適な方法（グレッグ他，2007）という意見もあります。この面接では，研究者は質問者，研究参加者は回答者と，明確な役割関係が存在します。

9-2-2 観察

観察（observation）は，質的研究の最も典型的な特色を有したデータ収集方法です（Holloway & Wheeler, 1996）。観察には，観察者が参加して行う「**参加観察**（participant observation）」と，参加の度合いの低い「**非参加観察**（non-participant observation）」があります（関口，2013）。例として，学校で教師や生徒として直接授業に参加する場合は，参加観察となり，教室の後ろで授業を参観する場合は非参加観察となります。

(1) 参加観察の特徴として，研究者がフィールドへと入り込み参加者の視点から観察しますが，具体的に，量的または実験研究との違いについて，グレッグ他（2007）は以下３点を挙げています。

①方法：研究者は見ることだけでなく，場（フィールド）で感じたことを観察に含めて記載する。

②研究者と研究集団の人々との関係性：実験では研究者は，研究対象者への影響をできる限り排除してデータを収集するが，質的研究では研究者が集団に参加し，相互作用の中でデータを収集する。

③データの特性：量的データは客観的に得られた研究対象者の代表的なものと捉えられるが，質的研究によるデータは，研究参加者との相互作用によって研究者の解釈を通して得られたものである。

(2) 参加観察が，「参加」とあるとおり，参加者との関わり方も重要な点となります。（Flick, 2002；Holloway & Wheeler, 1996）。参加の度合いの点から，以下の①と②は参加観察，③と④は非参加観察に分類されます。

①完全な参加者（complete participant）：研究者は，対象者とできる限り自然な形で接し，参加者としてその場の一部になっています。よって，研究対象者に知られることなく，密かに隠れて観察をしながら内部の人の役割を果たします。

②観察者としての参加者（participant as observer）：研究者も研究対象者も，研究者の観察者としての役割を認識している点が完全な参加者と大きく異なります。研究対象者に許可を求め，観察者の役割を説明するため，研究者と対象者の関係を構築しやすくなります。しかし，観察者の存在で，研究対象者の自然な状態を観察することが難しくなる可能性もあります。

③参加者としての観察者（observer as participant）：参加よりも，より形式的な観察法にあたるもので，研究対象者の一員とはなりません。よって，表面的な観察で終わってしまう可能性もありますが，研究者として受け入れてもらえることで，研究対象者に質問ができるという利点があります。

④完全な観察者（complete observer）：その場との接触が全くなく，その場に与える影響が最も少ない観察法です。Holloway & Wheeler（1996）は，人に気づかれることのないマジックミラーを通して観察する場合にのみ可能となると述べています。

(3)「参加」の程度については，「観察者としての参加者」，「参加者としての観察者」として観察する場合が，ほとんどです（グレッグ他，2007）。「研究者がその場に存在することの影響を最小限にとどめておくべきである」という見解や，「積極的に状況に関与しながら研究者は自分自身の行動も観察の対象とすべき」という意見もありますが，研究者は自分の研究目的に合った観察スタイルを確立していくことが望まれます。

(4) 観察する際の観察法の段階については，「描写的観察」，「焦点観察」，「選択的観察」の３段階に分けられます。まず，初期段階の「描写的観察」では，その場で起こるすべての描写を行います。フィールドの全体把握をし，そこからより具体的な方向付けを得るために役立ちます。次の，「焦点観察」は，広い範囲の観察から，疑問に特別に関係のある小さな単位での観察へと視点を絞っていきます。最後の「選択的観察」では，観察はかなり選択的になり，２番目の段階でみつけた観察の証拠や実例を探すために特定の論点のみに集中します（Flick, 2002；Holloway & Wheeler, 1996）。

Section 9-3 質的研究の主な手法

質的研究の主な研究手法にはさまざまな方法がありますが，ここでは５つの手法について概要を説明します。

(1) ナラティブ研究

ナラティブ研究（Narrative Research）は人々の「語り」を収集して分析する手法です。特定の個人，または特定の出来事に関わった人々にインタビューをし，豊富な語りのデータを収集する形態を取ります。語り手が語った経験の内容は，研究者によって再話されます。語り手が聞き手である研究者に経験を語るため，多くの場合，研究者の視点と語り手の視点の相互行為からなります。ナラティブの形式には２つのタイプがあり，語りが時系列に年代順に話されるタイプと，ある大きな出来事の中でつながる小さな話からなるタイプに分かれます。

(2) 現象学

現象学（Phenomenology）の起源は哲学にあり，日常の現象の本質的な構造を理解するために，実際にその現象を経験した人の主観を探究する，またはその現象を詳細に記述する手法です。それにより，現象に関わる人間の経験の「本質」を理解し，明らかにしていきます。現象学にはさまざまな概念がありますが，大きく分けて記述的，解釈的，実存主義的現象学という３つの大きな流れがあります。哲学的思想から成り，データ収集手法としては主にインタビューが用いられます。

(3) エスノグラフィー

エスノグラフィー（民俗学または記述民俗学）（Ethnography）は，文化人類学から発展した質的研究手法で，文化集団の行動，言語や慣習の形式を長期間，そのままの状態で研究します。文化という文脈の中で，そのままの状態で，対象の行動を観察することが重要であるため，フィールドで起こっていることに介入しません。エスノグラフィーは，濃密な記述の使用が特徴の１つで，時間・場所・出来事と切り離すことなく，対象の文化的関係について詳しく解釈します。データの収集については，対象文化の場に身を置くフィールドワークの中で，主に観察とインタビューを通して行います。

(4) グラウンデッド・セオリー・アプローチ

グラウンデッド・セオリー・アプローチ（Grounded Theory Approach：GTA）のグラウンデッドは「基づく」という意味で，データに基づいて概念を発展させることが重要で，概念間の関係性をみつけて理論を生み出し，修正していくことを目的とします。手順としては，何を明らかにしたいかを決定した後，面接や観察など複数の収集方法を用いてデータを収集します。収集したデータに関しては，データを新たに概念化するコード化，さらにその概念をまとめてカテゴリ化していきます。そのカテゴリ同士の関係性をみつけて中核カテゴリを産出し，仮説を立ててデータを基に修正しながら，最終的にデータに基づいて理論を産出していきます。

(5) 事例研究（ケーススタディー）

事例研究（Case Study）は，文脈の中での「個々のケース」の理解を探究し，最大限に利用することによって最終的に新たな理論を導くことを目的とします。ここでいう「個々のケース」とは，人間のように単一のものから，組織や出来事のような特定の場所や状況に関連のある集団的なものを指す場合もあります。研究者はケーススタディーを行う際，まず研究の目的と扱う事例の数を決めます。何を事例として扱うかを決定してから，単一の事例かまたは複数の事例で研究するのかを検討します。そして，目的と扱う事例数が決まるとさまざまな側面から説明するために，主に，観察や記録物の研究によってデータ収集が行われます。

(6) アクションリサーチ

アクションリサーチ（Action Research）とは，ある状況において問題を発見し，その問題に対して組織的な変化をもたらすために，対象に応じてさまざまな研究手法で向上を目指すアプローチです。その変化，向上は，主観的な憶測からではなく，研究者が集めるデータに基づくものでなければなりません（Burns, 2010）。データ収集方法の参加観察は，研究対象を観察しながら研究することを目的としているのに対し，アクションリサーチとは，研究対象を単に観察するのではなく，対象に対して実践をして変化をもたらしながら研究することができるという特徴があります。アクションリサーチでは，データの種類に応じて適切とされるさまざまな研究方法を用いますが，一般的には質的な研究手法を主に用い，必要に応じて量的手法で得た結果も用いて補足します。

Section
9-4 アクションリサーチ

本章では，質的研究の実例として，アクションリサーチの手法を用いた研究例を取り上げます。さまざまな質的研究手法がある中で，アクションリサーチについて本書で扱う理由として，分析手法として取り組み易い，現場密着型であるという点が挙げられます。近年アクションリサーチは社会学，心理学，ビジネスなどさまざまな分野で注目を浴びていますが，特に教育の分野では，その必要性が重視されるようになってきました。学生と直接関わる教師にとって，アクションリサーチは，①研究対象を客観的に描写すること，②授業内容の改善につなげること，③理論と実践を結びつけること，そして，④授業を行いながら研究を実践すること，などができる利点があります。

9-4-1 アクションリサーチの定義と特徴

(1) アクションリサーチの定義

①「アクションリサーチとは，現場で実際に生じている問題に対して，よりよい変化の実現を目指して，研究参加者（現場の当事者）と研究者が協同して知を生成する実践的な研究活動である」（グレッグ他，2007，p.184）

②「実践の場で起こる問題，実践から提示された問題を分析して探究し，そこから導かれた仮説にもとづき次の実践を意図的に計画実施することより問題への解決・対処をはかり，その解決過程をも含めて評価していく研究方法」（秋田・藤江，2007）。

③「実践者が自分の直接かかわっている実践的問題を改善することをめざして行う研究一般（関口，2013）。

④「自分の教室内外の問題及び関心ごとについて，教師自身が理解を深め実践を改善する目的で実施される，システマティックな調査研究」（横溝，2000，p.17）

以上をまとめると，アクションリサーチとは，研究者が直接関わっている実践的問題を体系的に理解し，計画を練りながら改善を図り，問題の解決プロセスを観察しつつ必要に応じて計画を変更しながら解決へ向けていくアプローチであると理解できます。

(2) アクションリサーチの特徴

次の３つの重要な要素が挙げられます（グレッグ他，2007）。

①主体的参加：アクションリサーチでは，変化が必要であると認識している，また，変化の過程においてアクティブな役割が取れるというような，研究参加者の主体性が土台となって展開される。

②民主的な展開：研究参加者と研究者はお互いに課題を共有し，研究者は建設的にフィードバックし，全員の協同のもとで進められる。

③社会を変革することと社会に応用する科学への同時貢献：研究参加者と研究者の取り組みによって実践現場を改善するだけでなく，より広い社会への影響を目指し，成果の公表に向けて社会への提言を伴う活動である。

9-4-2　アクションリサーチの方法

アクションリサーチの進め方に関してもいくつかの提案がありますが，基本的には，現場の状況の見直しから始まり，研究課題を決定後，「改善のための計画を立て，実践の遂行，評価」というサイクルに入ります。そのサイクルを何度か経て，全体の見直し（反省）による再評価というらせん上に続く点が特徴となります。

そのサイクルはいくつかのプロセスに分けられ，Burns（2010）では，1サイクルを計画（Planning）・実践（Action）・観察（Observation）・振り返り（Reflection）と大きく4段階に分けています。**図9.2**では2サイクルまでですが，必要に応じてサイクルを繰り返します。

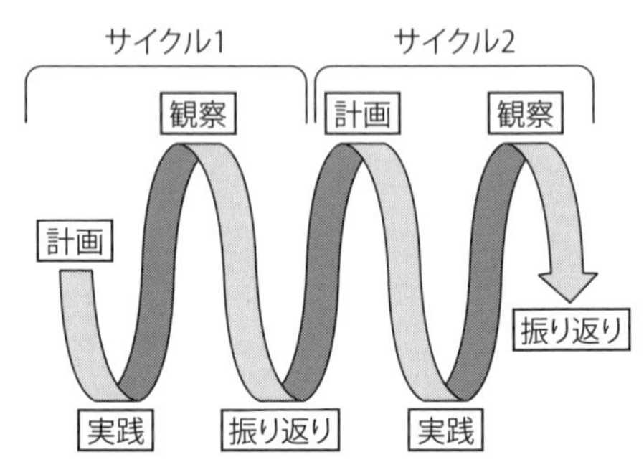

図9.2　アクションリサーチのプロセス

(1) 計画

①問題の明確化

改善する必要がある課題や問題点を絞り込みます。問題が重複していることが多いため，手をつけやすく，具体的な成果が得やすい点に絞ります。教育系の研究の場合，通常の授業を行いながら調査できる点に絞ることも重要です（佐野，2000）。解決法が，実現可能な問題点に絞ることは，一人の教師または研究者が行う場合には特に重要です。問題点が大きすぎたり，改善の努力をしても解決できそうにない課題は避けます。たとえば，習熟度がさまざまな学習者がいて指導しにくいという問題点があり，習熟度別のクラス編成を目指すという解決方法にすると，学校全体で取り組まなければ一人の教師の力だけでは難しくなります。

②予備調査

実際に何が起こっているのかを調べるために実態調査を行います。必要に応じてインフォーマルインタビュー，人数の把握などをして，授業観察や，教師自身の行動をメモしながら，自らの研究，指導の姿勢も問い直すことが必要となります。さらに，関係者からの情報収集などにより背景要因を理解します。また，この段階で重要なことの1つは，先行研究の文献研究です。研究テーマに関することで，過去の研究において何が明らかになっているか，理論的背景は何か，など問題とする研究に関連する知識を増やします。

③仮説の設定

予備調査の結果を基に仮説を立て，問題解決への対策を練ります。まず，さまざまな観点から問題を考慮して，その原因がどこにあるかを明らかにします。その後，その原因への対策を考えます。

(2) 実践

この段階では，計画した内容を実践していきます。1学期間など，一定期間実践し，データを収集します。研究対象に対して意図的に介入し，現状で何が起きているか観察し，仮説を検証していきます。

(3) 観察

実践の効果を観察していきます。観察するにあたって，メモなどのフィールドノートをつけて，できるだけ多くの詳細な記録をとっておくことも大切です。計画で定めた期間の終了後，データの収集に用いたアンケートや観察日誌などをまとめて，振り返りのためのデータとします。

(4) 振り返り

観察で得たデータについて，振り返り，評価します。客観的に振り返りを行うために，トライアンギュレーションを用いて，データ・共同研究者の見解・方法など，多方面から結果を収集し，評価していきます。そして，問題の改善につながっていることが確認できれば，次の段階に進みます，もしも改善がみられない場合は，どの点が計画通りに進まなかったかを明らかにして計画を修正します。

以上が1サイクルとなるので，修正した計画案を基に，実践，観察，振り返りのサイクルを何度か実施した結果，全体の見直し（反省）へと移ります。最後に，いくつかのサイクルの全体を再度見直します。そして，報告書をまとめて，結果を発信する準備をしていきます。

Section 9-5 アクションリサーチの実例

今回アクションリサーチの対象とするテーマは，授業外で行うリスニング活動の望ましい実施方法は何かについてです。分析対象とするのは，大学生1年生のクラス37名です。多聴の1つとして授業外でのリスニング活動を取り入れる場合，学習者はどのようにリスニングの課題に取り組んでいるか，授業外リスニングにより聴解力は向上するか，を検証することを目的とします。

9-5-1 サイクル1

(1) サイクル1：計画

①問題の明確化

毎年，学期始めのテストで，リスニングの平均点が低く，リスニングが苦手な学生が多いため，学生の聴解力向上を目指したいと思います。授業時間でリスニング活動にあてることができる時間は限られており，インプット量が不足していることに着目し，授業外でのリスニング活動をアクションリサーチのテーマとして実践することにしました。

②予備調査

文献研究，リスニング学習に関する質問紙の実施，リスニングを含む熟達度テストを行います。文献研究では，自律学習や動機づけと関連した先行研究もみられますが，授業外リスニングについての研究は多くみられません（折田・菅岡，2015；牧野，2012)。また，授業外リスニング課題と多聴は共通点も多いため，多聴についての文献も調べます。多読が読解力へ効果があることは多くの先行研究で述べられていますが，多聴については，効果が期待されるものの，多読と比較すると特に日本人学習者を対象とした先行研究の数が少ないようです。

先行研究によると，多聴とは，学習者が楽しみながらできるだけ多くの理解できるインプットを得ること（Renandya & Farrell，2010)，と定義されます。多聴で重要なことは，学習者が興味のある内容を，詳細にこだわらず概要理解を目的とし，楽しみながらリスニング活動を行うことです（Field，2008)。可能であれば自ら選んだ言語素材を，教材とすることが推奨されます。

アクションリサーチを実践する前に，学習者が授業外でどの程度リスニングを行っているかを確認するために，リスニングに関する質問紙調査を行います。学習者の熟達度を測定するために熟達度テストを行い，さらに，事前リスニングテストを実施します。

予備調査の結果，学習者は，授業外ではほとんどリスニングをしていないことがわかりました。「授業外で日本語字幕なしで英語を聞く機会は，どの程度ありますか？」という質問に対して，「全くない」が70%，「月に1〜2回」が22%，「週に1〜2回」が8%という結果で，半数以上が授業外ではリスニング活動を行っていませんでした。また，75%の学生がリスニングが苦手である，と回答し，リスニングの苦手意識も強いことがわかりました。しかし，「授業外でも英語を聞く機会が増えると，あなたのリスニング力は伸びると思いますか？」という問いに対しては，95%が伸びると感じていることがわかりました。

③仮説の設定

予備調査の結果，学習者は，授業外でのリスニングの効果を期待するものの，リスニングに苦手意識をもっていて，自主的にはほとんどリスニングをしていないことがわかりました。そこで，以下の目的と，サイクル1の仮説1を立てます。

目的

サイクル1：学習者は授業外のリスニングの課題にどのように取り組んでいるか。

サイクル2：授業外のリスニングの課題を効果的に実施する方法は何か。

仮説1

(a) 授業外のリスニングを行うことで，聴解力を向上させることができる。

(b) 授業外のリスニングを行うことで，リスニング活動に興味をもって取り組むことができる。

(c) 授業外のリスニングを行うことで，自主的に授業外でリスニングの自主学習の機会が増える。

(d) 授業外のリスニングの要約課題があることで，集中してリスニングに取り組むことができる。

計画としては，2つのサイクルに分け，改善のための計画を立てました。サイクル2に関しては，サイクル1の終了後に修正しますのでおおよその計画でかまいません。**表9.1**のように表にまとめておくとわかり易いでしょう。

表 9.1　全体的な計画

サイクル 1	内容	サイクル 2	内容
4 月	質問紙調査 熟達度テスト 事前リスニングテスト 1	10 月	事前リスニングテスト 2 修正課題の提示
4 月～7 月 （14 週）	学生のジャーナル 教師のフィールドノート	10 月～1 月 （14 週）	学生のジャーナル 教師のフィールドノート
8 月	事後リスニングテスト 1 質問紙調査	1 月	質問調査 事後リスニングテスト 2
8 月～9 月	データ分析 実験計画の修正	2 月～3 月	データ分析 結果の解釈

(2) サイクル 1：実践

授業の初日に，リスニングジャーナル課題をどのように行うかの説明をします。

リスニングの内容について，素材の出典・長さ・聞いた日を記入させます（**表 9.2**）。素材の長さについては，最低 5 分以上とします。時間を短く設定した理由として，長く聞くよりも同じ内容のものを何度か聞いて理解できるようになることを目的とするためです。詳細にこだわらず概要理解を目的とする（Field，2008）という多聴の定義にもあったように，概要理解を目指すために，自分の言葉で要約を書き，感想も英語で記すように指示します。

リスニングの素材については，インターネット上で聞くことのできる音源の候補を提示しますが，自主的に検索して，自分の興味のある内容のものを聞くように指示します。

表 9.2　リスニングジャーナルの例

① Information about the listening material ・Listening material: ・Type of Text: audio visual or audio only ・Source: ・Date: ・Duration: ② Summary ・In your own words, summarize the content. ③ Comments ・Give some comments about the listening text. ・Why did you choose this listening text? ・What was the most interesting thing about it? ・How did you feel about it? etc.

(3) サイクル1：観察

リスニングジャーナルは，14週間，2週間に1度の割合で授業時に提出させ，学生同士ペアで内容についての意見交換をさせます。教師は，意見交換時に机間巡視し，活動を観察し，気づいたことがあれば，フィールドノートに書き留めます。また，クラス全体で，リスニングジャーナル課題について話し合う機会を設け，難しい点，改良すべき点などがあれば，意見を出すように求めます。

学期末に再度質問紙調査を行い，リスニングジャーナル課題に対する取り組み具合，難易度，改善点，自主学習への影響について質問します。リスニング理解度への影響を調べるために，リスニングテスト1も実施します。得られたデータは以下となります。

①リスニングテスト

会話文の多肢選択問題形式による，リスニングテストを行いました。リスニング事前事後テストについては，対応のある t 検定で検討した結果，リスニングの平均点に向上はみられるものの，有意差はみられませんでした（**表9.3**）。

表9.3 サイクル1：リスニング事前事後テスト得点結果

	n	4月	7月	結果
M	37	35.00	35.54	$t(36) = -.37, p = .72$
SD	37	12.20	12.84	

②リスニングジャーナル

4件法の回答については量的に，自由記述のコメントについては質的に内容の評価を行います。

繰り返しも含めて，聞いた時間は，平均が2週間で1回につき15.4分でした。2〜4分を3回という結果もありましたが，聞いた回数は多くて3回でした。内容については，TED talkやYouTubeの動画が人気で，各自興味のある内容を選んで聞いていました。要約については，文字制限を設けずA4のノートの半分に収まる程度としたため，字数がさまざまでした。

③教師のメモ

リスニングジャーナルについて，教師メモは，「意見交換する際の学生の様子について，各自リスニング課題をペアで紹介しあうことは意欲的に取り組んでいる」，「要約の文字数に差があるため，評価がつけにくいと感じている」という内容でした。

④課題についての話し合い

課題について話し合ったところ，自分の興味のある内容のリスニングを探すのに時間がかかるため，いくつか紹介してほしいという意見がありました。

⑤アンケート

アンケートは，4 件法（1. 全くそう思わない　2. そう思わない　3. そう思う　4. 強くそう思う）で質問しました。その結果，多くが興味をもって取り組み，聴解力も向上したと感じていました。一方，Q5 の授業外リスニングについては，数値が比較的低く，自主性には結びついていませんでした（**表 9.4**）。

自由記述に関しては，Q1 で興味をもって取り組んだと答えたほとんどの学生は，その理由として，「自分で興味のあるものを聞くことができたため」と回答していました。また，ジャーナル課題ではリスニングが向上したと感じている学生の方が多かったことがわかりました。難易度に関しては，英語学習者用の教材ではないため「難しかった」「速かった」などと素材の難易度に関することと，「好きな内容のものを自分で探すことが難しかった」などと素材の選定の難しさに関する内容が多くみられました。Q4 に関しては，「要約の字数を設定すべき」「題材を指定する回が何回かあってもよい」という改善案が出されました。

表 9.4　サイクル 1：アンケート結果

	Q1. LJ 課題は興味をもって行うことができましたか	Q2. LJ 課題は難しかったですか	Q3. LJ 課題を行うことで，リスニング力は上がったと思いますか	Q4. LJ 課題の方法で，何か改善するべき点はあると思いますか	Q5. 授業の課題以外で，授業外で自主的に英語を聞く機会は増えましたか
M	2.92	2.54	2.73	2.25	2.08
SD	0.60	0.77	0.61	0.69	0.72

注．LJ = Listening Journal

(4) サイクル 1：振り返り

データの評価を行います。評価対象となるのは，(3) の観察で得たデータすべてで，仮説 1 を基に内省します。その結果，仮説 1 (b) と 1 (d) については支持されましたが，仮説 1 (a) と 1 (c) については支持されませんでした。

つまり，学生は授業外リスニング活動に興味をもって取り組み，要約課題もリスニングの内容を集中して聞くことに効果的でした。一方，リスニングテストでは向上がみられなかったことについては，聞く回数が2週に1回で，聞く量も少なく，自主的に聞く機会も増えていませんでした。理由としては「忙しいから」というものが多く，リスニングを行うことを習慣づけるために，具体的なリスニング素材を提示するなどの具体案の必要性が考えられました。

9-5-2　サイクル2

サイクル2においても，サイクル1と同様に，「計画→実践→観察→振り返り」と順に進めて行きます。

(1) サイクル2：計画

サイクル1の結果を踏まえ，授業外リスニング活動に修正を加えます。回数と時間が少ない学生も多いため，1回15分以上とし，最低2回は聞くように指示します。要約については，要約課題の字数制限を設けるようにします。リスニングを活動の主とするために，要約の文字制限を少なくし，80～100字とします。提出方法についても電子版での提出に統一します。自主的なリスニングを促すために，リスニング素材を提示し，振り返りを行うことにします。修正をした結果，以下の仮説を立てました。

仮説2

(a) 授業外のリスニングの時間と回数を増やし，リスニング量を多くすることで，聴解力を向上させることができる。

(b) 授業外のリスニングを継続して行うことで，リスニング活動に興味をもって取り組むことができる。

(c) 自主学習用のリスニング素材を提示し，振り返りを行うことで，自主的に授業外でリスニングの自主学習の機会が増える。

(d) 授業外のリスニングの要約課題の文字数を制限することで，よりリスニングに集中して取り組むことができる。

(2) サイクル2：実践

10月の授業の初日に，修正を加えたリスニングジャーナル課題について，説明します。日本語の説明が欲しいというコメントがあったため，日本語で説明のハンドアウトを配布し，課題の指示を明確化します。サイクル1と同様，サイクル2で計画した内容を実践していきます。

(3) サイクル 2：観察

サイクル 1 とほぼ同様ですが，リスニングジャーナルは，毎週提出することとします。引き続き，教師は気づいたことに関してノートに書き留め，リスニング活動について話し合う機会も設けます。以下がサイクル 2 で得られたデータです。

①リスニングテスト

リスニング事前事後テストについては，対応のある t 検定で検討した結果，**表 9.5** に示されるようにリスニングの平均点に有意な向上がみられました。

表 9.5　サイクル 2：リスニング事前事後テスト得点結果

	n	10 月	1 月	結果
M	37	38.41	42.84	$t\ (36) = -2.18, p < .05$
SD	37	10.80	15.03	

②リスニングジャーナル

繰り返しも含めて，聞いた時間は，平均が 33.1 分と，サイクル 1 よりも聞く時間が大きく増えました。さらに，課題提出が，2 週に 1 回から毎週となったため，頻度も増えました。聞いた回数は，平均して 2 回，多くて 3 回とサイクル 1 と変わらない結果でした。内容については，引き続き各自興味のある内容を選んでいましたが，TED talk 以外にも，ニュース，インタビューなどリスニングソースの種類が増えました。

③教師のメモ

各自リスニング課題をペアで紹介しましたが，ペアを変えることで，毎時間同じ相手と話すよりも意欲的に取り組んでいる姿がみられました。要約課題も，文字数を統一することで評価がし易くなりました。

④課題についての話し合い

要約の文字制限があり，リスニングソースが 2 週に 1 回は決まっていたため，リスニングソースを探す時間が省け，その分リスニングに時間をとることができたという意見がありました。

表 9.6　サイクル 2：アンケート結果

	Q1. LJ 課題は興味をもって行うことができましたか	Q2. LJ 課題は難しかったですか	Q3. LJ 課題を行うことで，リスニング力は上がったと思いますか	Q4. LJ 課題の方法で，何か改善するべき点はあると思いますか	Q5. 授業の課題以外で，授業外で自主的に英語を聞く機会は増えましたか	Q6. LJ 課題終了後リスニングを自主的に続けたいですか
M	3.11	2.14	3.22	2.00	2.54	3.24
SD	0.74	0.79	0.71	0.75	0.69	0.64

注．LJ = Listening Journal

⑤アンケート

アンケートについては，サイクル 1 の内容に加えて，リスニング課題終了後リスニングを自主的に続けたいか，という質問（Q6）も加えました。さらに，1 年間を振り返り，授業外リスニングに関するコメントも自由記述で，回答してもらいました。

表 9.6 に示されるように，興味については，サイクル 1 に引き続き興味をもって行うことができました。難易度についても，1 年間続けることでリスニング活動に慣れてきて，要約もポイントをおさえてまとめることができるようになってきました。しかし，Q5 の授業外リスニングについては，やはり「忙しい」，などの理由であまり自主性がみられませんでした。

(4) サイクル 2：振り返り

（3）の観察で得たデータの振り返りを行います。リスニング事前事後テストで有意な向上がみられたので，仮説 2（a）は支持されました。リスニングの量を増やしたことで聴解力向上につながったことから，授業外リスニング課題は，リスニングの時間を指定したほうが良いことが示されました。

仮説 2（b）に関しても，サイクル 1 と同様に興味をもって行っていたため，1 年間興味を失うことなく授業外リスニング活動を行うことができていました。自分で興味のある内容を選ぶことができることが主な理由でした。仮説 2（d）は，話し合いの結果，要約課題の文字数を制限することでよりリスニング活動に集中できると感じていたことがわかりました。要約課題はリスニングに，より集中することができるという利点があり，文字制限があるほうが，課題として基準が明確であるという結果でした。仮説 2（c）については，アンケートと話し合いの結果，自主学習に結び付けることができなかったため，支持されない結果となりました。サイクル 1 の結果を踏まえてサイクル 2 では，自主学習に向けて修正を行いましたが，自主学習には至らなかったため，他の措置が必要であるといえます。目標を設定するなど明確なゴールがある方が取り組んだ可能性があります。しかし，リスニング課題がなくなっても，今後自主的リスニングを続けていきたいという回答があったため，ある程度は，授業外リスニングが習慣化できた可能性があったと考えられます。

(5) 総合考察

最後に，総合考察において，サイクル 1 とサイクル 2 の総合的見解を述べます。ここでは，論文記載例と重なるため省略します。

9-5-3　論文への記載

論文にまとめる際は，**9-1-2** で述べたように，質的研究の 4 つの特徴である①文脈化，②濃密な記述，③リフレクション，④トライアンギュレーション，をカバーするように注意してまとめていきます。特徴の 1 つに「濃密な記述」とあるように，読み手に研究対象とそれに対するアクション，分析が伝わるように詳しく述べる必要があります。

さらに，アクションリサーチの特徴の 1 つとして，「計画→実践→観察→振り返り」の 4 段階を 1 サイクルとして何度か繰り返し，総合的な見解に導くということを押さえる必要があります。サイクルが 2 回ある場合は，サイクル 1 の後，仮説を修正し，サイクル 2 を実施します。

記 載 例

リスニングを苦手とする学生が多いため，授業外のリスニング活動を取り入れることを試みた。授業外で行うリスニング活動の望ましい実施方法は何かについて探ることを目的とし，アクションリサーチを行った。英語の授業 1 クラスを受講する大学生 37 名を対象とした。

サイクル 1 では，学習者は授業外のリスニングの課題にどのように取り組んでいるか検証することを目的とし，4 つの仮説を立てた（仮説省略）。予備調査により，学習者は，授業外リスニングの効果を認識するものの，ほとんどリスニングをしていないことがわかった。リスニング事前事後テスト，学習者のジャーナル，教師のフィールドノート，話し合い，質問紙など，多様なデータから分析した。14 週間の観察後，振り返りを行った。リスニングテスト得点では有意な向上はみられなかったが，質問紙調査の結果，授業外リスニングに多くが興味をもって取り組み，聴解力も向上したと感じていた。しかし，自主的な課題以外のリスニングには繋がっていなかった。また，課題についての話し合いと質問紙調査から，要約の字数を設定する，題材を指定する，という具体案がみられた。

サイクル 2 では，サイクル 1 の振り返りを基に，計画を立て，仮説を修正した。リスニングの時間を設定し，課題も毎週とした。リスニング素材を探す負担を少なくするため，2 週に 1 回は，指定した題材にし，要約は字数制限を設け明確なテンプレートを提示した。14 週間観察を行った結果，リスニング事前事後テストでは，サイクル 2 では有意な向上がみられた。課題提出も毎週となり，聞いた時間も，1 回につき，平均が 33.1 分と，サイクル 1 よりも聞く時間が大きく増えた。質問紙調査の結果，引き続き興味をもってリスニング活動を行うことができ，要約をまとめる作業にも慣れてきて，ポイントを押さえてまとめることができるようになってきていた。自主リスニングを行った学生は少なかったが，実施終了後，継続して自主的にリスニング活動を行う意欲はみられたため，習慣づけにはなった。

サイクル 1 とサイクル 2 を通して総合的に考察すると，授業外のリスニングの課題に対しては，自分の興味のある内容を聞くため，興味をもって活動を行うことができていた。困難に感じる点としては，リスニングソースを探す時間がかかる，要約することが難しいという回答がみられた。サイクル 2 では，リスニングの回数と時間を増やした結果，聴解力の向上もみられた。学習者は，授業外でリスニングを多く行うことで，聴解力が向上することは認識しており，リスニング課題は興味をもって行うことができるため，困難と感じる学習者は少なかった。毎週継続して行うことで，聴解力向上にもつながった。学期中は課題としてリスニング活動を行っていたため自主的にリスニングを行うことにはつながらず，リスニングソースを提示する以外にも，目標を設定するなど，リスニングを習慣づける方法が必要であることが示唆された。

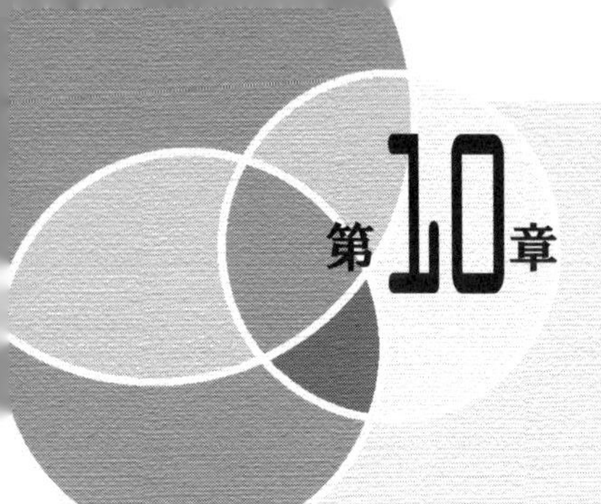

第10章 テキストマイニング

◉大量の記述式アンケートを分析する

Section 10-1 テキストマイニングとは

ニュース番組において，インターネットでよく使われる言葉をランキングにして，国民の関心がどこにあるかを伝えてくれることがあります。この分析で用いられるのが**テキストマイニング**（text mining）で，文字通り，テキストに埋もれた有益な情報を「掘り出す（mine）」分析手法のことです。分析対象は，小説や新聞の文章，自由記述式アンケートの回答，ブログやSNSで使われている表現，会話や講演を文字起こししたものなど，文字で何らかの意味をもつものであればすべて対象になります。その適用範囲の広さから，テキストマイニングは近年さまざまな分野で活用されています。

似た用語に**データマイニング**（data mining）がありますが，こちらは扱うデータがテキストではなく数値になります。しかし，どちらも情報源から興味深いパターンをみつけ出し，有益な情報を取り出すことを目的としています（Feldman & Sanger, 2007)。つまり，新たな知見を得るために行う**探索的研究**（exploratory study）に使われる点で共通しています。

また，テキストマイニングは，雑多なテキストデータから情報パターンをみつけ出すという点では，伝統的な質的分析であるKJ法やGTA（grounded theory approach）とも共通していますが，パターンの発見にコンピュータ処理の力を借りるという点で異なります。これらの特徴をまとめると**表10.1**のようになります。

表10.1　パターン発見型の分析方法とその特徴

	データの種類	分析目的	パターン発見におけるコンピュータ使用
テキストマイニング	テキスト	探索的	あり
データマイニング	数値	探索的	あり
KJ法，GTA	テキスト	探索的	なし

10-1-1　テキストマイニングの長所と短所

テキストマイニングによる分析には，次のような長所と短所を挙げられます。

(1) テキストマイニングの長所

①分析の実用性

コンピュータ処理を行うため，大量のデータを一度に扱うことができ，作業にかかる労力を大幅に減らすことができます。

②分析の客観性

コンピュータによって，一定のアルゴリズムに基づき計量的に分析を行うため，公平で客観的に分析することが可能です。それに対して，分析を手作業で行うKJ法やGTAのような質的分析では，扱えるデータ量に限界があり，研究者の主観や先入観が介入しやすくなります。たとえば，インタビューを文字に起こしたデータを分析するとき，どのような発言に注目して抜き出すかは調査者の裁量ひとつで決めることができます。悪意があれば，発言者の意図とは正反対の分析結果を出すことも可能です。

よって，テキストマイニングは質的分析の欠点を，量的分析では不可欠なコンピュータ処理によって補った，いわば両者の中間にあるような分析方法だといえます。

(2) テキストマイニングの短所

①重要な情報を見逃す危険性

藤井・小杉・李（2005，p.25）の表現を借りれば，テキストマイニングは，「大量のテキストデータからノイズを取り除いてパターンを発見していく」ことです。これは裏を返せば，データの全容を把握することに重きが置かれるため，少数意見は分析から除外されやすいということを意味します。しかし教育や心理の分野では，そのような「ノイズ」こそ，学習者や被験者の内面を知るのに重要な場合も少なくないでしょう。

②テキストの内容を誤って解釈する危険性

コンピュータ処理のみに頼ると，たとえば「単語学習と聞いてどのようなことを考えますか」という問いに対して，「意味」「覚える」「苦手」という語のまとまりが抽出された場合，「意味を覚えるのが苦手なのでやりたくない」という回答と，「苦手だが意味を覚えられるようになりたい」という回答の両方が含まれている可能性があります。

これらの危険を避ける，あるいは減らすには，テキストマイニングにおいても可能な限り実際の回答を確認する必要があります。本書で紹介する分析例ではすべての回答に目を通すことになっています。そして，コンピュータ処理を利用し，分析の負担を減らそうというのが本書の基本スタンスです。しかし，データ数がかなり多くすべての回答に目を通すのが難しい場合もありますので，さらにコンピュータ処理に分析を委ねる方法を **10-5** の「コーディング・ルールを用いた分析の例（回答者が多い場合の分析）」で紹介します。

10-1-2　テキストマイニングの流れ（自由記述式アンケートを分析する場合）

(1) 分析対象テキストの種類

テキストマイニングで対象とするテキストデータは，大きく 2 つに大別できます。

①小説や新聞記事などの既存のテキストデータ

②自由記述式アンケート調査などで集めたテキストデータ

本書では，教育や心理の分野の研究では，学習者や被験者の内面を探ることを目的として，自由記述式アンケートを行う機会が多いため，②のテキストデータの分析に絞って，例を紹介します。また，被験者の数が 100 名前後までと比較的少ない場合は，KJ 法や GTA などを用いたほうが分析にかかる時間や労力はかえって抑えられることもあるので，被験者が数百名を超え，手作業での分析が困難な場合を想定して説明します。

(2) KH Coder とその特徴

本書では「KH Coder」を使って操作手順を解説します。KH Coder は無償ながら高い機能を備えており，樋口耕一氏（製作者）のウェブページ（http://khcoder.net/）からダウンロードできます。このソフトウェアは，形態素解析プログラムの茶筌（ちゃせん）や MeCab，データベースの MySQL，統計分析プログラムの R などをベースにしています（樋口，2014）。

特長として，対応分析（コレスポンデンス分析とも呼ばれる；8 章参照）やクラスター分析などの，テキストマイニング後によく行われる多変量解析が可能なうえ，抽出語を原文で確認するためのコンコーダンス機能や，結果を可視化するための多彩なグラフィック機能も備えています（**図 10.1**）。また，英語のテキストデータにも対応していますが，ここでは日本語の分析例のみを紹介します。

KH Coder の詳しい操作手順は，樋口氏のウェブページや著書（樋口，2014），KH Coder のヘル

対応（コレスポンデンス）分析

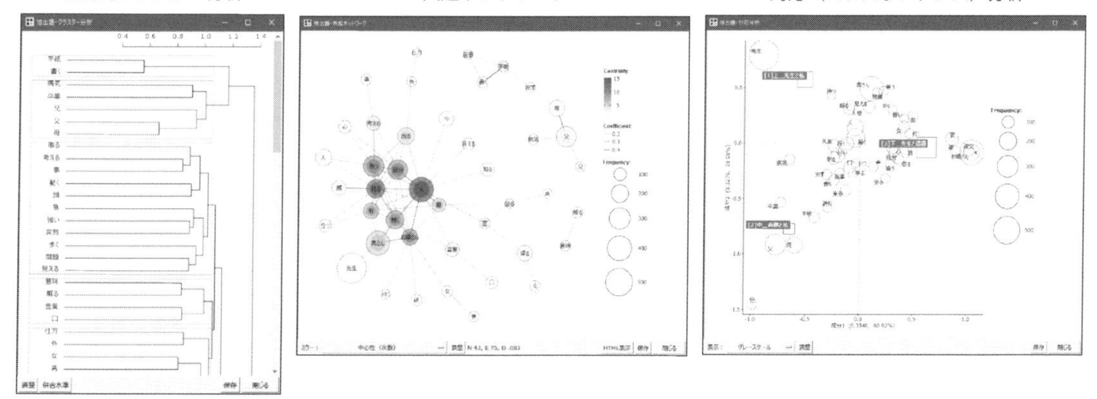

図 10.1　KH Coder で表示できるグラフィックの例（上記樋口氏のウェブページより転載）

プにある PDF マニュアルで確認することができます。マニュアルはメニュー画面から［ヘルプ(H)］→［マニュアル(PDF)］と進むと表示されます。紙面の都合上，適宜，PDF マニュアルの該当箇所を記載していきます。

(3) 自由記述式アンケートの分析手順の概要

自由記述式アンケートを用いたテキストマイニングは次の 6 つの手順で行います。これらのうち③と④の手順が KH Coder を使って行う部分になります。

①**アンケートの実施**：アンケートを作成し，テキストデータを収集します。被験者の性別や年代など，テキストの特徴との関連を調べたい変数（以下，外部変数）があればそれも尋ねます。

②**データの入力**：集めたテキストと外部変数のデータを Excel などの表計算ソフトに入力します。

③**語の抽出**：テキストマイニングソフトにデータを読み込んでテキストをより細かな言語単位に分割し，次に行う分析の準備を行います。たとえば，「私は今日も友達と図書館で勉強した。」という文は，「私」「は」「今日」「も」「友達」「と」「図書館」「で」「勉強」「する」「た」「。」のように分けられます。

④**コンセプトの取り出し**：抽出された語どうしの関連を，階層的クラスター分析や共起ネットワークなどの多変量解析を用いて調べ，どのような内容（コンセプト）がデータに含まれているか検討します。

⑤**外部変数との関連の分析**：④で考えたコンセプトをもとに回答を分類したら，外部変数との関連

をクロス集計表により調べます。本書ではSPSSを用いて分析します。

⑥**結果の報告**：図表を用いて結果を論文にまとめます。

Section 10-2 テキストマイニングの分析

データは，「高校の英語の授業を通してどのようなことができるようになりたいか」という問いに対する，高校1〜3年生500名の自由記述式アンケートの回答で，大木（2015）のデータを改変したものです。アンケートでは「学年」「性別」「大学入試で英語の試験を受ける予定か」も尋ねており，これらを外部変数として，高校生が身につけたいスキルとの関連を調べるのが目的です。分析を行ううえでの大事な心構えは，ソフトウェアに依存せず，できるだけ原文に目を通して細かな情報を見逃さないようにすることです。

10-2-1 データの収集（アンケートの実施）

アンケートの手順やルール（例：事前承認を得る，思想信条に触れる質問はしない，個人情報は厳守する等）は通常のアンケートと同じですが，テキストマイニングに適したデータを集めるには，質問の仕方を工夫する必要があります。

その1つに，「定型自由文」の形式にして，回答者が意図している内容を表現しやすいように，また，役立つ情報を効率よく集められるように定めておく方法があります（林，2002）。この方法に基づいて，**表10.2**のような尋ね方でデータを収集しました。また，1人から複数の回答を得たい場合は記述欄を複数設けます。性別などの外部変数との関連を調べたい場合は，それも忘れずに尋ねます。

表10.2　定型自由文アンケートの例

高校の英語の授業を通して私は，
＿＿＿＿＿＿＿＿＿＿＿＿＿＿＿＿＿＿＿＿（ようになり）たい。

10-2-2 データの入力

KH Coderで分析するにはテキスト形式（*.txt）のデータを準備する必要があります。ここでは，外部変数を用いた分析を行うため，**図10.2**のように，すべてExcelに入力してから，CSVファイル（カンマで区切ったテキスト形式）で「TextMining.csv」と名前を付けて保存しています。

(1) Excel シートへの情報の入力

❶ 1 行目に変数名を入れます。

❷列 A は各被験者に割り当てた整理番号です。

❸列 B〜D は外部変数です。「学年」の 1〜3 はそれぞれ「1〜3 年生」を，「性別」は「1 ＝男子」「2 ＝女子」，「受験」は大学入試で英語の試験が「1 ＝ある予定の者」と「0 ＝ない予定の者」を意味します。

※「男子」「女子」のようにラベル名でも KH Coder の分析は可能ですが，外部変数との関連の分析で SPSS を用いる場合など，数値の方が分析の際に処理しやすくなります。

❹列 E は分析対象となる自由記述項目のテキストデータです。

	A	B	C	D	E	F	G	H	I
1	番号	学年	性別	受験	自由記述				
2	1	1	1	1	英検2級を取得し				
3	2	1	1	1	大学入試レベルの問題が解ける				
4	3	1	1	1	外国人と少しでも対話できる				
5	4	1	1	1	英語の読み書きや、できれば会話も少しはできる				
6	5	1	1	1	英語を話したり聞いたり、英文を書いたりできる				
7	6	1	1	1	英語の言葉や文がスラスラとわかる				
8	7	1	1	1	英語を話せる				
9	8	1	1	1	高校の英語の授業がわかる				
10	9	1	1	1	外国人と最低限のことを話せる				
11	10	1	1	1	ある程度の英語の文章を読める				
12	11	1	1	1	他国の人々とスムーズにコミュニケーションをとれる				
13	12	1	1	1	志望する進路に最低限必要な英語を理解できる				
14	13	1	1	1	外国の人と英語で話せる				
15	14	1	1	1	海外の人と少しは話せる				
16	15	1	1	1	英語を使った説明や会話がある程度できる				

図 10.2　データ（TextMining.csv）

(2) データクリーニング

❶外部変数とテキストデータのデータ個数を一致させないと，外部変数を用いた分析はできません。よって，自由記述に回答がない被験者は分析から除外するか，「無記入」などと入力し，空白セルがないようにします。

※空行を残したままの分析も一応可能です。マニュアルの A.10.3 を参照してください。

❷ 1 つの質問に対し，1 人から複数の回答があった場合（例：「身につけたい能力」を 2 つ以上答えた場合），すべて同一セルに入力します。別々の列に入力した場合は，CONCATENATE 関数でセルを結合します（**図 10.3**）。ただし，1 つのセルの文字制限は 4000 字です。

❸同一回答者の複数の回答を 1 つのセルに入力する際は，文の切れ目を認識させるため，1 つひとつの回答の最後に句点「。」を付けます。句点がないと，後述の共起ネットワーク等の分析で「文単位」の分析ができなくなります。

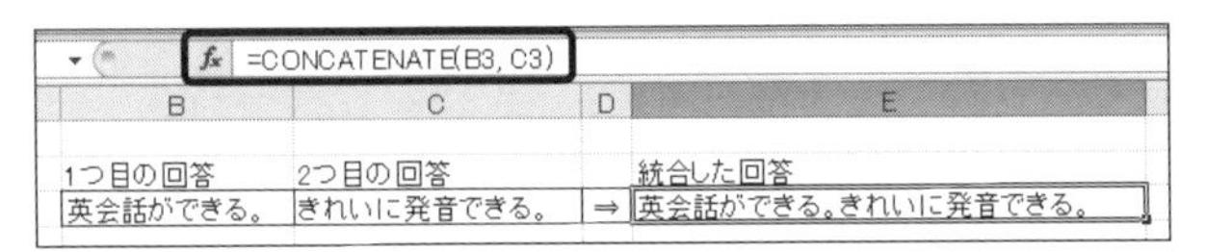

図 10.3　CONCATENATE 関数を用いて 2 つのセルを統合

❹できるだけ表記を統一して入力します（例：「わかる」と「分かる」→「分かる」に統一）。その際，漢字で入力したほうが認識の精度は高くなります。

❺ Excel の「検索と置換」機能を使うと便利です（**図 10.4**）。上側の［検索する文字列(N)］に「わかる」を，下側の［置換後の文字列(E)］に「分かる」を入力し，次を検索(F) をクリックします。

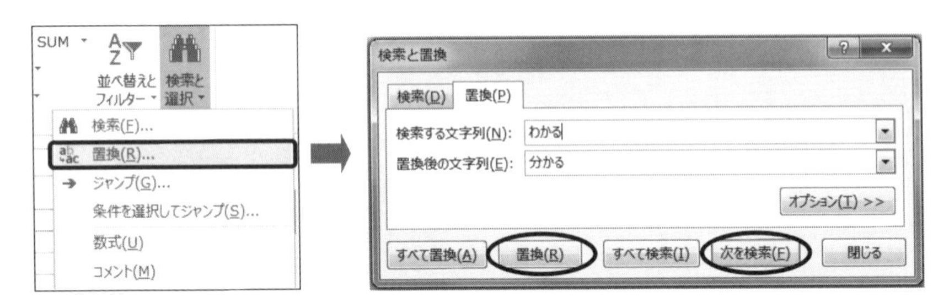

図 10.4　Excel の「検索と置換」の操作画面

❻「番号」で 6，46，235，271，317，357，399，475 番の回答で「わかる」が用いられていますので，それぞれ 置換(R) を押して「分かる」に直します。

❼ 1 つひとつ確認しながら置換します。そうすることで，「きく」「聞く」「効く」のように意味が異なる表記が存在する場合でも，誤って修正することはなくなります。

今回は「しゃべる（しゃべり，しゃべれる）—喋る（喋り，喋れる）」「すらすら—スラスラ」「できる—出来る」「みにつけ—身につけ—身に付け」「とる（とれ，とり）—取る（取れ，取り）」などでも，表記の揺れがみられました。

※すでに，ダウンロード用データでは後者の表現に修正してあります。

※表記の混在に気づいたときはこの後のどの段階でも行いますが，KH Coder を使った分析が始まった後に修正した場合は，再度データの読み込みを行う必要があります。

ここまでの入力時のポイントを**表 10.3** にまとめます。

表 10.3　データ入力時のポイント

①データ（テキスト，外部変数）は CSV 形式で保存
② 1 行目は変数名を入力
③外部変数はなるべく数値で入力（男子＝ 1，女子＝ 2 など）
④外部変数とテキストデータの個数を一致させる
⑤同じ言葉は表記を統一する（できるだけ漢字を使用する）

10-2-3　分析するテキストデータの読み込み

❶ KH Coder を起動します（図 10.5）。

❷［プロジェクト］を開き［新規］を選択します。

❸新規プロジェクト（図 10.5）で［分析対象ファイル］の 参照 をクリックし，分析するファイルを選択します。

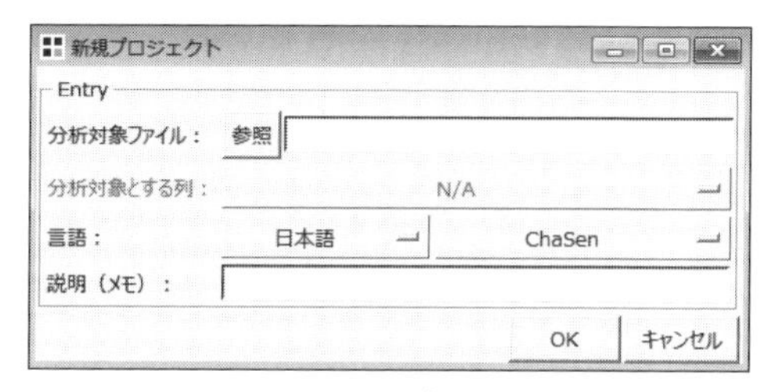

図 10.5　KH Coder のプロジェクトの作成

❹［分析対象とする列］で対象テキストデータが入力されている列を選び，［説明(メモ)］に任意の名前を入力します。

❺［言語］を［日本語］と［Chasen］に設定します。

※ Chasen（茶筅）は形態素解析のためのソフトウェアです。もうひとつの形態素解析ソフトウェアである MeCab との違いについては，マニュアルの「A.2.1 分析対象ファイルの準備」の注を参照してください。

❻最後に OK をクリックすると，テキストデータの読み込み後，データが保存されていたフォルダにプロジェクトが自動作成されます。

※これ以降プロジェクトファイルや CSV ファイルの保存場所を変えるとデータが読み込めなくなりますので注意してください。エクスポートとインポートの機能を使えば，他の PC で分析を継続することが可能です（マニュアル A.3.3）。

❼作業内容は自動的にプロジェクトファイルに保存されます。終了後，再度プロジェクトを開くときは，［プロジェクト］→［開く］から任意のプロジェクトを選択します。

10-2-4　語の抽出

(1)　前処理の実行

❶［前処理(R)］→［前処理の実行］（図 10.6a）と選択し，形態素解析を開始します。終了すると解

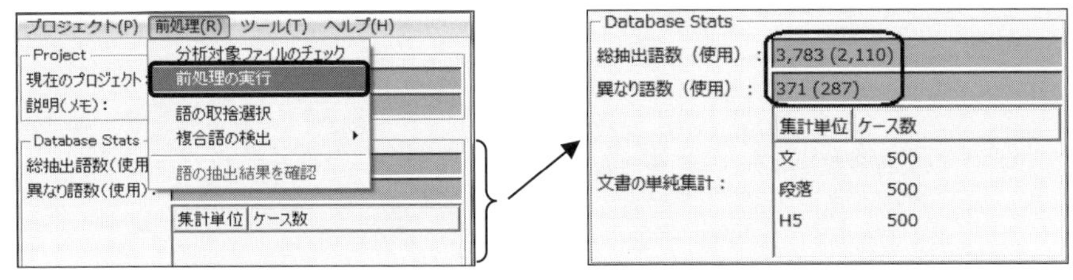

図 10.6a　前処理の実行　　　　図 10.6b　形態素解析の結果

析結果の［総抽出語数］（抽出された語の延べ数）と［異なり語数］（語の種類の数）が表示されます。（ ）内の数（囲み）は，分析に不要な語（助詞など）を除いた，分析に使用できる語の数を表しています（図 10.6b）。

❷どの品詞を分析に含めるかは後の［語の取捨選択］画面（図 10.11 参照）で変更できます。文は「。」（句点）によって認識され，段落は改行によって認識されます。なお，KH Coder を閉じると再度前処理を実行しなければなりません。

(2) 抽出結果の確認

❶前処理後，抽出語リストを出力して結果を確認します。［ツール(T)］→［抽出語］→［抽出語リスト（Excel 出力)］と進み（図 10.7a），オプション（図 10.7b）を選択します。

❷［抽出語リストの形式］の［品詞別］［頻出 150 語］［1 列］は，図 10.8 のように表示されますので，目的に応じて選んでください。

❸［記入する数値］は，［出現回数(TF)］にしておきます（［文書数(DF)］を選択すると，何を文書の単位とするか選んだうえで，その文書中に何回登場したかを計算してくれます）。

❹［出力するファイルの形式］は初期設定の Excel のままにします。

❺抽出語リストが出力されたら，どのような語が多く出現していたか確認します。「頻出 150 語」（図 10.8b）のリストでは，「英語」が 230 回で最も多く，続いて「出来る」が 191 回，「会話」

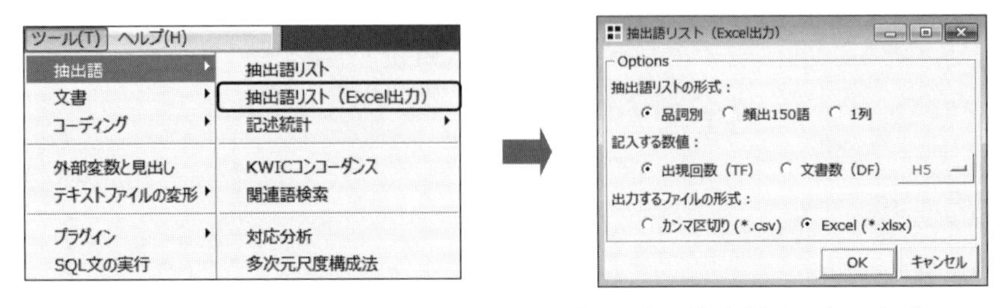

図 10.7a　抽出語リスト　　　　図 10.7b　抽出語リストのオプション

	A	B	C	D
1	名詞		サ変名詞	
2	英語	230	会話	124
3	外国	81	理解	27
4	日常	46	生活	12
5	文法	27	発音	9
6	英会話	26	受験	8
7	単語	26	テスト	7
8	コミュニケー	25	読解	7
9	基本	23	検	6
10	海外	19	旅行	6
11	最低限	18	話	6
12	英文	16	意味	5
13	程度	16	作文	4
14	大学	13	対話	4
15	知識	10	読み書き	4
16	長文	9	マスター	3
17	外人	7	試験	3
18	日本語	7	あいさつ	2

図 10.8a
抽出語リスト（品詞別）

	A	B	C	D	E
1	抽出語	出現回数		抽出語	出現回数
2	英語	230		テスト	7
3	出来る	191		外人	7
4	会話	124		読解	7
5	話せる	119		日本語	7
6	外国	81		映画	6
7	日常	46		検	6
8	身	39		入試	6
9	人	32		能力	6
10	付く	31		旅行	6
11	覚える	29		話	6
12	文法	27		意味	5
13	理解	27		歌	5
14	英会話	26		見る	5
15	単語	26		字幕	5
16	コミュニケー	25		自分	5
17	分かる	25		出る	5
18	スラスラ	24		文	5

図 10.8b
抽出語リスト（頻出 150 語）

	A	B	C
1	抽出語	品詞	出現回数
2	英語	名詞	230
3	出来る	動詞	191
4	会話	サ変名詞	124
5	話せる	動詞	119
6	外国	名詞	81
7	日常	名詞	46
8	身	名詞C	39
9	人	名詞C	32
10	付く	動詞	31
11	覚える	動詞	29
12	する	動詞B	27
13	文法	名詞	27
14	理解	サ変名詞	27
15	英会話	名詞	26
16	単語	名詞	26
17	コミュニケー	名詞	25
18	分かる	動詞	25

図 10.8c
抽出語リスト（1 列）

が 124 回，「話せる」が 119 回出現していたことがわかります（囲み）。

※「する」の「**動詞 B**」のように品詞名に B がついたものは平仮名の言葉を指します。たとえば「うつくしい」は「**形容詞 B**」という品詞ラベルを与えられますが，同じ言葉でも「美しい」は漢字を含むので「**形容詞**」という品詞ラベルが与えられます（品詞の詳細はマニュアルの A.2.2 を参照）。B は「**名詞 B**」や「**副詞 B**」のように動詞以外の品詞にもつきますが, C は「**名詞 C**」しかありません。リストでは「**身**」や「**人**」が「**名詞 C**」として抽出されていますが，これは漢字 1 文字の語のことです。「**身**」もそうですが，名詞 C はどのような使われ方をしているかすぐにわからないものが多いので，注意してみておきたい品詞です（使い方のわからない語は，このあとの（4）で述べている KWIC（Key Words in Context）コンコーダンスで検索することができます）。

(3) 語の取捨選択の検討

分析の精度を上げるために「語の取捨選択」の必要がないか検討します。

❶まず，「**強制抽出**」の対象になる語がないか調べます。強制抽出は，不要に分割されてしまった語や，分析に必要だが抽出されなかった語を，強制的に 1 つの語として抽出するために行います。

❷**図 10.8c** のリストを下にスクロールして，確認します。

出現回数が 6 回の「検」という語があります（**図 10.9**）。また出現回数は 1 回だけですが「模」という語があり，どちらの語もリストだけではどのように使われているのかわかりませんので，語が不要に分割されている可能性を考えます。

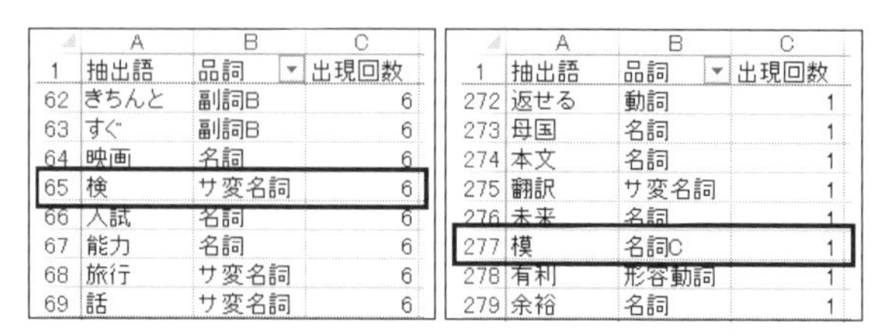

	A	B	C
1	抽出語	品詞	出現回数
62	きちんと	副詞B	6
63	すぐ	副詞B	6
64	映画	名詞	6
65	検	サ変名詞	6
66	入試	名詞	6
67	能力	名詞	6
68	旅行	サ変名詞	6
69	話	サ変名詞	6

	A	B	C
1	抽出語	品詞	出現回数
272	返せる	動詞	1
273	母国	名詞	1
274	本文	名詞	1
275	翻訳	サ変名詞	1
276	未来	名詞	1
277	模	名詞C	1
278	有利	形容動詞	1
279	余裕	名詞	1

図 10.9　使用法が不明な抽出語の例（Excel で出力）

(4) 文章中での使われ方の確認（KWIC コンコーダンスを用いた語の検索）

使い方が不明な語の，文章中での使われ方を確かめるために「KWIC コンコーダンス」を開き，対象の語が実際の回答でどのように用いられているか確認します。

❶［ツール(T)］→［抽出語］→［KWIC コンコーダンス］と進みます。

❷図 10.10 の画面が表示されたら，［抽出語］欄（囲み）に任意の語（画面例は「検」）を入力し，検索 を押します。

❸画面下の［Result］に回答が表示され，「英検」が「英」と「検」に分割されていることがわかります（「検」が赤色になっている）。

❹同様の手順で「模」を調べると，「模試」が分割されたものであることもわかります。

❺図 10.8 で使い方が不明だった「身」も調べると，「身に付け（たい，られる）」という表現に由来することが明らかとなります。

❻表示された英文をダブルクリックするか，下方の 文書表示 をクリックすると，その回答をした人の性別などが CSV に入力したデータをもとに表示されます。

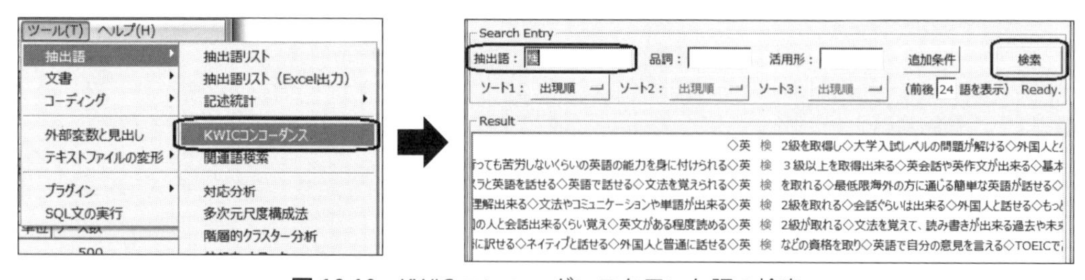

図 10.10　KWIC コンコーダンスを用いた語の検索

(5) 複合語の検出

他にも不要に分割された語がないかを調べるために，複合語の検出機能を用います。

❶［前処理(R)］→［複合語の検出］と進みます。

❷［TermExtract を利用］または［茶筌を利用］のどちらかを選択します。

※ TermExtract も茶筌も形態素解析のソフトですが，前者は専門用語の抽出に長けています（TermExtract についてはマニュアルの A.4.4 を参照）。

❸検出を行うと，自動抽出では分割されますが，1 つの語としてまとまりを成す可能性のある語のリストが表示されます（**図 10.11**）。Term Extract と茶筌それぞれの結果で「英検」が 1 語として抽出されています。

❹今回は茶筌の結果をもとに，出現数が 4 回以上で 3 文字以内の言葉（「外国人」「基本的」「英語力」「英語圏」「日常的」「英作文」「読解力」）も強制抽出の対象とすることにしました。

図 10.11　複合語の検出（左：TermExtract，右：茶筌）

(6) 語の強制抽出

強制抽出する語の設定は下記の通りです。

❶ KH Coder の最初の画面（**図 10.6a**）に戻って，［前処理(R)］→［語の取捨選択］を選択します（**図 10.12**）。

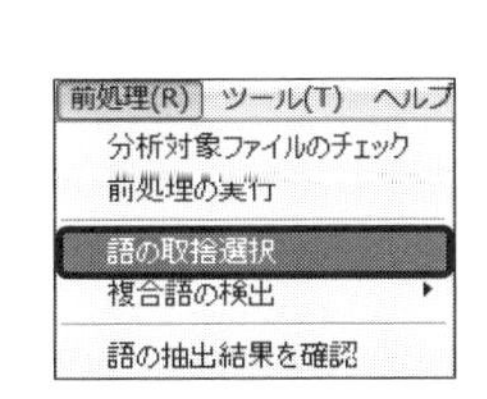

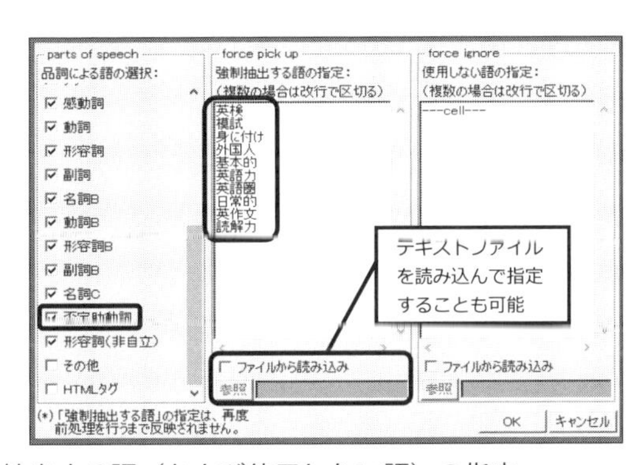

図 10.12　強制抽出する語（および使用しない語）の指定

❷［force pick up］欄に任意の語を入力し，OK を押します（各語は改行して入力します）。なお，右側の［force ignore］欄に入力した語は分析から除外されます。

❸左の［品詞による語の選択］の欄の［否定助動詞］に✓を入れます。

否定助動詞に分類されるのは「ない」「まい」「ぬ」「ん」の 4 語ですが，これらは意味を反対にする役割をもつうえに使用頻度も高いため，結果の解釈で役に立つことが多い品詞です（品詞の指定は分析のさまざまな段階で行うことができますので，必ずしもここで行う必要はありません）。

※抽出条件の設定を変える際の注意点：語の取捨選択の指定はプロジェクトごとに行うものです。元のテキストデータ（CSV ファイル）を修正したりして新たにプロジェクトを作ったときは，また一から入力します。この際，［ファイルから読み込み］（**図 10.12** 下囲み）からテキストファイルを読み込んで設定できますので，メモ帳でテキストファイルを作成しておくと，いつでも設定を呼び出すことができます（マニュアルの A.4.3 の「強制抽出する語の指定」参照）。

(7) 設定変更後の再抽出

強制抽出する語や品詞の設定を変えたときは，改めて次の手順で前処理を行う必要があります。

❶［前処理(R)］（**図 10.6a**）→［前処理の実行］を選択します。集計結果が**図 10.13** のように変化しています。

❷指定したとおりに抽出されているか確認するため，［前処理(R)］→［語の抽出結果を確認］と進みます。

❸上部の検索バーに「英検」と入力して 検索 を押すと，下の［Result］にどのように分割されたかが表示されます（**図 10.14**）。6 件すべてで「英検」が 1 語として認識されていることがわかります。

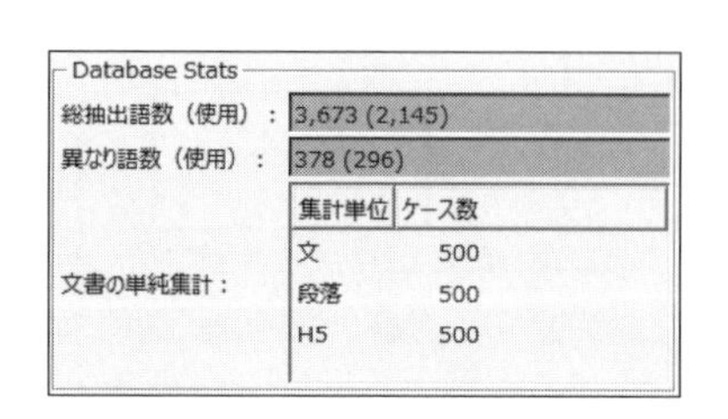

図 10.13　再抽出後の集計結果

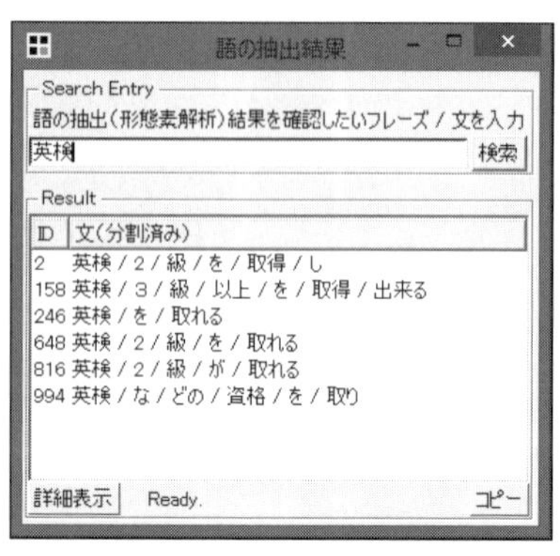

図 10.14　語の抽出結果

Section
10-3 コンセプトの取り出しと定義

10-3-1 コンセプトの取り出し

語の抽出を終えましたので，次にコンセプトの取り出しを行います。コンセプトは同じような内容の回答をまとめるために定義するものです。たとえば音楽が好きな理由を尋ねた際に「心が落ち着くから」「気持ちが安らぐから」といった回答が得られた場合は，「心の安定」といったコンセプトを定義し，両方の回答を同一のコンセプトとして扱います。

コンセプトは，多変量解析を使って共起頻度の高い語のグループをみつけることで定義していきます。KH Coder には 5 種類の多変量解析（対応分析，多次元尺度構成法，階層的クラスター分析，共起ネットワーク，自己組織化マップ）が用意されていますが，ここでは語の共起関係を把握しやすい「階層的クラスター分析」と「共起ネットワーク」を用いた分析の例を紹介します。

10-3-2 階層的クラスター分析

共起ネットワークは最終的なまとまりしか表示しませんが，階層的クラスター分析（第 2 章）は，出現パターンの似通った語がまとまっていく過程をデンドログラム（樹状図）によって確認でき，解釈に役立ちます。

(1) 階層的クラスター分析の指定

❶［ツール(T)］→［抽出語］→［階層的クラスター分析］と進みます。

❷設定画面（**図 10.15**）が表示されます。一番下の［**現在の設定で分類される語の数**］をみると 73 になっており，語数がやや多いため分析結果の解釈が困難になる可能性があります。次の（2）の作業を行って，語数を 40〜50 程度に減らしましょう。

(2) 集計単位の設定

語が共起しているとみなす範囲を定めます。

❶［集計単位］を［文］に変更します（**図 10.15**）。

❷品詞の一覧の［否定助動詞］に✓を入れます。

❸ チェック を押すと一番下の［**現在の設定で分類される語の数**］が 74 語になっています。50 語以下にすると解釈が容易になりますので，［出現数による語の取捨選択］で［最小出現数］を高く

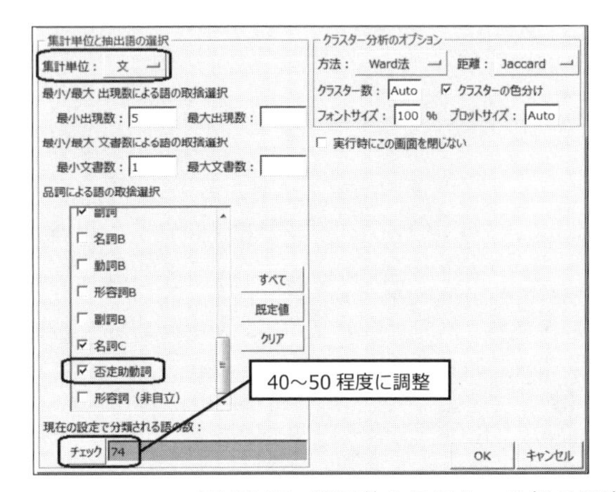

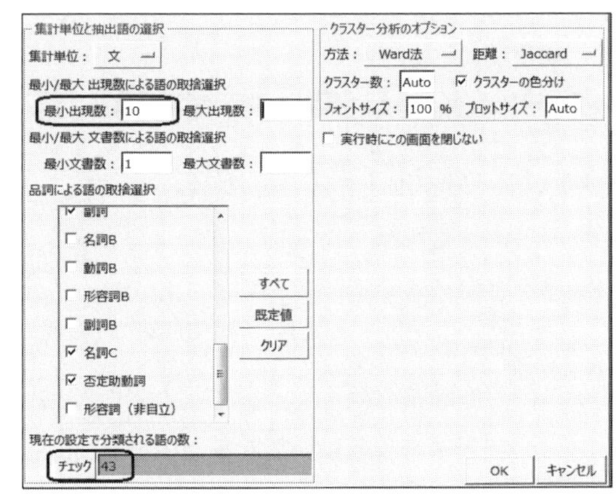

図 10.15　階層的クラスター分析の設定画面（左は最小出現数が 5，右は 10）

設定します。仮に 10 まで最小出現数を上げて，下の チェック を押すと 43 まで語数が下がります。

※設定基準：この操作によって分析対象から外れる語が出ますが，ここではデータの概要をつかむことが目的であるため，語数をいくつにしたら結果が解釈しやすくなるかを基準に設定を行ってください。仮にこの段階で重要なコンセプトを見逃しても，この後の回答の分類作業で拾うことが可能です。

(3) クラスター分析のオプション

❶［クラスター分析のオプション］（**図 10.15**）の［方法］で選ぶことのできる［Ward 法］はクラスター間の距離の測定に用いる方法です。他に［群平均法］と［最遠隣法］があります。

❷［距離］項目の［Jaccard］とは語の共起頻度を測定するのに用いられる係数のことです。語 X と語 Y が同時に出現している回数を $|X \cap Y|$，一方の語だけが出現している回数を $|X \cup Y|$ としたとき，前者を後者で割った値になります（Manning & Schütze, 1999）。0.0 から 1.0 までの値をとり，1.0 に近いほど 2 語の関係は深いことを意味します。他に［Euclid］と［Cosine］がありますが，説明は割愛します。解釈が容易な語のまとまりがみつかればどれを選択しても問題はありません。

❸［クラスターの色分け］にチェックが入っていると，グラフィックの描画がうまくできずエラーと出る場合があります。エラーが出る場合はチェックをはずしてみてください。

(4) デンドログラムを活用したコンセプトの取り出し

❶最後に，OK を押すと，デンドログラム（**図 10.16**）が表示されます（実際には縦長で表示）。

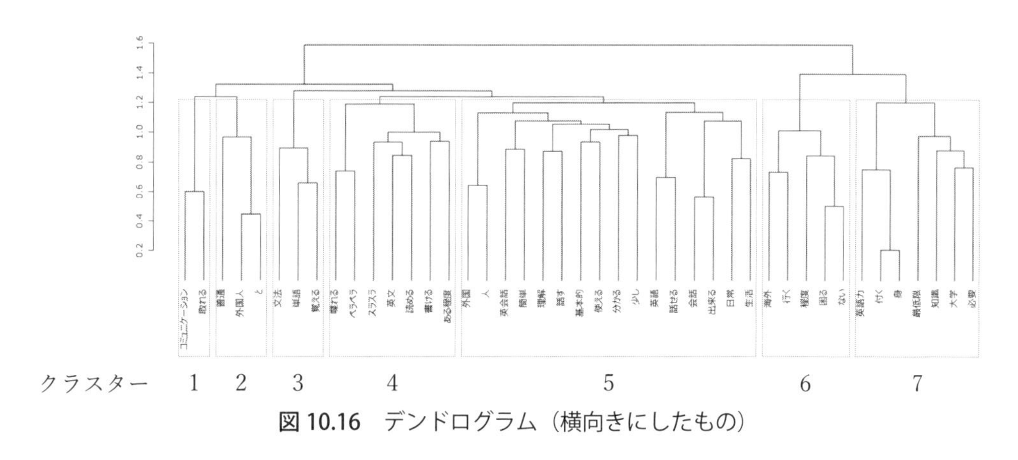

図 10.16　デンドログラム（横向きにしたもの）

❷ KH Coder が自動で 6 色のクラスターに分け，四角い枠で囲んでくれます（設定画面で色分けオプションをはずすと，枠のみの表示になります）。

❸このクラスターを参考にコンセプトを取り出していきます。

たとえば，1 つ目と 2 つ目のクラスターには「コミュニケーション」「取れる」「外国人」などがあり，外国人とコミュニケーションを取りたいというニーズが読み取れます。また同種の内容は「英会話」「簡単」「話す」「基本的」「分かる」「会話」「日常」「生活」などを含む 5 つ目のクラスターからも読み取ることができ，これらから「外国人と日常生活についての基本的な英会話やコミュニケーションができるようになりたい」というニーズがあるという予測が立てられます。

10-3-3　コンコーダンスを用いたコンセプトの確認

コンコーダンスを使って，立てた推測が妥当か検証します。

❶［ツール(T)］→［抽出語］→［KWIC コンコーダンス］と進みます。

❷「日常」や「会話」といった語を含む文を検索すると，「英語圏の人と日常会話が出来る」や「普通に英語で日常会話が出来る」などの推測したような回答がみつかります。よって，「A. 英語コミュニケーションスキルの向上」というコンセプトを定義することにします。

❸同様の手順で他のクラスターからは**表 10.4** のようなコンセプトを定義しました。あくまで，コンセプトの定義は分析の結果を基に調査者が行うもので，人によっては「D. 海外渡航英語の習

表 10.4　階層クラスター分析の結果をもとに定義したコンセプトの一覧

コンセプト名	クラスター	含まれる語の例
A．英語コミュニケーションスキルの向上	1.2	「コミュニケーション」「取れる」「外国人」
	5	「英会話」「分かる」「日常」「会話」
B．言語知識の習得	3	「文法」「単語」「覚える」
C．読み書き能力の向上	4	「英文」「読める」「書ける」
D．海外渡航英語の習得	6	「海外」「行く」「困る」「ない」
E．受験知識の習得	7	「最低限」「知識」「大学」「必要」

得」も「A. 英語コミュニケーションスキルの向上」の一部とみなすかもしれません。

論文等で結果を述べる際に，どのような考え方に基づいてコンセプトを定義したか理由を述べることが重要です。

10-3-4　共起ネットワーク

(1) 共起ネットワークの特徴

クラスター分析ではクラスターを超えた語どうしの結びつきを見極めるのが難しいですが，共起ネットワークは共起頻度の高い語のグループをみつけるのに適しており，複数の語との関連を調べることができます。ただし，クラスター分析のように語のまとまりを自動判別してくれないため，調査者がそのまとまりをみつけないといけません。このように，それぞれに長所があるため，コンセプトを取り出しやすい結果が得られるまで，設定を変えながら両方の分析を繰り返すのが妥当な方法だといえます。

(2) 集計単位の設定

❶［ツール(T)］→［抽出語］→［共起ネットワーク］と進みます。

❷設定画面（**図 10.17**）が表示されたら，［**集計単位**］を［**文**］に変更します。

❸品詞の一覧の［**否定助動詞**］に✓を入れます。

❹分析に利用する語の数を適正に抑えるために［出

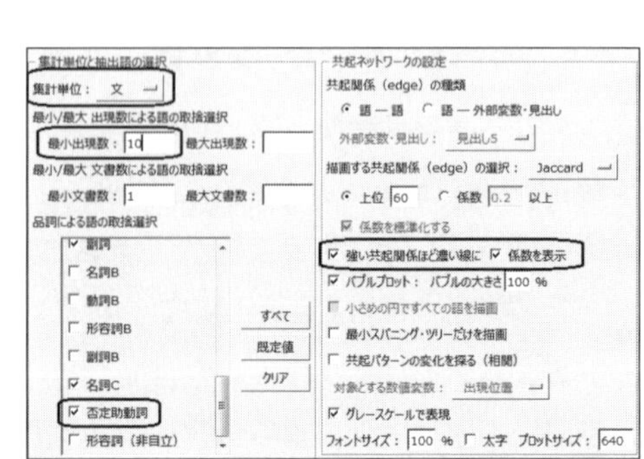

図 10.17　共起ネットワークの設定画面

現数による語の取捨選択］で［最小出現数］を少なくします（比較のために，階層的クラスター分析と同じ 10 にしておきます）。加えて，出現数の多い語を目立たせるために，［強い共起関係ほど濃い線に］にチェックを入れます。さらに［係数を表示］と［グレースケールで表現］にもチェックを入れておきます。

❺最後に OK を押して共起ネットワークを表示します。

(3) 共起ネットワークの見方

❶図 10.18 は，比較のために最小出現数を 10 と 2 に設定した共起ネットワークを示しています。最小出現数が 2 では語が多すぎて，コンセプトの取り出しが困難になっています。どちらの図でも「英語」「会話」「話せる」「出来る」の 4 つが大きな円になっていることから，出現頻度が他に比べて高いことがわかります。線で結ばれた語が共起頻度の高かった語の組み合わせで，これをもとにコンセプトを取り出します。

　調査者自身が語のまとまりをみつけ出す難しさはありますが，柔軟に解釈できるのが共起ネットワークの特徴です。階層的クラスター分析と同様，コンコーダンスを用いて実際の回答を確認しながら行います。

❷解釈が困難な場合は，設定（図 10.17）に戻り，［共起ネットワークの設定］の［描画する共起関係（edge）の選択］で描画数を増減させたり，Jaccard 係数の値を上下させたりして調整します。

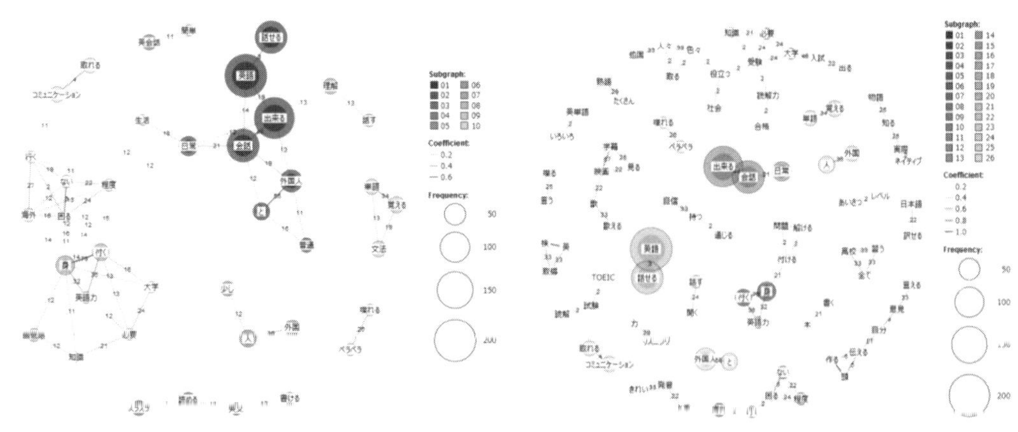

図 10.18　共起ネットワーク（左：最小出現数 10，右：最小出現数 2）

Section 10-4 コンセプトと外部変数の関連の分析

10-4-1 外部変数との関連分析（クロス集計表）

コンセプトの定義後，Excel シートで実際の回答を確認しながら回答を分類し，クロス集計表によって外部変数とコンセプトの関連を調べます。回答の分類は手動で行うため多少面倒ですが，1 つひとつの回答を確認することですでに定義したコンセプトが適切でないと気づいたり，新たに定義すべきコンセプトがみつかったりします。そのような場合はコンセプトを再定義し，改めて回答の分類を行ってください。なお，回答者の数が多く手作業での分類が難しい場合は，**10-5** を参照してください。

(1) 回答の分類作業

❶回答の分類は，参加者の各回答に定義したコンセプトが含まれているかどうかを 2 値データ（1 ＝含む，0 ＝含まない）で表すことで行います（**図 10.19**）。1 つの回答に 2 つ以上のコンセプトが含まれている場合には，それぞれに 1 を与えます。たとえば，4 番と 5 番の回答では，会話と読み書き両方の能力を伸ばしたいと考えていることがわかりますので，「A. 英語コミュニケーションスキルの向上」と「C. 読み書き能力の向上」それぞれに 1 を与えます（**図 10.19**）。

A	B	C	D	E	F	G	H	I
番号	学年	性別	受験	自由記述	A_英コミ	B_言語知識	C_読み書き	D_海外渡航
1	1	1	1	英検2級を取得し				
2	1	1	1	大学入試レベルの問題が解ける				
3	1	1	1	外国人と少しでも対話出来る	1			
4	1	1	1	英語の読み書きや、できれば会話も少しは出来る	1		1	
5	1	1	1	英語を話したり聞いたり、英文を書いたり出来る	1		1	
6	1	1	1	英語の言葉や文がスラスラとわかる				
7	1	1	1	英語を話せる	1			
8	1	1	1	高校の英語の授業が分かる				
9	1	1	1	外国人と最低限のことを話せる	1			
10	1	1	1	ある程度の英語の文章を読める			1	

図 10.19 回答の分類（Excel シート）

❷分析を進めていくと次のような新たなコンセプトがみつかる場合があります。

- 「英検 2 級を取得したい（1 番）」や「英語のテストや模試で良い点を取れる（381 番）」のような回答が比較的多く存在します。これらは資格試験や英語のテストで好成績を取りたいというニーズを表すので，新たなコンセプトとして「F. 資格・テスト好成績」と定義することにします。
- 「英語の歌や映画が分かる（335 番）」のように，オーセンティックな英語を理解できるようになりたいという回答も多くみられたため，「G. オーセンティック英語の理解」と定義します。

❸それ以外の雑多な回答はすべて「H. その他」に分類します。分類結果はダウンロード用の Excel データ［classified.xls］で確認できます。空白のセルの 0 は，**10-2-2** で説明した「検索と置換」の機能を使っています（［検索する文字列］は空欄のままにし，［置換後の文字列］に「0」と入力して すべて置換 をクリックします）。

(2) クロス集計表

分類完了後，外部変数とコンセプトの関連を，SPSS を用いてクロス集計表にします。今回は，大学受験で英語の試験を受ける予定がある高校生（$N = 241$）と，予定がない高校生（$N = 259$ 名）の間で，身に付けたいスキルが異なるか検証します。つまり，「受験英語（あり・なし）」×「各コンセプト（含む・含まない）」で 2 値の名義尺度どうしの関連を調べます。

❶ Excel ファイルの 2 値データ「classified.xls」を SPSS にコピーします（すでにコピーしたデータファイル「crosstab.sav」を使っても構いません）。

❷［分析(A)］→［記述統計(E)］→［クロス集計表(C)］と進みます。

❸クロス集計表設定画面（**図 10.20**）で，左の変数リストから外部変数の［受験］を［行(O)］に，A から H のすべてのコンセプトを［列(C)］に移動します。

❹ 統計量(S) （**図 10.20**）を選択し，［名義データ］の［Phi および Cramer V(P)］にチェックを入れます（**図 10.21**）。

※ Phi と Cramer *V*（詳細は第 6 章参照）は連関係数と呼ばれる名義尺度間の関連の強さを表す指標のことです。行列変数の両方が 2 値の場合は Phi の値を，どちらかの変数が多値の場合は Cramer *V* の値を基に関連の強さを判断します（Field, 2009）。数値の解釈は相関係数と同様で，絶対値

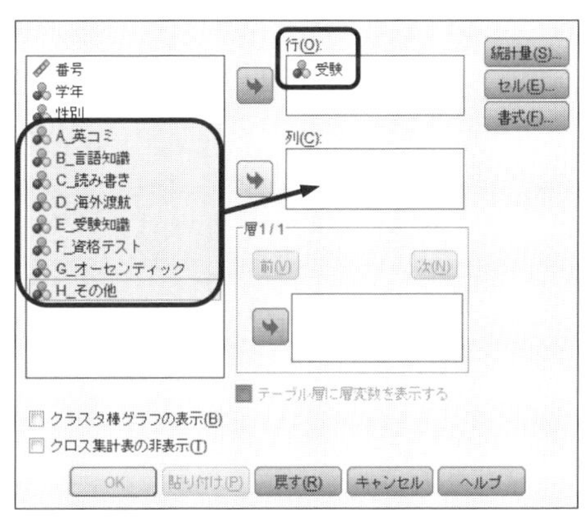

図 10.20　クロス集計表の設定

図 10.21　統計量(S) の設定

で0から1の値をとり，1に近いほど関連が強いことを意味します。

❺ セル(E) を選択し，［パーセンテージ］の［行(R)］［列(C)］［全体(T)］，［残差］の［調整済みの標準化(A)］にチェックを入れます。

❻最後に，続行 → OK とクリックし分析を開始します。

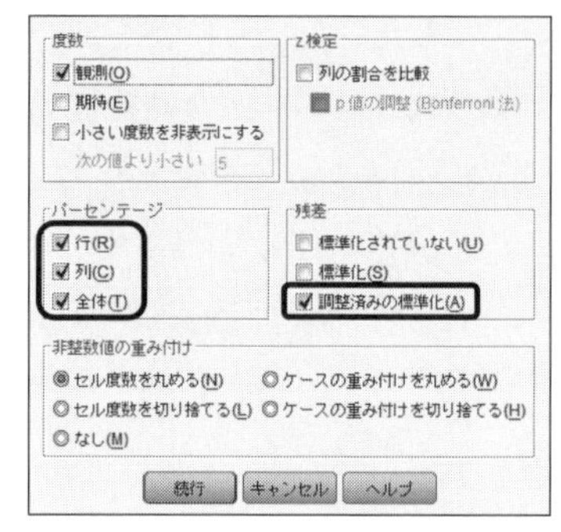

図 10.22　セル(E) の設定

【出力結果】

クロス集計表（**図 10.23**）が表示され，続いて独立性の検定の結果が表示されます（**図 10.24**）。

❶まずはクロス集計表の［度数］と［受験の％］を見て，各グループにおけるコンセプトの回答率を確認します。コンセプト「A. 英語コミュニケーションスキルの向上」についてはどちらのグループも6割強の回答者がニーズに挙げていることがわかり，比率に大きな差はないようにみえます。

❷ 2値どうしのデータのため，［対称性による類似度］の［ファイ］の値をみると－ .007 と関連がほとんどなく，近似有意確率も .883 と5％水準で有意になっていません。よって，このコンセプトに関しては外部変数との関連がない（つまり大学受験での英語の試験があるかないかが，このスキルを向上させたいと考えているかどうかに影響していない）ことが明らかとなりました。

クロス表

			A_英コミ		合計
			0	1	
受験	受験英語なし	度数	94	165	259
		受験 の %	36.3%	63.7%	100.0%
		A_英コミ の %	51.4%	52.1%	51.8%
		総和の %	18.8%	33.0%	51.8%
		調整済み残差	-.1	.1	
	受験英語あり	度数	89	152	241
		受験 の %	36.9%	63.1%	100.0%
		A_英コミ の %	48.6%	47.9%	48.2%
		総和の %	17.8%	30.4%	48.2%
		調整済み残差	.1	-.1	
合計		度数	183	317	500
		受験 の %	36.6%	63.4%	100.0%
		A_英コミ の %	100.0%	100.0%	100.0%
		総和の %	36.6%	63.4%	100.0%

図 10.23　外部変数とコンセプト A のクロス集計表

対称性による類似度

		値	近似有意確率
名義と名義	ファイ	-.007	.883
	Cramer の V	.007	.883
有効なケースの数		500	

図 10.24　独立性の検定の結果

❸同様の手順で他のコンセプトについても外部変数との関連をみていくと，「H. その他」以外で関連が有意であったのは「D. 海外渡航英語の習得」と「E. 受験知識の習得」の2つでした（**表10.5**）。連関係数はそれぞれ Φ = .117 と Φ = .177 と関連は弱いものの，受験英語ありグループのほうがやや多いという結果になりました。

表 10.5　受験英語グループと各コンセプトの関連

コンセプト	Φ	*p*
A．英語コミュニケーションスキルの向上	−.007	.883
B．言語知識の習得	.032	.477
C．読み書き能力の向上	−.004	.921
D．海外渡航英語の習得	.117	.009
E．受験知識の習得	.177	.000
F．資格・テスト好成績	.040	.372
G．オーセンティック英語の理解	−.057	.199
H．その他	−.126	.005

❹紙面の都合上，ここではクロス集計表の代わりに，**図 10.25** に各グループの回答率を示します。

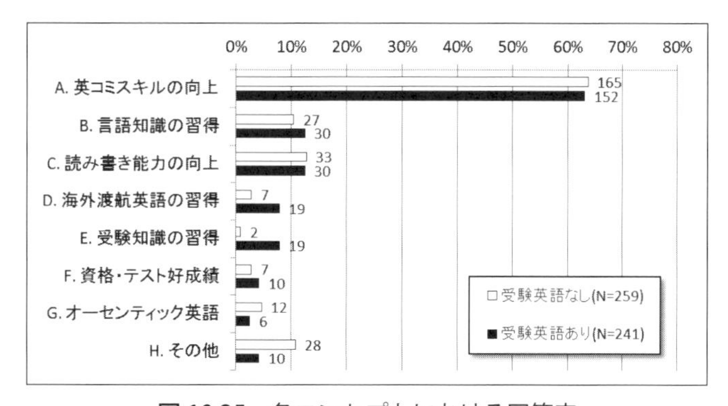

図 10.25　各コンセプトにおける回答率

10-4-2　オッズ比を用いたグループ間の比較

グループ間の割合の比較は「オッズ比（odds ratio）」を用いても行えます。オッズはある事象の発生率のことで，オッズ比はその発生率をグループ間で割った値のことです。オッズ比は 2 × 2 のクロス表において特に有効だと考えられています（Field, 2009）。

たとえば「E. 受験知識の習得」を例に挙げると，受験英語「なし」グループのオッズは，このスキルを回答した者の数（2名）を回答しなかった者の数（257名）で割るため 2 ÷ 257 ≒ 0.008 となります（これをオッズ①とします）。同様の方法で受験英語「あり」グループのオッズを計算すると，19 ÷ 222 ≒ 0.086 となります（これをオッズ②とします）。オッズ①をオッズ②で割ると，0.008 ÷ 0.086 ≒ 0.09 というオッズ比が得られ，受験英語なしグループでこのスキルを回答した者は，受験英語ありグループの 0.09 倍いたことがわかります。

なお，オッズ比は分子と分母を入れ替えて計算しても構いません。オッズ②をオッズ①で割ると 0.086 ÷ 0.008 ≒ 10.8 となり，受験英語ありグループでこのスキルを回答した者の割合は，受験英語なしグループの約 11 倍いたと言い換えることも可能です。

10-4-3　論文への記載

質的分析の要素をもつテキストマイニングにおいて調査者の判断が分かれやすいのは，コンセプトの定義と回答の分類の段階です。したがって論文への記載においては，どのような考え方と手順に基づいてこれらを行ったか示す必要があります。デンドログラムや共起ネットワークを提示しつつ，できるだけ多くの回答を例として挙げるとよいと思います（次の記載例では省略しています）。

記載例

高校生が学校の授業を通してどのようなスキルや知識を身に付けたいと考えているか探るため，500 名を対象に記述式アンケートを実施し，大学受験で英語の試験を受ける予定がある者（＝受験英語ありグループ；N = 241）と受ける予定のない者（＝受験英語なしグループ；N = 259）で回答の比較を行った。

KH Coder を用いてテキストマイニングを行った結果，下表の抽出語のリストが得られた（表は省略）。Ward 法と Jaccard 係数を用いた階層的クラスター分析を行った結果，下のデンドログラムが得られ（**図 10.16**），この図をもとに「A. 英語コミュニケーションスキルの向上」「B. 言語知識の習得」「C. 読み書き能力の向上」「D. 海外渡航英語の習得」「E. 受験知識の習得」の 5 つのコンセプトを定義した。実際の回答を確認すると，これらに加え「F. 資格・テスト好成績」「G. オーセンティック英語の理解」の 2 つのコンセプトがみつかったため新たに定義し，以上 7 つのコンセプトに該当しない回答はすべて「H. その他」として扱うことにした。

全回答を分類し，受験英語グループとの関連をクロス集計表により調べたところ，「D. 海外渡航英語の習得」「E. 受験知識の習得」のみ有意な弱い関連がみられ（それぞれ Φ = .117, p = .009；Φ = .177, p = .000），受験英語ありグループの回答率がわずかに高いことがわかった。

Section 10-5 コーディング・ルールを用いた分析の例

10-5-1 回答者が多い場合

回答者が1000名を超えてくると，手作業でコンセプトに分けるのが困難なときもあります。とはいえ，回答数が多くなると抽出される語も多様になるため，何かしらの方法で情報の集約を行わないと解釈が難しくなる場合もあるでしょう。そのようなときは「コーディング・ルール」を用いることを勧めます。コーディングとは回答が一定の条件を満たした場合に任意のコード（ラベルのようなもの）を与えることで，その条件を定めたものがコーディング・ルールです。

たとえば，「読む」「読解」「リーディング」などのように意味が近い語に対して，「読解」と同一のコードを与えます。そうすることで内容の集約が行えるので，回答を1つ1つ手作業で分類せずともデータの概要を把握することができます。

(1) コーディング・ルールの設定方法

コーディング・ルールは，メモ帳でテキストファイル（.txt）を作成して，KH Coderに読み込ませます。**図10.26**は，本章の回答データをもとに作成した［codingrule.txt］を読み込ませた画面です。1行目の「＊」はコード名を表し，それに続く行がそのコードを付与する条件を表します。

```
ファイル(F)  編集(E)  書式(O)  表示(V)  ヘルプ(H)
＊聞く
聞く | 聞ける | 聞き取れる | 聞き取る | 聴く | リスニング

＊話す
話す or 話せる or 喋れる or 喋る or 言える or 言う

＊コミュニケーション
コミュニケーション | 伝える | 答える | 返せる | 話し合い
| 話しかける | 対話 | 発表 | 通じる | 受け答え | あいさつ | 紹介

＊外国
外国 | 他国 | 現地 | 海外 | 国際 | 向こう | アメリカ

＊行く
行ける | 行く

＊外国人
外国人 | 外人 | ネイティブ | seq(他国-人[2]) | seq(海外-人)[2]) | seq(現地-人)[2]
```

図10.26 コーディング・ルールの記述例（codingrule.txt）

たとえば「＊聞く」は，「聞く」「聞ける」「聞き取れる」「聞き取る」「聴く」「リスニング」のいずれかを含んだ回答に対して与えられるコードであることを表しています。このような語はExcelに出力した抽出語のリストを使ってみつけます。その際，データの並べ替え機能を使って言葉を並べ替えるとみつけやすくなります。

(2) コーディング・ルールに用いる記号

表10.6は，ルールの記述に用いることのできる記号の一覧です。左側の論理演算子には代替記号があり，どちらを用いても構いません。たとえば「＊話す」では，演算子の「|」の替わりに「or」を用いています。また，記述が長くて見づらくなってきたら，**図10.26**の「＊コミュニケーション」

のように適当なところで改行して構いません。

入力時の注意点として，コード名につける「＊」を除いて記号はすべて半角で入力しなければならず，記号の前後には半角スペースが必要です。

「＊外国人」にみられる「seq」というコマンドは，「他国」「海外」「現地」の後に「人」が出現した場合にも「外国人」というコードを与えるよう指示したものです。［2］は語の出現範囲を指定するための数字で，この場合「他国」「海外」「現地」のうしろの2語以内に「人」が出現した場合に「外国人」というコードを与えよ，ということを意味しています。コーディング・ルールの詳しい使い方については，PDFマニュアルの「A.2.5 コーディング・ルール」を参照してください。

表 10.6　ルールの記述に用いることのできる演算子（論理・算術）

演算子（論理）	代替記号	演算子（算術）	意味
|	or	＋	足し算
&	and	－	引き算
!	not	*	掛け算
|!	or not	/	割り算
&!	and not	>	大なり
		<	小なり
		>=	大なりイコール
		<=	小なりイコール
		==	イコール

(3) コーディング・ルールを適用した分析

コーディング・ルールファイルを読み込ませ，各コードがどれくらい出現していたか集計します。

❶［ツール(T)］→［コーディング］→［単純集計］と進みます。

❷上部の［コーディングルール・ファイル］（図 10.27）の 参照 をクリックし，ファイル「codingrule.txt」を指定し， OK をクリックします。

❸ 集計 をクリックすると各コードの頻度とパーセントを確認することができます。結果の表より「＊話す」が154（15.40%）と最も高い頻度を示していることがわかります。

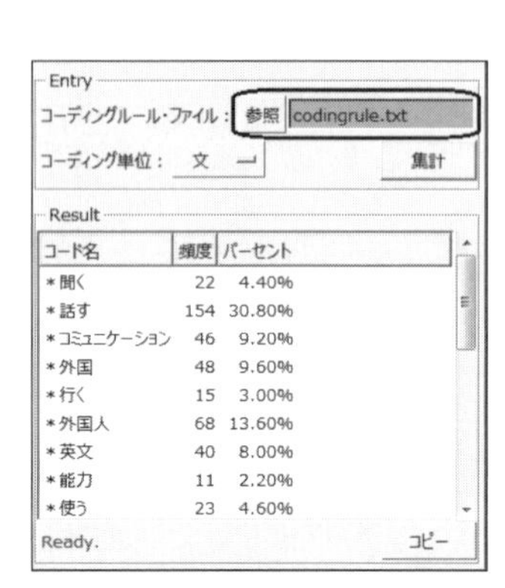

図 10.27　コーディング・ルールを用いた単純集計

10-5-2　多変量解析を用いたコンセプトの取り出し

コーディング・ルールを用いた分析でも，階層的クラスター分析や共起ネットワークなどを活用してコンセプトを取り出すことが可能です。ここでは階層的クラスター分析を用いてコンセプトを取り出してみることにします。

❶［ツール(T)］→［コーディング］→［階層的クラスター分析］と進みます。

❷［コーディング・ルール］（**図 10.28a**）の 参照 でテキストファイル「codingrule.txt」を指定し， OK をクリックします。

❸［クラスターの色分け］のチェックをはずしてください。

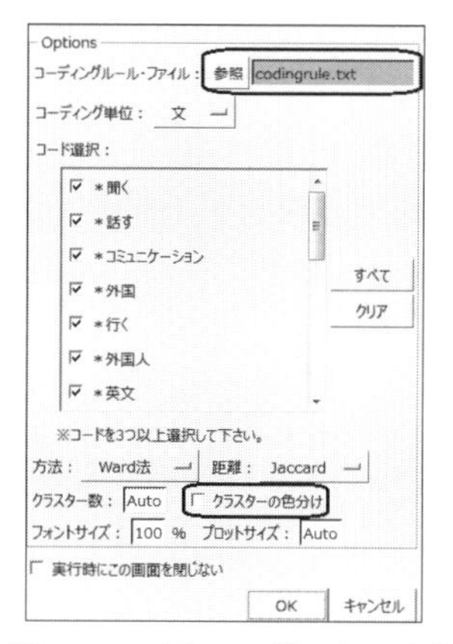

図 10.28a　コーディング・ルールを用いた階層的クラスター分析

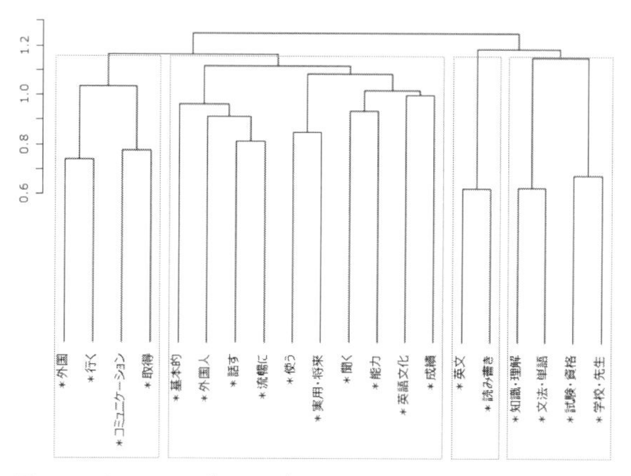

図 10.28b　コーディング・ルールを用いた場合のデンドログラム（横向きにしたもの）

【結果の出力】

デンドログラム（**図 10.28b**）が表示されます。クラスターの境界は点線とデンドログラムが交わっているところです。わかりづらいので，棒グラフが同じまとまりで色分けされているのを見ると，次の３つのまとまりがみつかりました。

１つ目は「＊外国」「＊行く」「＊コミュニケーション」「＊取得」の４つのコードから成り，**10-3** で定義した「A. 英語コミュニケーションスキルの向上」に相当する内容だといえます。

２つ目は「＊基本的」から「＊成績」まで 10 個のコードから成っています。**10-3** で定義したコンセプトでいえば，「A. 英語コミュニケーションスキルの向上」「G. オーセンティック英語の理解」の２つに相当します。

３つ目は「＊英文」「＊読み書き」の２つのコードがあり，**10-3** で述べた「C. 読み書き能力の向上」

にあたります。

4つ目は「＊知識・理解」「＊文法・単語」「＊試験・資格」「＊学校・先生」の4つのコードから成り，**10-3** で述べた「B. 言語知識の習得」「E. 受験知識の習得」と同じ内容のコンセプトです。

もし解釈しやすいクラスターが出力されない場合は，分析設定に戻り［**方法**］を Ward 法以外に変えたり，［**距離**］を Jaccard 以外に変えて試してみます。

10-5-3　外部変数との関連

最後に，外部変数（受験英語の有無）とコードとの関連を調べます。これは「クロス集計」「対応分析」「共起ネットワーク」の3つの方法で調べることが可能です。

(1) クロス集計

❶［ツール(T)］→［コーディング］と進み，それぞれ任意の分析方法を選択してください。

❷「コーディングルール・ファイル」で 参照 をクリックし，［codingrule.txt］を選択します。

❸「クロス集計」で［受験］を選択し，集計 をクリックします。

❹**図 10.29** 下段の「カイ２乗値」は，各コードにおいてグループ間に人数の割合に統計上有意な差があると＊がつきます。今回の調査では「＊試験・資格」と「＊学校・先生」の２つのコードに＊＊の記号がついていると思います。いずれも受験英語ありグループの割合が高いため，大学受験で英語の試験がある高校生のほうがこれらの言葉を使用する傾向が高かったことがわかります。

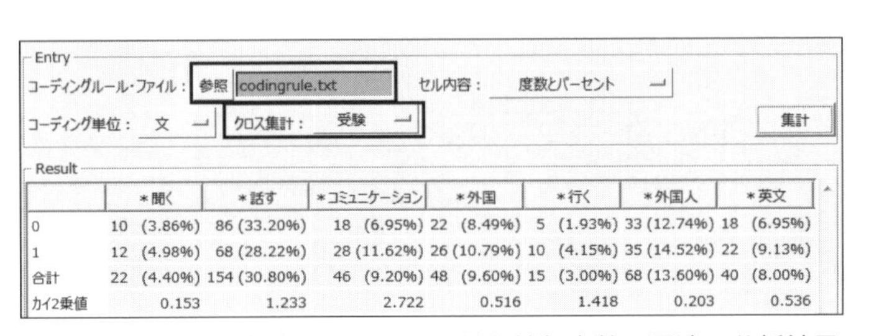

	＊聞く	＊話す	＊コミュニケーション	＊外国	＊行く	＊外国人	＊英文
0	10 (3.86%)	86 (33.20%)	18 (6.95%)	22 (8.49%)	5 (1.93%)	33 (12.74%)	18 (6.95%)
1	12 (4.98%)	68 (28.22%)	28 (11.62%)	26 (10.79%)	10 (4.15%)	35 (14.52%)	22 (9.13%)
合計	22 (4.40%)	154 (30.80%)	46 (9.20%)	48 (9.60%)	15 (3.00%)	68 (13.60%)	40 (8.00%)
カイ2乗値	0.153	1.233	2.722	0.516	1.418	0.203	0.536

図 10.29　クロス集計を用いたコードと外部変数の関連の分析結果

(2) 対応分析

❶対応分析の設定を行います。［コーディングルール・ファイル］（**図 10.30**）で［codingrule.txt］を選択し，参照 をクリックします。

❷右側の［Options］で［コード×外部変数］を選択し，外

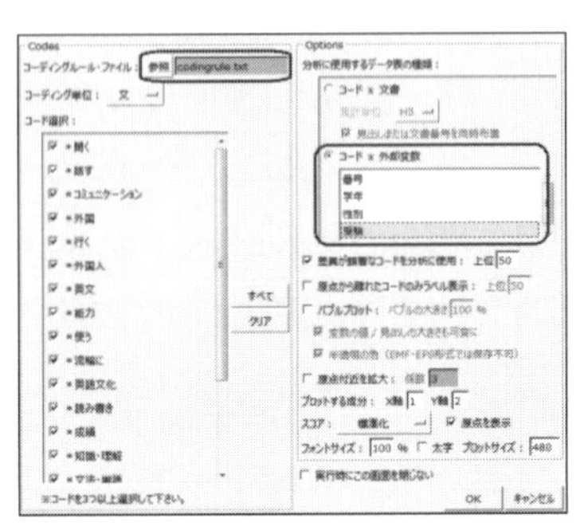

図 10.30　コーディング・ルールを用いた対応分析の設定

部変数の［受験］にチェックを入れ，OK をクリックします。

【結果の出力】

布置図（**図 10.31**）が表示され，各コードと外部変数の関係の近さが視覚的にわかります。これは，外部変数ラベル（1 ＝受験英語あり，0 ＝受験英語なし）の近くに配置されたコードほど関連が強いことを意味しています。多くのコードが原点付近に集まっていることから，2 グループの回答傾向に大きな違いはないことがわかります。

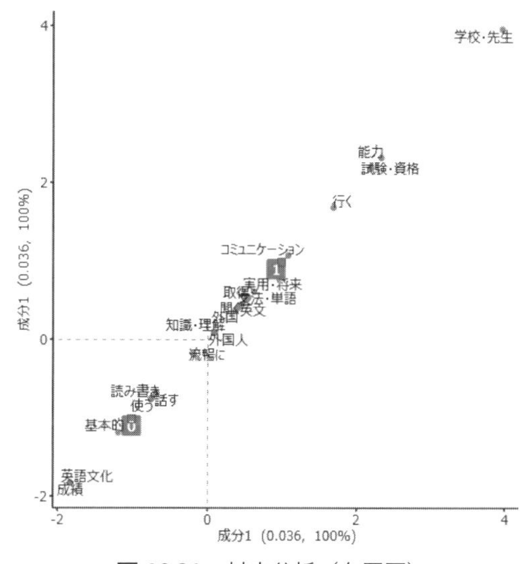

図 10.31　対応分析（布置図）

「受験英語ありグループ」の比較的近くにあるのは，「＊コミュニケーション」「＊文法・単語」「＊実用・将来」などのコードです。クロス集計を確認しても，これらのコードは「受験英語なしグループ」よりも使用頻度の高かった語でした。このことから英語を使ってコミュニケーションをとりたいとか，実用面や将来に役に立つ言語知識を身に付けたいと考えていることが読み取れます。

一方，「受験英語なしグループ」の近くには「＊基本的」「＊読み書き」という 2 つのコードがあります。これらから大学受験で英語を必要としない生徒は基本的な読み書きができれば十分であると考えていることがわかります。「＊話す」というコードがあることから，受験英語ありグループと同様に英会話に関心のある生徒が多いことがわかります。

以上，多人数を対象とした分析は，1 つ 1 つ手作業で分類する方法よりも手間はかかりませんが，細かく回答を見るわけではないので，解釈が大雑把になったり，少数の意見を見逃してしまうこともあるでしょう。それぞれの分析方法には，一長一短ありますので，研究の目的やサンプルサイズ，どこまで厳密に結果を出したいのかなどを考慮して選択するようにします。

参考文献

第1章

【日本語文献】

汪金芳・桜井裕仁（2011）．『ブートストラップ入門』共立出版

草薙邦弘（2014）．「外国語教育研究におけるブートストラップ法の応用可能性」外国語教育メディア学会（LET）関西支部メソドロジー研究部会報告論集，5，1-15.

藤澤洋徳（2017）．『ロバスト統計：外れ値への対処の仕方』近代科学社

外山信夫・辻谷将明（2015）．『実践R統計分析』オーム社

永田靖（2003）．『サンプルサイズの決め方』朝倉書店

平井明代（2017）．『教育・心理系研究のためのデータ分析入門―理論と実践から学ぶSPSS活用法　第2版』東京図書

山本義郎・飯塚誠也・藤野友和（2013）．『統計データの視覚化』（Rで学ぶデータサイエンス 12）共立出版

【英語文献】

Fukuta, J., & Yamashita, J. (2015). Effects of cognitive demands on attention orientation in L2 oral production, *System*, 53, 1-12.

Huber, P. J., & Ronchetti, E. M. (2009). Robust statistics (2nd ed.). Hoboken, NJ: Wiley.

Keselman, H. J., Othman, A. R., Wilcox, R. R., & Fradette K. (2004). "The new and improved two-sample t test," *Psychological Science*, 15(1), 47-51.

LaFlair, G. T, Egber J., & Plonsky, L. (2015). A practical guide to bootstrapping descriptive statistics, correlations, t test and ANOVAs. In L. Plonsky (Ed.), Advancing quantitative methods in second language research (Second Language Acquisition Research Series) (pp. 46-77). New York and London: Routledge.

Plonsky, L., Egbert, J., & Laflair, G. T. (2015). Bootstrapping in Applied Linguistics: Assessing its Potential Using Shared Data, *Applied Linguistics*, 36(5), 591-610. doi:10.1093/applin/amu001

R Core Team (2015). R: A language and environment for statistical computing. R Foundation for Statistical Computing, Vienna, Austria. Retrieved from https://www.R-project.org/

Larson-Hall, J. (2012). Our statistical intuitions may be misleading us: Why we need robust statistics. *Language Teaching*, 45(4), 460-474. doi:10.1017/S0261444811000127

Larson-Hall, J. (2016). *A guide to doing statistics in second language research using SPSS and R* (2nd ed.). London and New York: Routledge.

Levshina, N. (2015). How to do linguistics with R: Data exploration and statistical analysis, Amsterdam, Nederland: John Benjamins.

Mair, P., & Wilcox, R. (2016). Robust statistical methods in R using the WRS2 package. Retrieved from https://cran.r-project.org/web/packages/WRS2/vignettes/WRS2.pdf

Murakami A., & Alexopoulou, T. (2016). L1 Influence on the acquisition order of English grammatical morphemes: A Learner corpus study, *Studies in Second Language Acquisition*, 38, 365-401. doi:10.1017/S0272263115000352

Yuen, K. K. (1974). The two-sample trimmed t for unequal population bariances. *Biometrika*, 61(1), 165-170.

Wilcox, R. R. (2012). *Introduction to robust estimation and hypothesis testing* (3rd ed.). Cambridge, MA: Academic Press.

Wilcox, R. R., & Schönbrodt, F. D. (2009). The WRS package for robust statistics in R (version 0.11). http://r-forge.r-project. ANOVA: A paradigm for low power and misleading measures of effect size? *Review of Educational Research* 65(1), 51-77.

Wilcox, R. R. (1995). ANOVA: A paradigm for low power and misleading measures of effect size? *Review of Educational Research* 65(1), 51-77.

Wilcox, R. R., & Tian, T. S. (2011). Measuring effect size: A robust heteroscedastic approach for two or more groups, *Journal of Applied Studies*, 38, 1359-1368.

第2章

【日本語文献】

足立浩平（2006）．『多変量データ解析法―心理・教育・社会系のための入門―』ナカニシヤ出版

石村貞夫・石村友二郎（2010）．『SPSSでやさしく学ぶ多変量解析　第4版』東京図書

磯田貴道（2004）．「生徒のプロファイリング―クラスター分析―」三浦省吾（監修）『英語教師のための教育データ分析入門　授業が変わるテスト・評価・研究』大修館書店

磯田貴道（2006）．「授業の中で捉える学習者の動機づけ：認知的評価のプロセスの検証」*JACET Bulletin*, 43, 15-28.

佐藤義治（2009）．『多変量データの統計科学2　多変量データの分類―判別分析・クラスタ分析―』朝倉書店

繁桝算男・柳井晴夫・森敏昭編著（2008）．『Q&Aで知る統計データ解析：DOs and DON'Ts 第2版』サイエンス社

出村慎一・西嶋尚彦・佐藤進・長澤吉則（編）（2007）．『健康・スポーツ科学のためのSPSSによる多変量解析入門　第2版』杏林書院

西川浩昭（2006）．「クラスター分析」柳井晴夫・緒方裕光（編著）『SPSSによる統計データ解析―医学・看護学，生物学，心理学の例題による統計学入門―』現代数学社

西村晴彦・吉田光雄・平松闊・田中邦夫（訳）（1983）．『コンピュータ・サイエンス研究書シリーズ13　クラスター分析』マイクロソフトウェア（Hartigan, J. A. (1975). *Clustering algorithms*. New York, NY: Wiley.）

平井明代・髙波幸代（2017）．「分散分析の応用」平井明代（編著）『教育・心理系研究のためのデータ分析入門　第2版』東京図書

水本篤（2014）．「多変量解析入門　複数の変数を同時に分析するには」竹内理・水本篤（編）『外国語教育研究ハンドブック　研究手法のより良い理解のために』(pp. 181-193). 松柏社

山際勇一郎・田中敏（2006）．『ユーザーのための心理データの多変量解析法　方法の理解から論文の書き方まで　第5版』教育出版

【英語文献】

Everitt, B. S., Landau, S., Leese, M., & Stahl, D. (2011). *Cluster analysis* (5th ed.). West Sussex, U.K. Wiley & Sons.

Grimm, L. G., & Yarnold, P. R. (2000). *Reading and understanding more multivariate statistics.* Washington, DC: American Psychological Association.

Tabachnick, B. G., & Fidell, L. S. (2007). *Using multivariate statistics* (5th ed.). Boston, MA: Allyn and Bacon.

第3章

【日本語文献】

尾崎幸謙・川端一光・山田剛史（編著）（2018）．『Rで学ぶマルチレベルモデル［入門編］―基本モデルの考え方と分析―』朝倉書店

川端一光・岩間徳兼・鈴木雅之（共著）（2018）．『Rによる多変量解析入門　データ分析の実践と理論』オーム社

久保拓弥（2012）．「データ解析のための統計モデリング入門――般化線形モデル・階層ベイズモデル・MCMC」岩波書店

熊谷龍一・荘島宏二郎（2015）．「教育心理学のための統計学―テストでココロをはかる」誠信書房

清水裕士（2016）．「フリーの統計分析ソフトHAD：機能の紹介と統計学習・教育，研究実践における利用方法の提案」『メディア・情報・コミュニケーション研究』，1，59-73.

清水裕士（2014）．「個人と集団のマルチレベル分析」ナカニシヤ書店

【英語文献】

Mizumoto, A. (2016). Multilevel analysis. In Y. Watanabe, R. Koizumi, H. Iimura, & S. Takanami (Eds.), *JLTA Journal 2016 Vol. 19 supplementary: 20th anniversary special issue* (pp. 236-239). Chiba, Japan: Japan Language Testing Association.

Raudenbush, S. W., & Bryk, A. S. (2002). *Hierarchical Linear Models: Applications and Data Analysis Methods* (2nd ed.). Newbury Park, CA: Sage.

Tabachnick, B. G., & Fidell, L. S. (2013). *Using Multivariate Statistics* (6th ed.). Boston, MA: Pearson.

第4章

【日本語文献】

池田央（1994）．『現代テスト理論』浅倉書店

角康太郎（2006）．「一般化可能性理論―採用面接の信頼精度を測る」豊田秀樹（編）『購買心理を読み解く統計学：実例で見る心理・調査データ解析28』(pp. 215-222) 東京図書

日本テスト学会（編）（2007）．『テスト・スタンダード：日本のテストの将来に向けて』金子書房

平井明代（編）（2017）．『教育・心理系研究のためのデータ分析入門―理論と実践から学ぶSPSS活用法 第２版』東京図書
村山航（n.d.）「一般化可能性理論とパフォーマンス評価」Retrieved from http://m-sk.sakura.ne.jp/murakou/G.ppt
山西博之（2005）．「一般化可能性理論を用いた高校生の自由英作文評価の検討」*JALT Journal*, 27, 169–185. Retrieved from http://jalt-publications.org/files/pdf-article/jj-27.2-art2.pdf
山森光陽（2004）．「英会話テストの信頼性の検討――一般化可能性理論―」三浦省五（監修），前田啓朗・山森光陽（編）『英語教師のための教育データ分析入門：授業が変わるテスト・評価・研究』（pp. 82–89）大修館書店

【英語文献】

Bachman, L. F. (2004). *Statistical analyses for language assessment.* Cambridge University Press.
Bouwer, R., Béguin, A., Sanders, T., & van den Bergh, H. (2015). Effect of genre on the generalizability of writing scores. *Language Testing*, 32, 83–100. doi:10.1177/0265532214542994
Brennan, R. L. (1992). *Elements of generalizability theory.* Iowa City, IA: American College Testing.
Brennan, R. L. (2001). *Generalizability theory.* New York, NY: Springer.
Brown, J. D. (2013). Score dependability and decision consistency. In A. J. Kunnan (Ed.), *The companion to language assessment* (Vol. III: Evaluation, Methodology, and Interdisciplinary Themes, Part 10: Quantitative Analysis, pp. 1182–1206). West Sussex, U.K.: John Wiley and Sons. doi:10.1002/9781118411360.wbcla085
Brown, J. D. (2016). *Statistics corner: Questions and answers about language testing statistics.* Tokyo, Japan: JALT Testing and Evaluation Special Interest Group.
Brown, J. D., & Hudson, T. (2002). *Criterion-referenced language testing.* Cambridge University Press.
Center for Advanced Studies in Measurement and Assessment (University of Iowa, College of Education). (2016). Computer programs: GENOVA suite programs. Retrieved from https://education.uiowa.edu/centers/center-advanced-studies-measurement-and-assessment/computer-programs#GENOVA
Gebril, A. (2013). Generalizability theory in language testing. In C. Chapelle (Ed.), *The encyclopedia of applied linguistics* (pp. 2252–2259). West Sussex, U.K.: John Wiley and Sons. doi:10.1002/9781405198431.wbeal1326
Gugiu, M. R., Gugiu, P. C., & Baldus, R. (2012). Utilizing generalizability theory to investigate the reliability of grades assigned to undergraduate research papers. *Journal of MultiDisciplinary Evaluation*, 8(19), 26–40. Retrieved from http://journals.sfu.ca/jmde/index.php/jmde_1/article/view/362
Hirai, A., & Koizumi, R. (2008). Validation of the EBB scale: A case of the Story Retelling Speaking Test. *JLTA Journal*, 11, 1–20. Retrieved from https://www.jstage.jst.go.jp/article/jltaj/11/0/11_KJ00008662552/_article/-char/en
In'nami, Y., & Koizumi, R. (2016). Task and rater effects in L2 speaking and writing: A synthesis of generalizability studies. *Language Testing*, 33, 341–366. doi:10.1177/0265532215587390
Lakes, K. D., & Hoyt, W. T. (2009). Applications of generalizability theory to clinical child and adolescent psychology research. *Journal of Clinical Child & Adolescent Psychology*, 38, 144–165. doi:10.1080/15374410802575461
Marcoulides, G. A., & Ing, M. (2013). The use of generalizability theory in language assessment. In A. J. Kunnan (Ed.), *The companion to language assessment* (Vol. III: Evaluation, Methodology, and Interdisciplinary Themes, Part 10: Quantitative Analysis, pp. 1207–1223). West Sussex, U.K.: John Wiley and Sons. doi:10.1002/9781118411360.wbcla014
Sawaki, Y. (2005). The generalizability of summarization and free recall ratings in L2 reading assessment. *JLTA Journal*, 7, 21–44.
Sawaki, Y. (2010). Generalizability theory. In N. Salkind (Ed.), *Encyclopedia of research design* (pp. 533–538). Thousand Oaks, CA: Sage.
Sawaki, Y. (2017). *An introduction to generalizability theory for analyzing language assessment data.* Workshop presented at the 4th International Conference of the Asian Association for Language Assessment (AALA), National Taiwan University. Taiwan.
Sawaki, Y., & Xi, X. (2008). *The application of generalizability theory in language assessment.* Workshop presented at the 31st Language Testing Research Colloquium, Hangzhou, China: Zhejiang University.
Shavelson, R. J., & Webb, N. M. (1991). *Generalizability theory: A primer.* Thousand Oaks, CA: Sage.

Ushiro, Y., Hamada, A., Hasegawa, Y., Dowse, E., Tanaka, N., Suzuki, K., Hosoda, M., & Mori, Y. (2015). A generalizability theory study on the assessment of task-based reading performance. *JLTA Journal*, 18, 92–114. doi:10.20622/jltajournal.18.0_92

Webb, N. M., Shavelson, R. J., & Haertel, E. H. (2006). Reliability coefficients and generalizability theory. In C. R. Rao & S. Sinharay (Eds.), *Handbook of statistics*, 26, 81–124. Amsterdam, the Netherlands: Elsevier. doi:10.1016/S0169-7161(06)26004-8

Yoshida, H. (2006). Using generalizability theory to evaluate reliability of a performance-based pronunciation measurement. *JLTA Journal*, 9, 86–100. doi:10.20622/jltaj.9.0_86

第５章

【日本語文献】

服部環（2011）.『心理・教育のためのＲによるデータ解析』福村出版

平井明代（2010）.『テスト問題・教材の再利用のすすめ―TEASY 項目バンクシステムを使って―』丸善プラネット

平井明代（編）（2017）.『教育・心理系研究のためのデータ分析入門―理論と実践から学ぶ SPSS 活用法 第２版』東京図書

池田央（1994）.『現代テスト理論』朝倉書店

加藤健太郎・山田剛史・川端一光（2014）『Ｒによる項目反応理論』オーム社

熊谷龍一（2009）.「初学者向けの項目反応理論分析プログラム EasyEstimation シリーズの開発」『日本テスト学会誌』5, 107–118.

熊谷龍一・荘島宏二郎（2015）.『教育心理学のための統計学［心理学のための統計学４］』誠信書房

熊谷龍一，山口大輔，小林万里子，別府正彦，脇田貴文，野口裕之（2007）.「大規模英語学力テストにおける年度間・年度内比較」，日本テスト学会誌，3, 83–90.

野口裕之・大隅敦子（2014）.『テスティングの基礎理論』研究社

野口裕之（2016）.「テストの標準化と等化」*JLTA Journal*, 19, 81–89.

大友賢二（1996）.『項目応答理論入門』大修館書店

住政二郎（2013）.「項目反応理論―1PLM, 2PLM, 3PLM, 多段階反応モデル―」外国語教育メディア学会（LET）関西支部メソドロジー研究部会 2013 年度報告論集，pp. 34–62.

斉田智里（2014）.『英語学力の経年変化に関する研究』風間書房

荘島宏二郎（n.d.）. Exametrika (Version 5.3). Retrieved from http://www.rd.dnc.ac.jp/~shojima/exmk/jirt.htm

静哲人（2007）.『基礎から深く理解するラッシュモデリング』関西大学出版部

豊田秀樹（2002）.『項目反応理論　入門編―テストと測定の科学―』朝倉書店

吉村宰・荘島宏二郎・杉野直樹・野澤健・清水裕子・齋藤栄二・根岸雅史・岡部純子・サイモン・フレイザー（2005）.「大学入試センター試験既出問題を利用した共通受験者計画による英語学力の経年変化の調査」，日本テスト学会誌，1, 51–58.

【英語文献】

Akaike, H. (1987). Factor analysis and AIC. *Psychometrika*, 52, 317–332.

Andrich, D. (1978). A rating formulation for ordered response categories. *Psychometrika*, 43, 561–73.

Barkaoui, K. (2013). Multifaceted Rasch analysis for test evaluation. In A. Kunnan (Ed.), *The companion to language assessment* (Vol. III: Evaluation, Methodology, and Interdisciplinary Themes, pp. 1301–1322). West Sussex, U.K.: John Wiley & Sons. doi:10.1002/9781118411360.wbcla070

Bentler, P. M., & Bonett, D. G. (1980). Significance tests and goodness of fit in the analysis of covariance structures. *Psychological Bulletin*, 88, 588–606.

Bentler, P. M. (1990). Comparative fit indexes in structural models. *Psychological Bulletin*, 107, 238–246.

Birnbaum, A. (1968). Some latent trait models and their use in inferring an examinee's ability. In Lord, F. M., & Novick, M. R. (Eds.), *Statistical theories of mental test scores* (pp. 395–479). Reading, MA: Addison-Wesley.

Bock, R. D. (1972). Estimating item parameters and latent ability when the responses are scored in two or more nominal categories. *Psychometrika*, 37, 29–51.

Bollen, K. A. (1986). Sample size and Bentler and Bonnet's nonnormed fit index. *Psychometrika*, 51, 375–377.

Bollen, K. A. (1989). A new incremental fit index for general structural equation models. *Sociological Methods & Research*, 17, 303–316.

Bond, T. G., & Fox, C. M. (2007). *Applying the Rasch model: Fundamental measurement in the human sciences* (2nd ed.). New York, NY: Routledge.

Bond, T. G., & Fox, C. M. (2015). *Applying the Rasch model: Fundamental measurement in the human sciences* (3rd ed.). New York, NY: Routledge.

Browne, M. W. & Cudeck, R. (1993). Alternative ways of assessing model fit. In K. A. Bollen & J. S. Long (Eds.), *Testing structural equation models* (pp. 136-162). Newbury Park, CA: Sage.

Dorans, N. J., & Holland, P. W. (2000). Population invariance and the equitability of tests: Basic theory and the linear case. *Journal of Educational Measurement*, 37, 281-306.

Bozdogan, H. (1987). Model selection and Akaike's information criterion (AIC): The general theory and its analytical extensions. *Psychometrika*, 52, 345-370.

Engelhard, Jr. G. (2013). *Invariant measurement: Using Rasch models in the social, behavioral, and health sciences*. New York, NY: Routledge.

Eckes, T. (2011). *Introduction to many-facet Rasch measurement: Analyzing and evaluating rater-mediated assessments*. Frankfurt am Main, Deutschland: Peter Lang.

Gulliksen, H. (1987). *Theory of mental tests*. Hillsdale, NJ: Erlbaum.

Hambleton, R. K., & Swaminathan, H. (1985). *Item response theory: Principles and applications*. Boston, MA: Kluwer Academic Publishers.

Hambleton, R. K., Swaminathan, H., & Rogers, H. J. (1991). *Fundamentals of item response theory*. Newbury Park, CA: Sage Publications.

Hirai, A. (2006). Enhancing test practicality for in-house English proficiency tests: An efficient item-banking system. *JLTA Journal*, 9, 141-153.

Hirai, A., Fujita, R., Ito, M., & O'ki, T. (2013). Washback of the Center Listening Test on learners' listening skills and attitudes. *ARELE*, 24, 31-45.

Linacre, J. M. (1989). *Many-facet Rasch measurement*. Chicago, IL: MESA Press.

Linacre, J. M. (2004). Optimizing Rating Scale category effectiveness. In E. V., Smith & S. R., M.mith (Eds.), *Introduction to Rasch measurement* (pp. 48-72). Maple Grove, MN: JAM Press.

Linacre, J. M. (2018). A user's guide to FACETS: Rasch-Model computer programs (Program manual 3.80.4). Retrieved from http://www.winsteps.com/a/facets-manual.pdf

Masters, G.N. (1982). A Rasch model for partial credit scoring. *Psychometrika*, 47, 149-174.

McNamara, T., & Knoch, U. (2012). The Rasch wars: The emergence of Rasch measurement in language testing. *Language Testing*, 29, 555-576. doi:10.1177/0265532211430367

Mizumoto, A. (n.d.). langtest.jp Retrieved from http://langtest.jp/#app

Muraki, E. (1992). A generalized partial credit model: Application of an EM algorithm. *Applied Psychological Measurement*, 16, 159-176.

Rasch, G. (1960). *Probabilistic models for some intelligence and attainment test*. Copenhagen: Danish Institute for Educational Research.

Reckase, M. D. (1985). The difficulty of test items that measure more than one ability. *Applied Psychological Measurement*, 9, 401-412.

Reckase, M. D. (2009). *Multidimensional Item Response Theory (Statistics for Social and Behavioral Sciences)*. New York, NY: Springer.

Samejima, F. (1969). Estimation of latent ability using a response pattern of graded scores. *Psychometrika Monograph*, 34, 100.

Samejima, F. (1969). Estimation of latent ability using a response pattern of graded scores, *Psychometrika Monograph*, 17. Retrieved from http://www.psychometricsociety.org/sites/default/files/pdf/MN17.pdf

Samejima, F. (1973). Homogeneous case of the continuous response model. *Psychometrika*, 38, 203-219.

Schwarz, G. (1978). Estimating the dimension of a model. *The Annals of Statistics*, 6, 461-464.

Samejima, F. (1973). Homogeneous case of the continuous response model. *Psychometrika*, 38, 203-219.

Schumacker, R. E. (1999). Many-facet Rasch analysis with crossed, nested, and mixed designs. *Journal of Outcome Measurement*, 3, 323-338.

Waller, M. I. (1981). A procedure for comparing logistic latent trait models. *Journal of Educational Measurement*, 18, 119-125.

Winsteps.com (n.d). Winsteps Help for Rasch Analysis. Retrieved from https://www.winsteps.com/winman/

Wright, B. D. & Stone, M. H. (1979). *Best test design*. Chicago, IL: MESA Press.

Yen, W. M. (1984). Effects of local item dependence on the fit and equation performance of the three-parameter logistic model. *Applied Psychological Measurement*, 2, 125-145.

Yen, W. M. (1993). Scaling performance assessments:

Strategies for mapping local item dependence. *Journal of Educational Measurement*, 30, 187–213.
Zimowski, M.F., Muraki, E., Mislevy, R.J., & Bock, R.D. (n.d.). BILOG-MG3 [Computer software]. St. Paul, MN: Assessment Systems Corporation.

第6章

【日本語文献】

狩野裕・三浦麻子（2007).『AMOS, EQS, CALISによりグラフィカル多変量解析（増補版)』現代数学社
竹内理・水本篤（2014).『外国語教育研究ハンドブック―研究手法のより良い理解のために』松柏社
田中敏・山際勇一郎（1992).『ユーザーのための教育・心理統計と実験計画法方法の理解から論文の書き方まで（第2版)』教育出版
対馬栄輝（2007).『SPSSで学ぶ医療系データ解析』東京図書
対馬栄輝（2010).『医療系研究論文の読み方・まとめ方』東京図書
出村慎一（2007).『健康・スポーツ科学のための研究方法―研究計画の立て方とデータ処理方法』杏林書院
永田靖・吉田道弘（1997).『統計的多重比較法の基礎』サイエンティスト社
南風原朝和（2002).『心理統計学の基礎：統合的理解のために』有斐閣アルマ
前田啓朗（2004).「カテゴリー別の生徒の割合の分析：χ二乗検定」三浦省五・前田啓朗・山森光陽・磯田貴道・廣森友人（編著)『英語教師のための教育データ分析：授業が変わるテスト・評価・研究』(pp. 104–111）大修館書店
村上英俊（2015).『ノンパラメトリック法』朝倉書店
森敏昭・吉田寿夫（編著)（1990).『心理学のためのデータ解析テクニカルブック』北大路書房

【英語文献】

Cohen, J. (1988). *Statistical power analysis for the behavioral sciences* (2nd ed.). Hillsdale, NJ: Lawrence Erlbaum.
Field, A. (2009). *Discovering statistics using SPSS* (3rd ed.). London, U.K.: Sage.
Howell, D.C. (2007). *Statistical methods for psychology* (6th ed.) stamford, CT: Thomson/Wadsworth.

第7章

【日本語文献】

青木理香（2014a).「コーパスで話し言葉を探る―基礎編―」『研究社WEBマガジンLingua』Retrieved from http://www.kenkyusha.co.jp/uploads/lingua/prt/13/AokiRika1410.html
青木理香（2014b).「コーパスで話し言葉を探る―実践編―」『研究社WEBマガジンLingua』Retrieved from http://www.kenkyusha.co.jp/uploads/lingua/prt/13/AokiRika1411.html
赤野一郎・堀正広・投野由紀夫（編)（2014).『英語教師のためのコーパス活用ガイド』大修館書店
石川慎一郎（2013).「ICNALEを用いた中間言語対照分析研究入門」『英語教育』61 (13), 64–66.
今尾康裕（2017).「CasualConcでのアカデミック英語分析―単語検索からデータの視覚化まで―」水本篤（編)『ICTを活用した英語アカデミック・ライティング指導―支援ツールの開発と実践―』(pp. 31–61）金星堂
奥村晴彦（2016).『Rで楽しむ統計』共立出版
研究社（2013, 2014, 2015, 2016).「リレー連載　実践で学ぶコーパス活用術」『研究社WEBマガジンLingua』Retrieved from http://www.kenkyusha.co.jp/uploads/lingua/lingua_bk01.html
齊藤俊雄・中村純作・赤野一郎（2005).『英語コーパス言語―基礎と実践―』(改訂新版）研究社
下川敏夫・杉本知之・後藤昌司（2013).『樹木構造接近法』共立出版
金明哲（2016).『定性的データ分析』共立出版
金明哲・張信鵬（2012).「今日から始めるテキストマイニング・ツール―MTMineR」石田基広・金明哲（編)『コーパスとテキストマイニング』共立出版
滝沢直宏（2017).『ことばの実際2　コーパスと英文法』研究社
中村純作・堀田秀吾（編)（2008).『コーパスと英語教育の接点』松柏社
仁科恭徳（2013).「実践で学ぶコーパス活用術：第4回Googleをコーパスに見立てる」『研究社WEBマガジンLingua』Retrieved from http://www.kenkyusha.co.jp/uploads/lingua/prt/13/NishinaYasunori1310.html
仁科恭徳（2014).「英作文指導でのコーパス活用：Googleを活用した英作文指導」赤野一郎・堀正広・投野由紀夫（編)『英語教師のためのコーパス活用ガイド』(pp. 174–184）大修館書店
藤井良宜（2010).「決定木」『Rで学ぶデータサイエンス1　カテゴリカルデータ解析』共立出版

長谷部陽一郎（2017).「TCSEを用いたTED Talksの全文検索と英語教育への応用」英語コーパス学会第43回大会　ワークショップ1（2017年9月30日）Retrieved from https://yohasebe.com/tcse/documents/jaecs43-TCSE-workshop.pdf

水本篤（2017).「英語学術論文執筆支援ツールAWSuMマニュアル」水本篤（編）『ICTを活用した英語アカデミック・ライティング指導―支援ツールの開発と実践―』(pp. 107-122）金星堂

【英語文献】

Cobb, T., & Boulton, A. (2015). Classroom applications of corpus analysis. In D. Biber & R. Reppen (Eds.), *The Cambridge handbook of corpus linguistics* (pp. 478-497). U.K.: Cambridge University Press.

Chujo, K., Oghigian, K., & Akasegawa, S. (2015). A Corpus and grammatical browsing system for remedial EFL learners. In A. Leńko-Szymańska, & A. Boulton (Eds.) *Multiple affordances of language corpora for data-driven learning* (pp. 109-128). Amsterdam, Nederland: John Benjamins.

Dunning, T. (1993). Accurate methods for the statistics of surprise and coincidence, *Computational Linguistics*, 19(1), 61-74.

McDonald, J.H. (2014). *Handbook of Biological Statistics* (3rd ed.). Baltimore, MD: Sparky House Publishing.

Rayson, P., & Garside, R. (2000). Comparing corpora using frequency profiling. In A. Kilgarriff & T. B. Sardinha (Eds.), *Proceedings of the workshop on comparing corpora* (pp. 1-6). doi:10.3115/1117729.1117730

Strobl, C., Hothorn, T., & Zeileis, A. (2009). Party on! A new, conditional variable importance measure for random forests available in the party Package. *The R Journal*, 1(2), 14-17.

Shimada, K. (2013). A comparative analysis of discourse markers in Japanese EFL textbooks and learner corpus data. *Language Education & Technology*, 50, 69-91.

第8章

【日本語文献】

石川慎一郎（2010).「日本人英語学習者のly副詞使用：学習者コーパスCEEAUSに基づく計量的考察」中部地区英語教育学会紀要，39, 181-188.

石村貞夫・加藤千恵子・劉晨・石村友二郎（2010).『多変量解析によるデータマイニング』．共立出版

内田治（2006).『すぐわかるSPSSによるアンケートのコレスポンデンス分析』．東京図書

カレイラ松崎順子（2015).「経済・経営学部の英語の習熟度の低い大学生を対象にした英語学習に対するニーズ」*Language Education & Technology*, 52, 179-203.

小林雄一郎（2010).「コレスポンデンス分析：データ間の構造を整理する」．石川慎一郎・前田忠彦・山崎誠（編著),『言語研究のための統計入門』(pp. 245-264)．くろしお出版

小山由紀江・水本篤（2010).「単語連鎖にみる科学技術分野と他分野の英語表現比較」統計数理研究所共同研究リポート，239, 1-11.

高橋信（2005).『Excelで学ぶコレスポンデンス分析』オーム社

田中敏・山際勇一郎（1992).『新訂 ユーザーのための教育・心理統計と実験計画法：方法の理解から論文の書き方まで』．教育出版

藤本一男（2015).「解説・Rで検算しながら理解する」E. Clausen（著）・藤本一男（訳・解説),『対応分析入門：原理から応用まで』(pp. 69-205）オーム社

【英語文献】

Abdi, H., & Valentin, D. (2007). Multiple correspondence analysis. In N. J. Salkind (Ed.), *Encyclopedia of measurement and statistics* (pp. 651-657). Thousand Oaks, CA: Sage.

Clausen, S. E. (1998). *Applied correspondence analysis: An introduction*. Thousand Oaks, CA: Sage.

Le Roux, B., & Rouanet, H. (2010). *Multiple correspondence analysis*. Thousand Oaks, CA: Sage.

Shimada, K. (2013). A comparative analysis of discourse markers in Japanese EFL textbooks and learner corpus data. *Language Education & Technology*, 50, 69-91.

第9章

【日本語文献】

秋田喜代美・藤江康彦（編）(2007).『はじめての質的研究法：教育・学習編』東京図書

グレッグ美鈴・麻原きよみ・横山美江（編）(2007).『よくわかる質的研究の進め方・まとめ方―看護研究のエキスパートをめざして』医歯薬出版株式会社

折田充・菅岡強司（2015).「授業外の自律的な学習を取り入れた英語リスニング指導」『大学教育年報』18, 43-56.

佐野正之（編）(2000).『アクションリサーチのすすめ―新しい英語授業研究』大修館書店

関口靖広（2013).『教育研究のための質的研究法講座』

北大路書房
竹内理・水本篤（2012）.『外国語教育研究ハンドブック』松柏社
牧野眞貴（2012）.「英語リスニングにおける洋楽聞き取りの効果検証：英語に苦手意識を持つ大学生を対象として」リメディアル教育研究，7, 265-275.
横溝紳一郎（2000）.『日本語教師のためのアクションリサーチ』凡人社

【英語文献】

Burns, A. (2010). *Doing action research in English language teaching*. New York, NY: Routledge.
Field, J. (2008). *Listening in the language classroom*. U.K.: Cambridge University Press.
Flick, U. (2002). An introduction to qualitative research. (2nd ed.) London: Sage.（小田博志・春日常・山本則子・宮地尚子（訳）(2002).『質的研究入門―〈人間の科学〉のための方法論』春秋社）
Holloway, I., & Wheeler, S. (1996). *Qualitative research in nursing*. Hoboken, NJ: Blackwell Publishing.（野口美和子，監訳）(2006).『ナースのための質的研究入門―研究方法から論文作成まで』医学書院）
Isoda, T. (2006). A situation specific view of motivation: Examining the process of learners' appraisal of a task. *JACET Bulletin*, 43, 15-28.
Renandya, W. A., & Farrell, T. S. C. (2010).'Teacher, the tape is too fast!' Extensive listening in ELT. *ELT Journal*, 65(1), 52-59. doi:10.1093/elt/ccq015

第 10 章

【日本語文献】

大木俊英（2015).「テキストマイニングを用いた高校生英語学習者のニーズ分析：大学受験予定者と非予定者の比較」『白鷗大学論集』，29, 193-216.
林俊克（2002).『Excel で学ぶテキストマイニング入門』オーム社
樋口耕一（2014).『社会調査のための計量テキスト分析：内容分析の継承と発展を目指して』ナカニシヤ出版
藤井美和・小杉考司・李政元編著（2005).『福祉・心理・看護のテキストマイニング入門』中央法規出版

【英語文献】

Feldman, R., & Sanger, J. (2007). *The text mining handbook: Advanced approaches in analyzing unstructured data*. New York, NY: Cambridge University Press.
Field, A. (2009). *Discovering statistics using SPSS* (3rd ed.). London, U.K.: Sage.
Manning, C. D., & Schütze, H. (1999). *Foundations of statistical natural language processing*. MA: The MIT Press.

索　引

数字

欧字

A

B

C

D

ナ

ハ

マ

ヤ

ラ

Rの関数コマンド

Rのパッケージ

執筆者紹介（執筆時）

■編著者

平井明代　筑波大学人文社会系・教授

■執筆者（五十音順）

大木俊英　白鷗大学教育学部・准教授

加藤剛史　筑波大学大学院教育研究科

小泉利恵　順天堂大学医学部・准教授

今野勝幸　龍谷大学社会学部・講師

嶋田和成　高崎健康福祉大学人間発達学部・准教授

髙木修一　福島大学人間発達文化学類・准教授

藤田亮子　順天堂大学医学部・准教授

横内裕一郎　弘前大学教育推進機構・助教

若松弘子　筑波大学大学院人文社会科学研究科，国立研究開発法人産業技術総合研究所

■各章担当者

第１章　若松・平井

第２章　今野

第３章　髙木・平井

第４章　小泉

第５章　平井・横内・加藤

第６章　平井

第７章　若松

第８章　嶋田

第９章　藤田・平井

第10章　大木・平井

■編著者紹介

平井　明代（ひらい あきよ）

2001年　Ed.D.（教育学博士，米国テンプル大学）
1999年　筑波大学現代語・現代文化学系講師
2002年　筑波大学現代語・現代文化学系助教授
2003年　文部科学省海外動向調査在外研究員，文部科学省長期在外研究員（UCLA）などを経て
現　在　国立大学法人筑波大学人文社会系 教授

専門分野：英語教育学・言語評価論
主な著書・論文：『テスト問題・教材再利用のすすめ：TEASY 理論編』（2010 丸善プラネット），Applicability of peer assessment for classroom oral performance. *JLTA*（2011 共著），Validation of Empirically-Derived Rating Scales for a Story Retelling Speaking Test. *Language Assessment Quarterly* 10（2013 共著），「センターリスニングがもたらすリスニング学習意欲への影響：大学種別・入試形態・専攻ごとの分析に基づく考察」*JACET Journal*（2013 共著），「授業を活かすストーリーリテリング・テストの活用」大塚フォーラム（2015 リーベル出版社），『教育・心理系研究のためのデータ分析入門 第2版』（2017 編著 東京図書），The effects of study abroad duration and predeparture proficiency on the L2 proficiency of Japanese university Students: A meta-analysis approach（2018 *JLTA Journal*）など

教育・心理・言語系研究のためのデータ分析
——研究の幅を広げる統計手法

2018年12月25日　第1版第1刷発行
2021年 5 月25日　第1版第2刷発行

編著者　平　井　明　代
発行所　東京図書株式会社
〒102-0072　東京都千代田区飯田橋 3-11-19
振替 00140-4-13803 電話 03(3288)9461
http://www.tokyo-tosho.co.jp/

ISBN 978-4-489-02306-4